www.inup.co.kr / www.bimkorea.or.kr

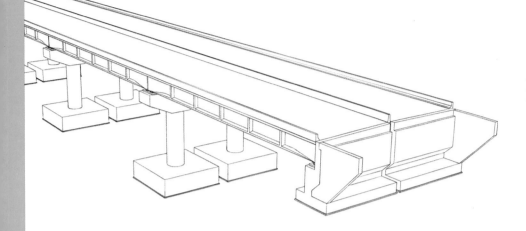

토목 BIM 실무활용서
BIM

3차원 토목설계를 위한 지침서
토목 BIM 전문가 2급

초·중급편

지은이 **채재현 · 김영휘 · 박준오 · 소광영 · 김소희 · 이기수 · 조수연**
(주) 한국종합기술, 오토데스크, (주) 한국인프라

본 교재의 특징

- Autodesk Architecture, Engineering & Construction Collection 제품을
  활용하여 BIM 기반의 토목설계 프로세스를 이해할 수 있습니다.

한솔아카데미 H/A/N/S/O/L//A/C/A/D/E/M/Y

토목 BIM 실무활용서 *BIM 초·중급편*

3차원 토목설계를 위한 지침서를 만들면서

2016년부터 한국도로공사에서 추진하는 EX-BIM이 본격적으로 입찰안내서에 포함되고 조달청에서 진행하는 맞춤형 서비스에 BIM을 의무화하는 변화가 있습니다. LH와 수자원공사, 철도시설공단에서도 관련 변화가 진행중에 있습니다. 해외에 비해서 국내의 설계사들은 아직 이러한 건설 전체의 패러다임 변화에 민감하게 대응하지 못하고 있는 것이 현실입니다. BIM을 설계에 도입하기 위해서는 여러 가지 준비 사항이 있지만 가장 중요한 것은 기존의 2차원 도면 기반으로 설계업무를 하던 설계자들이 3차원 모델 기반으로 전환하기 위한 교육입니다. 3차원 모델은 우리가 현재 하고 있는 의사소통의 수단을 바꾸는 것입니다.
새로운 언어로 소통하려면 노력이 필요한 것은 당연한 것이고 이를 위해서는 가이드가 필요합니다.

몇 년간 한국BIM학회에서 BIM 교육 프로그램과 함께 추진한 "BIM 전문가" 자격증에 대한 교육을 한국인프라에서 주도해주셨고 이번에 그동안의 경험을 바탕으로 좋은 토목 BIM 교재를 만들어주셔서 다행스럽고 감사를 드립니다. 전반적으로 실무 위주로 BIM을 설계자가 도입할 때 참고할 수 있는 구성과 내용을 갖추고 있어서 많은 도움이 될 것으로 생각되고 향후의 교육시 교재로 활용할 수 있을 것으로 보입니다.

국내에서 도로분야 BIM 발주시에 설계자는 발주자의 요구사항을 파악하여 실행계획을 작성하고 이에 따라 모델의 수준과 활용 목적을 정해야 합니다. 설계를 위한 BIM 모델은 설계단계에서 활용되고 납품됩니다. 납품된 BIM모델은 향후 시공을 담당하는 건설사가 정해지면 발주자가 설계에서 납품된 모델을 제공하게 되고 이 모델을 공정과 시공상 여러 고려사항을 반영한 시공 BIM 모델로 수정하게 됩니다. 이 과정에서 모델의 변경을 효율적으로 수행하기 위해서는 모델을 작성하는 기술자의 창의적인 노력이 필요합니다.
주요 변수를 변수화하고 모델 생성을 간편하게 하기 위한 템플릿과 라이브러리를 구축할 수 있습니다. 시공이 완료된 후의 준공 BIM 모델은 발주자에게 납품되어 유지관리를 위한 용도로 활용됩니다. 이 경우에도 모델의 수정과 보완은 필요하게 됩니다. 즉, 설계자가 초기에 들인 시간과 비용이 모델의 재활용성이 증가할수록 효과가 늘어나고 활용 가치가 증가하게 됩니다. 단순한 3차원 모델을 만드는 것이 아니고 활용 목적과 변화의 가능성을 고려한 "smart model"이 훌륭한 설계자분들께서 만드실 것으로 기대하고 있습니다. 그런 측면에서 이 책이 좋은 출발점을 제공할 것으로 봅니다. 책의 저자분들에게 감사의 마음을 전해드립니다.

한국BIM학회 교육위원회 위원장 및 부회장 심창수

토목 BIM 실무활용서 *BIM 초·중급편*

3차원 토목설계를 위한 지침서를 만들면서

추천의 글

현재 건설업계는 경기 침체를 극복하기 위해 프로젝트의 수주 또는 효과적인 시설관리, 시공관리, 유지관리 등을 위해서 최신의 건설 기술력을 갖추기 위해 노력 중에 있습니다. 이는 시설물 관리 차원에서 차별화된 기술 발전 없이는 경쟁에서 앞서 나가기 어렵기에, 급변하는 환경 속에서 신속한 상황 대응 및 경쟁적 우위를 선점하기 위해 BIM 기반에 3D 시설물 설계, 시공 및 관리의 기술이 필요한 시점입니다. 이는 도로, 철도, 도시계획, 단지설계, 수자원, 상하수도, 철도, 구조, 지반등에 대단위 시설 및 전문 분야를 종합적으로 관리해야 하는 인프라스트럭쳐 분야에서 BIM 설계는 꼭 필요합니다. 이렇듯 인프라스트럭쳐 분야에서 토목 BIM 설계 데이터와 GIS 데이터가 결합된 건설 BIM 데이터 관리야말로 Smart City건설을 위한 유비쿼터스, IoT 시대에 걸맞은 혁신적 기술력입니다.

본 교재에서는 토목분야 BIM 기술을 배우려는 초보 기술자에게 인프라스트럭쳐 분야에 가장 기본이 되는 지형, 도로, 교량, 터널, 상하수도, 부지정지 등에 토목 기반의 설계를 BIM으로 구축할 수 있는 방법을 설명하는 좋은 지침서가 될 것입니다.

본 교재를 통해 독자는 Civil3D을 이용해서 수치지도 또는 측량 데이터를 이용하여 3D 지형을 모델링하고 지형분석, 선형, 종단, 횡단, 토공물량 등 계획된 지형을 BIM 설계 후 데이터 정보를 활용하는 방법을 알 수 있습니다. Revit을 이용해서 교량, 터널등에 구조물을 BIM 구축하여 3D라이브러리 작성 및 파라메트릭 구조물 모델링을 통한 도면화, 수량산출을 자동화하는 방법과, Naviswork을 이용해서 토목지형 및 교량 구조물 통합하여 시공관리, 공정관리를 위해 간섭 및 설계 오류를 검토하고 4D 시뮬레이션 분석하여 최적에 시공 도면 산출하는 방법을 배울 것 입니다. 또한, 독자는 InfraWorks 프로그램을 이용해서 GIS 데이터 활용하여 3D 현황을 쉽고 빠르게 시각화하고 토목 BIM 데이터와 호환하여 대단위 도시계획 지역을 나타낼 수 있으며, 계획 설계에서의 여러 설계 대안 검토하는 방법을 익힘으로써 공종별 이해, 관계자간에 의사소통 및 커뮤니케이션을 향상할 수 있는 기술을 배울 수 있을 것으로 생각합니다.

이와 같이 본 교재를 통해서 독자는 토목의 기본 계획에서부터 설계, 시공, 관리 단계에 이르기까지 3D BIM 모델을 구축하는 방법과 설계 데이터를 일관성 있고 체계적인 정보를 가지고 프로젝트 업무 전반에 적용하는 방법을 익힐 수 있습니다. 또한, 여러 프로젝트를 협업관리 등을 해야 하는 인프라스트럭쳐 분야의 실무자에게 BIM 프로세스를 이해하는데 도움을 주며, 업무에 적용할 수 있는 능력을 갖출 수 있을 것입니다. 이렇게 토목 BIM 모델 데이터 구축 교육을 통해 프로젝트에 BIM 설계를 적용하게 되면, 설계 대안을 빠르고 정확하게 평가하여 의사결정 할 수 있는 능력이 향상되며, 지능형 설계 기법으로 능률적인 설계를 할 수 있어서, 각 분야별 원활한 의사소통 및 협업 능력을 향상하는데 도움이 될 것이므로, 본 교재를 토목 BIM에 관심 있는 초보 실무자에게 적극 추천합니다.

서울시립대학교 공간정보공학과 교수 이지영

제1편

토목 BIM 개념

01 토목 BIM 개념

chapter **01** **토목 BIM 내용**

토목 BIM은 토목공사 생애주기(계획, 설계, 시공, 유지관리)에 걸쳐 발생하는 정보를 통합 및 관리하고, 수정된 정보의 갱신에 따라 연관된 프로세스 정보들이 일괄적으로 재생산, 공유, 교환, 재 배포 될 수 있는 3차원기반의 정보 운용 환경 프로세스입니다. 각 단계별로 생성되는 디지털 정보들을 통합하여 이행 당사자들에게 통합되고 일관된 정보를 공유하고 협업하며 프로젝트 전체 단계에서 하나의 통합된 모델 정보를 활용할 수 있는 기술입니다.

기본 계획에서부터 기본설계, 실시설계, 시공, 운영/유지관리 단계에 이르기까지 3D BIM 모델을 구축하고, 기 구축된 3D 모델을 기반으로 일관성 있고 체계적인 정보를 업무 전반에 적용합니다.

BIM 모델 데이타는 각 분야, 각 부서간 정보를 단절이 없이 유기적으로 연결함으로써 서로 소통과 협업을 원활하게 할 수 있도록 해야 합니다. 그러기 위해서는 BIM 모델 데이터는 단순한 3D 객체의 형상정보만을 가지고 있어서는 안되며, 건설 관련 정보도 같이 가지고 있어야 합니다. 따라서, BIM 모델 객체는 설계 정보를 담고 있는 이해하기 쉬운 입체적 모델 데이터로 작성하는 것에서부터 시작합니다.

예를 들어 교각을 BIM 모델링 한다고 했을 경우, 교각에서 단순한 3D 형상 정보는 폭, 높이, 재질, 모양 등을 구체적으로 보여줄 수 있어 설계도면을 표현하기에는 유용하지만 건설 정보를 확인할 수 없어 토목공사 생애주기 정보로 활용성을 갖지 못합니다. 따라서 이러한 3D 객체를 형성 후에 그 안에 건설관련 정보도 같이 입력하여 통합적으로 관리할 수 있는 모델을 생성해야 합니다. 이런 건설관련 정보인 공종, 수량, 구조해석, 공사일정, 견적, 공정, 자재 등에 정보를 가지고 있으므로, 계획 - 설계 - 시공 - 유지관리 각 단계별로 전환되면서도 정보를 계속해서 이용할 수 있으며, 담당자가 바뀌어도 관련 정보는 계속 이어질 수 있는 환경을 구축할 수 있습니다.

BIM 모델 데이타는 토목공사 생애주기 각 단계별 생성된 정보를 지속적이고 연속적으로 활용할 수 있는 기술로써 각 단계별에서 사용했던 정보를 손실하지 않으며, 설계자 - 시공자 - 발주처 에서 발생하는 커뮤니케이션 오류를 줄어들게 하여 건설 생산성을 높일 수 있습니다.

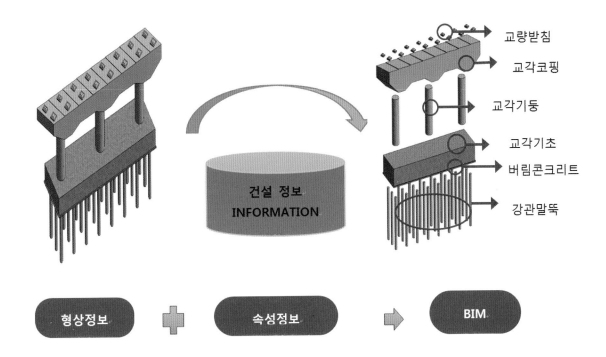

chapter 02

토목 BIM 각 단계별 업무 프로세스

(1) 계획단계 (Plan BIM Modeling)

프로젝트 설계 초기단계에서 가장 기본적인 형태의 Model을 작성합니다. 개략적인 Mass 및 Volume 계산을 수행하여 3D BIM Model 로부터 기본적인 토공수량(절토량, 성토량), 구조물 수량 등을 산출하고 여러 가지 설계 대안을 검토합니다.

(2) 실시설계단계 (Design BIM Modeling)

BIM Model은 기본 설계 도면(평면도, 단면도, 입면도, 종단면도, 횡단면도 등) 및 물량이 연계되어 정확한 도면 산출이 가능하며, 분야별 설계 업무를 협업할 수 있도록 모델 데이터는 정보와 같이 관리됩니다. 각 부문별 설계 모델은 지능형 객체 모델 기반으로 작성되므로 상호 활용할 수 있도록 모델이 작성됩니다.

(3) 시공단계 (Construction BIM Modeling)

건설 프로젝트를 검토하여 시공단계에서 일어날 수 있는 간섭 및 오류를 파악하고 4D 시뮬레이션을 통해 공정관리를 체계적으로 합니다.

(4) 시각화 / 시뮬레이션단계 (Visualization / Simulation BIM Modeling)

기본설계, 상세설계 혹은 시공단계 등 각각의 프로젝트 단계에서 생성된 BIM Model 데이터 로부터 언제든지 시각화 하거나 설계 시뮬레이션이 용이하여, 빠른 의사결정을 위한 도구 및 보고자료로 활용될 수 있으며, 시공단계 이전에 모델 데이터를 시뮬레이션하고 검토할 수 있습니다.

(5) 유지보수단계 (Maintenance BIM Modeling)

완공된 시설물을 BIM 모델 데이터와 같이 효율적으로 관리함으로써 시설물의 수명을 늘리고 관리 비용을 최적화 할 수 있습니다.

토목 BIM 설계 장점

BIM 프로세스 적용하면 설계부터 시공, 유지관리 단계까지 건설 정보가 단계별로 손실되는 것을 방지할 수 있으며, 하나의 건설 정보 모델을 이용하여 시간적, 경제적 손실을 최소화 할 수 있습니다.

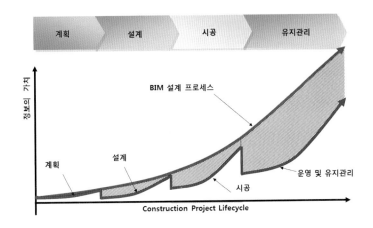

01 신속한 의사결정
- 시각적 디자인 검토
- 설계 안에 대한 요구조건 및 예산 분석 평가

02 다양한 설계 제시
- 여러 설계 대안에 대한 빠른 시각화
- 신속한 설계 변경 대응

03 설계 오류 최소화
- 도면들 간의 오류를 쉽게 파악
- 설계 변경에 유연한 대응

04 비용과 공기 절감
- 정확한 물량 산출
- 건설 기간 단축

05 실행/관리
- 설계 업무의 효율화 및 통합을 위한 3차원 도면 정보 생성
- 잦은 설계 변경사항에 대한 능동적 / 효율적 대응 가능
- 첨단 디자인, 친환경에너지 등의 설계에서 시공까지 통합된 설계 기술 적용
- 3차원 도면 정보를 활용한 설계 사업 관리의 효율성 증대

06 유지관리의 효율성

- 효과적인 건물자산 관리
- 부재별 도면 정보 활용화 및 편리한 점검 이력 관리

07 기술력 향상

- 최상의 기술력을 바탕으로 설계 품질에 관한 기술수준 향상
- 시공의 정밀도 향상

memo

제2편

토목 BIM 설계 수행

02 토목 BIM 설계 수행

토목 BIM은 건설 엔지니어들이 시공되기 전에 3D 모델을 시뮬레이션 및 시각화 하여 최적의 설계를 빨리 도출 가능하여 최종 산출물은 고품질의 시공 문서가 되어 지능형 정보 모델로 활용되어 프로젝트의 모든 단계에서 모델로부터 데이터를 추출할 수 있게 해줍니다. 본 교재에서는 토목 BIM 프로젝트 수행을 통해 도로 및 구조 등의 모델의 차별화된 BIM 활용방안에 대하여 알아봅니다.

- BIM 모델을 이용한 도면 및 수량 산출
- 주변 지형 현황과 주요 구조물 모델을 이용한 계획 검토
- 노선 비교안 검토, 주행 시뮬레이션
- 도면추출에 의한 성과품 적정성 검토
- 시공성 사전 검토, 유지관리 시설 절감 방안 검토
- 공정별 예상 시공모델에 의한 복합공정 최적화 계획
- 시공성 및 유지관리 사용성 검토자료, 연계공정 검토
- 사실적인 시각화 및 시뮬레이션
- 3차원 계획을 통해 발주처 및 공공기관과의 협의도구로 활용 여부

chapter 01 토목 BIM 솔루션 특성

BIM 적용되는 각 토목, 도시기반시설, 건축, 구조, 설비 분야의 3D CAD 시스템 및 협업시스템은 분야별로 각각 전문화된 상용 3D 설계 Software 로 구성되어야 하며, 생성된 정보들은 정보의 변환이나 누락 없이 각각의 3D BIM 모델들 내에 존재하는 모든 객체들 간 상호 호환이 가능해야 합니다. 정보는 효율적인 BIM 모델 데이터 활용을 위한 데이터 일관성과 통합 측면에 근거하며, 데이터의 호환을 가장 기본이 되고 중요시하게 여깁니다. 여기서 3D BIM 모델은 3D 설계 소프트웨어에서 생성된 데이터 모델을 뜻하며, 본 교재에서는 Autodesk BIM 전용 솔루션인AutoCAD Civil 3D, Autodesk Revit, Autodesk Navisworks, Autodesk InfraWorks 소프트웨어로 토목 BIM을 실현합니다.

chapter **02**　**Autodesk BIM 솔루션 제품별 기능**

(1) AutoCAD Civil 3D : 도로/철도, 단지, 조경, 수자원, 상하수도 등의 토목 프로젝트를 BIM 설계 구현
  ① 측량 데이터 가져오기 : X,Y,Z 값을 가진 파일 도면에 생성
  ② 3D 지형 모델링 : 3D 삼각망 생성, 지형분석(높이, 경사, 우수 흐름 등)
  ③ 선형 : 직선, 원곡선, 완화곡선의 자유로운 표현
  ④ 종단 : 평면 선형 계획과 동시 지반고 자동 생성
  ⑤ 횡단 및 토공 물량 산출 : 선형, 종단 변경 시 자동으로 데이터 수정
  ⑥ 부지 정지 작업 : 자동으로 절성토가 균일한 개획고의 표고 높이 산정

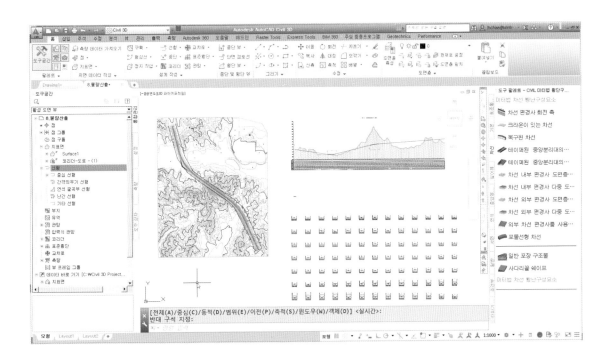

(2) Autodesk Revit : Revit 기반으로 구조 전문 3D 모델링 (교량, 터널, 옹벽, 가시설 등) 및 하중 및 응력 조건을 입력

    ① 토목구조(교량, 터널, 옹벽, 가시설 등) 분야 BIM설계

    ② 파라메트릭 구조물 모델링

    ③ 표준화된 구조 패밀리 포함

    ④ 하중, 조합, 부재 크기 및 구조적 조건 등의 정보 입력

    ⑤ Autodesk Robot Structural Analysis Professional 등의 구조 분석 응용프로그램과 연계

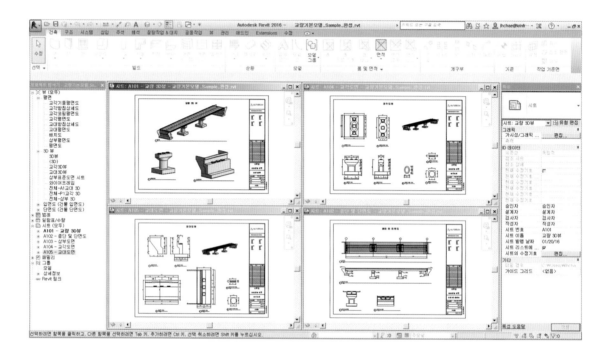

(3) Autodesk Navisworks : 건설 프로젝트 전 디지털 환경에서 시공 중 일어날 수 있는 오류 가능성을 검토

    ① 가져오기 : 다양한 건설 분야의 3D 설계 모델 데이터 통합

    ② 네비게이션 : 자유로운 뷰 포인트 조정하여 모델의 카메라 뷰 저장

    ③ 설계 검토 : 거리, 면적, 각도 측정 및 각각의 뷰에서 코멘트 작성

    ④ 시각화 : 렌더링 결과를 AVI 애니메이션과 이미지로 제공

    ⑤ 4D 시뮬레이션 : 3D 모델과 공사 일정 연결하여 시공 순서 시뮬레이션

    ⑥ 간섭 체크 : 시공 전 여러 공정간의 간섭을 체크하여 사용자간 공유

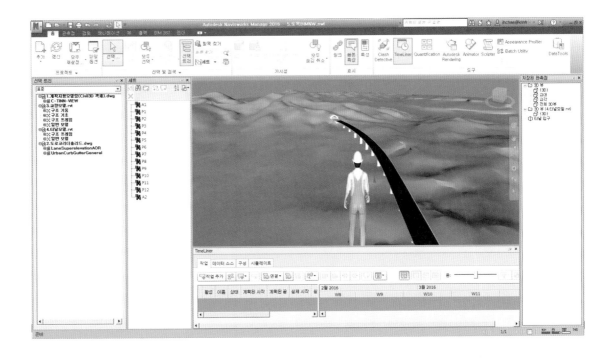

(4) Autodesk InfraWorks : 개념설계 및 3D GIS 설계 도구로써 프로젝트 계획 단계에서 시각
  적으로 풍부하게 여러 가지 설계 대안을 3D로 제시
  ① 기존 데이터 활용 : 2D CAD, GIS, BIM, 래스터 데이터를 3D모델로 활용
  ② 상세 모델 가져오기 : AutoCAD Civil 3D, AutoCAD Map3D과 연동
  ③ GIS 정보 표시 : 3D 주제도 작업으로 다양한 설계 정보 표시
  ④ 설계 제안 용이 : 하나의 모델을 이용하여 다양한 설계 제안 작업
  ⑤ 스케치 도구 : 도로, 건물, 터널, 교량 등 직접 2D로 스케치하여 3D 모델
  ⑥ 프레젠테이션 : 렌더링 이미지 및 녹화된 비디오 작성

Autodesk BIM 솔루션을 이용한 단계별 기능 적용

(1) 계획단계 BIM : Autodesk InfraWorks, AutoCAD Civil 3D : 여러 설계 대안 검토 및 시 각화

① 도로, 건물, 터널, 교량등 직접 3D 스케치
② 다양한 3D 설계 제안
③ 기본적인 토목 시설물 활용
④ 주행 및 경관 시각화 및 시뮬레이션
⑤ 기본 수치지도 및 GIS 데이터 활용

(2) 설계단계 BIM : AutoCAD Civil 3D, Autodesk Revit : 도로 및 교량 3D 모델링, 물량산출

① 도로 및 교량 3D 모델 작성
② 표준횡단을 선형계획과 종단계획에 따라 연결
③ 원지반까지 자동적으로 사면 산출
④ 선형과 종단 변경 시 즉각적인 Update
⑤ Station에 대해 즉각적 횡단도 도출
⑥ 코리도 변경 시 횡단도 자동 Update
⑦ 절토, 성토량에 대한 Section 별 물량산출 및 전 구간 물량산출
⑧ 코리더 기반으로 교량 모델링 생성 가능
⑨ 교량 라이브러리 작성
⑩ 교량 BIM 설계
⑪ 교량 공종별 물량 산출
⑫ 가상 시뮬레이션 가능

(3) 시공단계 BIM : Autodesk Navisworks : 시공성 검토, 설계 검토 및 공정관리

① 3D 데이터 통합
② 여러 공정간의 간섭체크
③ 자유로운 네비게이션 및 뷰 저장
④ 거리, 면적, 각도 측정
⑤ 공정별 4D 시뮬레이션
⑥ 프리마베라, MS프로젝트, 엑셀 데이터 등 공정관리 시스템과 연계

chapter 04

교재 목적

(1) 3D 설계 제품을 사용하는 입장에서 효율적으로 다양한 기능을 사용하여 토목 BIM 솔루션에 대한 전반적인 기능 숙지와 빠른 시간 내에 효과적으로 설계에 활용하기 위한 내용이 포함되어 있습니다.

(2) 토목 기반의 설계를 객체 기반 3D 정보 모델링 구축 교육을 통해 프로젝트를 BIM 프로세스를 따라 수행하고 관리할 수 있는 능력을 키워 설계의 효율성과 품질을 높일 수 있습니다.

(3) 설계 단계에서 발생하는 정보를 활용하여 시공 및 유지관리 시 활용하고, 제반 문제점에 대한 사전 파악 및 수정을 통해 공기단축 및 비용절감을 도모합니다.

(4) 이해하기 쉬운 객체 기반 3차원 설계방식을 이용하여 의사결정의 신속성과 정확성을 향상시키고, 관련 기술자의 원활한 의사소통 및 협업 능력을 향상할 수 있습니다.

chapter 05

교재 목표

(1) 효율적인 협업체계를 구축할 수 있는 역량 배양

(2) 설계 초기 단계에서 시뮬레이션을 통한 다양한 설계를 빠르게 검토

(3) 3차원 가상공간에서 자유롭게 이동하며 경관성 검토

(4) 고품질의 시각화로 설계 의도를 명확히 전달함으로 정확한 의사결정

(5) 파라메트릭 모델을 통한 설계 변경의 최소화

(6) 정면, 평면, 측면이 서로 연동되어 정확한 도면 작성

(7) 3차원 모델로부터 주요한 수량을 정확하게 산출

(8) 4D 시뮬레이션을 통한 시공 공정관리 및 공정 적정성 검토

(9) 분야별 BIM 모델 데이터의 대한 간섭 체크로 시공 과정의 문제점 확인

(10) BIM모델 데이터 연계한 동영상 생성

제3편

Civil 3D 활용 도로설계

03 Civil 3D 활용 도로설계

chapter 01 **Civil 3D기본개념 이해**

AutoCAD Civil 3D는 AutoCAD 플랫폼 위에 탑재된 강력한 3차원 토목 전용 CAD입니다. 그러므로 AutoCAD의 모든 기능을 포함하고 있으며, 지형공간정보데이터를 불러 들이고 가공할 수 있는 Autodesk Map3D의 기능을 모두 포함하고 있어 토목프로젝트의 기획에서부터 시공, 유지관리까지 전체적인 프로젝트 라이프사이클을 관리할 수 있도록 구성되어 있습니다. Civil 3D의 강력한 Dynamic Engineering Model은 하나의 설계 요소 변경 시 이 영향이 관련된 다른 요소에 자동 반영되어 프로젝트가 자동 업데이트 되도록 지원합니다. 관련설계요소, Visualization, 평면도 등이 완전히 연결되어 있어 설계의 정밀도를 높이면서 개념 설계의 시작에서부터 완료까지 작업을 기존 방법에 비해 월등히 빨리 수행할 수 있습니다.

(1) Civil 3D설계 프로세스
① 측량점(Points) & 지표면(Surfaces)
② 선형 설계(Alignments) & 종단면(Profiles)
③ 단면 설계 : Assemblies, Subassemblies, Corridors and Roads
④ IC 및 교차로(Intersection)
⑤ 구획(Parcels) & 정지(Gradings)
⑥ 파이프(Pipe)
⑦ 오우수(Stormwater)
⑧ 토공량(Earth Volume) & 수량산출(Quantity Take Off) 보고서

Civil 3D에 의한 설계 방법의 개요는 아래 그림과 같습니다. 토목설계에서 가장 기본이 되는 것이 지형도이며 Civil 3D에서는 3차원의 지형 모델을 생성하는 것에서부터 모든 설계가 시작됩니다.

AutoCAD Civil 3D는 다양한 토목설계에 필요한 기본 플랫폼 제공하여 도로, 철도, 교량, 댐, 항만, 하천, 수자원, 단지/부지, 조경, 유틸리티, 상하수도, 교통 설계 등에 활용할 수 있습니다. AutoCAD Civil 3D는 AutoCAD환경에서 설계 변경 시 동적인 업데이트가 이루어지도록 객체들 간의 지적인 상호연관 관계를 구성합니다.

- 점(Point)
- 3D면(Surface) : 지형
- 평면선형(Alignment)
- 종단(Profile)
- 표준횡단 및 횡단구성요소(Assembly, Subassembly)
- 코리더(Corridor)
- 횡단(Cross Section)
- 관망(Pipe Network)

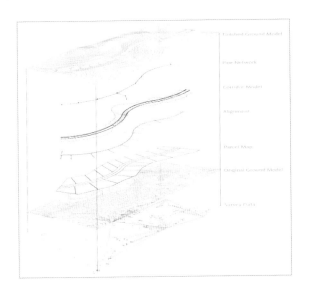

(2) Civil 3D 구성 기능

① 지표면

도면의 지표면 관리, 지표면 객체 작성시 명명된 지표면으로 작성(새 지표면, DEM, TIN 지표면 작성, LandXML 형식 내보내기 작업이 가능합니다.)

② 선형

도면의 선형을 관리합니다.

- 최상위 수준 선형 집합에 있으면 부지 집합에 포함된 구획과 상호작용하지 않습니다.
- 프로젝트 부지 수준 경우 하나의 부지에만 존재할 수 있으며 구획 및 형상선과 같이 부지 에 있는 다른 객체의 지오메트리와 상호 작용합니다.

③ 종단

- 종단 지반선이라고도 하는 지표면 종단은 지표면에서 추출되는 것으로서, 특정 루트에 따른 표고 변화를 표시합니다.
- 반면, 종단 배치는 구성할 표고 변경의 제안 사항을 표시하는 설계 객체입니다. 설계 종단 또는 종단 정지 계획선이라고도 하는 종단 배치는 보통 도로나 기타 기울기 작업 부지에 사용됩니다. 도로의 경우, 종단 배치에는 특정 속력으로 안전하게 운전하도록 설계된 경사와 원곡선이 포함될 수 있습니다.
- 종단 배치는 두 가지 유형의 원곡선(볼록형 원곡선 및 오목형 원곡선)을 사용합니다. 볼록형 종곡선은 언덕 위나 기타 기울기가 낮은 값으로 바뀌는 곳에 사용됩니다. 볼록형 종곡선에는 양수에서 음수로 바뀌는 경우, 양수에서 양수로 바뀌는 경우, 음수에서 음수로 바뀌는 경우의 세 가지 유형이 있습니다.

④ 종단 뷰

- 종단 뷰를 사용하면 종단을 그리드에 그래프 선으로 표시할 수 있습니다.
- 종단 뷰를 작성할 때는 어떤 기존 종단을 그리드에 표시할 것인지 지정합니다. 이 종단은 그리드에 새 종단 배치를 그리는 경우 참조로 사용합니다.
- 종단 뷰에는 하나 이상의 관련 종단과 X축을 따라 그리드 위 또는 아래에 있는 여러 데이터 밴드가 포함될 수 있습니다. 데이터 밴드는 종단에 측점 화면표시, 표고, 수평 지오메트리, 공학 분석에 도움이 되는 기타 데이터 등을 주석으로 추가합니다.
- 보통은 종단 뷰를 사용하여 여러 종단과 함께 도로, 파이프, 울타리 또는 그와 비슷한 구조물의 제안 루트를 표시합니다. 종단 뷰를 사용하여 선형을 따라 여러 지표면 또는 설계 종단의 표고를 비교합니다.
- 종단 뷰 내에서 다른 선형의 종단을 겹칠 수 있습니다. 예를 들어, 도로의 종단 뷰에서 같은 코리더를 차지하는 전선 매립용 지하 파이프의 종단을 중복되게 겹칠 수 있습니다. 종단을 겹치면 도로 지표면에 사용되는 것과 동일한 선형 측점과 관련해서 암거 표고를 분석할 수 있습니다.

⑤ 단면 검토선

- 단면 검토선 그룹이 작성되면 단면 검토선 그룹 집합에 SLG-1과 같은 명명된 단면 검토선 그룹으로 표시됩니다.
- 단면 검토선은 단면 검토선 그룹 집합에 있는 명명된 단면 검토선 그룹에 SL-1처럼 명명된 단면 검토선으로 표시됩니다.

⑥ 표준횡단

- 표준횡단 및 횡단구성요소 객체는 AutoCAD Civil 3D 코리더 모형의 주 구조물을 작성합니다.
- 횡단구성요소 : 횡단 구성 요소를 관리합니다.
- 코리더 설계의 기본 단위입니다.

- 횡단구성요소는 코리더 횡단에 사용되는 구성요소의 지오메트리를 정의하는 AutoCAD 도면 객체(AECCSubassembly)입니다. AutoCAD Civil 3D는 도구 팔레트와 도구 카탈로그를 통해 이동 차선, 연석, 측면경사, 배수로 등의 구성요소에 대해 미리 구성된 횡단구성요소를 제공합니다. 이러한 횡단구성요소는 점, 링크 및 쉐이프라는 선택적으로 닫힌 면적 세트로 정의됩니다.
- AutoCAD Civil 3D와 함께 제공되는 횡단구성요소에는 동적 요소가 연계 되어 있습니다. 횡단구성요소는 편경사, 잘라내기 또는 채우기 요구사항과 같은 조건에 따라 자동으로 수정될 수 있습니다.

⑦ 코리더

도로, 고속도로 및 선로와 같은 연속 구조물에 대해 유연하고 구성 가능한 3D 모형을 작성할 수 있습니다.

⑧ 코리더 횡단(단면도)
- 횡단 객체가 작성되면 횡단 객체는 명명된 각 단면 검토선의 횡단 집합에 SLG-1-SL-1-EG(1)과 같이 명명된 횡단으로 표시됩니다.
- 하나 이상의 횡단이 현재 도면에 추가되면 횡단 집합을 확장하여 횡단 이름을 확인합니다.
- 테이블 모양의 다양한 횡단 유형 리스트가 통합관리 리스트 뷰에 표시됩니다.
- 지표면 횡단, 코리더 횡단, 코리더 지표면 횡단, 관망 횡단, 재료 리스트 횡단과 같은 유형이 포함될 수 있습니다.

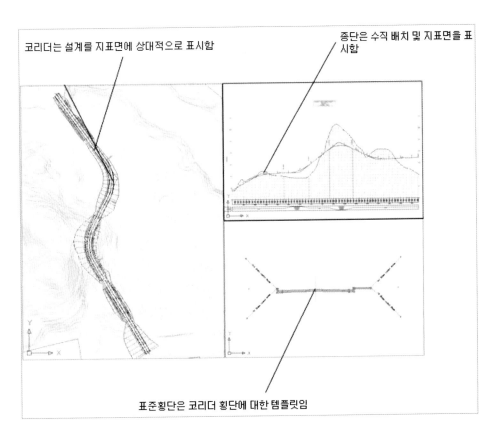

표준횡단은 코리더 횡단에 대한 템플릿임

⑨ 횡단 뷰

- 개별 횡단 뷰 객체를 작성하면 명명된 각 단면 검토선에 대한 횡단 뷰 그룹 집합의 개별 횡단 뷰 아래에 있는 항목 뷰에 0+00.00(1)과 같이 명명된 횡단 뷰로 표시됩니다.
- 여러 횡단 뷰 객체를 작성하면 횡단 뷰 그룹 집합의 상위 횡단 뷰 그룹 아래에 있는 항목 뷰에 명명된 횡단 뷰로 표시됩니다.

⑩ 관망

- 관망 객체(파이프, 구조물)가 작성되면 네트워크에 관망객체가 표시
- 간섭 검사 항목에서 충돌 교차 요소를 파악할 수 있습니다.

요소의 실제 3D 모형을 비교하여 간섭을 확인합니다. 간섭 검사를 실행하면 잘못된 방식으로 실제로 겹치거나 충돌하거나 교차하는 관망 요소 또는 미리 정의된 근접 기반 기준을 위반한 관망 요소를 식별할 수 있습니다. 스타일 기반 비주얼 표식기를 선택하여 관망의 간섭을 식별하거나, 간섭을 실제 3차원 표현으로 화면표시 하도록 선택할 수 있습니다. 간섭 조건을 그대로 둘 수도 있고, 도면에서 요소를 이동하여 간섭 조건을 해결할 수도 있습니다.

(3) Civil 3D인터페이스

① 응용프로그램 메뉴

새로 만들기, 열기, 저장, 내보내기, 닫기 등과 같은 파일 관리 명령과 함께 응용프로그램에 있는 다른 명령을 찾을 수 있는 키워드 검색 기능이 포함되어 있습니다. 또한, 최근에 사용하거나 현재 열려 있는 문서를 응용프로그램 메뉴에서 쉽게 확인할 수 있습니다. 최근 문서에는 DWG, DWT, DWS, DXF 등과 같이 응용 프로그램에서 열 수 있는 모든 파일 형식이 포함됩니다. 고정핀을 사용하면 응용프로그램 메뉴의 최근에 연 항목 리스트에 파일이 계속 표시됩니다. 리본에서 고정핀은 열린 리본 패널을 유지하는 데 사용됩니다.

② 신속 접근 도구막대

자주 사용하는 명령이 들어 있습니다.

풀다운 버튼을 클릭, 추가 명령을 클릭하여 신속 접근 도구막대에 도구를 추가할 수 있으며, 리본의 도구를 마우스 오른쪽 버튼으로 클릭하여 신속 접근 도구막대로 보낼 수도 있습니다.

③ 리본

탭과 패널 모음을 통해 도구에 쉽게 액세스하여 명령을 입력할 수 있습니다.
각 탭에는 여러 패널이 포함되어 있으며, 각 패널에는 여러 도구가 포함되어 있습니다.
일부 패널을 확장하면 추가 도구에 액세스할 수 있습니다.

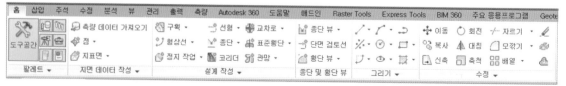

④ 도구공간

통합관리 탭, 설정 탭 및 측량 탭으로 구성(홈 또는 뷰 탭팔레트- 패널-도구공간)

설계 객체를 관리하려면 통합관리 탭을 사용합니다. 점파일형식, 설명 키세트 및 정지조건 세트등의 객체설정, 스타일 및 기타도면 항목을 관리하려면 설정 탭을 사용합니다. 측량 프로젝트 데이터 및 설정을 관리하려면 측량 탭을 사용합니다.

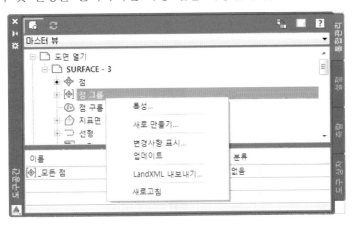

⑤ 통합관리 탭

도면 및 프로젝트 객체를 관리하고 액세스할 수 있습니다.

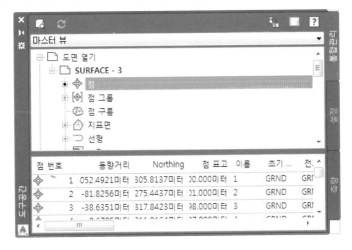

⑥ 마스터 뷰

도면 템플릿을 비롯하여 모든 프로젝트 및 도면 항목을 표시합니다.

활성 도면의 이름이 강조됩니다.

⑦ 활성 도면 뷰

활성 도면에 있는 항목만 표시합니다. 다른 도면으로 전환할 경우 트리가 업데이트되어 새 도면을 반영합니다.

⑧ 설정탭

- AutoCAD Civil 3D 객체의 스타일을 관리하고 도면과 명령의 설정을 관리합니다.
- 다른 객체 유형에 대한 스타일이 구성되며 빈 도면에서도 이러한 스타일은 대부분 표준 계층 구조에 화면 표시됩니다. 도면에서 스타일을 작성 및 수정한 다음 템플릿으로 저장할 수 있고 이 템플릿을 기반으로 하는 후속 도면에서는 동일한 스타일 세트가 자동으로 사용 가능하게 됩니다.
- 객체, 레이블 및 테이블 스타일을 수정할 수 있습니다. 도면 및 명령의 설정을 조정할 수도 있습니다.

chapter 02

사용자환경 설정

AutoCAD Civil 3D의 작업공간은 AutoCAD의 [제도 및 주석], AutoCAD 3D 모델 작업공간의 [3D 모델링], Map3D 작업공간의 [계획 및 분석], Civil 3D작업공간의 [Civil 3D]로 구성되어 있습니다. 사용자가 각 기능에 맞게 작업공간을 변경하여 사용하시기 바랍니다. 본 교재에서는 Civil 3D를 기능 위주로 작업하므로 [Civil 3D] 작업공간에서 작업합니다.

① 인터페이스 설정을 위하여 Civil 3D 실행 후 상단 작업공간에서 Civil 3D로 전환합니다.

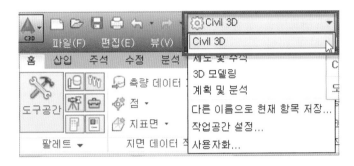

② Civil 3D 환경은 [도구공간]에서 모든 작업을 할 수 있으며 [통합관리와 설정]으로 나누어져 있습니다. 객체는 서로 연관되어 설계되기 때문에 한 개 객체에 변화가 생기면 자동으로 다른 객체도 재생성되어 아이콘에 변화된 상황을 보여줍니다.

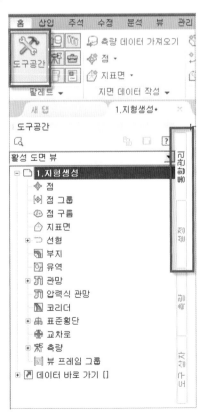

토목설계에서 가장 기본이 되는 것이 지형도이며 Civil 3D에서는 3차원의 지형모델을 생성합니다. 따라서 Civil 3D를 사용한 설계에서는 3차원 지형모델을 작성하는 것부터 작업이 시작됩니다. 이것이 기존의 2차원 설계와 큰 차이점이라 할 수 있습니다.

지형모델은 종이도면을 스캔한 데이터, 측량데이터 등의 포인트데이터, DM(디지털 매핑)파일, 수치지도 데이터 등을 바탕으로 작성이 됩니다. 이 작업이 번거로운 작업이라고 생각될 수도 있지만 데이터만 있으면 지형은 쉽게 구축이 되며, 일단 지형이 작성이 되면 3차원을 특별히 인식하지 않고도 기존의 설계와 마찬가지 방법으로 설계를 수행할 수 있습니다. 그러나 최종적으로는 3차원의 면모델을 생성하며 이것은 기존 지형 및 계획시설에 대한 다양한 데이터 활용 및 분석을 가능하게 하여 기존 2D 방법보다 월등한 장점을 제공하게 됩니다.

(1) 수치지형도를 이용한 지형모델링 구축

지형모델구축이 가능한 것으로 등고선, DEM파일, Civil 3D인 객체인 Point 등이 있으며 점, 선, block, Text 등의 Drawing object도 3차원 지형모델 생성에 사용될 수 있습니다.

지표면의 구분은 임의의 점 세트에 대한 삼각망 작업으로 형성되는 TIN 지표면, DEM (Digital Elevation Models)과 같은 보통 그리드에 있는 점으로 형성되는 그리드 지표면, 맨 위(비교) 및 기준 지형의 점을 조합하여 작성된 복합 지표면으로, 차등 지표라 불리는 TIN 토량 지표면, 사용자 지정 그리드의 점을 사용하여 사용자가 지정한 맨 위 및 맨 아래 지표면을 기준으로 한 차등 지표면 그리드 토공면, 기본 코리더 모형에서 추출된 데이터를 사용하여 작성된 코리더 지표면으로 구분됩니다.

① 샘플폴더에서 [1.Civil 3D_도로₩1.지형생성.dwg] 파일을 열기합니다.
② 수치지형도 파일은 등고선(레이어 7111/7114) 및 표고점(레이어 7217)으로 이루어져 있으며 각각의 객체는 높이 값을 가지고 있습니다.

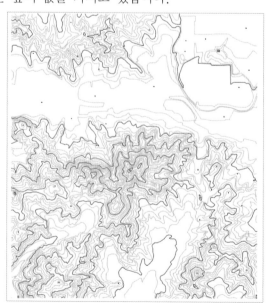

③ 새로운 지표면 작성을 위해 [도구공간 - 통합관리] 탭에서 [지표면 - 지표면 작성] 선택
합니다. (CAD의 도면 객체인 높이 값을 가진 폴리선과 블록 데이터를 기반으로 3D 지형
을 작성해 보도록 하겠습니다.)

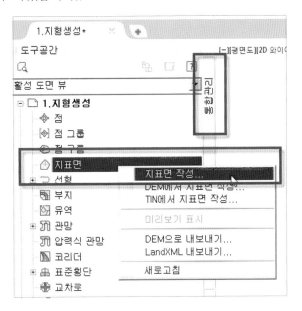

④ [지표면 작성] 창에서 유형 [TIN지표면] 선택하고 "확인" 클릭합니다.
Surface1 지표면이 생성 됩니다.

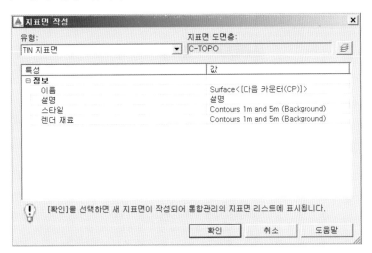

⑤ [통합관리] – [지표면 – surface1 – 정의] 확장하여 [등고선 – 추가] 선택합니다.

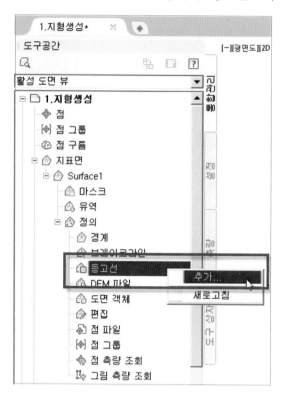

⑥ [등고선 데이터 추가] 창에서 "확인"을 클릭합니다.

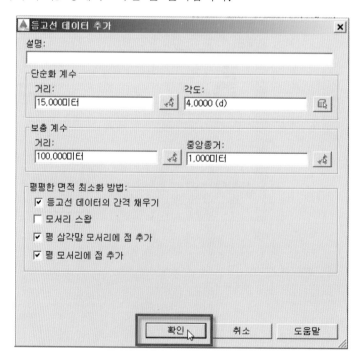

⑦ [명령 창]에 "등고선 선택"이라는 말이 나오면 도면의 등고선 객체를 선택 한 후 "엔터"
  클릭합니다. 등고선이 형성되는 것이 보일 것 입니다. (레이어 7111, 7114 등고선 선택
  합니다.)

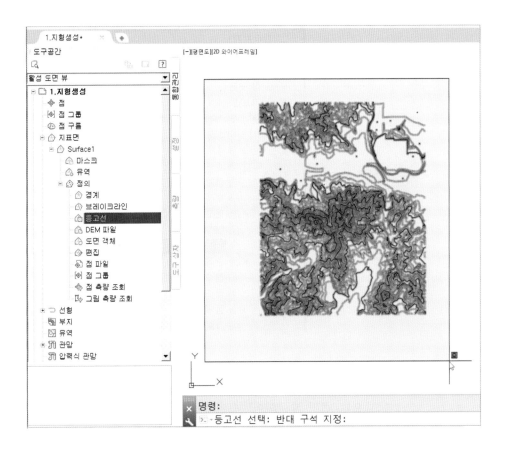

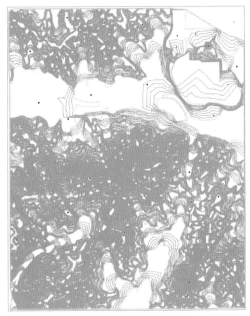

⑧ [통합관리] - [지표면 - surface1 - 정의 - 도면객체 - 추가] 선택합니다.

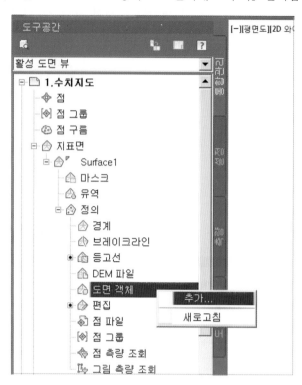

⑨ Z값을 갖는 X모양의 블록도 추가시키기 위해 [도면 객체의 점 추가] 창에서 객체유형을 "블록"으로 변경 후 "확인" 클릭합니다. (AutoCAD의 점, 선, 블록, 문자, 3D면, 폴리면 같은 높이 값을 가진 도면 객체는 3D 지형에 추가 가능합니다.)

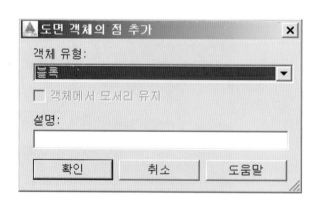

⑩ [명령 창]에 "객체 선택"이라는 말이 나오면 도면 전체 선택 후 "엔터"를 클릭합니다.
지형이 재생성 되며, 블록 41개 객체가 업데이트 되었습니다.

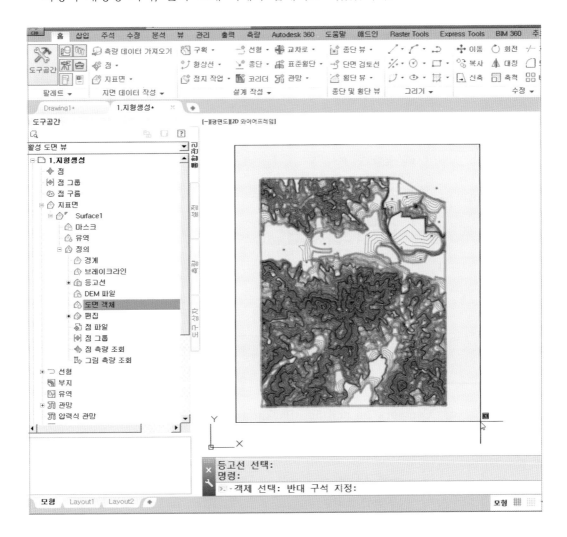

⑪ [통합관리] – [지표면 – surface1 – 지표면특성] 선택합니다.

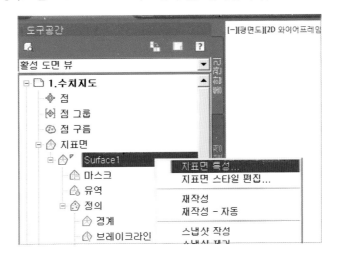

⑫ [지표면 특성] 창에서 지표면 스타일은 "Contours 1m and 5m (Background)"로 되어 있습니다.

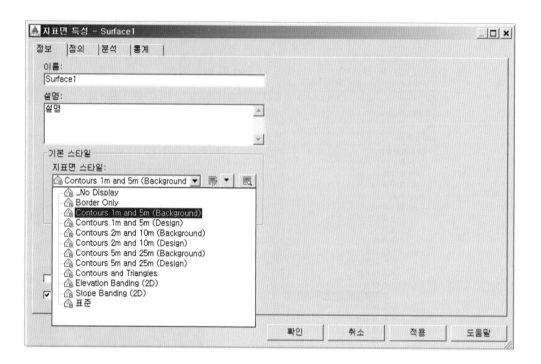

⑬ "Contours 1m and 5m (Background)" 스타일 변경을 위해 [현재 선택요소 편집] 클릭 합니다.

⑭ [지표면 스타일] – [화면표시] 탭에서 "보조 등고선" 레이어를 활성화하고 "확인" 클릭합니다. ([등고선] 탭에서 등고선 설정 및 간격 조정 등이 가능합니다.)

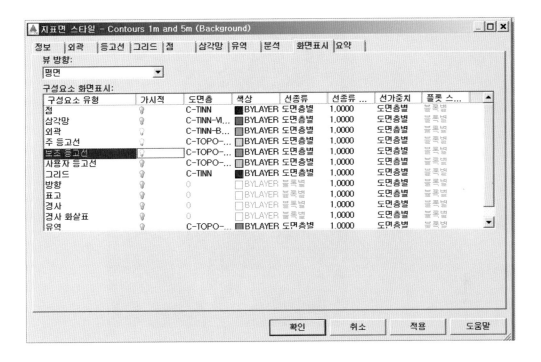

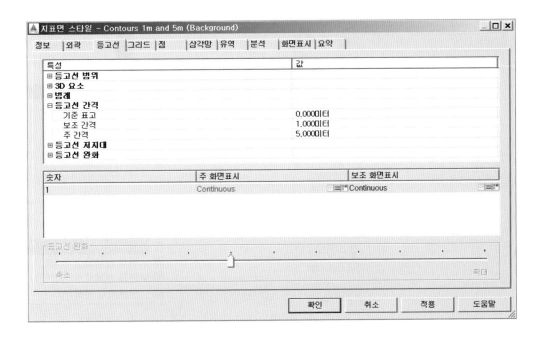

⑮ 지표면에 등고선 스타일일 변경되었습니다. 이와 같이 [지표면 특성] 창에서 스타일을 변경시킴으로써 여러 가지 스타일을 화면에 표시 가능합니다.

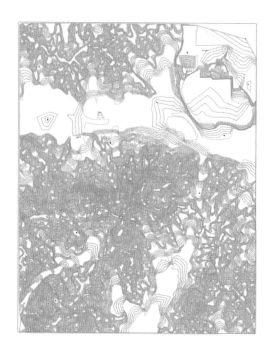

⑯ 다시 [지표면 특성] 창에서 "지표면 스타일"을 "새로 만들기" 클릭합니다.

⑰ [지표면 스타일] – [정보] 탭에서 이름을 "삼각망"으로 입력합니다.

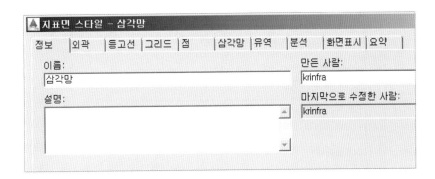

⑱ [화면표시] 탭으로 이동하여 "삼각망"과 "외곽" 레이어만 활성화 하고 다른 레이어는
비활성화 합니다. "확인" 클릭합니다.

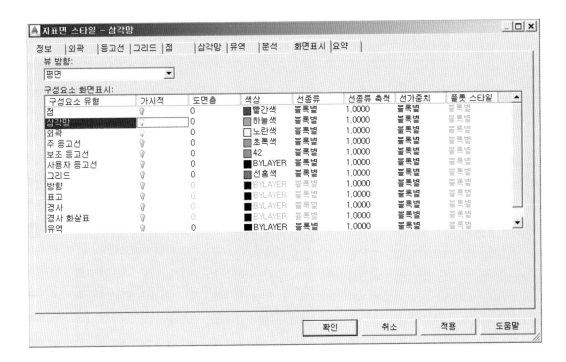

⑲ [지표면 특성] – [지표면 스타일]을 새로 만든 "삼각망"을 선택 후 확인을 클릭합니다.

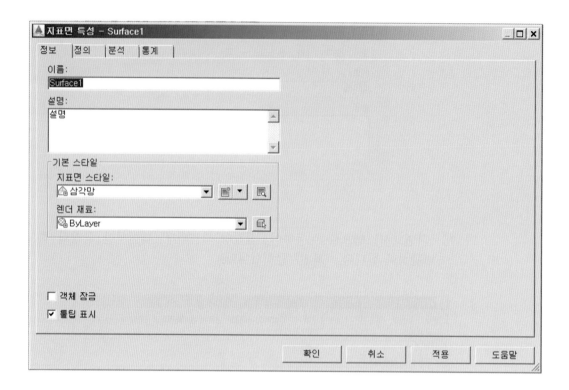

⑳ 지표면 스타일이 삼각망으로 변경되어 화면에 표시 됩니다.

㉑ 이런 지표면 스타일은 [도구공간 -설정] 탭에서 [지표면스타일]에서 관리되고 여러 가지 방식으로 작성, 편집이 가능합니다. ([지표면스타일]에서 바로 스타일 작성 편집이 가능하고 적용 된 스타일은 노란 삼각형이 표시됩니다. 또한, 객체를 선택하여 마우스 오른쪽 버튼을 클릭하여도 스타일 편집이 가능합니다.)

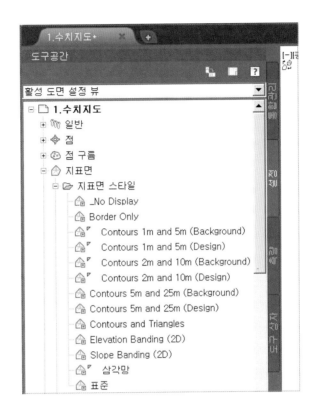

(2) 지형 모델링 활용 방법

Civil 3D에서 3D 지표면을 생성하면 여러가지 지형 검토 및 분석을 진행 할 수 있습니다.
이번 과정에서는 작성된 3D 지형 모델링을 활용하는 방법에 대해서 배워 보도록 하겠습니다.

1) 빠른 종단 작성
  • 빠른 종단 : 상세 설계를 작성하기 전에 폴리선 객체를 이용하여 표고 데이터를 빠르게 생성할 수 있습니다.
  ① 지표면 스타일을 "Border Only" 변경합니다. (지표면을 가볍게 보기 위해 지표면 외곽선만 활성화 합니다.)

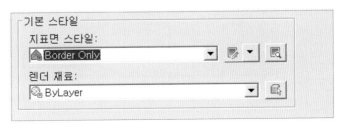

② 선형 경로의 임의로 폴리선 작성합니다.

③ 작성된 폴리선 선택 후 오른쪽 마우스 클릭하여 메뉴에서 [빠른 종단] 선택합니다.

④ [빠른 종단 작성] 창에서 "확인" 클릭합니다.

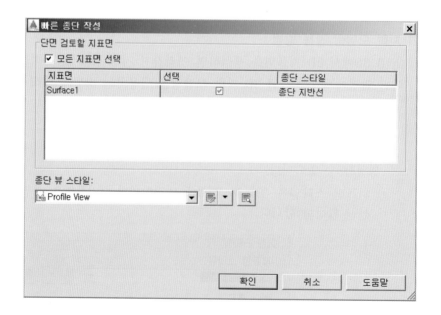

⑤ 빈 화면 클릭하여 "종단 뷰"를 생성합니다.

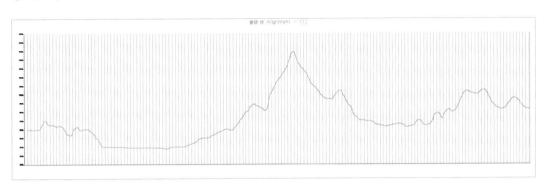

⑥ "종단 뷰" 선택하고 오른쪽 마우스 클릭하여 메뉴에서 [종단 뷰 스타일 편집] 선택합니다.

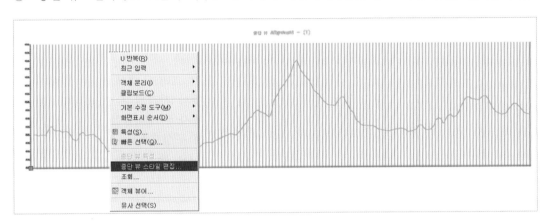

⑦ [종단 뷰 스타일] - [화면표시] 탭에서 "주 수평 그리드, 보조 수평 그리드, 주 수직 그리드, 보조 수직 그리드" 레이어 조정으로 원지반 종단 부분만 화면에 활성화 할 수 있습니다.

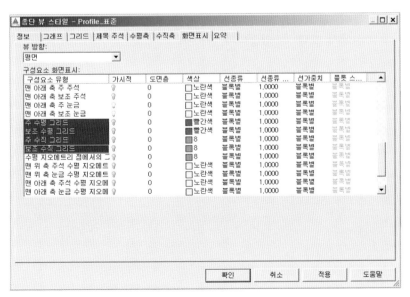

⑧ 폴리선 경로에 따른 종단 정보를 볼 수 있으며 폴리선 위치를 변경하면 종단 정보도 같이 변경됩니다. (빠른 종단은 임시 객체입니다. 저장 명령을 사용하거나 도면을 종료하면 빠른 종단은 삭제 됩니다)

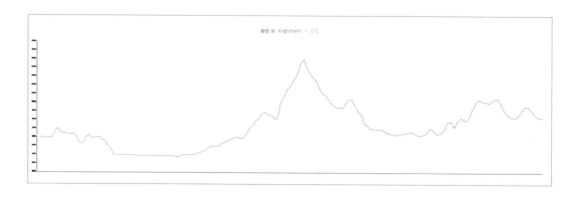

2) 두 지점의 경사도 산출 및 지점 EL(표고점)산출

• 경사 레이블 : 경사는 TIN 면 또는 지표면 그리드 셀에 있는 경우 단일 점으로부터 시작되고, 그렇지 않은 경우에는 두 점 사이에서 시작될 수 있습니다. 기울기나 경사 감소를 나타내는 음수 값으로 기울기나 경사로 경사에 레이블을 달 수 있습니다. 경사의 방향은 경사 레이블 스타일에 정의된 방향 화살표 구성요소로 표현됩니다.

• 경사 레이블 스타일 : 기울기, 경사로 레이블 표시할 수 있으며 글꼴(레이블 스타일 작성기에서 설정), 문자 높이(레이블 스타일 작성기에서 설정), 방향(레이블 스타일 작성기에서 설정), 방향 화살표(레이블 스타일 작성기에서 설정), 방향 화살표 위/아래 위치(레이블 스타일 작성기에서 설정), 속성(문자 구성요소 편집기 – 내용 대화상자의 특성 탭에서 설정), 경사/기울기 값, 형식/소수점 자리수(레이블 스타일 작성기에서 설정), 퍼센트, 소수점, 길이/높이의 요소가 필요합니다.

• 워터 드롭 : 물의 유속을 나타내는 2D 또는 3D 폴리선을 그리고 경로의 시작점도 표시합니다. 채널이 분할되면 각 워터 드롭 경로를 따르도록 새 폴리선이 그려집니다. 예를 들어, 등고선을 따라 다른 점에서 유역 유속을 그리기 위해 여러 워터 드롭 경로를 등고선에서 그릴 수 있습니다.

① [리본 - 주석] 탭에서 [레이블 추가 - 지표면 - 표고점] 선택합니다.

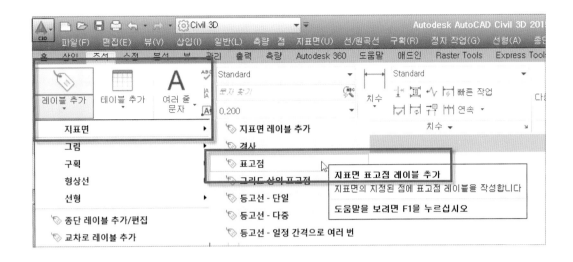

② 지표면 화면에 클릭하면 표고점이 표시 됩니다.

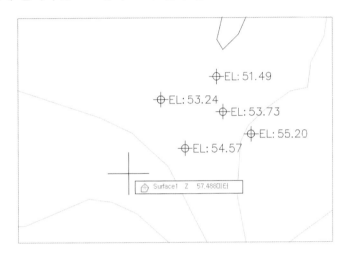

③ [리본 - 주석] 탭에서 [레이블 추가 - 지표면 - 경사] 선택합니다.

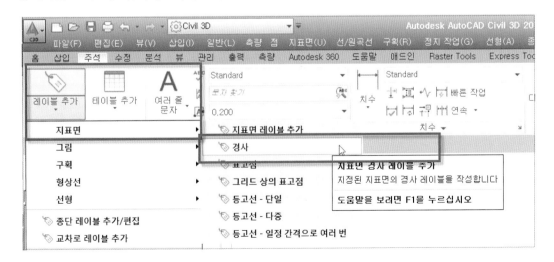

④ [명령 창]에서 레이블 작성에 한점 또는 두 점을 정의하고 지표면에 클릭하면 경사도가 표시됩니다.

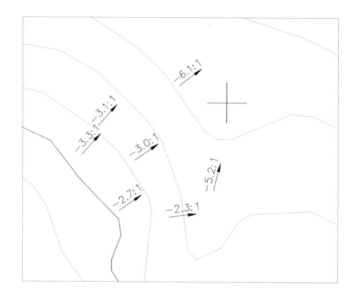

⑤ [리본 – 분석] 탭에서 [흐름경로 – 워터 드롭] 선택합니다.

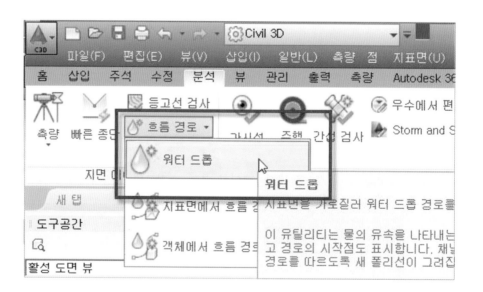

⑥ [워터 드롭] 창에서 경로 객체 유형을 "3D 폴리선"으로 변경하고 "확인" 클릭합니다.
지표면 화면에 클릭하면 물의 흐름을 알 수 있습니다.

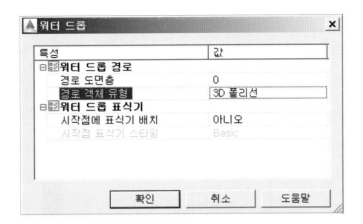

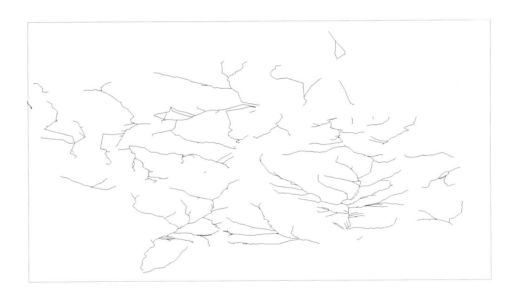

3) 표고분석, 경사도분석, 우수흐름 분석, 유역면적 분석

지표면분석

• 방향 : 방위 분석에 사용되며 향해 있는 방향에 따라 다르게 지표면 삼각망을 렌더링합니다.

• 표고 : 표고 밴드 분석에 사용되며 표고 범위에 따라 다르게 지표면 삼각망을 렌더링합니다.

• 경사 : 속해 있는 경사 범위에 따라 다르게 지표면 삼각망을 렌더링합니다.

• 경사 화살표 : 경사 방향 분석에 사용되며 각 삼각망 면중심점에 경사 방향 화살표를 배치합니다. 화살표 색상은 경사 분석과 비슷하게 경사 범위에 지정된 색상을 기준으로 합니다.

• 등고선 : 표고 범위에 따라 다르게 등고선을 렌더링합니다.

• 사용자 정의 등고선 : 표고 범위에 따라 다르게 사용자 정의 등고선을 렌더링합니다.

• 유역 : 유형에 따라 다르게 유역을 렌더링 합니다.

① [통합관리] - [지표면 - surface1 - 지표면 스타일 편집] 선택합니다.

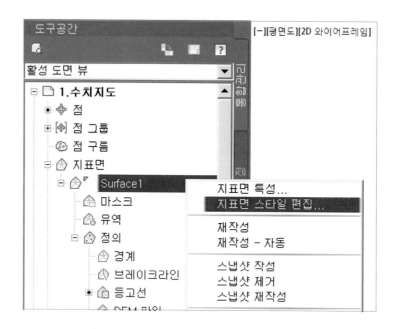

② [지표면 스타일] 창 [화면표시] 탭에서 "표고" 레이어만 활성화하고 "확인" 클릭합니다.

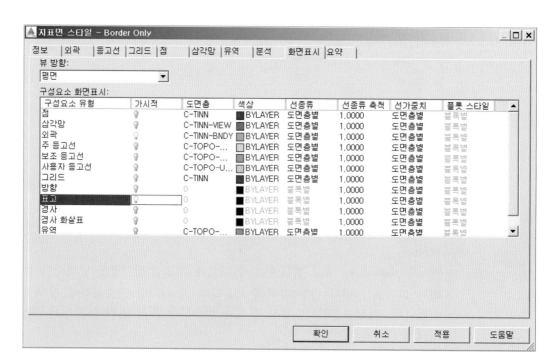

③ 지표면의 "표고분석" 스타일로 표현됩니다.

④ 다시 지표면 스타일 편집하여 [지표면 스타일] 창 [화면표시] 탭에서 "경사" 레이어를
활성화하면 "경사도 분석"을 할 수 있으며 "경사 화살표" 레이어를 활성화하면 "우수
흐름분석"을 할 수 있습니다.

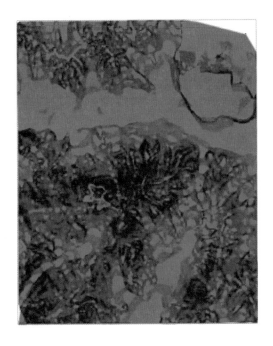
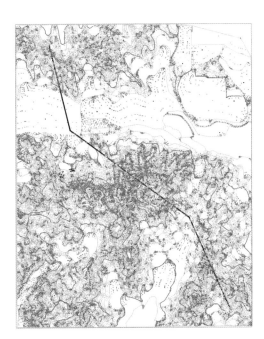

⑤ 다시 "표고" 레이어만 활성화 하고 [지표면 특성]을 선택합니다.

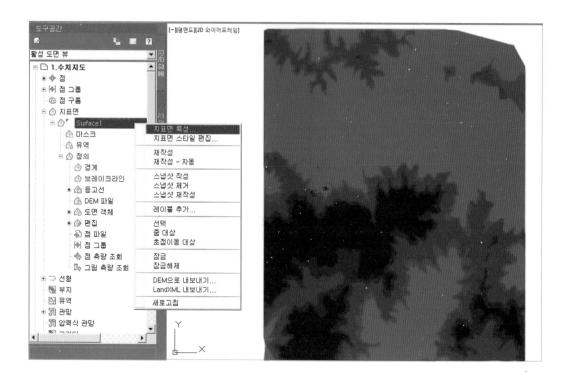

⑥ [지표면 특성] 창 [분석] 탭에서 분석유형을 "표고"로 선택하고 범위에서 개수를 "4"을 선택 후 오른쪽 옆에 "분석 실행" 화살표를 클릭합니다.

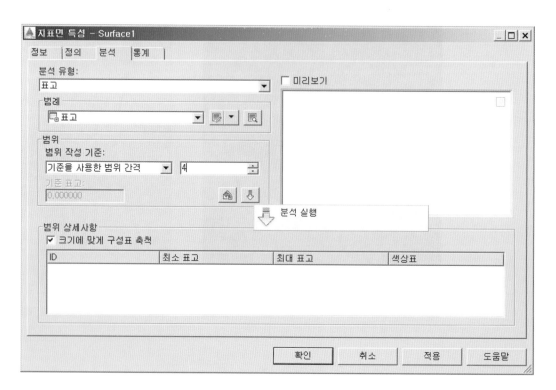

⑦ 범위 상세사항에서 구성표에 색을 더블 클릭하여 그림과 같이 변경합니다.
  (최소 표고, 최대 표고 색상표를 사용자가 변경 가능합니다.)

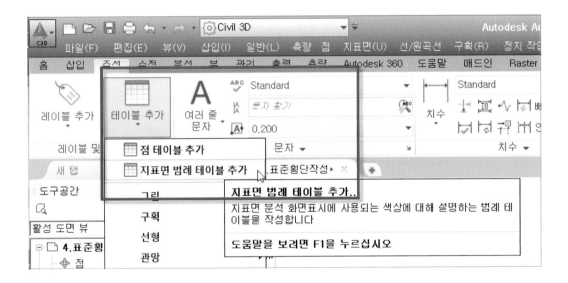

범위 상세사항
☑ 크기에 맞게 구성표 축척

ID	최소 표고	최대 표고	색상표
1	30.000미터	60.000미터	
2	60.000미터	75.000미터	
3	75.000미터	99.314미터	
4	99.314미터	159.900미터	

⑧ [리본 - 주석] 탭에서 테이블 추가 - 지표면 범례 테이블 추가 클릭합니다.

⑨ [명령 창] 에서 표고〈E〉 - 동적〈D〉 - 도면 빈 곳을 클릭하면 "표고 테이블"이 작성됩니다. ("표고테이블"을 이용하여 표고 높이에 따라 면적을 알 수 있습니다. [지표면 특성 - 분석] 탭에서 최대 최소 표고를 변경시키면 자동으로 테이블 면적도 동적으로 변경됩니다.)

	Elevations Table			
Number	Minimum Elevation	Maximum Elevation	Area	Color
1	30.00	60.00	2994742.73	
2	60.00	75.00	1174112.42	
3	75.00	99.31	1069238.23	
4	99.31	159.90	911301.88	

⑩ "테이블" 선택하고 오른쪽 마우스 클릭하여 메뉴에서 [테이블 스타일 편집] 선택합니다.

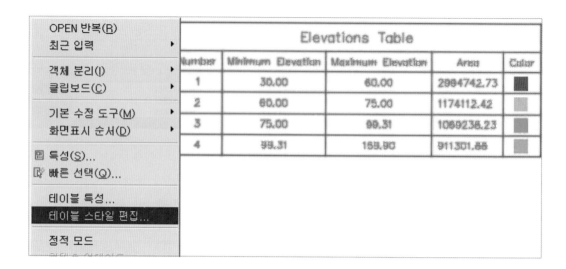

⑪ "[테이블 스타일] - [데이터 특성] 탭에서 "열 추가" 클릭합니다.

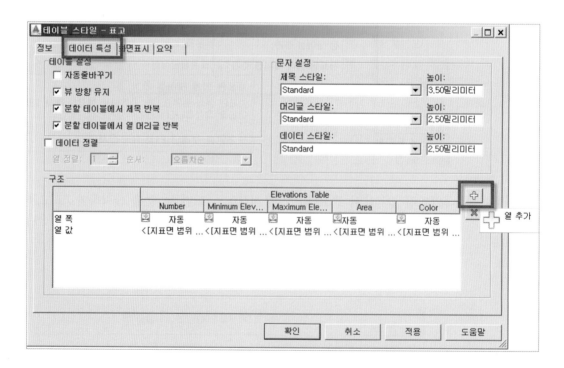

⑫ 열이 추가되면 도면에 표시될 "이름 및 데이터"를 사용자가 추가할 수 있습니다.

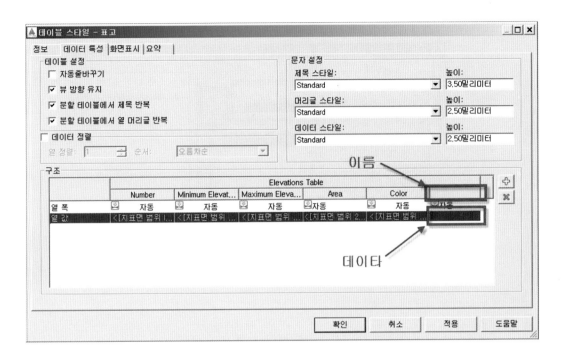

⑬ 이름 부분을 더블클릭하면 "문자 구성요소 편집기" 창이 활성화 됩니다. 우측에 사용자가 이름을 입력할 수 있습니다 여기서는 3D면적으로 이름을 부여하고 확인을 클릭합니다.

⑭ 마찬가지로 데이타 부분을 더블클릭하면 "문자 구성요소 편집기" 창이 활성화 됩니다.
특성에서 사용자가 원하는 데이터를 선택하여 우축 화살표 클릭으로 데이터를 추가합니다.

⑮ 설정된 이름 및 데이터가 화면에 표시 됩니다.

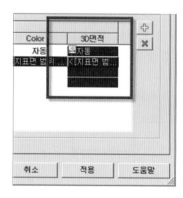

	Elevations Table				
Number	Minimum Elevation	Maximum Elevation	Area	Color	3D 면적
1	30.00	60.00	2994742.73		3033356.70
2	60.00	75.00	1174112.42		1219262.22
3	75.00	99.31	1069238.23		1128733.21
4	99.31	159.90	911301.88		968282.02

도로 선형, 종단, 코리더 설계

(1) 선형설계

선형 지오메트리를 폴리선으로 그린 다음 해당 지오메트리로부터 명명된 선형을 작성할 수 있으며 보다 쉽게 제어할 수 있도록, 선형 배치 도구를 사용하여 선형 객체를 작성할 수 있습니다. 선형 구성요소 사이의 접선 관계를 자동으로 유지하면서 그립 또는 선형 배치 도구 도구막대의 명령을 사용하여 선형 편집을 수행할 수도 있습니다.

독립 실행형 객체가 되거나 종단, 횡단 및 코리더의 상위 객체가 될 수 있습니다. 선형을 편집하면 변경 사항이 관련 객체에 자동으로 반영됩니다.

① 선형 유형 : 중심선, 간격 띄우기, 기타 또는 연석 굴곡부의 유형을 지정합니다.선형 유형을 사용하여 선형 기능에 따라 데이터를 범주화할 수 있습니다. 도로 중심선에 대해서는 중심선 유형을 선택하고, 시설물 도수관과 같은 다른 용도에 대해서는 기타 유형을 선택합니다. 두 유형은 독립적인 객체입니다.

② 선형 레이블 스타일 : 레이블 세트와 선형 레이블의 개별 유형, 선형 테이블 스타일에 해당하는 하위 폴더가 포함되어 있습니다. 주 측점 및 보조 측점과 같은 선형 레이블의 특정 유형을 마우스 오른쪽 버튼으로 클릭하고 기본 레이블 설정을 편집하거나 레이블 스타일을 작성할 수 있습니다.

③ 선형 편집 : 지오메트리 또는 매개변수 값을 수정하여 선형을 편집합니다. 선형을 그립 편집하거나 기하학적 값을 수정하거나 구속조건기반선, 원곡선 및 완화곡선 도면요소를 추가할 수 있습니다.

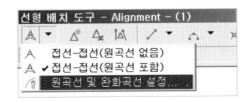

1) 배치로 선형 작성

　① 샘플폴더에서 [1.Civil 3D_도로₩2.선형설계.dwg] 파일을 열기합니다.
　　(앞에서 지표면 작성한 결과물을 이용하여 계속해서 설계 진행 하셔도 됩니다.)

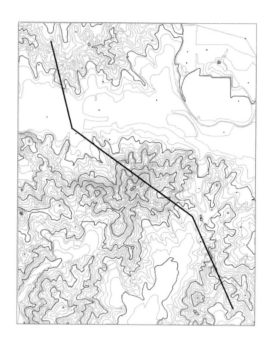

　② [리본 - 홈] 탭에서 [선형 - 선형 작성 도구] 클릭합니다.

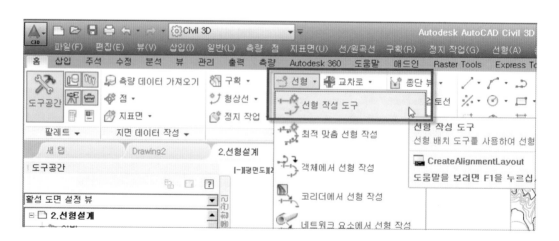

③ [선형 작성] 창에서 "확인" 클릭하면 [통합관리] – [선형 – 중심 선형] 아래에
  "Alignment – (1)" 선형이 생성됩니다.

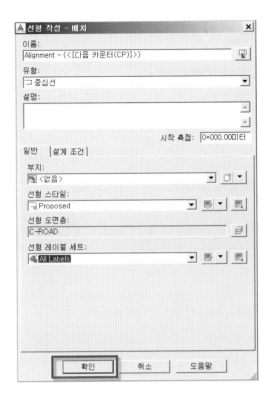
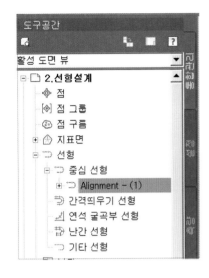

④ 선형 생성과 동시에 [선형 배치 도구]가 나타납니다.
  ([선형 배치 도구]는 선형을 전문적으로 작도할 수 있는 도구 툴입니다.)

⑤ [원곡선 및 완화곡선 설정]을 클릭합니다.

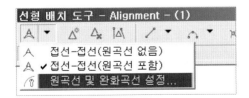

⑥ [원곡선 및 완화곡선 설정] 창에서 Civil 3D에서 지원하는 완화곡선의 종류를 알 수 있습니다. "클로소이드"를 선택합니다. (완화곡선의 수식 값은 [도움말 - 완화곡선 정의 정보]에서 알 수 있습니다.)

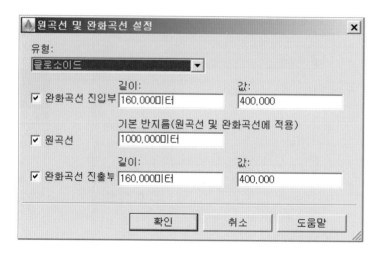

■ 클로소이드 완화곡선 공식

클로소이드 완화곡선은 다음과 같이 설명될 수 있습니다. $\theta = \dfrac{l^2}{2RL}$

완화곡선의 평평도 : $A = \sqrt{LR}$

완화곡선에 대응되는 총 각도 : $i_s = \dfrac{L}{2R}$

접선-완화곡선 점에서 완화곡선-원곡선 점의 접선거리 :

$$X = L * \left[1 - \dfrac{L^2}{40R^2} + \dfrac{L^4}{3456R^3} - \cdots \right]$$

접선-완화곡선 점에서 완화곡선-원곡선 점의 접선 간격띄우기 거리 :

$$Y = \dfrac{L^2}{6R} \left[1 - \dfrac{L^2}{56R^2} + \dfrac{L^4}{7040R^4} - \cdots \right]$$

⑦ 완화곡선과 진입부와 진출부 설정 값을 "160m", "원곡선 값은 1,000m" 입력합니다.

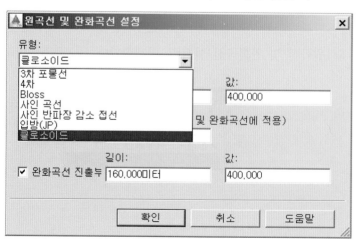

⑧ 다시 [선형 배치 도구] 창에서 [접선–접선(원곡선 포함)] 클릭합니다.

⑨ 시작점과 중간 ip점 끝점을 클릭하면 다음과 같은 선형이 생성됩니다. ([직선–완화곡선
－원곡선－완화곡선－직선 － 완화곡선 － 원곡선 － 완화곡선 － 직선]구간, 선형이 변경되
어도 매개변수 값은 같이 변경됩니다.)

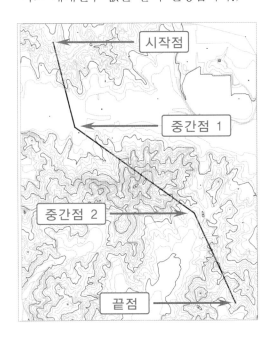

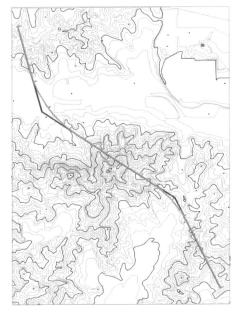

⑩ [선형 배치 도구] 창에서 [선형 그리드 뷰] 선택하면 [속성 편집 테이블] 창이 활성화
됩니다. [속성 편집 테이블] 창에서 IP좌표, 곡선반경, 완화곡선의 길이 및 매개변수값
등을 수정할 수 있습니다.

⑪ [선형 배치 도구] 창에서 [하위 도면요소 편집기] 및 [하위 도면요소 선택] 기능으로 선형 지오메트릭을 선택하면 [선형 배치 매개변수] 창에서 필요한 부분의 정보를 알 수 있습니다.

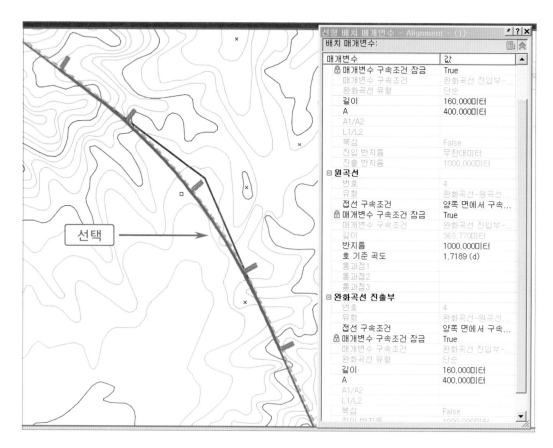

⑫ [선형 배치 도구] 창에서 [AutoCAD 선 및 호 변환] [하위 도면요소 방향 반전], [하위 도면요소 삭제]와 같은 기능들도 잘 알아두면 선형 설계에 도움이 됩니다.

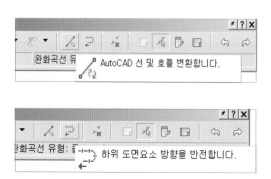

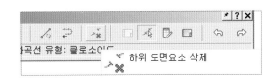

⑬ [선형 배치 도구] 창에서는 전문적으로 선형을 설계할 수 있는 기능들이 있습니다.
많이 사용하는 기능 위주로 알아보도록 하겠습니다.

· 자유 직선(두 원곡선 사이) : 두 개의 기존 원곡선 사이에 자유 직선 추가

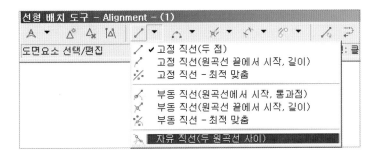

· 자유 원곡선 모깎기(두 도면요소 사이, 반지름) : 두 도면요소 사이에 지정한 각도 범위
와 반지름으로 정의된 자유 원곡선 추가

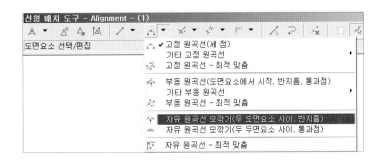

· 자유 완화곡선-원곡선-완화곡선(두 도면요소 사이) : 자유형 완화곡선-곡선-완화곡선
그룹 추가

- 자유 완화곡선(두 도면요소 사이) : 반지름이 서로 다른 두 원곡선 사이에 자유 복합 완화 곡선 추가

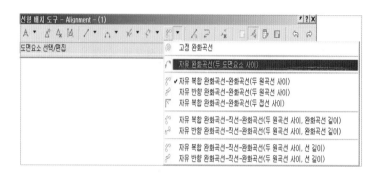

(2) 종단설계

종단 지반선이라고도 하는 지표면 종단은 지표면에서 추출되는 것으로서, 특정 루트에 따른 표고 변화를 표시합니다.

- 종단 배치 : 구성할 표고 변경의 제안 사항을 표시하는 설계 객체입니다. 설계 종단 또는 종단 정지 계획선이라고도 하는 종단 배치는 보통 도로나 기타 기울기 작업 부지에 사용 됩니다. 도로의 경우, 종단 배치에는 특정 속력으로 안전하게 운전하도록 설계된 경사와 원곡선이 포함될 수 있습니다.
- 종단 레이블 : 스타일을 구성하면 종단을 따라 모평면선형의 주 측점 및 보조 측점, 수평 지오메트리 점, 구배 변경, 행, 오목형 종곡선, 볼록형 종곡선을 표시할 수 있습니다.
- 종단 뷰 밴드 스타일 : 도구공간 설정 탭을 사용하여 종단 뷰 밴드 스타일을 작성하고 편집할 수 있습니다.

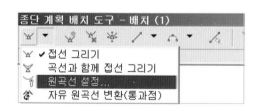

1) 원지반의 종단 생성

① 샘플폴더에서 [1.Civil 3D_도로₩3.종단설계.dwg] 파일을 열기합니다.

(앞에서 선형설계 결과물을 이용하여 계속해서 설계 진행 하셔도 됩니다.)

② [리본 - 홈] 탭에서 [종단 - 지표면 종단 작성] 클릭합니다.

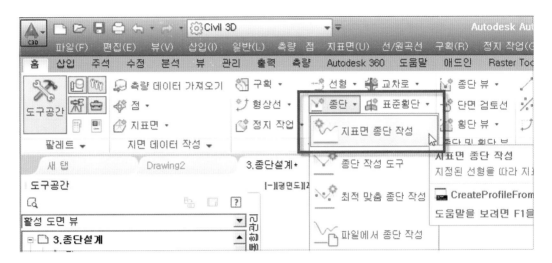

③ 선형 및 지표면 선택 확인 후 [추가] 버튼 클릭합니다.

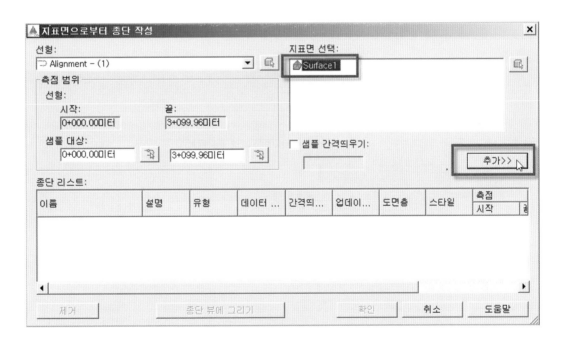

④ [지표면으로부터 종단 작성] 창 하단에서 [종단 뷰에 그리기] 클릭합니다.

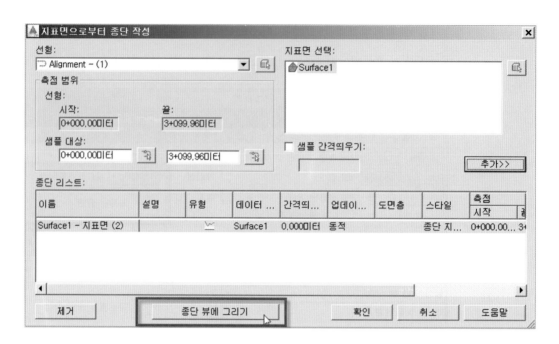

⑤ [종단 뷰 작성] 창에서 [종단 뷰 작성]을 클릭하고 다시 도면 빈 곳을 클릭하면 종단이 생성됩니다. ([종단 뷰 작성] 창에서 측점범위, 종단뷰 높이 등을 설정 할 수 있습니다).

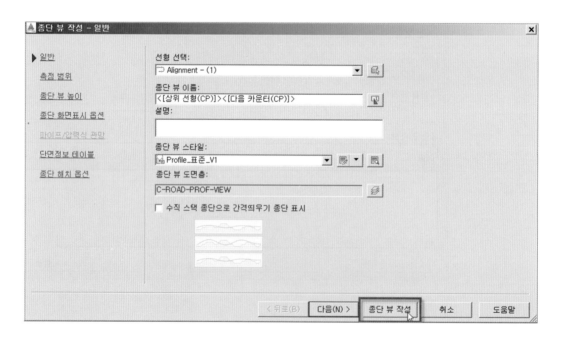

⑥ 원지반의 종단 뷰가 생성 되었으며, 종단은 선형과 연동되어 선형의 IP점이 이동되면 종단의 모형도 함께 변경됩니다.

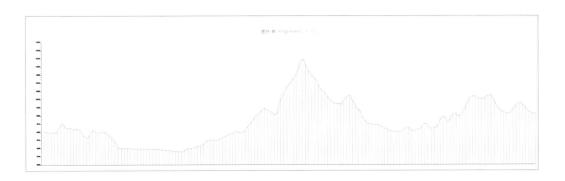

2) 계획고 작성

① [리본 - 홈] 탭에서 [종단 - 종단 작성 도구] 선택합니다. [명령 창]에서 〈종단을 작성할 종단 뷰 선택〉하라는 명령에서 현재 그려진 [종단 뷰] 선택합니다.

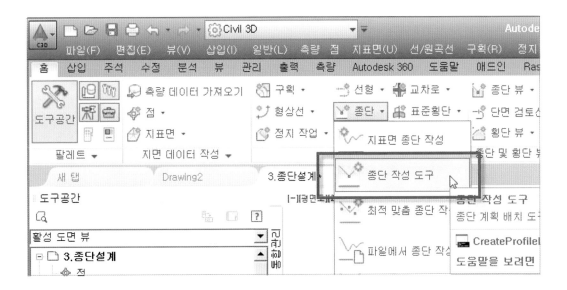

② [종단 작성] 창에서 "확인" 버튼을 클릭합니다.

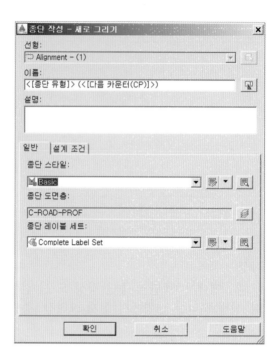

③ [종단 계획 배치 도구]가 생성합니다. ([선형 배치 도구]와 유사합니다.)

④ [종단 계획 배치 도구] 창에서 원곡선 설정 클릭합니다.

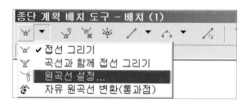

⑤ [종곡선 설정] 창에서 원곡선 유형은 "포물선형"으로 블록형 및 오목형 종곡선의 길이 값은 "200미터"로 설정하고 "확인" 클릭합니다. (K값과 L값은 상호 연계 되어있습니다.)

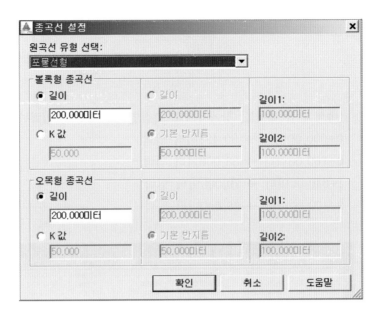

⑥ [종단 계획 배치 도구] 창에서 [곡선과 함께 접선 그리기] 선택한 뒤 계획고를 종단 뷰 화면에 클릭하여 종단계획 작성합니다.

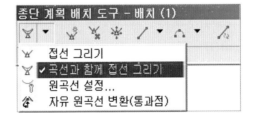

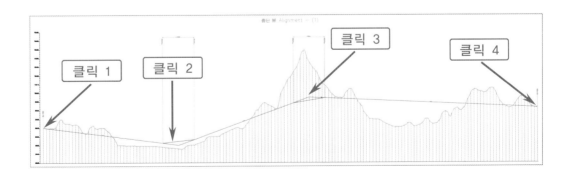

⑦ [종단 계획 배치 도구] 창에서 [종단 그리드 뷰] 선택합니다.

⑧ [속성 편집 테이블] 창에서 VIP 측점별 VIP 표고를 입력하면 종단 계획이 재생성 됩니다.

0+000.00미터 ➔ 60.428미터 입력

0+760.00미터 ➔ 38.000미터 입력

1+640.00미터 ➔ 79.000미터 입력

3+100.00미터 ➔ 98.000미터 입력

번호	잠...	VIP 측점	VIP 표고	종단 진입부 경사	종단 진출부 경사	A(기울기...	종단 원곡...	K 값	하위 도면...	종단 원곡선...
1	🔒	0+000.000미터	60.428미터		-2.95%					
2	🔒	0+760.000미터	38.000미터	-2.95%	4.66%	7.61%	오목형	26.281	대칭 포물선	200.000미터
3	🔒	1+640.000미터	79.000미터	4.66%	1.30%	3.36%	볼록형	59.564	대칭 포물선	200.000미터
4	🔒	3+100.000미터	98.000미터	1.30%						

⑨ 종단 밴드 작업을 위해 [종단 뷰 특성] 창을 활성화 합니다. ([종단 뷰] 선택 후 오른쪽 마우스 클릭하여 [종단 뷰 특성] 선택합니다. 또는 [통합관리] - [선형 - 중심 선형 - Alignment(1) - 종단 뷰 - Alignment(1) - 특성] 클릭합니다.)

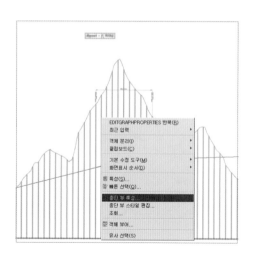

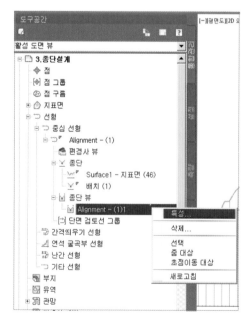

⑩ [종단 뷰 특성] 창 [밴드] 탭에서 사용자가 원하는 밴드를 하나씩 추가할 수 있으며, 미리
  설정된 밴드 목록은 "정보표시 테이블 가져오기"에서 진행합니다.

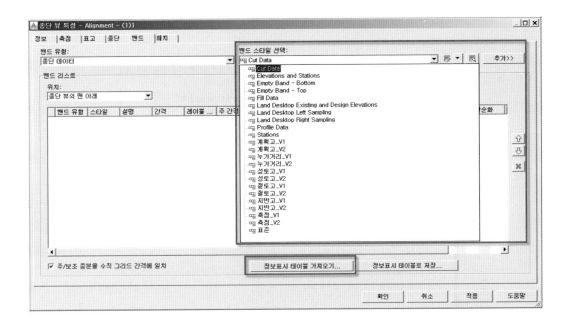

⑪ 미리 설정된 종단밴드 형식을 가져오기 하기 위해 [종단 뷰 특성] 창 하단에 [정보표시
  테이블 가져오기] 클릭하여 [정보표시 테이블] 창에서 종단밴드(표준) 선택 후 "확인"
  클릭합니다. (종단밴드(표준)은 저자가 미리 종단밴드 형식을 저장한 테이블 형식입니다.
  사용자가 종단밴드 수정 후 "정보표시 테이블로 저장"으로 종단 밴드 형식을 저장할 수
  있습니다.)

⑫ 종단 뷰 특성] 창에 미리 설정된 밴드 유형이 바로 가져오기 되었습니다. (사용자가 밴드 유형을 정의 하고 [정보표시 테이블로 저장]을 통해 밴드 정보를 다시 저장할 수 있습니다.) 그리고 나서, 종단1, 종단2의 지표면을 정의합니다. (배치(1)은 계획종단을 의미, Surface1은 원지반을 의미)

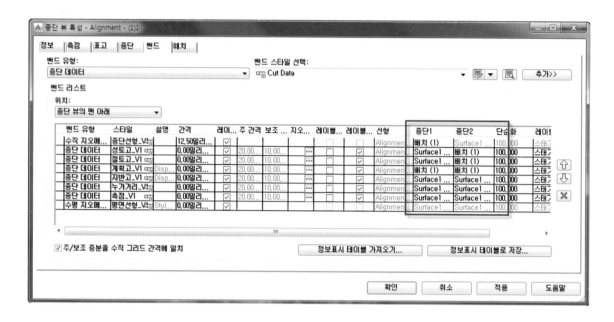

⑬ 종단의 절, 성토량이 나오게 됩니다. 종단계획 변화시 절, 성토량 값은 자동으로 변경 됩니다.

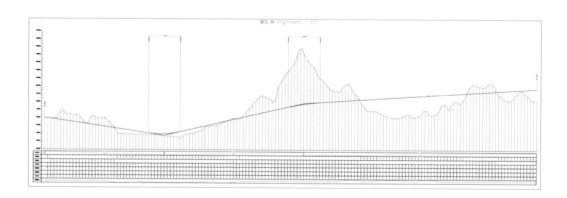

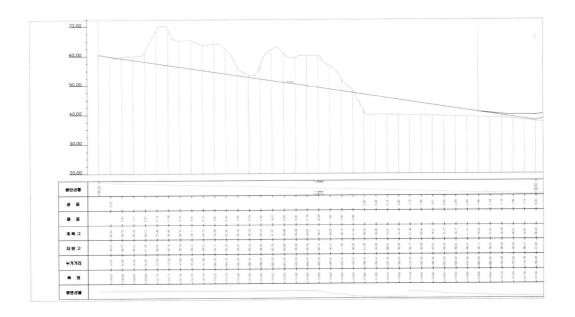

(3) 코리더 작성
- 코리더의 개념 : 코리더는 설계에서 표준단면설정을 전구간에 적용하는 단계입니다. 코리더가 작성되면, 그 코리더를 이용하여 절토 및 성토사면이 원지반면과 만나는 교차점 작성 및 전체 물량을 산출 할 수 있습니다.

  코리더는 기존 AutoCAD Civil 3D 객체를 기반으로 그 객체로부터 작성되며, 포함됩니다.
- 선형(수평) : 코리더에서 중심선으로 사용됩니다.
- 종단(종단선형) : 평면 선형을 따라 지표면 표고를 정의하는 데 사용됩니다.
- 지표면 : 선형 및 종단의 파생과 코리더 정지 작업에 사용됩니다.
- 횡단구성요소 : 코리더 모델의 기본 구성요소입니다. 횡단구성요소는 코리더 횡단면(표준 횡단)의 지오메트리를 정의합니다. 예를 들어, 일반적인 차로는 포장된 차선(중앙선의 어느쪽으로나), 포장된 길어깨, 측수로 및 연석, 측면 정지 작업 등으로 구성됩니다. 이런 부분은 독립적인 횡단구성요소로 정의됩니다. 어떤 유형의 횡단구성요소나 스택하여 일반적인 표준횡단을 구성하고 선형을 따라 측점 범위에 같은 표준횡단을 적용할 수 있습니다.
- 표준횡단 : 코리더의 일반적인 횡단면을 나타냅니다. 표준횡단은 서로 연결된 하나 이상의 횡단구성요소로 이루어집니다.

  코리더를 만들고 나면 지표면, 형상선(폴리선, 선형, 종단 및 정지 형상선), 토량(수량 산출) 데이터 등의 데이터를 추출할 수 있습니다.
- 단심 코리더 작성 : 기본적인 코리더를 신속하게 작성할 수 있습니다.
- 코리더 작성 : 코리더 작성시 복심 매개 변수를 지정 할 수 있습니다.
- 코리더 매개변수 편집 : 기준선, 영역, 대상, 표준횡단 빈도 및 조정 간격띄우기와 같은 코리더 매개변수를 편집할 수 있습니다.
- 코리더 횡단면 보기 및 편집 : 코리더 횡단 편집기를 사용하여 코리더 횡단을 보고 수정할 수 있습니다.

- 가시성 검사 : 코리더 모형을 시각적으로 분석할 수 있습니다.
- 주행 : 코리더, 선형, 형상선 또는 3D 폴리선을 따라 3D 모형을 통해 주행을 시뮬레이션 할 수 있습니다.
- 코리더를 따라 시거 : 도로를 따라 시거를 계산하고 설계가 필요한 최소 시거를 충족하는지 확인할 수 있습니다.
- 표준횡단 : 3D 코리더 모형의 기본 구조를 형성하는 데 사용되는 횡단구성요소 집합을 포함하고 관리합니다.
- 표준횡단 작성 : 표준횡단의 기준선을 정의하고 횡단구성요소를 표준횡단에 추가할 수 있습니다.
- 횡단 구성요소 : 코리더 횡단에 사용되는 구성요소의 지오메트리를 정의하는 AutoCAD 도면 객체(AECCSubassembly)입니다.

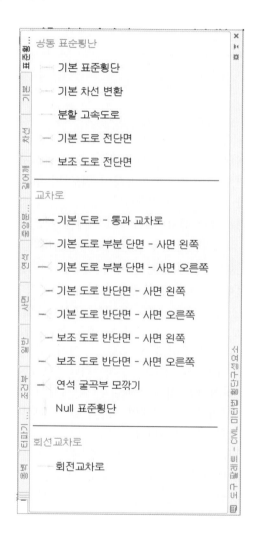

1) 표준횡단 작성

① 샘플폴더에서 [1.Civil 3D_도로₩4.표준횡단작성.dwg] 파일을 열기합니다.

(앞에서 종단설계 작성한 결과물을 이용하여 계속해서 설계 진행 하셔도 됩니다.)

② [리본 – 홈] 탭에서 [표준횡단 – 표준횡단 작성] 클릭합니다.

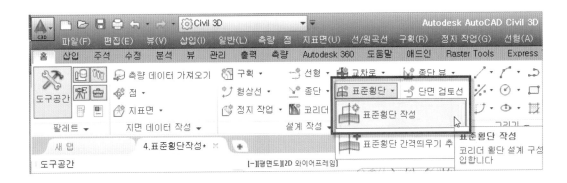

③ [표준횡단 작성] 창에서 이름을 "표준횡단1" 입력하고 "확인"하여 도면 빈 화면에 클릭합니다.

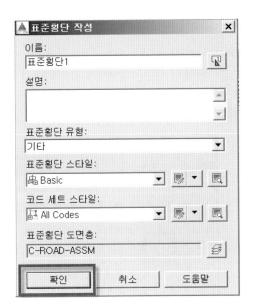

④ 표준횡단의 중심이 나오게 됩니다.

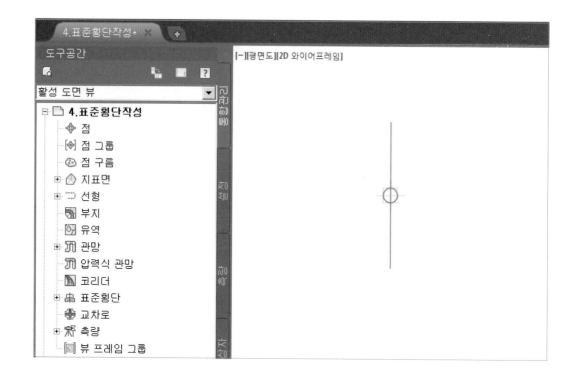

⑤ [리본 - 홈] 탭에서 [도구 팔레트] 클릭하여 [도구 팔레트] 창을 활성화 합니다.
  (단축키 : Ctrl+3)

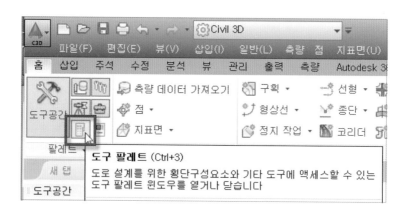

⑥ [도구 팔레트] 창에서 [Civil 미터법 – 차선 탭] 선택하여 [차선 편경사 회전 축] 클릭합니다. 계속해서 [특성] 창에서 도로의 설정을 변경할 수 있습니다.

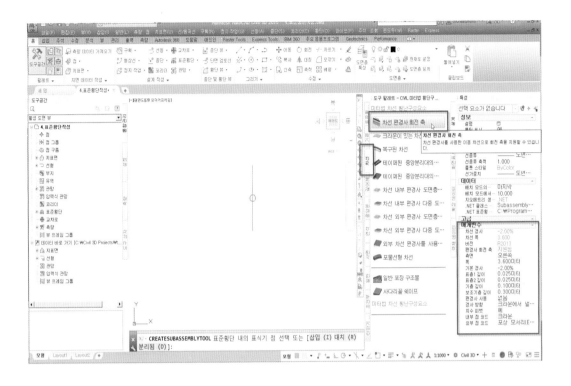

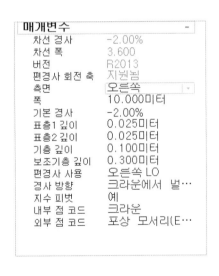

매개변수	
차선 경사	-2.00%
차선 폭	3.600
버전	R2013
편경사 회전 축	지원됨
측면	오른쪽
폭	10.000미터
기본 경사	-2.00%
표층1 깊이	0.025미터
표층2 깊이	0.025미터
기층 깊이	0.100미터
보조기층 깊이	0.300미터
편경사 사용	오른쪽 LO
경사 방향	크라운에서 멀…
지수 피벗	예
내부 점 코드	크라운
외부 점 코드	포상 모서리(E…

⑦ [특성] 창에서 [측면 : 오른쪽 / 도로 폭 : 10M / 편경사 사용 : 오른쪽 LO] 설정 변경 후 표준횡단 중심 클릭합니다. 계속해서 [측면 : 왼쪽 / 도로 폭 : 10M / 편경사 사용 : 왼쪽 차선 외부] 설정 변경 후 표준횡단 중심을 클릭합니다.

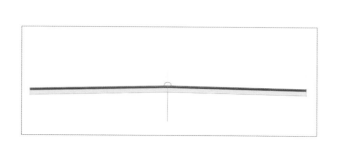
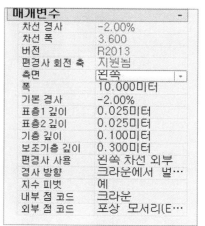

⑧ 다시 [도구 팔레트] - [연석] 탭에서 [도시연석 및 측수로 일반] 클릭합니다.

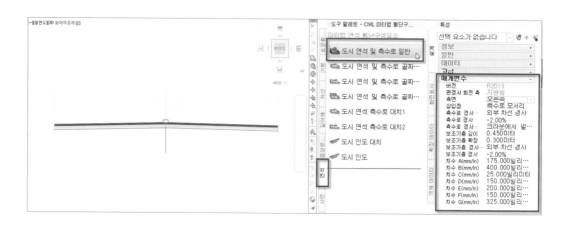

⑨ [특성] 창에서 [고급-매개변수-측면] "오른쪽" 선택 후 오른쪽 차선 링크 클릭, "왼쪽" 선택 후 왼쪽 차선 링크를 클릭합니다.

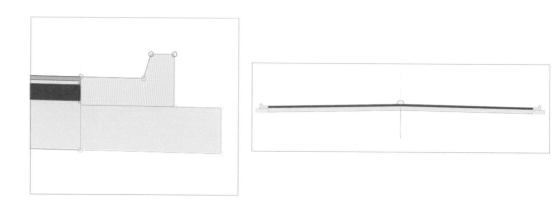

⑩ 다시 [도구 팔레트] - [사면] 탭에서 [사면 소단] 클릭합니다.

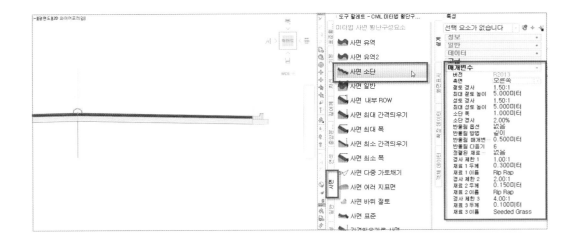

⑪ 사면소단의 매개변수 설정값은 도로 형식에 맞게 사용자가 설정 가능합니다.

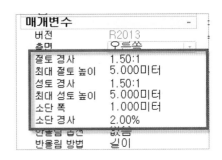

⑫ [특성] 창에서 [고급-매개변수-측면] "오른쪽" 선택 후 오른쪽 구조물 링크 클릭, "왼쪽" 선택 후 왼쪽 구조물 링크 클릭합니다. (도로구간의 표준횡단이 완성되었습니다.)

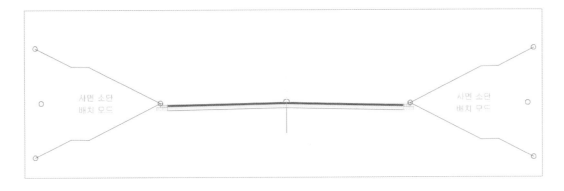

표준횡단은 사용자가 원하는 형상으로 만들 수 있습니다. 코리더를 생성하기 위한 최종조건으로 횡단구성요소들을 조합한 표준횡단을 작성해야 합니다. 생성된 표준단면은 하나의 기준점을 중심으로 생성되고 지표면과 상호작용합니다.

2) 코리더 생성

　　① 샘플폴더에서 [Civil 3D_도로₩5.코리더작성.dwg] 파일을 열기합니다.
　　　　(앞에서 표준횡단 작성한 결과물을 이용하여 계속해서 설계 진행 하셔도 됩니다.)

　　② [리본 - 홈] 탭에서 [코리더] 클릭합니다.

　　③ [코리더 작성] 대화상자에서 아래와 같이 입력하고 "확인" 클릭합니다.
　　　　• 이름 : 코리더-도로
　　　　• 선형 : Alignment - (1)
　　　　• 종단 : 배치 (1)
　　　　• 표준횡단 : 표준횡단1
　　　　• 대상 지표면 : Surface1

④ [기준선 및 영역 매개변수] 창에서 "확인" 클릭합니다.

　(선형, 종단, 표준횡단을 재지정 할 수 있으며, 코리더 빈도 및 대상을 설정 가능합니다.)

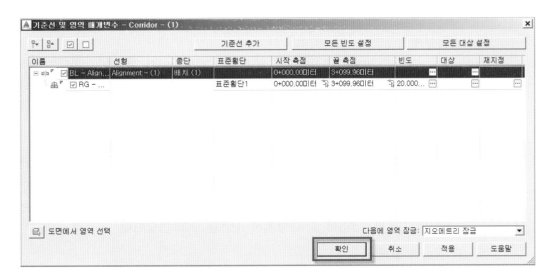

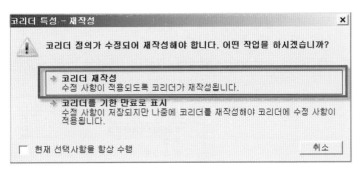

⑤ 화면에 사면과 함께 3D 토공 설계가 표시됩니다. 작성된 코리더는 3D 형상으로 선형, 종단, 표준횡단을 이용하여 3D 설계된 객체입니다.

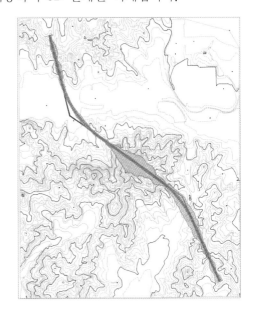

(1) 횡단설계

- 횡단 뷰 : 각 단면 검토선마다, 해당 단면 검토선에서 샘플링된 횡단면의 일부나 전체를 표시하는 뷰입니다. 이는 그래픽으로 표시되는 뷰로서, 해당 단면 검토선의 길이에 따른 수평 한도와 표시 중인 횡단면 세트의 최소 및 최대 표고에 따른 수직 값이 모두 있습니다.
- 단면검토선 객체 : 지정된 지표면의 세트에 대해 절토한 방향을 나타내는 선형 평면 객체로 단면 검토선을 사용합니다.
- 횡단면 : 단면 검토선을 따라 지표면 표고를 확인할 때 횡단면 객체를 사용합니다. 단면 검토선으로 정의된 수직 평면을 교차하는 각 지표면을 사용하면 횡단면 객체가 됩니다. 횡단면 객체 유형은 TIN 지표면과 같은 표고 소스로 정의됩니다. 횡단은 단면 검토선을 따라 코리더 지표면, 코리더 및 관망에서 추출할 수도 있습니다.

1) 코리더 지표면 생성

① 샘플폴더에서 [1.Civil 3D_도로₩6.코리더지표면생성.dwg] 파일을 열기합니다. (앞에서 코리더 작성한 결과물을 이용하여 계속해서 설계 진행 하셔도 됩니다.) 파일을 열어 작업을 계속 할 수 있습니다.

② [통합관리 - 코리더 - 코리더-도로] 선택하고 마우스 오른쪽 클릭하여 특성을 선택합니다.

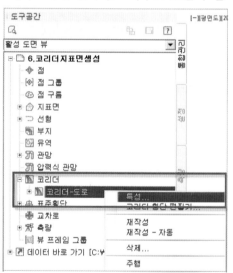

③ [지표면] 탭에서 "코리더 지표면 생성" 버튼 클릭합니다.

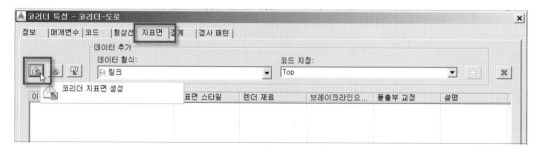

④ [데이터형식 - 링크], [코드지정 - top] 확인한 후 오른쪽의 [+]를 기호 선택하여 데이
터를 추가합니다. (코리더의 지형이 추가되었습니다.)

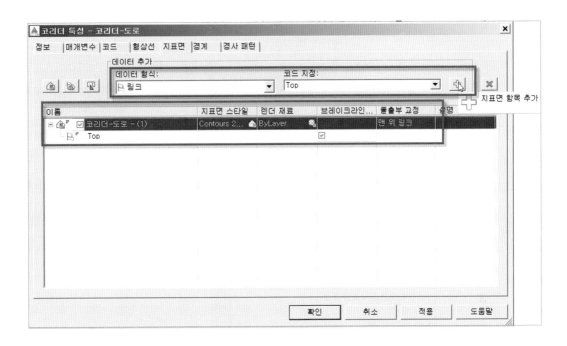

⑤ [경계] 탭을 선택한 후 "코리더-도로"에서 마우스 오른쪽 버튼을 선택하여 "외부 경계
로 코리더 범위"를 지정하고 "확인" 클릭합니다.

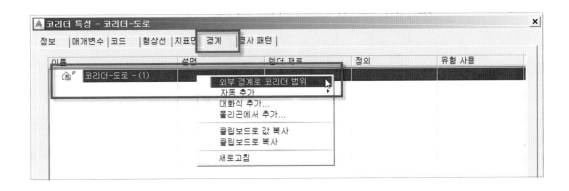

⑥ 코리더의 경계를 기준으로 지표면에 외각 경계가 추가되었습니다.

⑦ [코리더 특성] 창 "확인" 클릭하고 "코리더 재작성" 합니다.

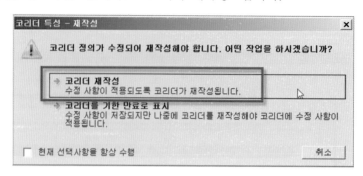

⑧ 코리더 지표면이 생성이 되었으며 통합관리에 지표면 항목의 새로운 코리더 지표면이 추가됩니다.

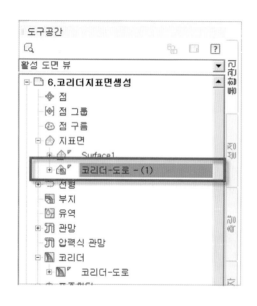
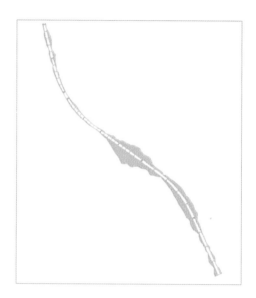

2) 횡단 산출

① 샘플폴더에서 [1.Civil 3D_도로₩7.횡단작성.dwg] 파일을 열기합니다. (앞에서 코리더 지표면 작성한 결과물을 이용하여 계속해서 설계 진행 하셔도 됩니다.) 파일을 열어 작업을 계속 할 수 있습니다.

② [리본 – 홈] 탭에서 [단면검토선] 클릭합니다. (단면검토선은 산출 하고자 하는 횡단 위치를 표시합니다.)

③ 선형을 화면에서 직접 선택하거나, 스페이스바를 눌러 목록에서 선형을 선택하여도 됩니다.

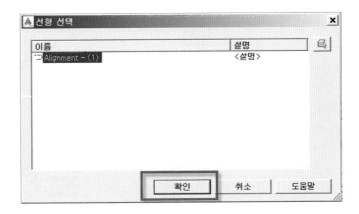

④ [단면검토선 그룹 작성] 창에서 이름을 [단면검토선1구간]으로 변경합니다. 횡단면에 표시되는 데이터도 설정도 할 수 있으며, 현재 원지반과 코리더, 코리더의 지형이 선택되어 있습니다. "확인" 클릭합니다.

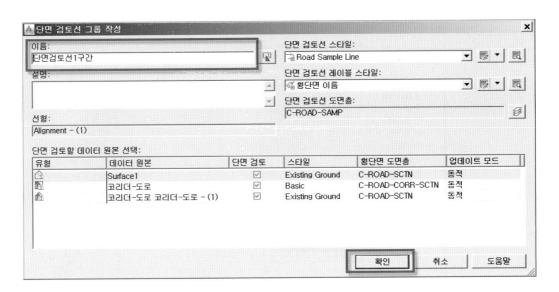

⑤ [단면 검토선 도구] 창에서 단면검토선 작성방법을 "코리더 측점에서"를 선택합니다.

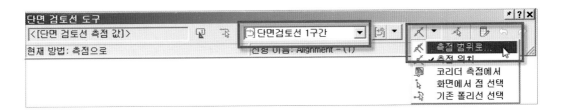

⑥ [단면검토선 작성 - 코리더 측점에서] 창에서 측점, 주사폭, 단면 검토선 증분값 등을
수정할 수 있습니다. 확인 클릭합니다.

⑦ 단면검토선이 작성된 것을 확인하고 [단면검토선 작성도구] 창은 닫습니다.

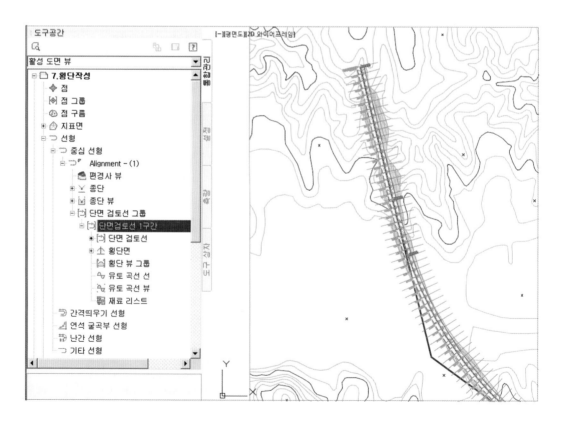

⑧ [리본 – 홈] 탭에서 [횡단뷰 – 다중 뷰 작성] 클릭합니다.

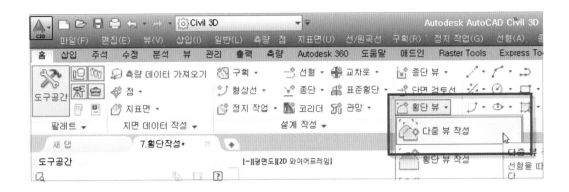

⑨ [다중 횡단 뷰 작성] 창에서 [일반] 탭에서 선형, 단면 검토선 그룹 이름, 횡단 뷰 스타일을 아래 이미지와 같이 설정합니다. (선형 : Alignment, 단면검토선 그룹 이름 : 단면검토선1구간, 횡단 뷰 스타일 : Road Section)

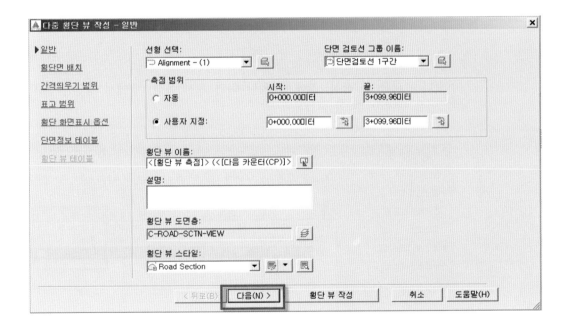

⑩ [다중 횡단 뷰 작성] 창에서 [횡단면 배치] 탭에서 배치 옵션은 제도, 그룹 플롯 스타일을 Road_Polt_style 로 지정합니다.

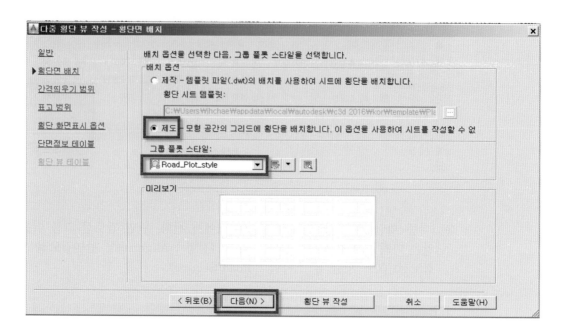

⑪ [다중 횡단 뷰 작성] 창에서 [횡단 화면 표시 옵션] 탭에서 횡단에 표시될 횡단 뷰 스타일을 변경할 수 있습니다.

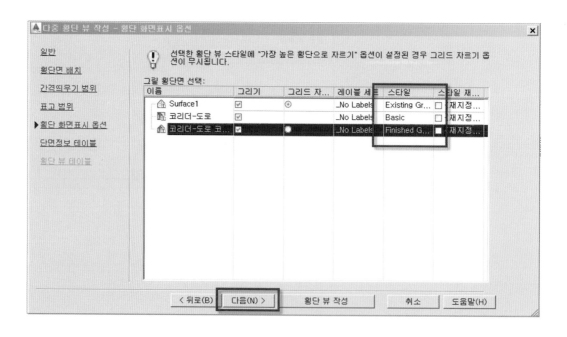

⑫ [다중 횡단 뷰 작성] 창에서 [단면정보 테이블] 탭에서 횡단의 밴드 특성 설정을 위해
지반고는 "Surface1", 계획고는 "코리더-도로 코리더-도로" 설정합니다.

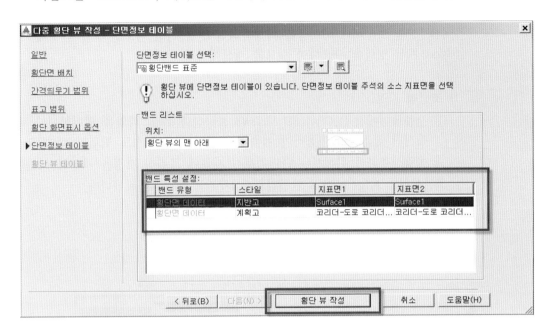

⑬ "횡단뷰 작성" 선택하여 도면 빈곳을 클릭하면 횡단 뷰가 작성됩니다.

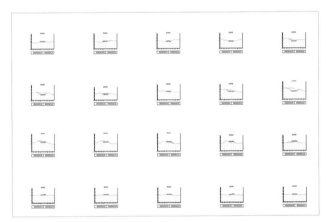
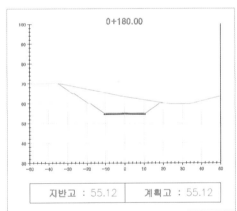

(2) 물량산출

재료 리스트 작성은 토량 테이블 및 보고서 작성의 핵심 단계로 재료 리스트가 생성되고 나
면 테이블과 보고서를 작성할 수 있습니다. 재료 리스트를 제작하는 동안 수량 산출 기준을
설정해야 합니다.

■ 수량산출 계산 결과

• 총 토량 테이블 : 절토, 성토 및 누적 토량 정보가 들어 있습니다(예 : 토공 또는 절토/성토
보고서).

• 재료 물량 테이블 : 재료 리스트의 특정 재료에 대한 절토, 성토 및 누적 토량이 들어 있습
니다(예 : 구조물 요소의 누적 토량).

• 수량 보고서 : 조건 정의((비교 가능한 지표면), 재료 유형(예 : 절토 유형), 수축 및 팽창 비율, 다시 채우기 비율이 포함된 XML 형식의 파일입니다. 특정 형식은 선택한 스타일 시트에 의해 결정됩니다.

수량 산출 보고서나 테이블을 작성하려면 먼저 단면 검토선 그룹 특성에 재료를 정의하거나 재료 계산 명령을 사용하여 재료를 계산해야 합니다.

1) 조건식 지정

① 샘플폴더에서 [1.Civil 3D_도로W8.물량산출.dwg] 파일을 열기합니다. (앞에서 횡단설계 작성한 결과물을 이용하여 계속해서 설계 진행 하셔도 됩니다.)

② 물량산출하기 위해서는 단면검토선 재료에 조건식 지정을 지정하여야 합니다.

③ [선형 – Alignment – 단면검토선 1구간] "특성" 클릭합니다.

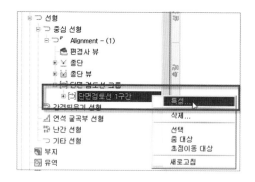

④ [단면 검토선 그룹 특성] 창 [재료리스트] 탭에서 [새 재료 추가]를 하게 되면 "Material"이 추가 됩니다.

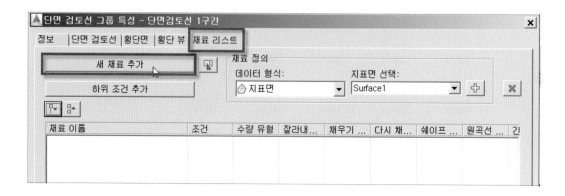

⑤ "Material"의 수량 유형은 "절토"로 설정합니다.

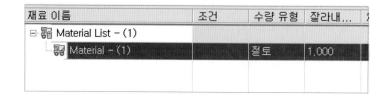

⑥ "재료정의 항목"에서 원지반과, 코리더 지형을 추가합니다.
　(Suface1 지표면 추가, 코리더 지표면 추가)

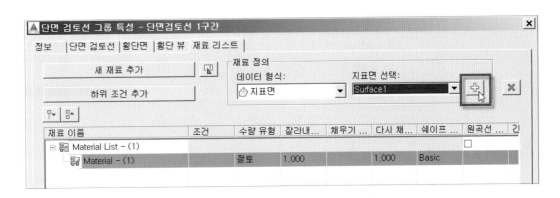

 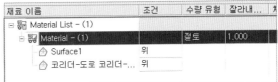

⑦ 다시 [새 재료 추가]를 클릭하여 "Material"을 추가합니다.
　새로 만든 재료의 수량유형을 성토로 변경 합니다.

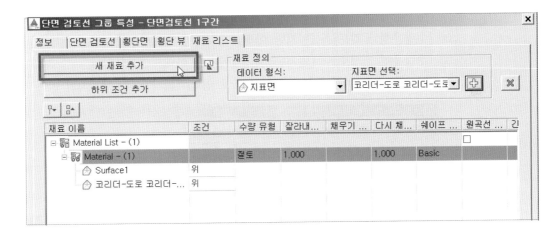

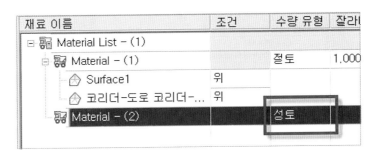

⑧ [재료정의 항목]에서 물량산출을 위해 "지표면 선택"에서 지표면을 추가 해 줍니다.
  • Suface1 지표면 추가
  • 코리더 지표면 추가

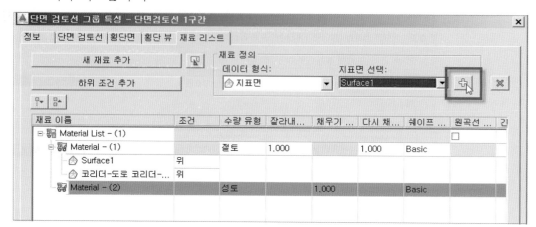

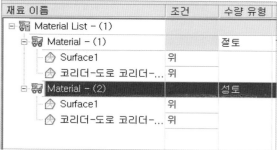

⑨ [수량유형 – 절토] – [원지반 아래, 계획지반 위] 설정합니다.
⑩ [수량유형 – 성토] – [원지반 위, 계획지반 아래] 설정합니다.
  (원지반 아래, 계획지반 위 부분이 절토 영역) (원지반 위, 계획지반 아래 부분이 성토 영역)

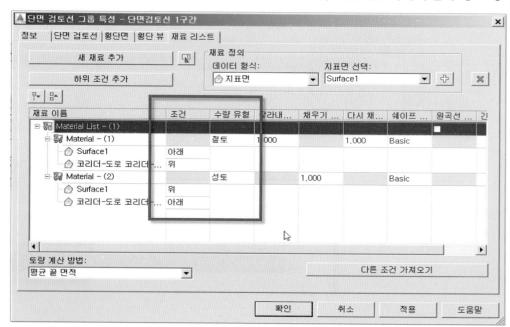

⑪ "단면검토선 그룹 특성" 확인 클릭하면, 횡단에 물량이 작성되었다는 표시로 해치가 생성 됩니다.

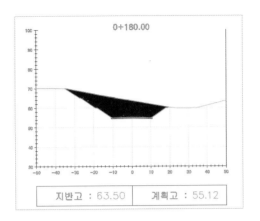

2) 물량 산출

① [리본 – 분석] 탭에서 [총 토량 테이블] 클릭합니다.

② 테이블 스타일, 선형, 단면검토선, 재료리스트를 선택하고 확인을 클릭합니다.

③ 도면 빈곳을 클릭하면 테이블 형태로 물량표가 작성됩니다. (모델링하고 수량 테이블은 연동되어 선형, 종단이 변경되면 토공량도 같이 변경이 됩니다.)

Total Volume Table						
Station	성토면적	절토면적	성토량	절토량	누적성토량	누적절토량
0+000.00	7.76	0.13	0.00	0.00	0.00	0.00
0+020.00	16.23	8.42	239.91	85.52	239.91	85.52
0+040.00	0.67	13.57	169.05	219.86	408.97	305.39
0+060.00	0.00	30.78	6.74	443.48	415.71	748.87
0+080.00	0.00	131.98	0.00	1627.62	415.71	2376.48
0+100.00	0.00	438.02	0.00	5700.01	415.71	8076.50
0+120.00	0.00	453.22	0.00	8912.36	415.71	16988.86
0+140.00	0.00	403.97	0.00	8571.88	415.71	25560.74
0+160.00	0.00	405.38	0.00	8093.51	415.71	33654.25

④ 횡단 별로 테이블 형태로 표시하기 위해서는 [다중 횡단 뷰 작성]시 [총 통량 테이블]을 추가 하면 됩니다.

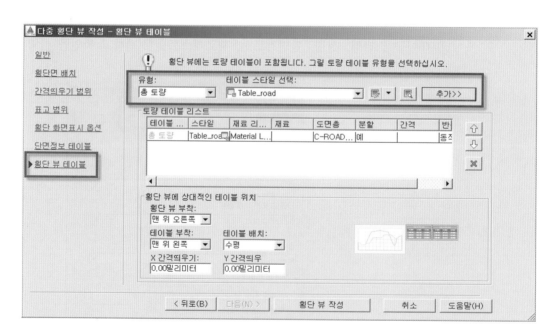

⑤ 횡단 별로 테이블 형태로 표시하면 아래와 같이 표시 됩니다.

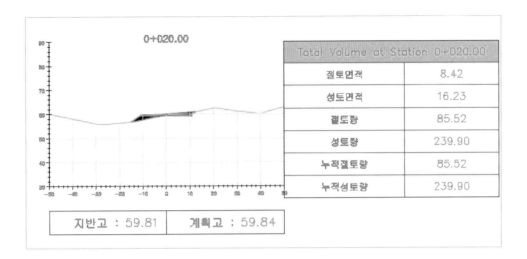

⑥ 만약 횡단에 코리더 및 지형을 추가하거나 삭제하려면 [단면검토선 – 횡단면] 탭에서 "다른 소스 단면" 클릭, [횡단 소스] 창에서 보고자 하는 리스트를 추가 또는 삭제하시기 바랍니다.

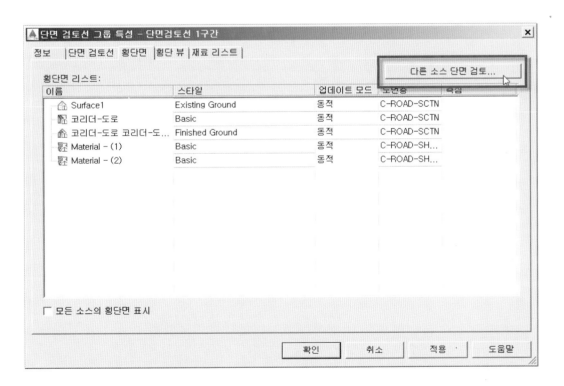

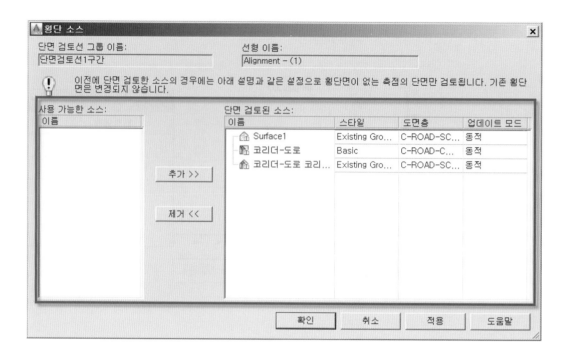

chapter 06

터널/교량 구간 지정 및 물량산출

(1) 코리더 영역 구분

도로 절성토 구간에서는 표준횡단1 적용하여 도로 사면처리를 작성합니다. 하지만 터널 및 교량 구간은 절성토 구간이 아니므로 표준횡단을 다시 적용해야 합니다. 터널 및 교량 구간에 코리더 모델링은 안보이게 설정하고 토공물량을 다시 산출합니다. 또한 Revit에서 터널 구간 포장층 솔리드 활용하며 터널 구조물을 더 쉽게 만들 수 있으므로, 가상에 포장 표준횡단 작성하여 코리더 적용합니다.

1) 터널/교량 표준횡단 작성

샘플폴더에서 [1.Civil 3D_도로₩10.터널 및 교량표준 횡단작성.dwg] 파일을 열기합니다. (앞에서 물량산출 작성한 결과물을 이용하여 계속해서 설계 진행 하셔도 됩니다.)

① 구간별로 단면검토선을 구별하기 위해 기존 정의하였던 단면검토선1구간은 삭제하였습니다. (횡단뷰, 물량테이블 같이 삭제)

② [리본 - 홈] 탭에서 [표준횡단 - 표준횡단 작성] 클릭합니다.

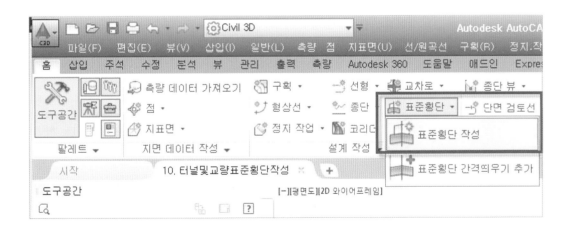

③ [표준횡단 작성] 창에서 이름을 "교량터널구간" 입력하고 "확인" 클릭하여 표준횡단 중심을 화면에 클릭합니다.

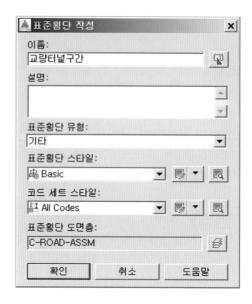

④ [도구 팔레트] 창에서 [Civil 미터법 – 차선 탭] 선택하여 [차선 편경사 회전 축] 클릭합니다.

⑤ [특성] 창에서 [측면 : 오른쪽 / 도로 폭 : 10M / 표층1깊이 : 1M / 표층2깊이 : 0M / 기층깊이 : 0M / 보조기층깊이 : 0M / 편경사 사용 : 오른쪽 LO] 설정 변경 후 표준횡단 중심 클릭합니다. 계속해서 [측면 : 왼쪽 / 도로 폭 : 10M / 표층1깊이 : 1M / 표층2깊이 : 0M / 기층깊이 : 0M / 보조기층깊이 : 0M / 편경사 사용 : 왼쪽 차선 외부] 설정 변경 후 표준횡단 중심을 클릭합니다.

➡ [교량터널구간] 표준횡단에 포장층을 다르게 설정한 이유는 Civil 3D에서 [교량터널구간] 표준횡단을 이용하여 도로 포장 경로 모델링을 Revit으로 솔리드 모델 연계하여 사용하는데 있어, 포장층을 Revit에서 잘 알아볼 수 있도록 하기 위해 포장 깊이 설정 값을 1M로 수정 하였습니다.

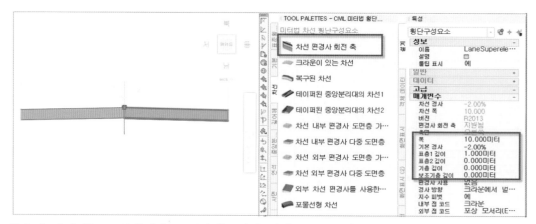

필요에 따라서는 표준횡단을 도구팔레트에서 터널 또는 교량 형식으로 적용하여 표현 가능합니다.

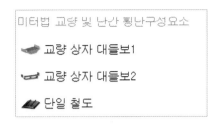

미터법 교량 및 난간 횡단구성요소

- 교량 상자 대들보1
- 교량 상자 대들보2
- 단일 철도

2) 코리더 영역 구분

① 코리더는 터널 및 교량 구간을 고려하지 않고 모든 도로 구간을 사면 처리 하였습니다. 터널 및 교량 구간을 별도에 표준횡단을 적용할 수 있도록 코리더 영역 분할을 하도록 하겠습니다. (터널 구간 : 1+300 ~ 1+960, 교량구간 : 2+000 ~ 2+650)

② [통합관리] -[코리더] 확장하여 [코리더-도로 - 특성] 선택합니다.

([코리더 특성] 창 활성화)

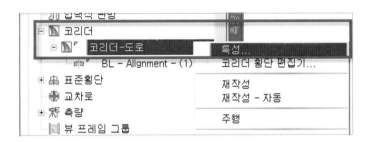

③ [코리더 특성] 창 [매개변수] 탭에서 코리더의 영역을 분할하기 위해 [RG - 표준횡단1] 오른쪽 마우스 클릭하여 [영역 분할] 선택합니다.

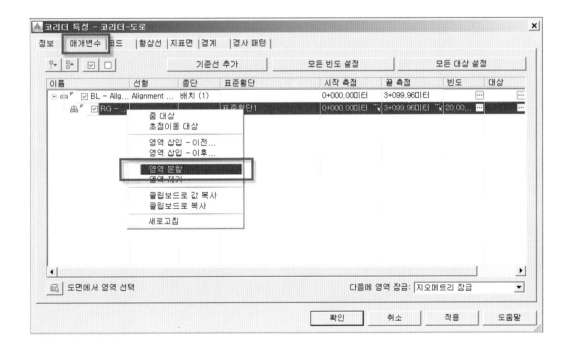

④ 코리더 측점 지정을 위해 스냅을 이용하여 1+300, 1+960, 2+000, 2+650 구간을 차례
대로 클릭합니다.

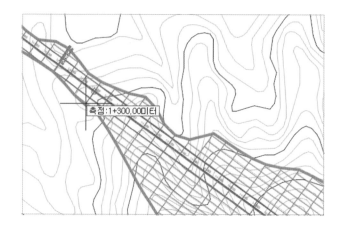

⑤ 자동으로 영역이 구분이 되었으며, 구분된 영역에서 터널 및 교량 구간의 표준횡단은
[교량터널구간] 표준횡단으로 설정합니다.

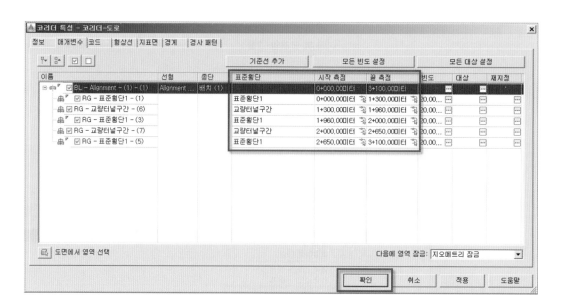

⑥ [코리더 특성] 창에서 "확인" 클릭하면 코리더 모형이 재생성 됩니다.

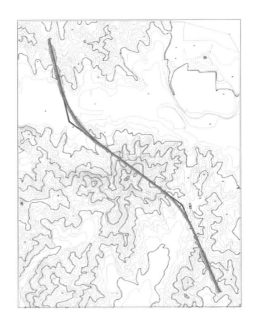

⑦ [통합관리 – 코리더 – 코리더–도로] 선택하고 마우스 오른쪽 클릭하여 특성을 선택합니다.

⑧ [코리더 특성] 창 [매개변수] 탭에서 교량터널구간은 모델링 되지 않도록 체크를 해제합니다.

⑨ 코리더는 "교량터널구간"은 모델링 되지 않도록 [코리더 매개변수] 탭에서 설정하여
　　표시가 안되지만 지표면은 코리더 외부 경계만 설정하였기 때문에 "교량터널구간"에서
　　지표면이 연결되어 표시 됩니다. 따라서 코리더 지형 "교량터널구간"은 삼각망을 삭제
　　해야 합니다.

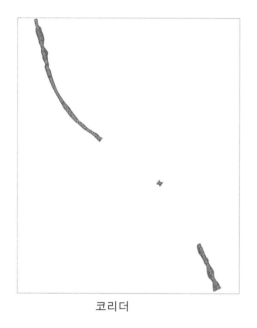

코리더

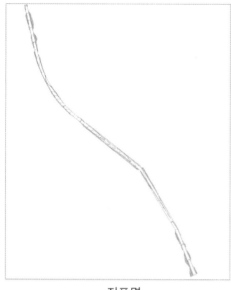

지표면

⑩ "코리더-도로" [지표면 특성]에서 스타일을 "삼각망"으로 표시합니다.

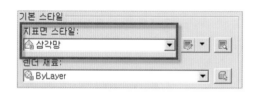

⑪ [지표면 - 코리더-도로 - 편집 - 선 삭제] 선택합니다.

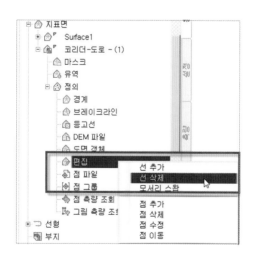

⑫ 교량터널구간의 삼각망 선택하여 지형을 삭제합니다.

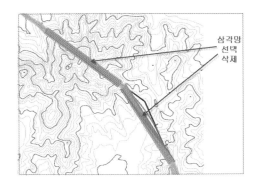
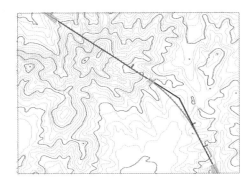

삼각망
선택
삭제

(2) 구간별 횡단 및 물량 산출

1) 구간별 단면검토선 작성

샘플폴더에서 [1.Civil 3D_기본₩12.구간별 횡단 및 물량산출.dwg] 파일을 열기합니다.
(앞에서 작성한 결과물 이용하여 계속해서 설계 진행 하셔도 됩니다.)

① 단면검토선을 각각 구간별로 작성을 합니다. [리본 – 홈] 탭에서 [단면검토선] 클릭합니다.

② 선형을 화면에서 직접 선택하거나, 스페이스바를 눌러 목록에서 선형 선택하여도 됩니다.

③ [단면검토선 그룹 작성] 창에서 이름을 [단면검토선1구간]으로 변경합니다. 횡단면에 표시되는 데이터도 설정도 할 수 있으며, 현재 원지반과 코리더, 코리더의 지형이 선택되어 있습니다. "확인" 클릭합니다.

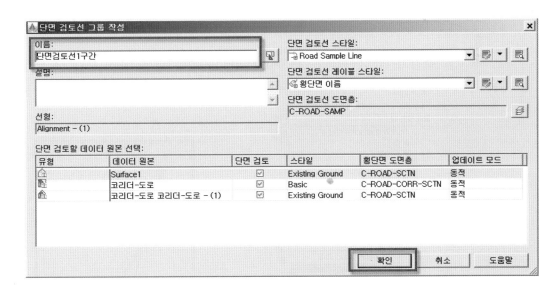

④ [단면 검토선 도구] 창에서 단면검토선 작성방법을 "측점 범위로" 선택합니다.

⑤ [단면검토선 작성 - 측점 범위로] 창에서 측점, 주사폭, 단면 검토선 증분값 등을 수정
할 수 잇습니다. (시작 측점 : 0+000.00미터, 끝 측점 : 1+300미터 설정합니다. 왼쪽,
오른쪽 "주사폭"은 "50m"로 설정되어 있습니다.) 확인 클릭합니다.

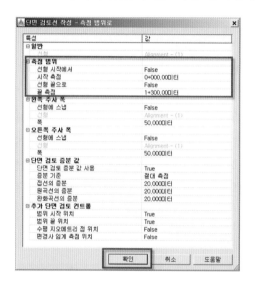

⑥ 측점 0+000.00미터 ~ 1+300.00미터 구간에 "단면검토선1구간" 작성됩니다.

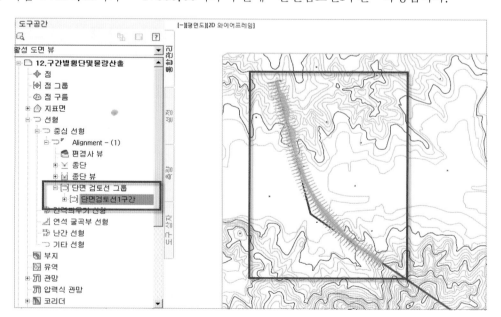

⑦ [단면 검토선 도구] 창에서 "단면 검토선 그룹 작성" 선택합니다.

⑧ 단면검토선 그룹 작성] 창에서 이름을 [단면검토선2구간]으로 변경합니다.

⑨ 다시 [단면검토선 작성 – 측점 범위로] 창에서 시작 측점 : 1+960.00미터, 끝 측점 : 2+000.00미터 설정 후 "확인" 클릭합니다.

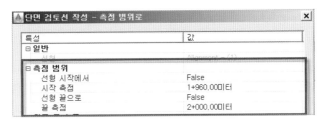

⑩ 같은 방법으로 "단면검토선3구간" (시작 측점 : 2+650.00미터, 끝 측점 : 3+100.00미터) 생성합니다.

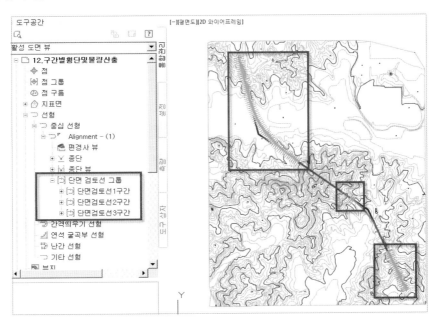

2) 구간별 물량산출

① [단면검토선 1구간~3구간 그룹특성] 창 [재료 리스트] 탭 에서 [조건식 지정]에서 설정
했던 방식으로 절토, 성토 설정합니다.

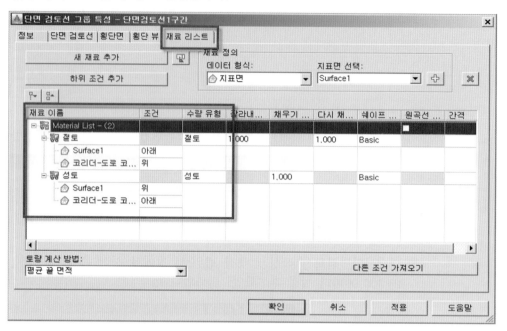

② [리본 - 분석] 탭에서 [총 토량 테이블] 클릭합니다.

③ [총 토량 테이블 작성] 창에서 표현하고자 하는 "테이블 스타일 및 단면검토선 그룹"
선택합니다.

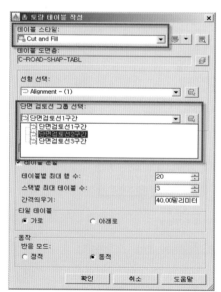

④ 단면검토선 각 구간별 토량 테이블 산출할 수 있으며, 또한 토량 보고서 명령 이용하면 보고서 형태로도 산출 가능합니다.

단면검토선 2구간 물량

Total Volume Table						
Station	Fill Area	Cut Area	Fill Volume	Cut Volume	Cumulative Fill Vol	Cumulative Cut Vol
1+960.00	0.00	272.96	0.00	0.00	0.00	0.00
1+980.00	0.00	68.73	0.00	3416.87	0.00	3416.87
2+000.00	328.71	0.00	3287.09	687.28	3287.09	4104.15

선형: Alignment - (1)
단면 검토선 그룹: 단면검토선2구간
시작 측점: 1+960.000
끝 측점: 2+000.000

측점	절토 면적(평방 미터)	절토 토량(입방 미터)	재사용 가능 토량(입방 미터)	성토 면적(평방 미터)	성토 토량(입방 미터)	누적 절 토량(입방 미터)	누적 재 사용 가 능 토량(입방 미터)	누적 성 토량(입방 미터)	누적 순 토량(입방 미터)
1+960.000	272.96	0.00	0.00	0.00	0.00	0.00	0.00	0.00	0.00
1+980.000	68.73	3416.87	3416.87	0.00	0.00	3416.87	3416.87	0.00	3416.87
2+000.000	0.00	687.28	687.28	328.71	3287.09	4104.15	4104.15	3287.09	817.06

(3) 토량 지표면 3D 물량 산출

Civil 3D "단면검토선"에서 물량 산출하는 방식은 평균단면법, 각주법, 복합토량 방법이 있습니다.

평균단면법 공식 $V = \dfrac{L}{2}[A_1 + A_2]$, 각주법 공식 $V = \dfrac{L}{3}[A_1 + \sqrt{A_1 A_2} + A_2]$, 복합토량은 3D토량값 입니다.

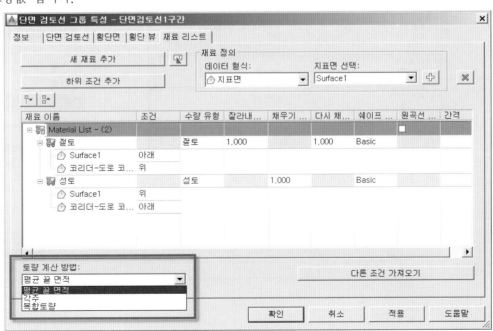

토공량은 꼭 "단면검토선"에서 산출하는 것 아니며 "토량지표면"과 토량대시보드" 기능 이용하여 2개의 지표면을 3D로 비교 산출하는 방법이 있습니다.

① [리본 - 분석] 탭에서 [토량대시보드] 클릭합니다.

② [속성편집테이블] 창에서 [새 토량 지표면 작성] 클릭합니다.

③ [지표면 작성] 창에서 토량 지표면 "기준지형 - Surface1", "비교지형 - 코리더-도로" 설정 후 확인 클릭합니다. 도구공간 지표면에 TIN토량지표면인 "지표면1" 생성됩니다.

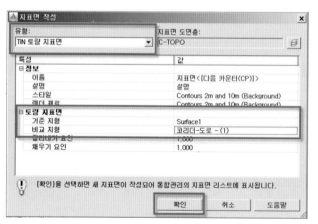 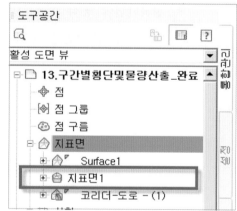

④ "지표면1" 활용하여 토량 물량을 확인할 수 있습니다.

memo

제4편

Revit 활용 구조물설계

04 Revit 활용 구조물설계

chapter 01

Revit 기본개념 이해

Revit은 BIM설계를 위한 시설물 및 구조물 프로젝트에 설계, 도면 및 일람표를 지원하는 솔루션입니다. BIM 프로젝트의 설계, 범위, 수량 및 공정이 필요한 경우 이에 대한 모델링과 정보화를 구현할 수 있습니다.

Revit 모델에서 모든 도면 시트, 2D 및 3D 뷰, 일람표는 같은 기본적 모델의 데이터베이스 정보를 나타낸 것입니다. 도면 및 일람표 뷰에서 작업할 때 Revit는 건물 프로젝트에 대한 정보를 수집하고 이 정보를 프로젝트의 다른 모든 표현에 대해 조정합니다. Revit 파라메트릭 변경 엔진은 모델 뷰, 도면 시트, 일람표, 단면도 및 평면도 등 모든 곳에서 변경된 사항을 자동으로 조정합니다.

(1) Autodesk Revit의 구성 요소

Revit Architecture(건축), Revit Structure(구조), Revit MEP(설비) 기능을 하나로 모아 놓은 것이며 각 분야별 협업을 효과적으로 할 수 있어 프로젝트 워크플로우 능률을 효율적으로 향상 시킬 수 있습니다.

(2) 파라메트릭이란?

파라메트릭이란 Revit이 제공하는 좌표 및 변경 관리를 가능하게 하는 모든 모델 요소 간의 관계를 말합니다. 이러한 관계는 사용자가 작업하면서 만들거나 소프트웨어가 자동으로 만듭니다. 수학 및 기계 CAD에서 이러한 종류의 관계를 정의하는 숫자나 특징을 매개변수(Parameter)라고 합니다. 따라서 소프트웨어의 작업은 파라메트릭(Parametric)이 됩니다. 이 기능을 사용하면 Revit에서 제공하는 조정 및 생산성의 기본적인 이점을 누릴 수 있습니다. 프로젝트의 어느 부분을 언제 변경하는지에 상관없이 Revit는 전체 프로젝트에 걸쳐 변경사항을 조정합니다.

(3) 파라메트릭 모델러의 요소 동작

1) Revit 요소

① 모델 요소 : 건물의 실제 3D 형상을 나타내며 모델의 관련 뷰에 표시됩니다. 예를 들어 벽, 창, 문 및 지붕은 모델 요소입니다.

② 기준 요소 : 프로젝트 컨텍스트를 정의하는 데 도움이 됩니다. 예를 들어 그리드, 레벨 및 참조 평면은 기준 요소입니다.

③ 뷰 특정 요소 : 배치된 뷰에만 표시됩니다. 이 요소는 모델을 설명하거나 문서화하는 데 도움이 됩니다. 예를 들어 치수, 태그 및 2D 상세 구성요소는 뷰 특정 요소입니다.

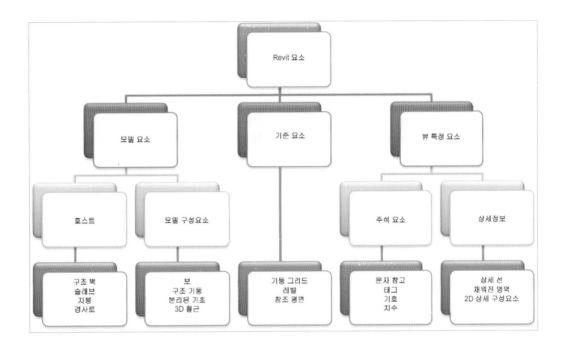

2) 모델 요소

① 호스트(또는 호스트 요소) : 일반적으로 공사 현장에서 구성됩니다. 예를 들어 벽 및 지붕은 호스트입니다.

② 모델 구성요소 : 건물 모델에 있는 다른 모든 유형의 요소입니다. 예를 들어 창, 문 및 캐비닛은 모델 구성요소입니다.

3) 뷰 특정 요소

① 주석 요소 : 모델을 문서화하고 도면의 축척을 유지하는 2D 구성요소입니다. 예를 들어 치수, 태그 및 키노트는 주석 요소입니다.

② 상세정보 : 특정 뷰에서 건물 모델에 대한 상세정보를 제공하는 2D 항목입니다. 상세 선, 채워진 영역 및 2D상세 구성요소를 예로 들 수 있습니다.

※ Revit 요소는 사용자가 직접 작성하고 수정할 수 있도록 프로그램화 되어 있어 사용자가 별도로 프로그래밍이 필요하지 않습니다. Revit의 새 파라메트릭 요소를 정의할 수 있습니다.

(4) Autodesk Revit 용어 이해

Revit 에서 객체 식별에 사용되는 대부분의 용어는 건축가에게 익숙한 일반적인 산업 표준 용어입니다. 그러나 Revit 내에서만 사용되는 용어도 있습니다. 소프트웨어를 이해하려면 다음 용어를 이해해야 합니다.

① 프로젝트 : Revit 에서 프로젝트는 설계에 대한 단일 정보 데이터베이스인 건물 정보 모델을 말합니다.
프로젝트 파일에는 형상에서 구성 데이터에 이르기까지 건물 설계에 대한 모든 정보가 포함됩니다. 모델 설계에 사용된 구성요소, 프로젝트 뷰, 설계 도면 등이 정보를 구성 합니다. Revit 에서는 단일 프로젝트 파일을 사용하여 쉽게 설계를 변경하고 연관된 모 든 영역(평면뷰, 입면뷰, 단면뷰, 일람표 등)에 변경사항을 적용할 수 있습니다. 한 개 의 파일만 추적하면 되므로 프로젝트 관리도 용이합니다.

② 요소 : 프로젝트 작성 시 Revit 파라메트릭 건물 요소를 설계에 추가합니다. Revit 는 카테고리, 패밀리 및 유형별로 요소를 분류합니다.

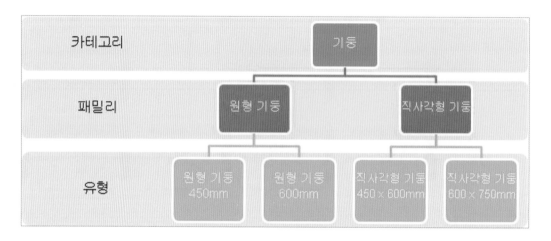

③ 카테고리 : 카테고리는 건물 설계를 모델링 또는 문서화하는 데 사용하는 요소 그룹입 니다. 예를 들어 모델 요소의 카테고리에는 벽 및 보가 포함되고 주석 요소의 카테고리 에는 태그 및 문자 참고가 포함됩니다.

④ 패밀리 : 패밀리는 카테고리 내의 요소 클래스입니다. 패밀리는 공통 매개변수 세트(특 성), 동일한 용도 및 유사한 그래픽 표시를 갖는 요소를 그룹화합니다. 패밀리 내의 여러 요소의 특성 값은 일부 또는 모두가 다를 수 있습니다.
그러나 특성 세트(특성 이름 및 의미)는 동일합니다. 예를 들어 식민지 시대풍의 6-패 널문은 패밀리를 구성하는 문 크기와 재료가 모두 다른 경우에도 하나의 패밀리로 고려 될 수 있습니다.

⑤ 유형 : 각 패밀리에는 몇 가지 유형이 있을 수 있습니다. 유형은 A0 표제 블록이나 910 × 2110 문과 같이 패밀리의 특정 크기가 될 수 있습니다. 또한 유형은 치수에 대 한 기본 정렬 또는 기본 각도 스타일 등의 스타일이 될 수도 있습니다.
인스턴스(instance) : 인스턴스(instance)는 프로젝트에 배치되고 건물(모델 인스턴스 (instance)) 또는 도면 시트 (주석 인스턴스(instance))의 특정 위치에 있는 실제 항목 (개별 요소)입니다.

(5) Autodesk Revit 인터페이스

Revit 인터페이스는 작업 흐름을 단순화하도록 설계되었습니다. 보다 편리한 작업이 가능하도록 클릭 몇 번으로 인터페이스를 변경할 수 있습니다. 예를 들어 세 가지 화면표시 설정 중 하나로 리본을 설정하면 인터페이스를 최적으로 사용할 수 있습니다. 또한 여러 프로젝트 뷰를 동시에 표시하거나 맨 위에 하나만 표시되도록 계단식으로 정렬할 수 있습니다.

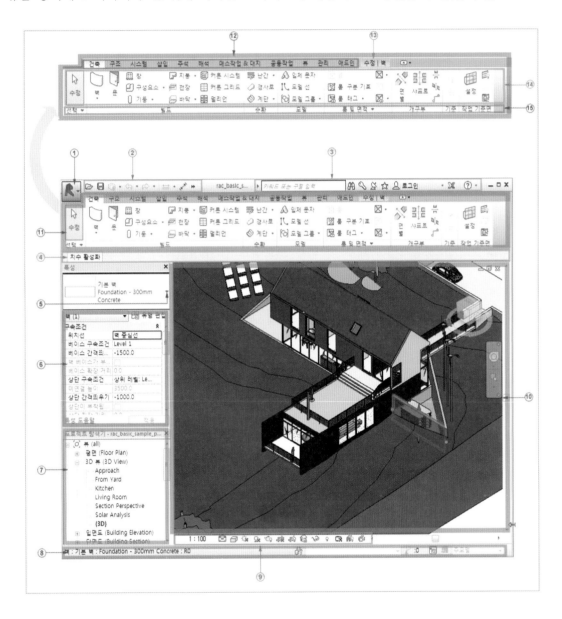

① 응용프로그램 메뉴 ② 신속 접근 도구막대 ③ 정보센터 ④ 옵션 막대 ⑤ 유형 선택기 ⑥ 특성 팔레트 ⑦ 프로젝트 탐색기 ⑧ 상태 막대 ⑨ 뷰 조절 막대 ⑩ 도면 영역 ⑪ 리본 ⑫ 리본의 탭 ⑬ 리본의 상황별 탭으로, 선택한 객체 또는 현재 작업과 관련된 도구를 제공합니다. ⑭ 리본의 현재 탭에 있는 도구 ⑮ 리본의 패널

1) 리본

파일을 작성하거나 여는 경우 리본이 자동으로 표시되어 파일을 작성하는 데 필요한 모든 도구를 제공합니다. 패널 순서를 변경하거나 패널을 리본을 벗어나 바탕 화면으로 이동하여 리본을 사용자화합니다. 도면 영역을 최대한 사용할 수 있도록 리본을 최소화할 수 있습니다.

① 홈 : 건물 모델을 작성하는 데 필요한 여러 가지 도구입니다.
② 삽입 : 래스터 이미지와 같은 보조 항목 및 CAD 파일을 추가하고 관리하는 도구입니다.
③ 주석 : 설계에 2D 정보를 추가하는 데 사용되는 도구입니다.
④ 매스작업 & 대지 : 개념 매스 패밀리 및 대지 객체를 모델링하고 수정하는 데 사용되는 도구입니다.
⑤ 공동작업 : 내부 및 외부 프로젝트 팀 구성원과의 공동 작업을 위한 도구입니다.
⑥ 뷰 : 현재 뷰를 관리하고 수정하며 뷰를 전환하는 데 사용되는 도구입니다.
⑦ 관리 : 프로젝트와 시스템 매개변수 및 설정입니다.
⑧ 수정 : 기존 요소, 데이터 및 시스템을 편집하는데 사용되는 도구입니다. 수정 탭에서 작업 수정하는 경우 먼저 도구를 선택한 다음 수정할 항목을 선택합니다.

2) 상황에 맞는 리본 탭

특정 명령을 실행하면 해당 명령 문맥에만 관계된 도구 세트가 들어 있는 특수 상황에 맞는 리본 탭이 표시됩니다. 예를 들어 벽을 그리는 경우 다음 세 개의 패널이 있는 벽 배치 상황에 맞는 탭이 표시됩니다.

① 선택 : 수정 명령이 들어 있습니다.
② 요소 : 요소 특성 및 유형 선택기가 들어 있습니다.
③ 그리기 : 벽 작성에 필요한 그리기 편집기가 들어 있습니다.
   이렇게 상황에 맞는 리본 탭은 명령을 끝내면 닫힙니다.

3) 응용프로그램 메뉴

응용프로그램 메뉴에서는 다양한 일반 파일 작업에 액세스할 수 있으며, 이 메뉴를 통해 사용자가 내보내기 및 게시와 같은 고급 명령을 사용하여 파일을 관리할 수도 있습니다.

4) 신속접근 막대

일련의 작업을 실행취소하거나 재실행하려면 실행취소 및 재실행 버튼의 오른쪽에 있는 드롭다운을 클릭합니다. 이렇게 하면 리스트에 명령 사용내역이 표시됩니다. 가장 최근 명령부터 시작하여 이전 명령 수를 선택하여 실행 취소 또는 재실행 작업을 포함시킬 수 있습니다.

5) 옵션 막대

옵션 막대는 리본 아래에 있습니다. 해당 내용은 현재 명령이나 선택된 요소에 따라 달라집니다.

| 수정 | 배치 벽 | 높이: | ▼ 미연결 | ▼ 8000.0 | 위치선: 벽 중심선 | ▼ | ☑ 체인 | 간격띄우기: 0.0 | □ 반지름: | 1000.0 |

6) 상태 막대

상태 막대는 Revit 창의 하단에 있습니다. 도구를 사용할 때 상태 막대의 왼쪽에는 수행할 작업에 대한 추가 정보나 힌트가 표시됩니다. 요소나 구성요소를 강조 표시하면 상태 막대에 패밀리 및 유형 이름이 표시됩니다.

| 선택하려면 항목을 클릭하고, 다른 항목을 선택하려면 Tab 키, 추가하려면 Ctrl 키, 선택 취: 작업세트1 | ▼ | 주요골 | ▼ ☑옵션 제외 □편집 전용 |

7) 프로젝트 탐색기

프로젝트 탐색기는 현재 프로젝트의 모든 뷰, 일람표, 시트, 패밀리, 그룹, 링크된 Revit 모델 및 기타 부분에 대한 논리적 계층 구조를 표시합니다. 각 분기를 확장하고 축소하면, 하위 레벨 항목이 표시됩니다.

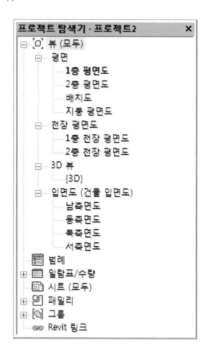

8) 특성 팔레트

특성 팔레트는 Revit에서 요소의 특성을 정의하는 매개변수를 보고 수정할 수 있는 대화상자입니다.

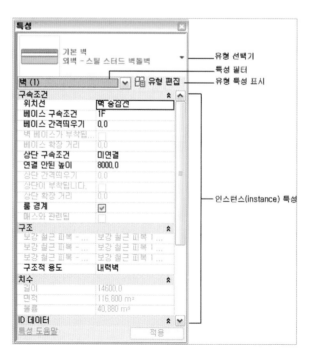

① 유형 선택기 : 요소를 배치하는 도구가 활성화되어 있거나 같은 유형의 요소를 도면 영역에서 선택하면 특성 팔레트 상단에 유형 선택기가 표시됩니다. 유형 선택기는 현재 선택된 패밀리 유형을 식별하고 다른 유형을 선택할 수 있는 드롭 다운을 제공합니다.

② 인스턴스(Instance) 특성의 화면표시 필터링 : 유형 선택기 바로 아래에는 도구에서 배치할 요소의 카테고리 또는 도면 영역에서 선택된 요소의 카테고리 및 번호를 식별하는 필터가 있습니다. 여러 카테고리 또는 유형을 선택하는 경우 모두에 공통되는 인스턴스(instance) 특성만 팔레트에 표시됩니다. 여러 카테고리를 선택하면 필터의 드롭다운을 사용하여 특정 카테고리 또는 뷰 자체에 대한 특성만 봅니다. 특정 카테고리 선택은 전체 선택 세트에 영향을 미치지 않습니다.

9) 뷰 조절 막대

뷰 조절 막대는 상태 막대 위에 있는 뷰 창 하단에 있습니다.

이 막대를 사용하여 현재 뷰에 영향을 미치는 다음과 같은 기능에 빠르게 액세스할 수 있습니다.

1 : 100 : 축척

: 상세 수준

: 비주얼 스타

: 태양 경로 켜기/끄기

: 그림자 켜기/끄기

: 렌더링 대화상자 표시/숨기기(도면 영역에 3D 뷰가 표시된 경우에만 사용)

: 뷰 자르기

: 자르기 영역 표시/숨기기

: 임시 숨기기/분리

: 숨겨진 요소

(1) 패밀리의 종류

① 시스템 패밀리 : 벽, 바닥, 천장 및 계단과 같은 기본 건물 요소를 작성 하는데 사용되고 Revit에 미리 정의된 패밀리

② 로드할 수 있는 패밀리 : 창, 문, 가구 및 수목과 같은 일반 적인 패밀리로 "*.rfa" 파일로 저장이 되며 재사용이 가능하고 Revit에서 자주 작성하고 수정하는 패밀리입니다.

③ 내부 편집 패밀리 : 프로젝트에서 재사용이 필요 하지 않을 고유한 요소가 필요한 경우 사용하는 패밀리

(2) 패밀리 작성 방법

1) 패밀리 새로 만들기

① Revit 시작 화면에서 [패밀리-새로 작성]을 선택하거나, [응용프로그램버튼-새로만들기 -패밀리]를 선택합니다.

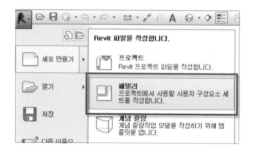

② 패밀리 템플릿 선택창에서 [미터법 일반 모델.rft] 템플릿을 선택합니다.

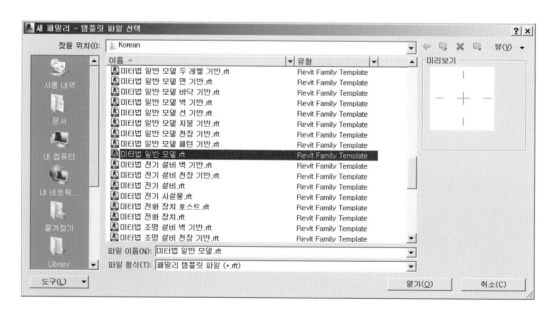

템플릿 유형은 항목별로 아래와 같이 나누어 집니다.

작성할 항목	선택할 템플릿 유형
2D 패밀리	상세 항목
	프로파일
	주석
	표제 블록
특정 기능이 필요한 3D 패밀리	난간동자
	구조 프레임
	구조 트러스
	보강 철근
	패턴 기반
호스트된 3D 패밀리	벽 기반
	천장 기반
	바닥 기반
	지붕 기반
	면 기반
호스트되지 않은 3D 패밀리	선 기반
	레벨 기반
	가변

③ 기본적인 패밀리 모델링 작성으로 "돌출, 혼합, 회전, 스윕, 스윕혼합" 기능 이용하며, 보이드 또한 "보이드 돌출, 보이드 혼합, 보이드 회전, 보이드 스윕, 보이드 스윕혼합" 기능이 있습니다.

2) 돌출

① 패밀리 편집기의 [작성 탭-양식 패널]에서 돌출을 선택합니다.

② 작업공간에 그리기 패널의 직사각형을 이용하여 사각형 형태로 스케치 합니다.

③ 돌출될 높이를 설정하고 ✔ 버튼을 눌러 그리기를 완료 시기면 돌출이 완료 되고 3D 뷰에서 돌출된 객체를 확인 할 수 있습니다.

| 깊이 | 500.0 | | ☑제인 | 간격띄우기: | 0.0 | | ☐반지름: | 1000.0 |

• 깊이 : 객체의 돌출될 높이 설정
• 간격띄우기 : 지정한 값만큼 스케치 선의 배치를 간격띄우기
• 반지름 : 반지름 값을 사전에 설정

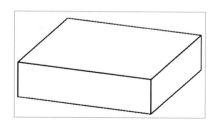

3) 혼합
① 패밀리 편집기의 [작성 탭－양식 패널]에서 혼합을 선택합니다.

② 작업공간에 그리기 패널의 직사각형을 이용하여 혼합의 기준 경계가 될 요소를 그립니다.

③ [모드패널－상단 편집]을 눌러 혼합의 상단 경계 편집을 합니다.

④ [그리기 패널－원]을 선택하고 "깊이 : 1000", 반지름 체크 후 "반지름 : 500"을 입력하고 사각형 위에 원을 그립니다.

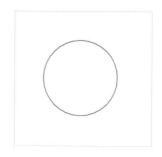

⑤ 필요한 경우 정점 편집을 선택하여 혼합의 틀기 양을 조절 할 수 있습니다.

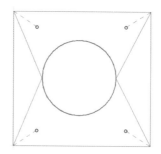

⑥ ✔ 버튼을 눌러 그리기를 완료하면 혼합 돌출이 완료 되고 3D뷰에서 돌출된 객체를 확인 할 수 있습니다.

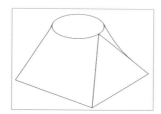

4) 회전

① 패밀리 편집기의 [작성 탭-양식 패널]에서 회전을 선택합니다.

② [그리기 패널-직사각형]을 선택하여 가로 중심평면 위쪽으로 사각형을 스케치 합니다.

③ [축선-선 선택]을 선택하고 가로방향 참조평면을 선택합니다.

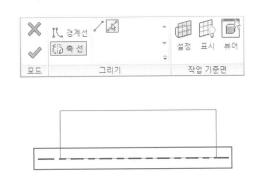

④ 완료 버튼을 누르면 사각형 스케치가 축선을 기준으로 회전한 것을 확인 할 수 있습니다.

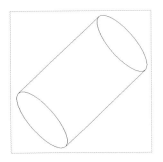

5) 스윕
   ① 패밀리 편집기의 [작성 탭-양식 패널]에서 스윕을 선택합니다.

② [스윕패널-경로스케치]를 선택하여 가로 방향 참조평면에 스플라인을 그리고 경로를 완료 시킵니다.

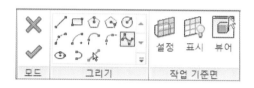

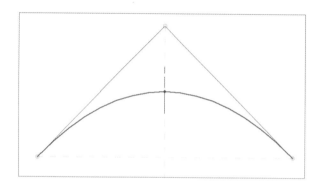

③ 프로젝트 탐색기 [입면도-오른쪽]뷰로 이동하여 [프로파일 선택-프로파일 편집]을 선택 합니다.

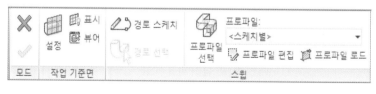

④ [그리기 패널-원]을 선택하고 "반지름 : 500"을 입력 한 후 중간점에 원을 스케치 합니다.

⑤ "프로파일 스케치 완료", "스윕 완료"를 하면 프로파일이 경로를 따라 스윕이 된 것을 확인 할 수 있습니다.

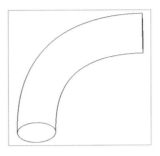

6) 혼합스윕

① 패밀리 편집기의 [작성 탭-양식 패널]에서 스윕을 선택합니다.

② [스윕혼합패널-경로스케치]를 선택하여 가로 방향 참조평면에 선을 그리고 경로를 완료 시킵니다.

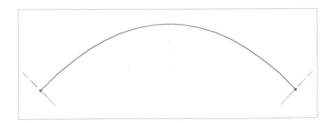

③ 프로젝트 탐색기 [입면도-오른쪽]뷰로 이동하여 [프로파일 1 선택-프로파일 편집]을 선택
합니다.

④ [그리기 패널-다각형]을 선택하고 "측면 : 5"를 입력 한 후 중간점에서 다각형을 스케치
하고 프로파일 1을 완료 합니다.

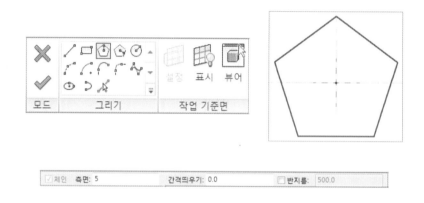

⑤ 프로젝트 탐색기 [입면도-왼쪽]뷰로 이동하여 [프로파일 2 선택-프로파일 편집]을 선택
합니다.

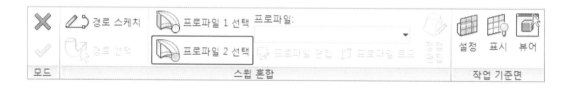

⑥ [그리기 패널-다각형]을 선택하고 "측면 : 5"를 입력 한 후 중간점에서 다각형을 스케치
합니다.

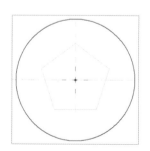

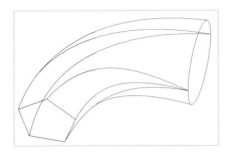

⑦ "프로파일 스케치 완료", "혼합 스윕 완료"를 하면 두개의 프로파일이 경로를 따라 혼합이 된 것을 확인 할 수 있습니다.

7) 보이드 양식

보이드 양식은 솔리드 형상을 절단할 때 작성합니다. 보이드 양식 작성은 솔리드 양식의 작성 방법과 동일하고 솔리드 양식이 없을 때는 주황색으로 양식이 표시 되어 확인 할 수 있습니다.

① 보이드 돌출

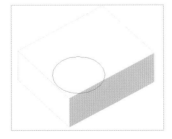

② 보이드 혼합

 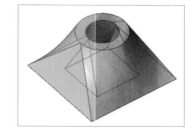

③ 보이드 회전

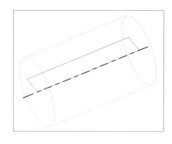 

④ 보이드 스윕

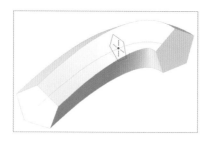 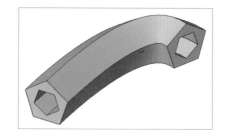

⑤ 보이드 혼합 스윕

 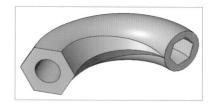

토목 BIM 실무활용서

(3) 매스 작성 방법

① Revit 시작 화면에서 [패밀리-새로 작성]을 선택하거나, [응용프로그램버튼-새로만들기 -개념질량(개념매스)]를 선택합니다.

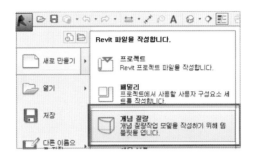

② [새 개념 질량 - 템플릿 선택] 창에서 [미터법 매스.rft] 템플릿을 선택합니다.

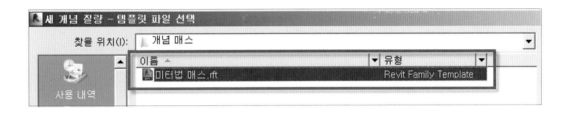

③ 그리기 도구를 이용해 사각형 스케치를 작성합니다.

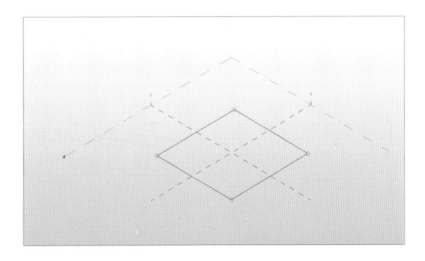

④ [양식패널-솔리드 양식]을 선택하여 매스를 만듭니다.

　　3D뷰로 확인 하면 돌출된 매스 양식이 만들어 진 것을 확인 할 수 있습니다.

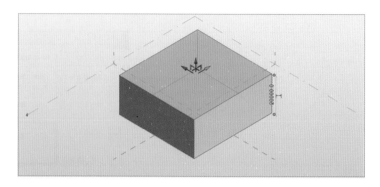

⑤ 매스를 선택하고 "X-레이"를 활성화 시키면 양식에 사용된 선과 점을 확인 할 수 있습니다.

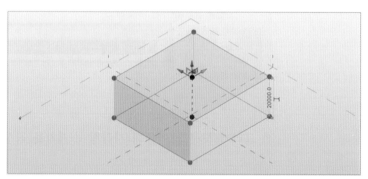

⑥ 선이나 점을 선택하면 방향 토글이 나타납니다. 방향 토글을 마우스로 움직여 점이나 선을 이동시킬 수 있으며 다양한 형태로 양식을 수정 할 수 있습니다.

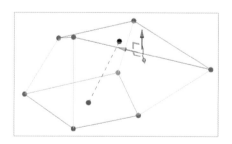

chapter 03

구조물 기본 모델링

(1) 프로젝트 기본설정

1) 모델링 시작하기

① [응용프로그램 버튼 – 새로 만들기 – 프로젝트]를 클릭합니다. "새 프로젝트" 대화상자
에서 "건축 템플릿" 파일을 선택하고 [확인]버튼을 클릭합니다.

(템플릿 파일이 없을 경우 [찾아보기]버튼을 선택하여

"C:\ProgramData\Autodesk\RVT2016\Templates\Korea\DefaultKORKOR.rte
"파일을 선택 합니다.)

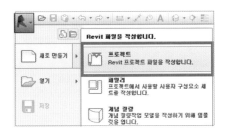 

② 사용자 인터페이스 설정을 위해[뷰 탭 – 창 패널 – 사용자인터페이스]도구를 클릭하여
"프로젝트 탐색기", "특성"을 선택한 이후 대화상자를 배치합니다.

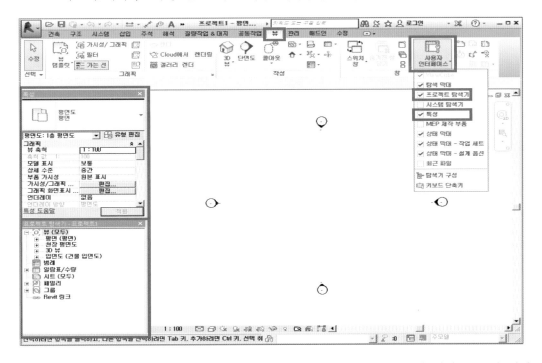

• 프로젝트 탐색기 : 현재 프로젝트의 모든 뷰, 일람표, 시트, 그룹 및 기타 부분에 대한
논리적 계층 구조를 표시합니다.

• 특성 팔레트 : 요소의 특성을 정의하는 대화상자입니다.

③ [뷰 탭 - 그래픽 패널 - 가시성 / 그래픽]도구를 통해 다양한 카테고리에 대한 요소들의
가시성을 조정할 수 있습니다.

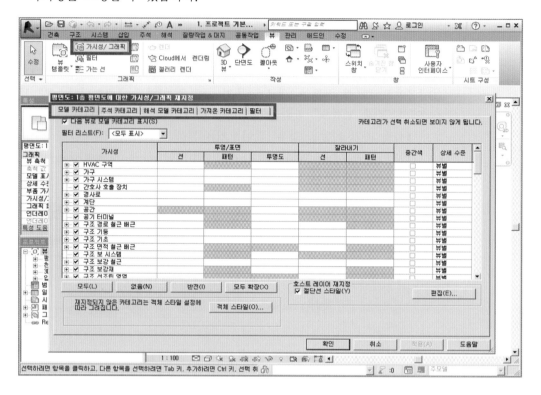

2) 레벨 작성

① 레벨을 작성하기 위해 [프로젝트 탐색기 - 입면도 - 남측면도]뷰를 더블클릭하게 되면
각 층의 레벨이 표시됩니다.(레벨은 평면도에서 작성할 수 없습니다.)

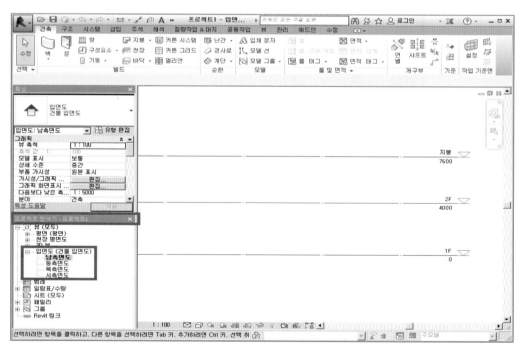

② 레벨의 헤드 부분을 확대하여 "2F" 레벨을 선택한 이후 "delete" 키를 눌러 삭제합니다.
  "경고" 대화상자가 나타나면 [확인]버튼을 클릭합니다.
  (레벨을 삭제하면 포함된 뷰도 같이 삭제가 됩니다.)

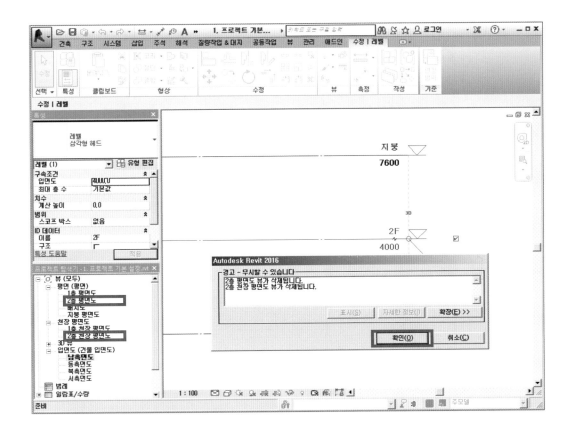

③ 새로운 레벨을 작성하기 위해 [건축 탭 - 기준 패널 - 레벨]도구를 클릭합니다.

④ [특성 - 유형 선택기]를 통해 삼각형 헤드를 선택한 이후 [수정 상황별 탭 - 그리기 패널
   - 선 선택]도구를 클릭합니다. [옵션막대]에서 "평면뷰 만들기" 체크를 해제해 이후
   "간격띄우기"에 2,700을 작성합니다.([옵션막대]에 평면뷰 만들기를 선택하면 레벨을
   작성 할 때 마다 자동으로 평면뷰가 작성됩니다.)

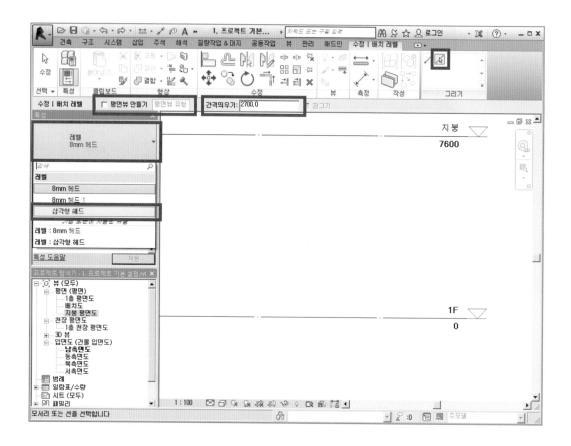

⑤ "1F" 레벨 선에 마우스를 가져가면 "하늘색 추적선"이 아래로 2,700떨어진 곳에 표시
   됩니다. 이때 선택을 하여 새로운 레벨을 만듭니다. (새로운 레벨이름은 이전 레벨이
   름에 맞춰서 자동으로 다음 이름이 작성됩니다.)

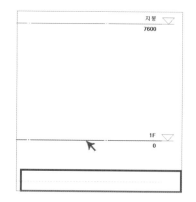
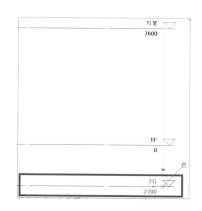

⑥ "2G" 레벨 이름을 선택한 이후 텍스트 창이 나타나면 "B1"으로 레벨이름을 변경합니다.

⑦ 새로 작성한 "B1" 레벨의 평면뷰를 만들기위해 [뷰 탭 - 작성패널 - 평면뷰]도구를 선택합니다. "새 평면도" 대화상자에서 평면뷰가 작성되지 않은 레벨을 확인할 수 있습니다. "B1"을 선택한 이후 [확인]버튼을 클릭합니다.

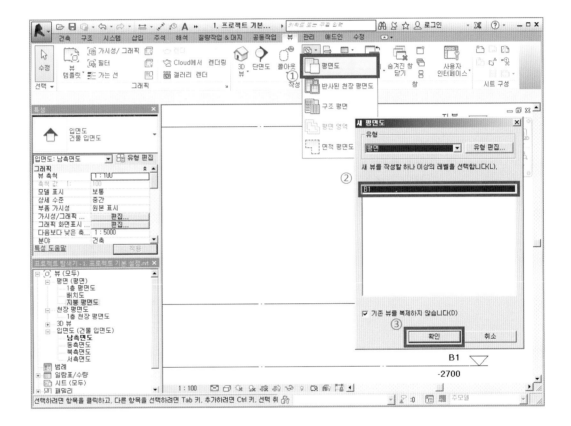

⑧ [프로젝트 탐색기]에 "B1" 평면뷰가 작성된 것을 확인 할 수 있습니다. "B1" 평면뷰를 선택한 이후 [마우스 오른쪽]버튼을 클릭하여 "바로가기 메뉴 리스트" 창에서 [이름 바꾸기]를 클릭합니다. "뷰 이름 바꾸기" 대화상자가 나타나면 "지하1층 평면도" 입력한 이후 [확인]버튼을 클릭합니다.

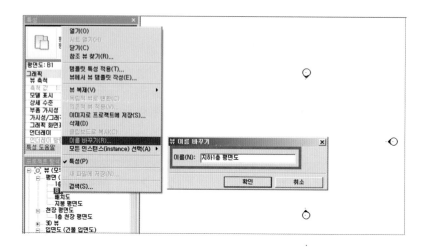

⑨ "해당 레벨 및 뷰의 이름을 바꾸겠습니까?" 경고창이 나타나면 [아니오]버튼을 클릭합니다. ([예]버튼을 선택하면 "B1 레벨" 이름이 현재 변경한 이름" 지하1층 평면도"로 변경 됩니다.)

⑩ 불필요한 뷰를 삭제하기 위해 [프로젝트 탐색기]에서 "1층 천장 평면도" 뷰를 선택하여 "delete" 하여 삭제합니다.

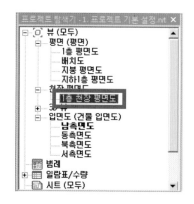

⑪ [프로젝트 탐색기]를 통해 "남측면도" 뷰로 이동한 다음 "지붕 레벨 7,600"을 클릭하여 텍스트 창이 나타나면 "3,000"으로 변경합니다.

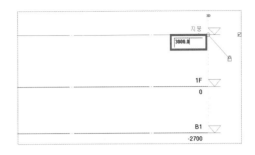

3) 그리드 작성
① 그리드를 작성하기 위해 [프로젝트 탐색기 – 평면 – 1층 평면도]뷰를 활성화 이후, [건축 탭 – 기준 패널 – 그리드]도구를 클릭합니다.

② 작업영역에 다음과 같이 아래에서 위 방향으로 "세로 그리드"를 작성합니다.
(위에서 아래로 작성할 경우 버블 위치가 아래로 향하게 됩니다.)

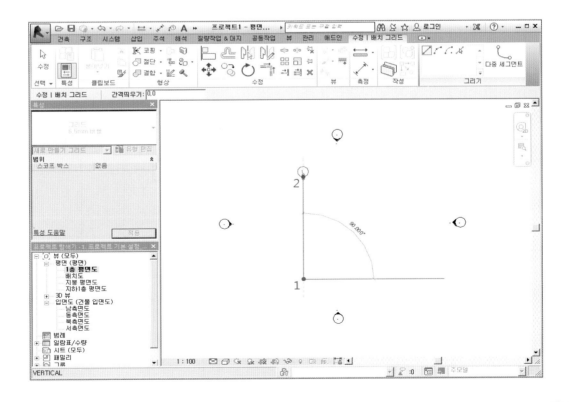

③ 위와 같은 방법으로 나머지 "세로 그리드"를 작성합니다. (3,300 - 4,200)

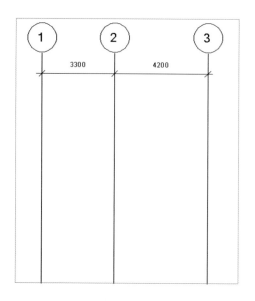

④ "가로 그리드" 작성을 위해 오른쪽에서 왼쪽 방향으로 그려준 이후 버블을 클릭하여 텍
스트 작성 창이 나타나면 "4" 문자를 "A" 문자로 수정합니다.
(왼쪽에서 오른쪽방향으로 작성할 경우 버블 위치가 오른쪽으로 향하게 됩니다.)

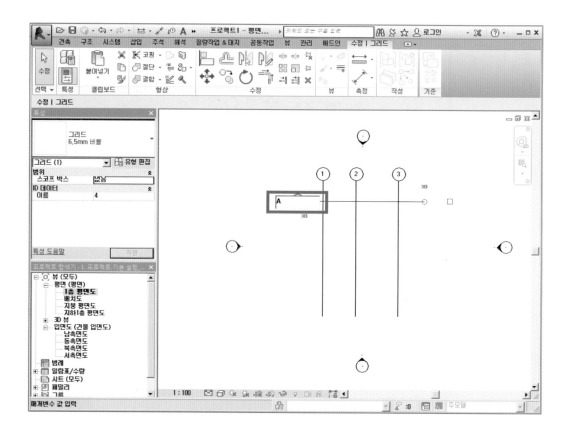

⑤ 위와 같은 방법으로 나머지 "가로 그리드"를 작성합니다.(3,300 - 4,200)

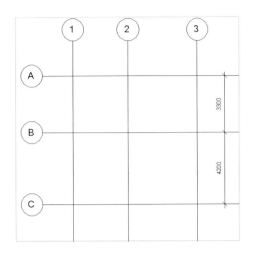

(2) 기본 모델링

1) 지하1층 "벽" 그리기

① [2.Revit_구조물₩1.구조물모델] 샘플폴더에서 [1.프로젝트 기본설정_완료.rvt] 파일을 열기합니다.

② [프로젝트 탐색기]를 이용하여 "지하1층 평면도" 뷰를 활성화합니다.

③ 지하1층 벽을 작성하기 위해 [구조 탭 - 구조 패널 - 벽]도구를 클릭합니다.

④ [특성 - 유형 선택기]창에서 벽 유형을 "일반 - 200mm"로 지정한 이후 [옵션막대]에서 "깊이"를 "높이"로, "미연결"을 "1F"로 변경합니다.

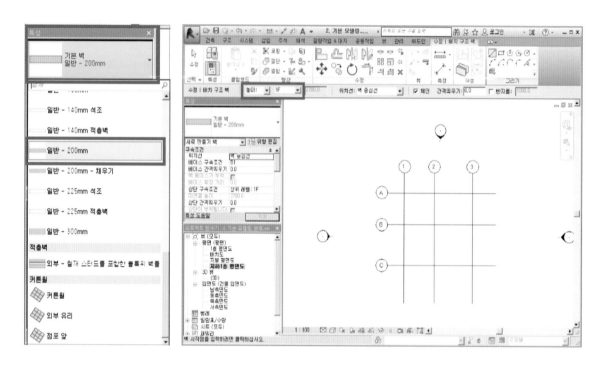

⑤ 아래와 같은 순서로 벽을 작성합니다.

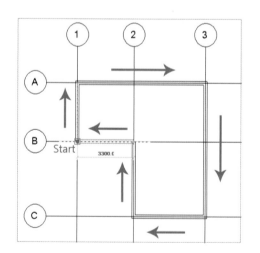

⑥ [프로젝트 탐색기 – 3D 뷰 – {3D}]뷰를 활성화 합니다. 화면 하단의 [뷰 조절 도구 막대]
를 이용하여 "비주얼 스타일을 "음영 처리"로 변경합니다. 아래와 같이 벽이 작성된 것
을 확인 할 수 있습니다.("상세수준", "비주얼 스타일"을 통해 현재 활성화된 뷰의 화
면을 설정할 수 있습니다.)

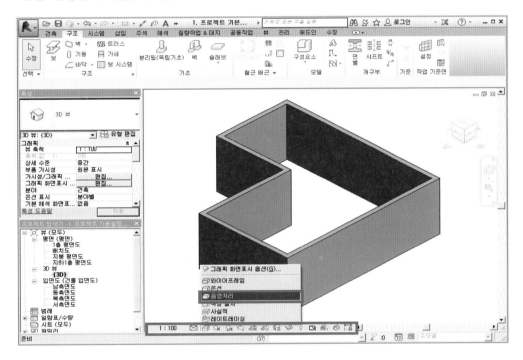

⑦ "지하1층 평면도" 뷰와 "3D" 뷰를 같이 확인 하기 위해 [뷰 탭 – 창 패널 – 창 타일 정렬]
도구를 클릭합니다. 활성화되어 있는 뷰는 타일 형식으로 정렬되며, 필요한 뷰만 열어
놓을 수 있습니다.(선택된 뷰는 작업화면 왼쪽으로 배치가 됩니다.)

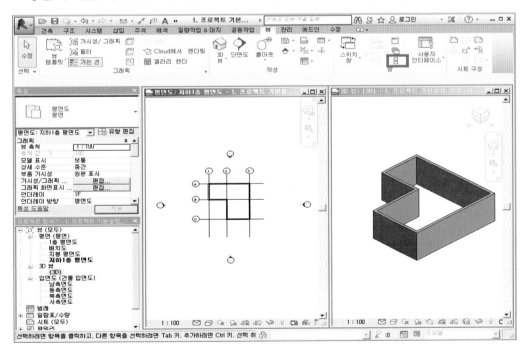

2) 지하1층 "기초 슬래브" 그리기

① 지하1층 평면도를 활성화 하여 [구조 탭 - 기초 패널 - 구조 기초 : 슬래브]도구를 클릭합니다.

② [특성 - 유형 편집]을 클릭하여 "유형 특성" 대화상자가 열리면 [복제]버튼을 눌러 "400mm 기초 슬래브"라고 이름을 지정한 이후 [확인]버튼을 클릭합니다.

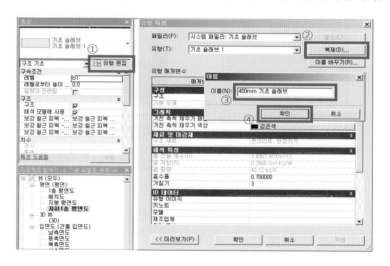

③ "유형 특성" 대화상자에서 [구조 편집]버튼을 클릭합니다. "조합 편집" 대화상자가 나타나면 구조의 두께를 "400"으로 변경한 이후 [확인]버튼을 클릭하여 빠져나옵니다.

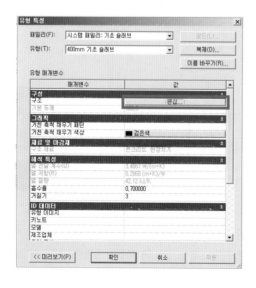

④ 이전 방법을 참고하여 새로운 유형 "100mm 기초 슬래브_버림"을 만든 이후 "조합 편집"
   대화상자에서 구조 두께를 "100으로" 정의합니다. [확인]버튼을 클릭하여 모든 대화상자
   를 닫습니다.

⑤ [특성 – 유형 선택기]를 통해 "400mm 기초 슬래브"를 선택한 이후 [수정 | 바닥 경계
   작성 탭 – 그리기 패널 – 벽 선택]도구를 클릭합니다.

⑥ 마우스 커서를 작성된 벽 위에 올려놓고 "Tab" 키를 눌러 벽 전체가 강조 될 때, 벽의
   바깥쪽을 클릭하여 선홍색 라인이 벽의 바깥쪽으로 선택되도록 합니다. [편집 모드 완료]
   버튼을 클릭하여 스케치를 완료합니다. ("3D" 뷰를 활성화 하여 기초가 작성된 것을
   확인합니다.)

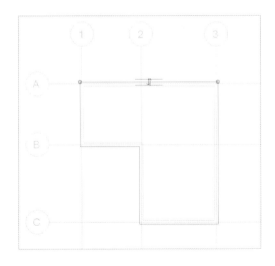

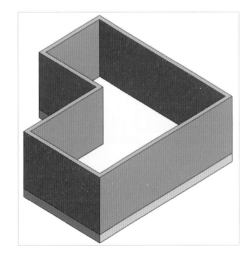

⑦ "지하1층 평면도" 뷰를 활성화 이후 [구조 탭 - 기초 패널 - 구조 기초 : 슬래브]도구를 클릭합니다. [특성 - 유형 선택기]를 통해 "100mm 기초 슬래브_버림"을 선택한 이후 [수정 상황별 탭 - 그리기 패널 - 벽 선택]도구을 클릭합니다. [옵션막대]에서 "간격 띄우기 : 100" 및 [특성 - 구속조건 - 레벨로부터 높이 간격띄우기]를 "-400"으로 설정하여 스케치를 완료합니다.

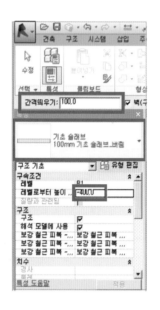
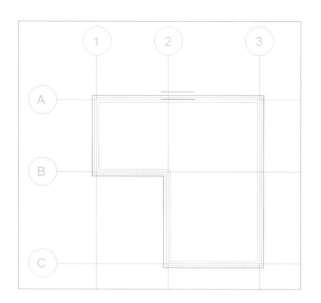

⑧ "지하1층 평면도" 뷰에서 기초를 드로잉 했던 부분이 나타나지 않고 있습니다. 기초가 보이지 않는 이유는 "뷰 범위" 설정 때문입니다. (뷰 범위는 가시범위라고도 표현할 수 있습니다.)

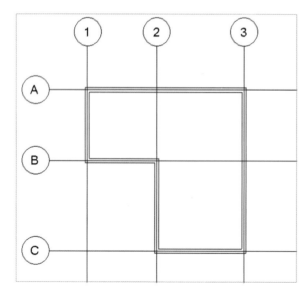
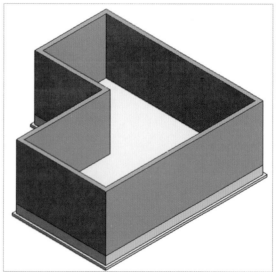

아래 그림을 참고하여 각 번호에 맞는 명칭을 확인 이후 다음으로 넘어갑니다.

① 상단
② 절단 기준면
③ 하단
④ 간격 띄우기
⑤ 1차 범위
⑥ 뷰 깊이

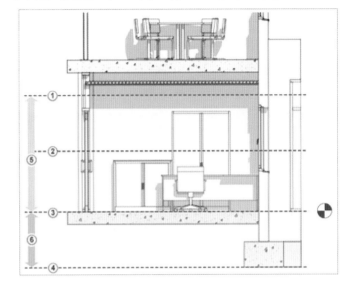

⑨ "지하1층 평면도" 뷰에서 [특성 - 범위 - 뷰 범위]항목의 [편집]버튼을 클릭하면 "뷰 범위" 대화상자가 열립니다. "뷰 깊이" 설정을 살펴보면 "간격띄우기" 값이 "0"으로 되어 있는 것을 확인할 수 있습니다. 이 값을 "-500"으로 변경합니다.

⑩ "뷰 깊이(-500)"가 변경됨에 따라 "지하1층 평면도" 뷰에 기초 및 잡석이 표현되는 것
   을 확인 할 수 있습니다.

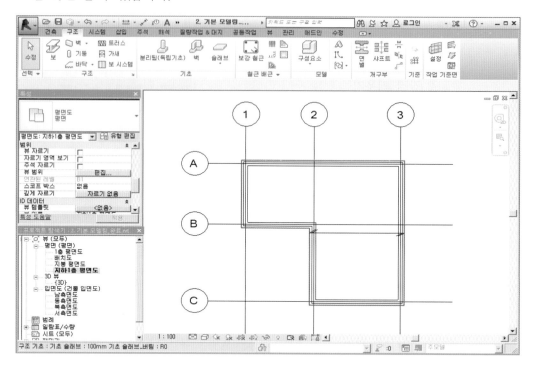

3) 1층 평면도 "벽, 바닥" 그리기

① [프로젝트 탐색기]를 이용하여 "1층 평면도" 뷰를 활성화합니다.

② [구조 탭 - 구조 패널 - 벽]도구를 클릭하여 아래와 같이 스케치합니다.

   (ㄱ. 일반 - 200mm ㄴ. 상단 구속조건 : 상위 레벨 : 지붕 ㄷ. 상단 간격띄우기 : 1,300)

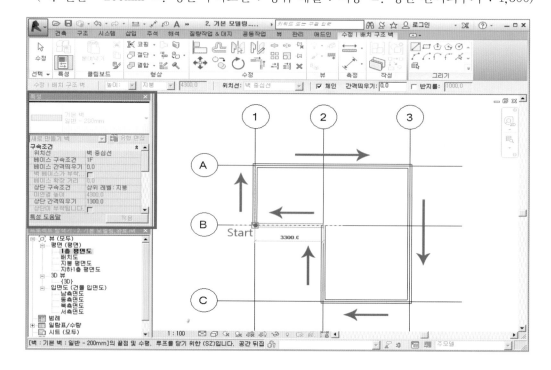

③ "1층 바닥"을 작성하기 위해 [구조 탭 - 구조 패널 - 바닥 : 구조]도구를 클릭합니다.

④ [특성 - 유형 선택기]를 통해 "일반 150mm"를 선택한 이후 [수정 | 바닥 경계 작성 탭
 - 그리기 패널 - 벽 선택]도구를 클릭합니다.

⑤ 마우스 커서를 작성된 벽 위에 올려놓고 "Tab" 키를 눌러 벽 전체가 강조 될 때, 벽의
 안쪽을 클릭하여 선홍색 라인이 벽의 안쪽으로 선택되도록 합니다. [편집 모드 완료]도구
 를 클릭합니다.

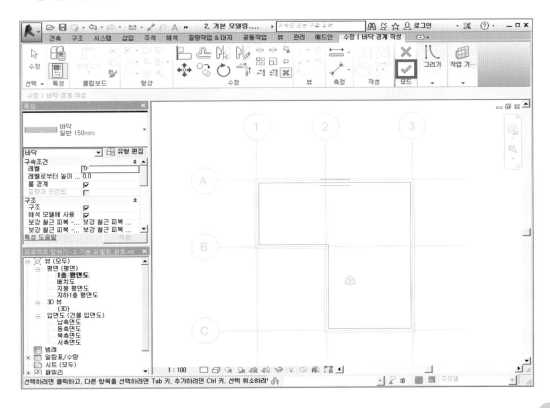

⑥ 경고 창이 뜨면 [아니오]버튼을 클릭합니다. 이 메시지는 벽의 상단과 바닥이 만날 때 벽과 바닥의 관계를 규정하기 위해 발생합니다.

⑦ "3D" 뷰에서 작성한 바닥을 확인합니다.

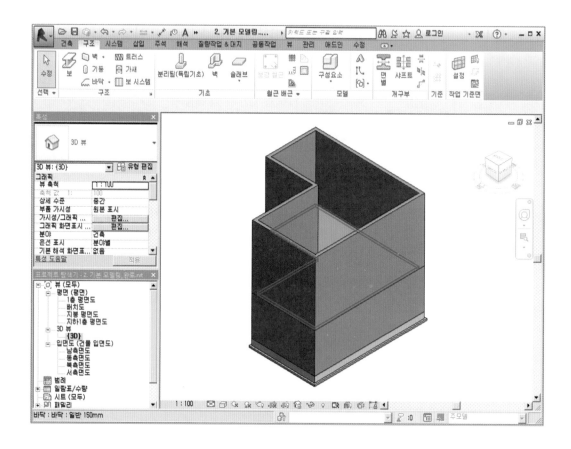

4) 지붕 그리그
① [프로젝트 탐색기]를 이용하여 "지붕 평면도" 뷰를 활성화합니다.
② [건축 탭 - 빌드 패널 - 지붕]도구를 클릭합니다.

③ [특성 - 유형 선택기]를 통해 "일반 - 400mm"을 선택한 이후 [옵션막대]에서 "경사 정의"
를 체크해제 합니다.

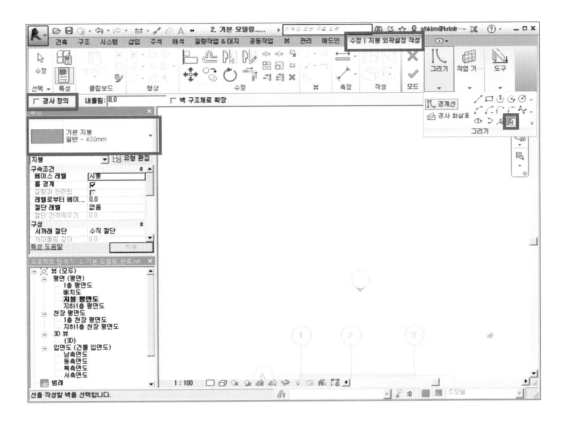

④ 마우스 커서를 작성된 벽 위에 올려놓고 "Tab" 키를 눌러 벽 전체가 강조 될 때, 벽의
안쪽을 클릭하여 선홍색 라인이 벽의 안쪽으로 선택되도록 합니다. [편집 모드 완료]도
구를 클릭합니다.

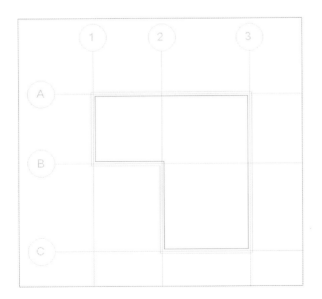

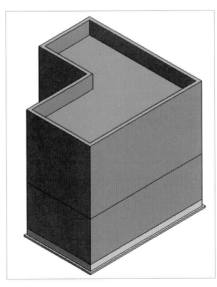

(3) 세부 모델링

1) 내벽 작성

① [2.Revit_구조물₩1.구조물모델] 샘플폴더에서 [2.기본모델링_완료.rvt] 파일을 열기합니다.

② [프로젝트 탐색기]를 이용하여 "1층 평면도" 뷰를 활성화합니다.

③ [건축 탭 – 빌드 패널 – 벽]도구를 클릭하여 [특성 – 유형 선택기]를 통해 "일반 –
100mm" 유형을 선택합니다. 그 다음 [옵션막대]에서 "미연결"을 "지붕"으로 변경하고,
위치선을 "벽 중심선"에서 "마감면 : 외부"로 변경한 이후 아래와 같이 스케치합니다.

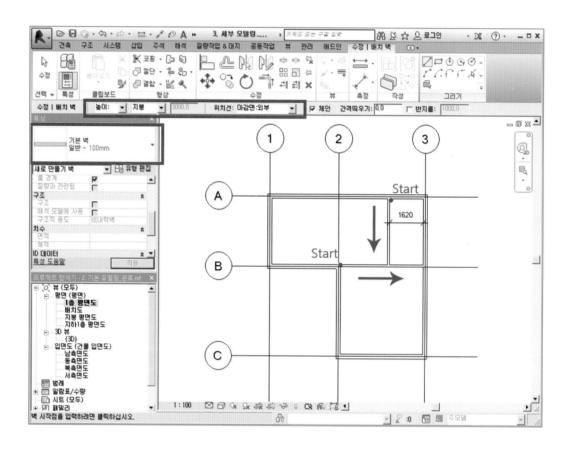

④ 내벽이 작성 되었는지 확인을 위해 "3D" 뷰로 이동하여 [특성 - 단면상자]를 체크합니다.
"단면상자"가 활성화 되면 "컨트롤"을 이용하여 단면 모델을 확인할 수 있습니다.
(단면 상자 체크를 해제 하면 모델이 원상복귀 됩니다.)

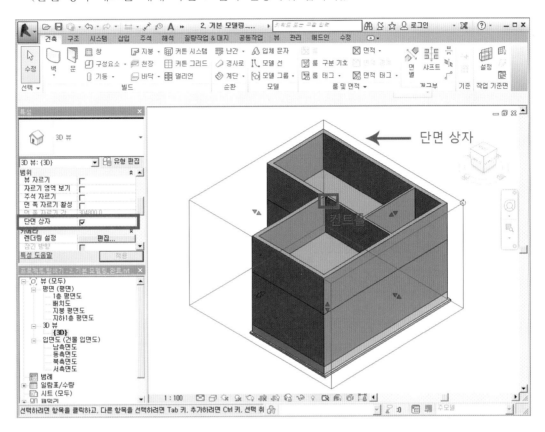

2) 바닥 개구부 작성
① [프로젝트 탐색기]를 이용하여 "1층 평면도" 뷰를 활성화합니다.
② 1층 바닥과 벽 경계선에 마우스 커서를 올려놓고 "Tab" 키를 눌러 바닥을 선택합니다.

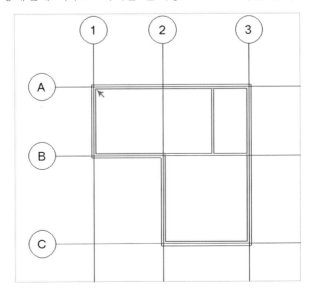

③ [수정 | 바닥 탭]이 활성화 되면 [모드 패널 - 경계편집]을 클릭합니다.

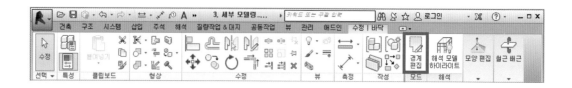

④ [그리기 패널 - 선 선택]도구에서 "간격띄우기"를 설정한 이후 아래와 같이 스케치합니다.

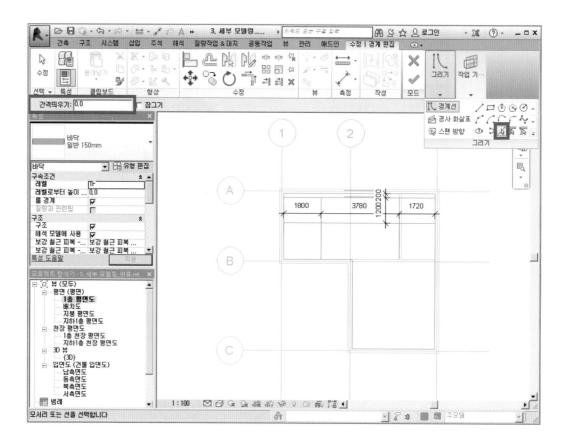

⑤ [수정 패널 - 코너 자르기/연장]도구를 이용하여 아래와 같이 각 코너를 정리합니다.

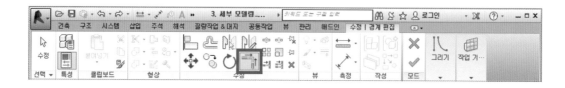

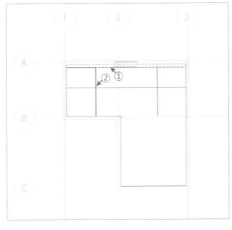

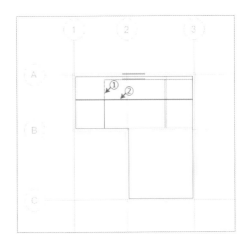

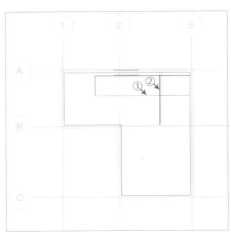

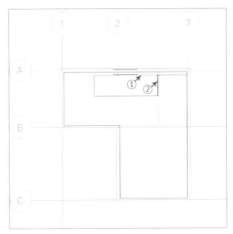

⑥ [수정 | 경계 편집 탭]에서 [모드 패널 - 편집 모드 완료] 도구를 클릭합니다.

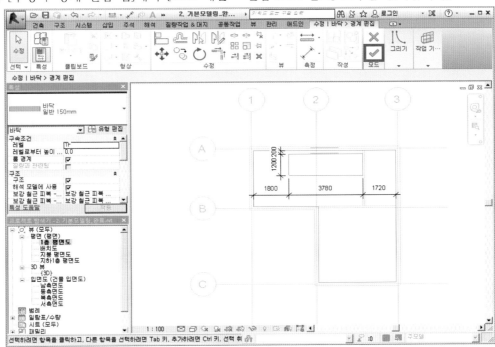

⑦ "경고" 창이 뜨면 [아니오]버튼을 클릭합니다. 이 메시지는 벽의 상단과 바닥이 만날 때 벽과 바닥의 관계를 규정하기 위해 발생합니다.

⑧ "3D" 뷰에서 단면상자를 이용하여 바닥이 편집된 것을 확인합니다.

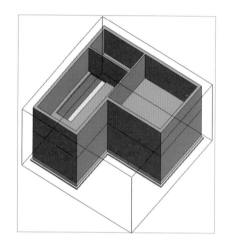

⑨ 경계, 프로파일 편집 이외 [건축 탭 - 개구부 패널]을 이용하여 "개구부"를 정의 할 수 있습니다.

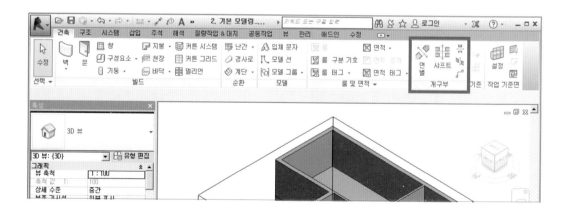

3) 문, 창 및 ladder 작성

① [프로젝트 탐색기]를 이용하여 "1층 평면도" 뷰를 활성화합니다.

② [건축 탭 - 빌드 패널 - 문] 도구를 클릭합니다.

③ [수정 | 배치 문 탭 - 모드 패널 - 패밀리 로드]도구를 실행하여 문 패밀리" SD1 3.rfa" / "SD4 3.rfa"를 선택한 이후 [열기]버튼을 클릭합니다. (Ctrl 키를 눌러 다중 선택이 가능합니다.)

　(경로 : C: ₩ProgramData₩Autodesk₩RVT 2016₩Libraries₩Korea₩문)

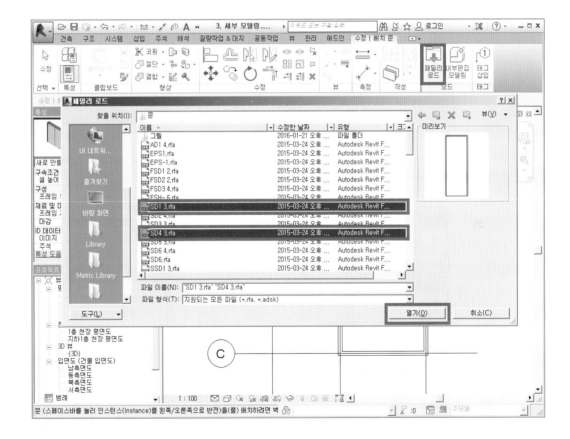

④ [특성]창에서 "SD1 3.rfa", "SD4 3.rfa"를 선택한 이후 아래 그림과 같이 배치합니다.

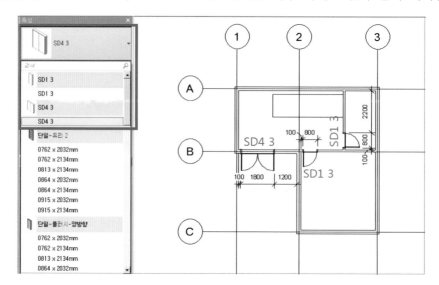

⑤ [건축 탭 - 빌드 패널 -창]도구를 클릭합니다.

⑥ [특성 - 유형 선택기]를 통해 "미닫이 1500x1500mm"를 선택하여 "씰 높이 900"으로 지정하여 아래와 같이 배치합니다.

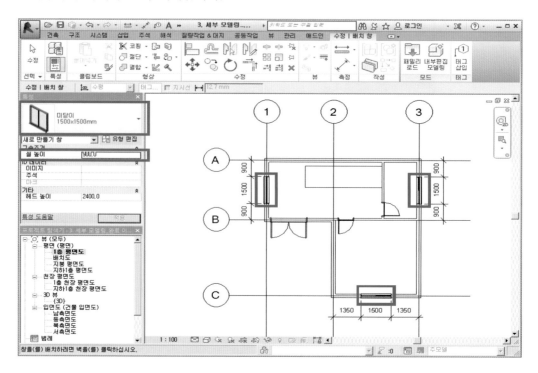

⑦ 배치한 문 또는 창은 반전 화살표 및 Space Bar를 이용하면 내, 외부 방향을 변경할 수 있습니다. (반전 화살표 방향이 표시된 부분은 외부입니다.)

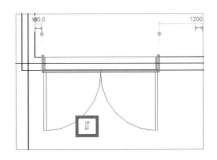
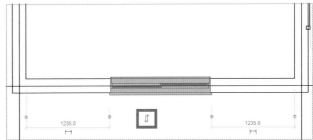

⑧ "레더 패밀리"를 로드하기 위해 [건축 탭 - 빌드 패널 - 구성요소]도구를 클릭합니다.

⑨ [수정 | 배치 구성요소 탭 - 모드 패널 - 패밀리로드]도구를 실행하여 "ladder.rfa"를 선택한 이후 [열기]버튼을 클릭합니다. (교재 샘플 파일 참고)

⑩ [특성]창에서 "ladder.rfa"를 선택한 이후 아래 그림과 동일하게 배치합니다. (SpaceBar를 이용하면 배치하는 방향을 변경할 수 있습니다.)

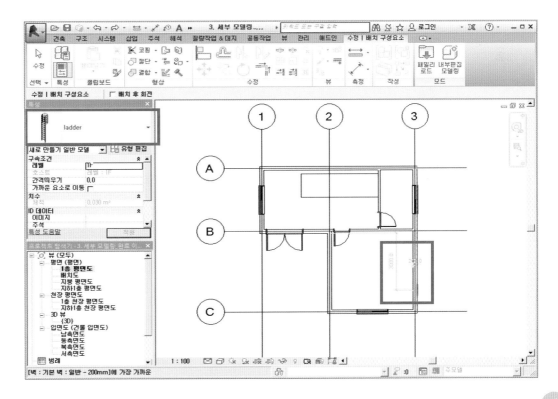

⑪ [프로젝트 탐색기]에서 "동측면도" 뷰를 활성화여 배치된 "ladder"를 선택합니다.
[특성]창에 "간격띄우기" 값을 "500"으로 설정합니다.

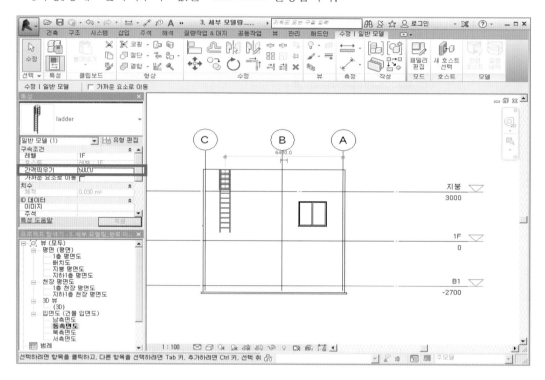

4) 계단 및 난간 그리기
① [프로젝트 탐색기]를 이용하여 "지하1층 평면도" 뷰를 활성화합니다. 평면도 [특성]창에서 언더레이를 "1F" 변경합니다. (지정한 레벨로 현재 뷰에 언더레이 할 수 있습니다.)

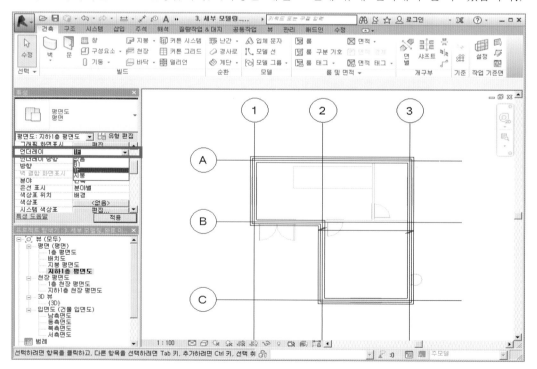

② [건축 탭 - 순환 패널 - 계단]도구를 클릭합니다.

③ [특성 - 유형 선택기]를 통해 "콘크리트 계단"을 선택한 이후 "유형편집"을 통해 "유형 특성" 대화상자가 활성화되면 [복제]버튼을 클릭합니다. "콘크리트 계단_180 × 270"이라고 이름을 지정한 이후 [확인]버튼을 클릭합니다.

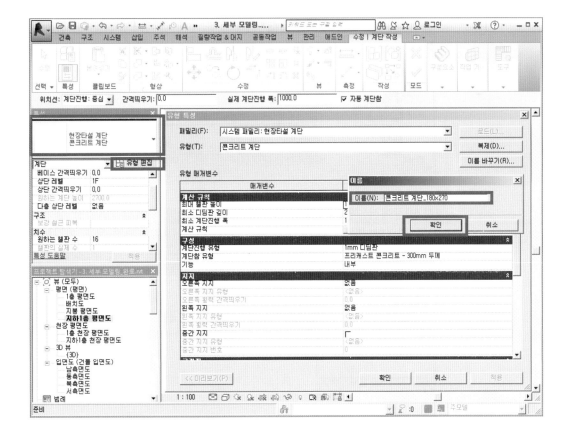

④ "유형 특성" 대화상자에서 "최대 챌판 높이 : 180" / "최소 디딤판 깊이 : 270" / "최소 계단진행 폭 : 1200" 변경한 이후 [확인]버튼을 클릭합니다.

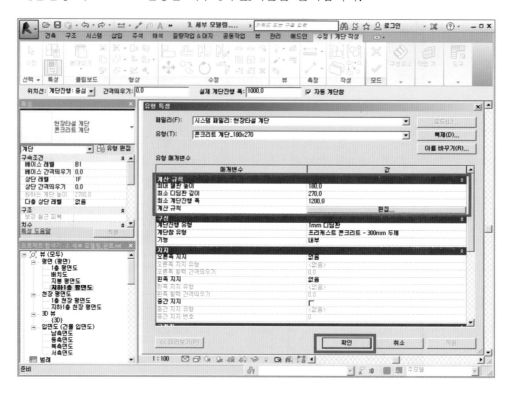

⑤ [특성]창에서 "원하는 챌판 수 : 15" 및 [옵션막대]에서 "위치선"을 "계단진행 : 왼쪽"으로 변경합니다. 아래와 같이 계단을 스케치한 이후 [편집 모드 완료]버튼을 클릭합니다.

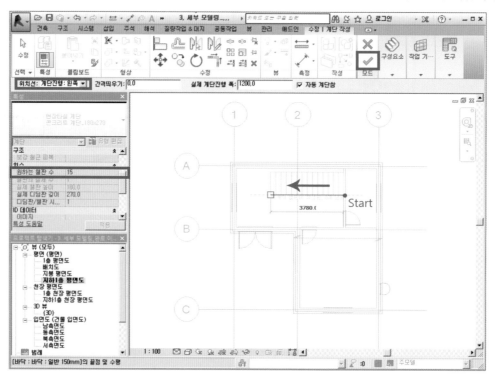

⑥ [뷰 탭 - 작성 패널 - 단면도]도구를 선택하여 아래와 같이 계단 "단면" 뷰를 만듭니다.

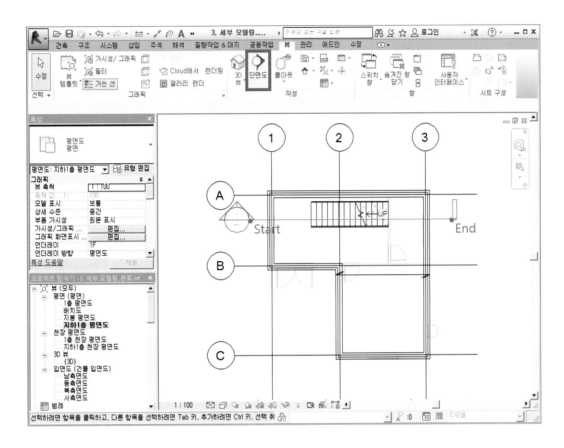

⑦ [프로젝트 탐색기]에서 "단면도 0" 뷰를 클릭하여 작성한 계단을 확인합니다.
(평면도에서 단면 뷰의 헤드를 더블 클릭하여도 단면도 뷰를 활성화 할 수 있습니다.)

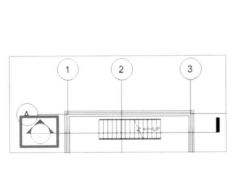

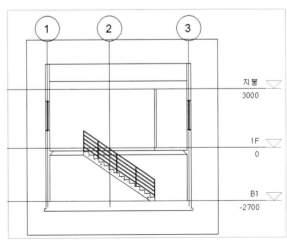

⑧ [프로젝트 탐색기]를 이용하여 "1층 평면도" 뷰를 활성화합니다.
　작성된 계단을 선택하여 [수정 | 난간 탭 – 모드 패널 – 경로편집]도구를 클릭합니다.

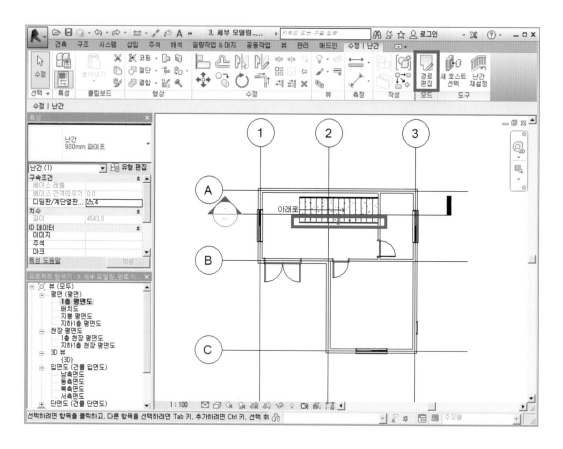

⑨ [그리기 도구 – 선 선택]도구를 선택하여 [옵션막대]에서 "간격띄우기 : 50"으로 정의
　합니다. 아래 그림과 같이 선을 스케치 이후 [편집 모드 완료]버튼을 클릭합니다.

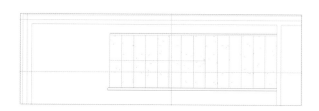

5) 대지 작성

① [프로젝트 탐색기]를 이용하여 "배치도" 뷰를 활성화 합니다.

[질량작업 & 대지 탭 - 대지 모델링 패널 - 지형면] 도구를 클릭합니다.

② [수정 | 표면 편집 탭 - 도구 패널 - 점 배치]도구를 클릭합니다. [옵션막대]에서 "입면도 : -1,000"이라고 값을 입력한 이후 아래 그림과 같이 점3개를 지정합니다.

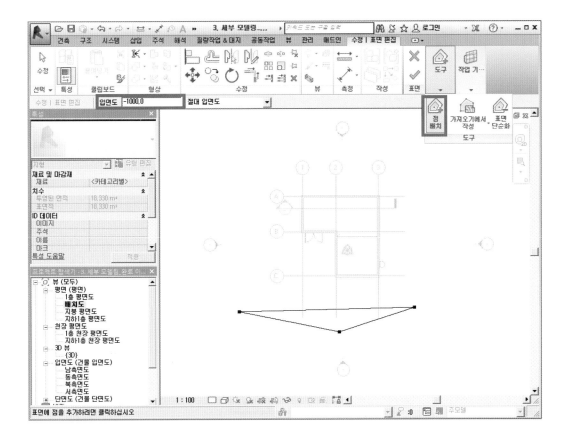

③ [옵션막대]서 "입면도 : −500"이라고 값을 입력하고 점 3개를 지정합니다.

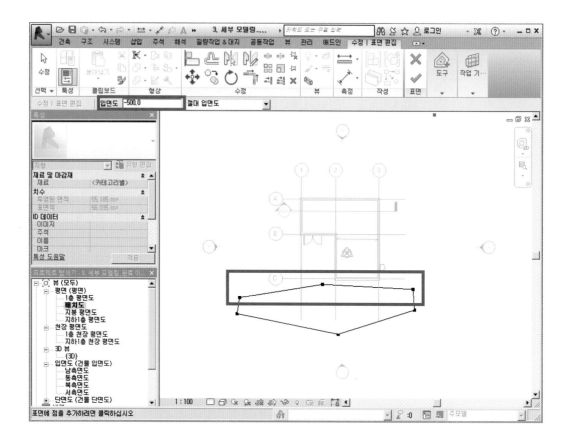

④ 위와 같은 방법으로 [옵션막대]를 아래와 같이 설정하여 점을 지정한 이후 [완료]버튼을 클릭합니다.

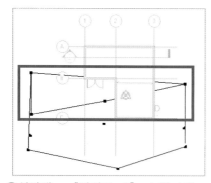

옵션막대 : "입면도: 0" / 점 4개

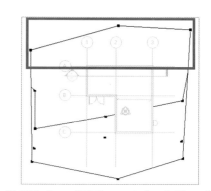

옵션막대 : "입면도: 500" / 점 3개

⑤ "3D" 뷰를 활성화 하여 지형이 작성된 것을 확인합니다.
　지형이 건물 안쪽까지 작성 된 것을 확인 할 수 있습니다.

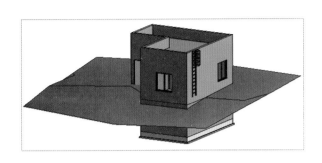 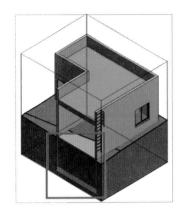

⑥ 건물 안쪽으로 작성된 지형을 정리하기 위해 [프로젝트 탐색기] 에서 "배치도" 뷰를 활
　성화합니다.

⑦ [질량작업 & 대지 탭 - 대지 수정 패널 - 표면분할]도구를 클릭한 이후 작성한 대지를
　선택합니다.

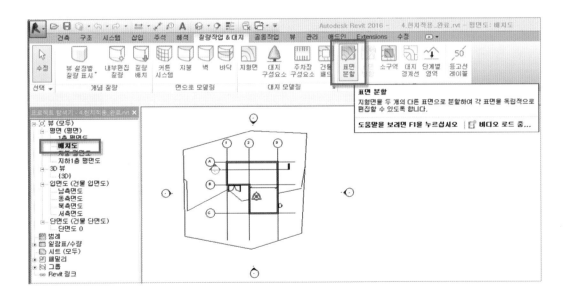

⑧ "상황별 탭"에서 그리기 패널이 활성화 되면 건물 외각을 따라 분할 선을 스케치합니다.

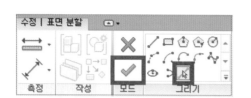

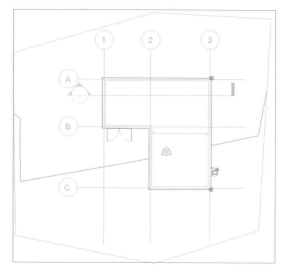

⑨ 표면 분할된 지형은 선택하여 삭제 합니다. (분할한 표면 선에 마우스를 놓고 "Tab" 키 이용하면 지형 선택을 쉽게 할 수 있습니다.)

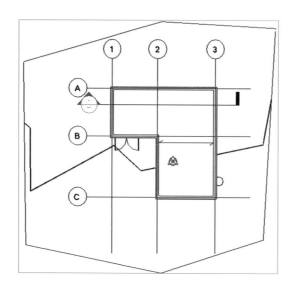

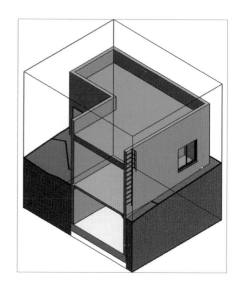

(4) 헌치 적용

  1) 콘크리트 헌치 프로파일 만들기

    ① [응용프로그램 버튼 – 새로 만들기 – 패밀리]를 실행하여 템플릿 "미터법 프로파일.rft"
      파일을 선택합니다.

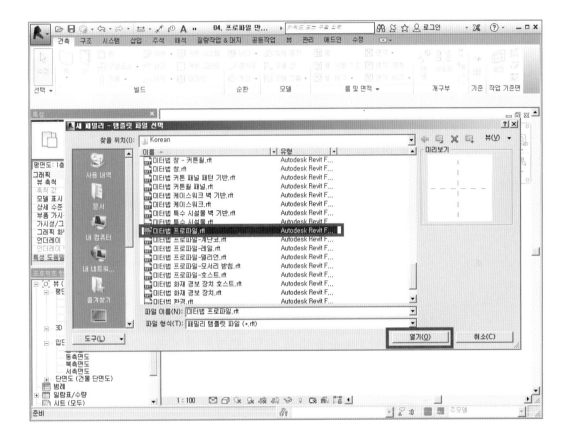

    ② [작성 탭 – 상세정보 패널 – 선]도구를 선택한 이후 [상황별 탭 – 그리기 패널 – 선]도구
      를 이용해 아래와 같이 스케치합니다.

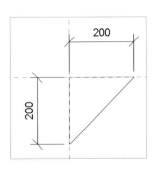

③ [응용프로그램 버튼 – 저장]를 실행하여 파일이름을 작성한 이후 [저장]버튼을 클릭합니다.

2) 벽 헌치 프로파일 적용

(헌치 : 철근 콘크리트 보 또는 슬래브 등에 있어서 단면을 증대하기 위하여 또는 모서리 등에 일어나는 응력 집중을 완화하기 위하여 보 또는 슬래브의 높이를 크게 한 부분)

① [2.Revit_구조물₩1.구조물모델] 샘플폴더에서 [3.세부모델링_완료.rvt] 파일을 열기합니다.
② "지하1층 평면도" 뷰를 활성화합니다.
③ [구조 탭 - 구조 패널 - 벽]도구를 활성화 하여 [특성 - 유형 선택기]를 통해 "일반 - 200" 벽을 선택합니다. [특성 - 유형편집]에서 [복제]버튼을 클릭하여 "일반 - 200mm_헌치" 이라고 이름을 지정한 이후 [확인]버튼을 클릭합니다.

④ "유형 특성 대화상자"에서 [구조 편집]버튼을 클릭합니다. "미리보기" 창을 활성화 하여 뷰를 "단면도 : 유형 속성 수정" 변경을 한 다음 [스윕]버튼을 클릭합니다.
(뷰 유형이 단면도가 아니면 "수직 구조 수정도구"가 활성화 되지 않습니다.)

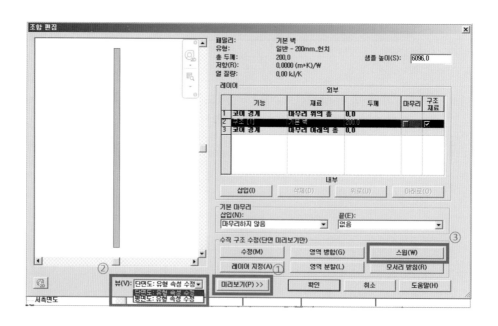

⑤ [추가]버튼을 눌러 벽 "스윕"을 추가합니다.

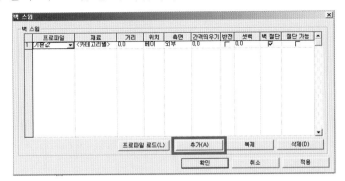

⑥ [프로파일 로드]버튼을 클릭하여 앞에서 작성한 프로파일(200×200 헌치 프로파일)을 선택한 다음 [열기]버튼을 클릭합니다. (교재 샘플 파일 참고)

⑦ 추가된 "스윕" 사항을 설정합니다. 먼저 프로파일 항에 로드한 프로파일(200×200 헌치 프로파일)을 선택한 이후 재료를 "카테고리별"에서 "기본 벽"으로 변경합니다. 거리 항은 "-150", 위치 항은 "상단", 측면은 "내부"로 변경한 이후 [확인]버튼을 클릭하여 빠져나옵니다.

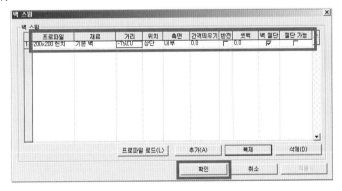

⑧ 마우스 커서를 작성된 지하1층 벽 위에 올려놓고 "Tab" 키를 눌러 전체를 선택한 다음 [특성 - 유형 선택기]를 이용해 "일반 -200mm_헌치"로 변경합니다.

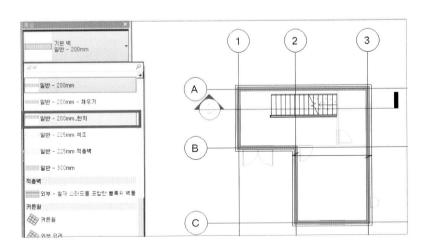

⑨ 작성된 "단면도 버블"을 더블클릭 하여 "단면도" 뷰를 활성화합니다.
　　지하1층 벽 유형이 변경이 되었는지 확인을 합니다.

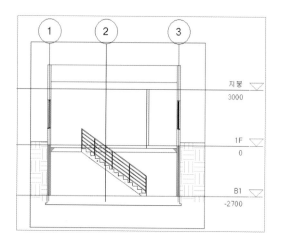

⑩ [수정 탭 – 형상 패널 – 결합]도구를 클릭하여 형상 결합을 할 수 있습니다.
　　(같은 재료일 경우 가능 합니다.)

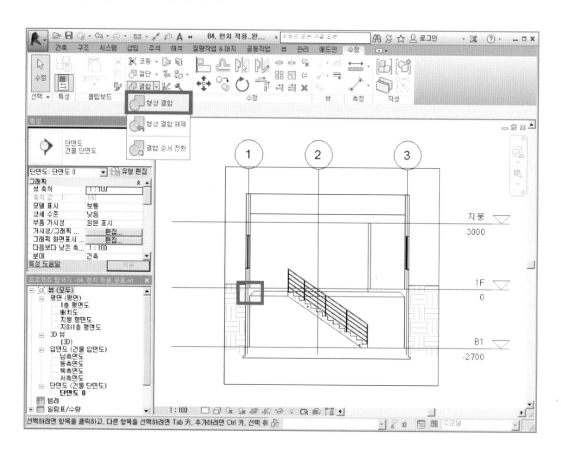

chapter 04

교량 모델 부재별 패밀리 작성

■ 교각 일반도

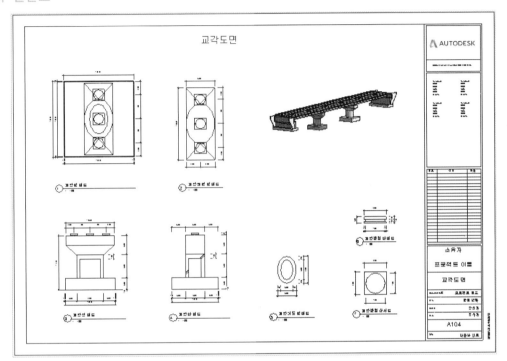

■ 교대 일반도

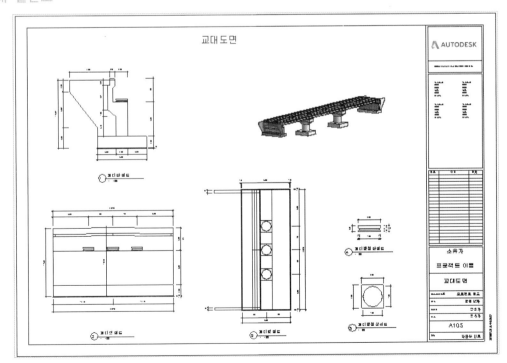

■ 상부표준도

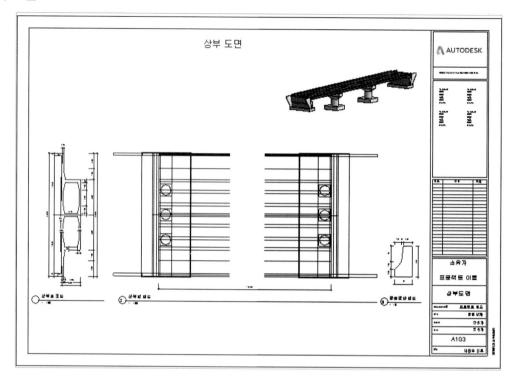

■ 교량 3D 뷰

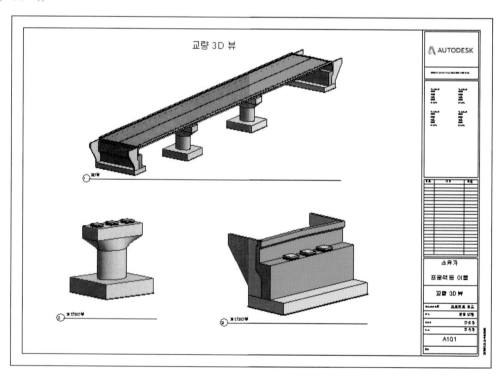

(1) 교각 패밀리

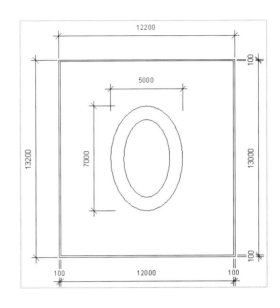

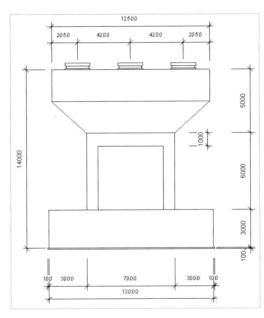

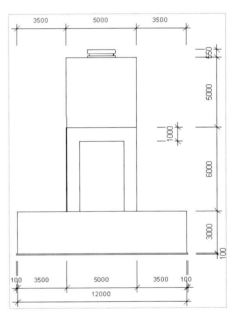

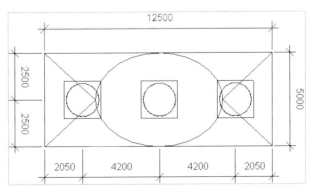

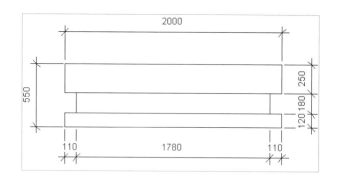
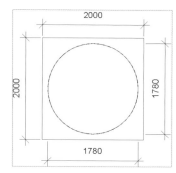

1) 교각 기초 패밀리

① [응용프로그램버튼  –새로만들기–패밀리–템플릿 "미터법 구조 기초.rft"]를 열기합니다.

이름	유형
미터법 구조 기초.rft	Autodesk Revit Family Template
미터법 구조 보강재 선 기반.rft	Autodesk Revit Family Template

② 템플릿이 열리면 [작성탭–참조평면]을 클릭합니다.

③ 참조평면을 중심에서 "6,500" 간격띄우기 하여 좌, 우측에 작성합니다.

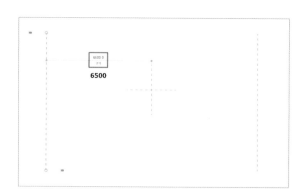

④ [수정탭-치수패널-정렬치수]를 클릭하여 왼쪽 참조평면, 가운데 참조평면, 오른쪽 참조 평면 차례로 클릭하고 치수가 위치할 곳에 다시 클릭합니다.

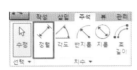 

⑤ 치수 폰트가 작게 보이면 스케일 조정하여 적당한 폰트로 설정합니다.

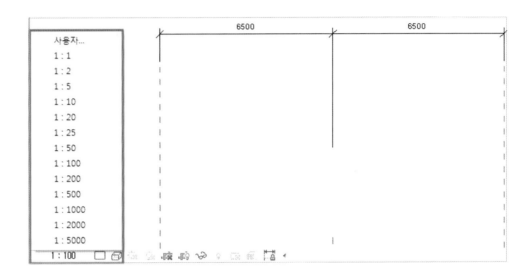

⑥ 치수의 "EQ" 치수 클릭하여 양쪽의 길이가 서로 같은 길이로 설정되도록 합니다.
(EQ 설정하면 치수변경 시 양쪽이 서로 같은 길이로 변경이 됩니다.)

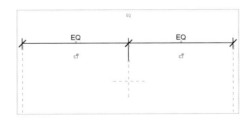

⑦ 다시 [수정탭-측정패널-정렬치수]를 클릭하여 왼쪽 참조평면, 오른쪽 참조평면 차례로 클릭하고 치수가 위치할 곳에 클릭합니다.

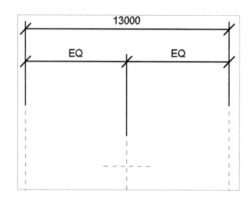

⑧ 전체 치수를 선택하고 [레이블]에서 미리 설정된 매개변수 중 "길이" 변수를 설정해 줍니다.

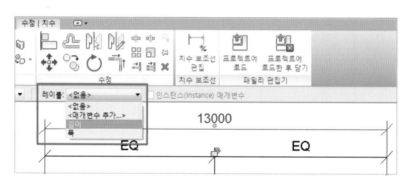

⑨ [작성탭-참조평면]을 선택하고 위쪽과 아래쪽에 참조평면을 중심에서 "6,000" 간격띄우기 하여 작성합니다.

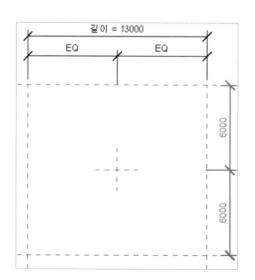

⑩ [수정탭-수정패널-정렬치수]를 클릭하여 아래 그림과 같이 "EQ" 치수와 미리 설정된
   매개변수중 "폭" 변수를 설정해 줍니다.

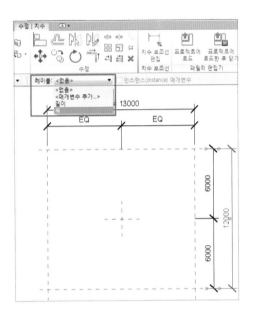

⑪ 프로젝트 탐색기에서 앞면 뷰를 열고 [작성탭-참조평면]을 선택하여 참조레벨 아래쪽으로
   "3000" 간격띄우기 하여 참조평면을 작성합니다.

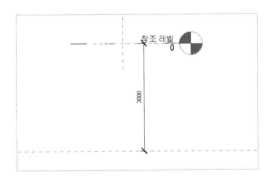

⑫ 치수를 클릭하고 [레이블]에서 "매개변수 추가" 클릭합니다.

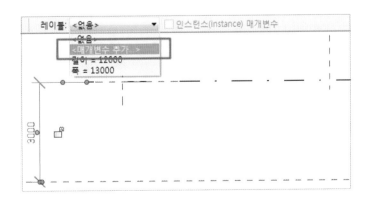

⑬ [매개변수 특성] 창에서 매개변수 데이터 이름에 "깊이"를 입력하고 확인 클릭하여 창을 닫습니다.

⑭ 깊이 매개변수가 추가되고 치수에 적용되었습니다.

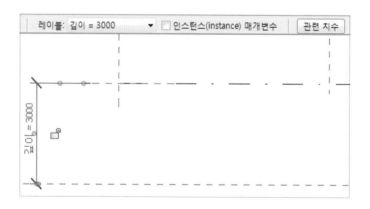

⑮ 지금까지는 치수 매개변수 변경 시 참조평면 위치가 변경되도록 설정 하였습니다. 현재 설정된 참조평면에 솔리드 모델 객체 작성하여 매개변수 변경하면 솔리드 객체도 같이 변경되도록 모델링 합니다.

⑯ 참조레벨 뷰에서 [작성]탭의 [돌출] 선택하고 깊이는 "-2000"으로 입력합니다.

⑰ 그리기에서 사각형 선택하고 참조평면이 교차된 왼쪽 상단에서 오른쪽 하단으로 직사각형을 작성하고 잠물쇠를 잠궈 참조평면에 구속시킵니다.

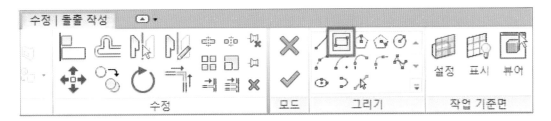

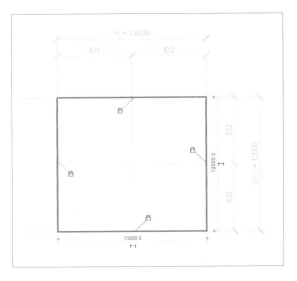

⑱ 스케치 모드를 완료하면 솔리드 돌출 객체가 작성됩니다.

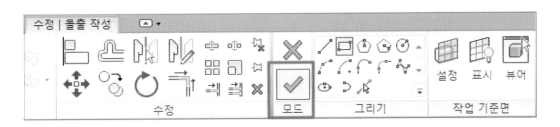

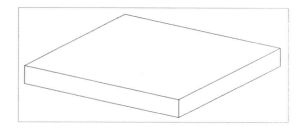

⑲ 입면도 – 앞면 뷰로 이동하여 [수정] 탭의 [정렬]을 클릭하고 참조평면 선택 후 모형 선택하고 자물쇠의 잠금형태로 바꿔주면 객체가 참조평면에 구속이 됩니다.

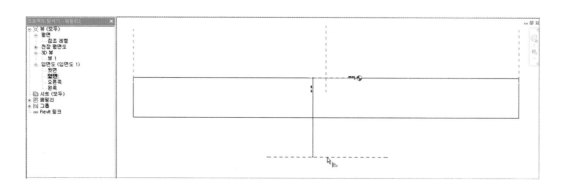

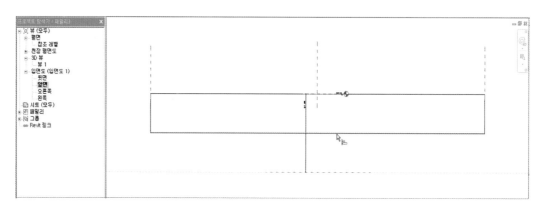

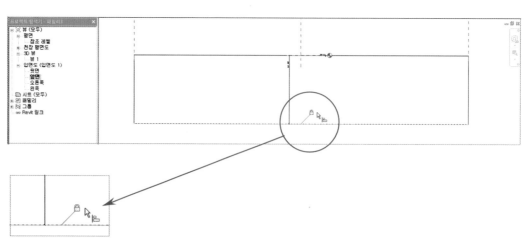

㉑ 작성된 객체를 선택해 [특성창 - 재료 - 패밀리 매개변수 연관] 버튼을 클릭합니다.

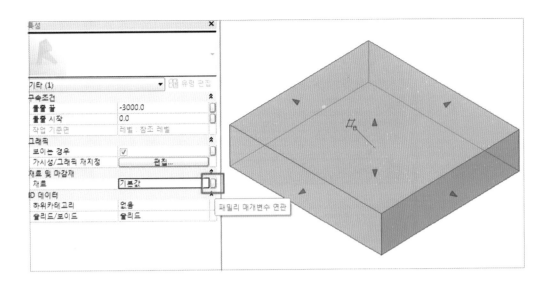

㉑ 패밀리 매개변수 연관 창에서 구조 재료를 선택하고 확인 버튼을 눌러 창을 닫습니다.

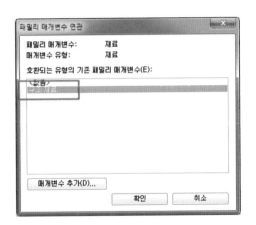

㉒ 패밀리 유형 클릭하여 재료를 콘크리트로 선택하고 확인 버튼을 클릭합니다.

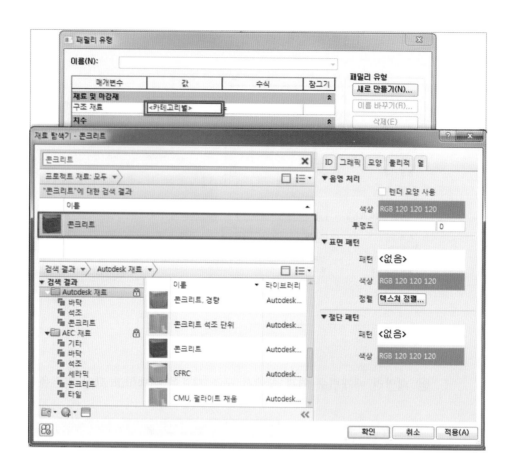

재료에 필요한 재질이 없을 경우 재질 라이브러리를 열어 필요한 재질을 문서에 추가하고
적용합니다.

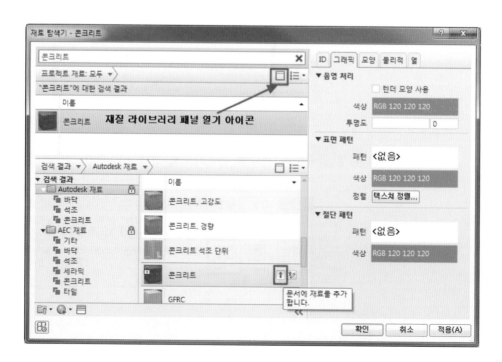

㉓ 완성된 패밀리를 확인하고 파일을 "교각기초.rfa"로 저장합니다.

　　([패밀리 유형] 창에서 길이, 깊이, 폭 매개변수 변경 시 객체 모델링도 자동으로 변경

　　됩니다.)

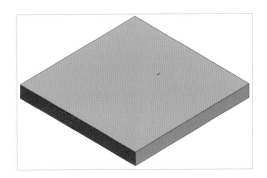

2) 교각 버림콘크리트 패밀리

　① [응용프로그램버튼 -새로만들기-패밀리-템플릿 "미터법 구조 기초.rft"]를 열기합

　　니다.

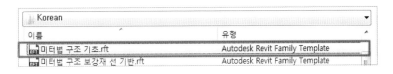

　② 템플릿이 열리면 [작성탭-참조평면]을 클릭합니다.

　③ 참조평면을 중심에서 좌, 우측에 "6,600" 간격띄우기 하고 위쪽과 아래쪽에 참조평면을

　　중심에서 6,100 간격띄우기 하여 작성합니다.

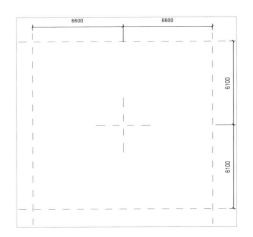

④ [수정탭-측정패널-정렬치수]를 클릭하여 "EQ" 치수와 미리설정된 매개변수중 "폭, 길이"
변수를 설정합니다.

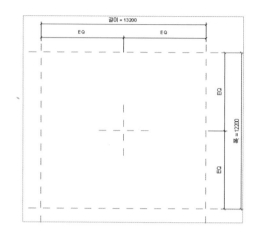

⑤ 프로젝트 탐색기에서 앞면 뷰를 열고 [작성탭-참조평면]을 선택하고 "100" 간격띄우기
하여 참조레벨 아래쪽으로 참조평면 작성합니다.

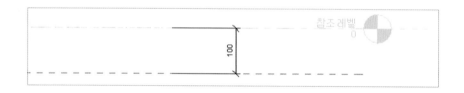

⑥ [패밀리유형] 선택합니다.

⑦ [매개변수 특성] 창에서 매개변수를 "추가" 클릭하여 "깊이" 매개변수를 추가합니다.

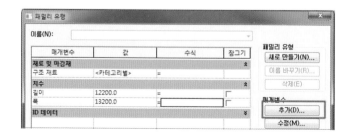

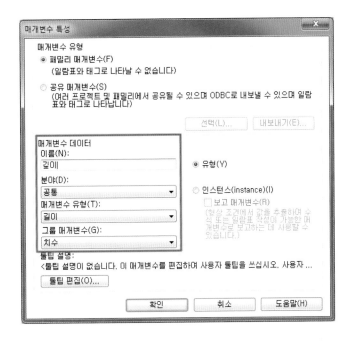

⑧ "100" 치수는 깊이로 매개변수 설정 합니다.

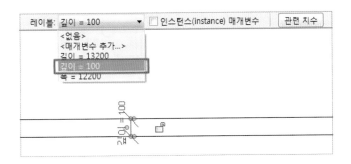

⑨ 참조레벨 뷰에서 [작성탭 – 돌출]을 선택하고 "깊이 값 : –50"을 입력해 [그리기 패널
   – 직사각형]으로 직사각형을 스케치 하고 자물쇠를 잠금해서 솔리드를 작성합니다.(돌출
   끝 값은 정렬 명령어를 쉽게 입력할 수 있도록 실제 치수(–100mm) 값보다 작은
   (–50mm) 값으로 설정하였습니다.)

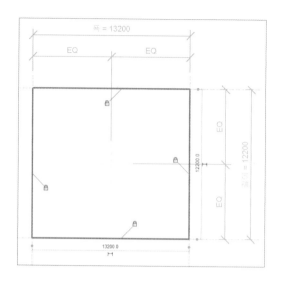

⑩ 입면도의 앞면뷰로 이동하여 [수정] 탭의 [정렬]을 클릭하고 참조평면 선택 후 모형 선택하고 자물쇠의 잠금형태로 바꿔주면 객체가 참조평면에 구속이 됩니다.

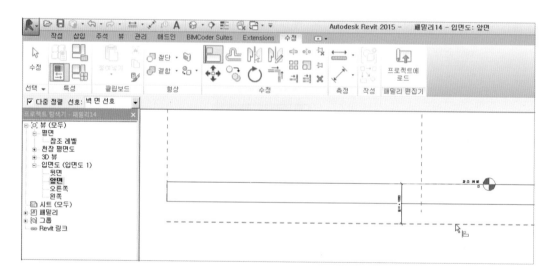

⑪ 재료를 설정한 다음 완성된 패밀리를 확인하고 파일을 "교각버림콘크리트.rfa"로 저장
합니다. ([패밀리 유형 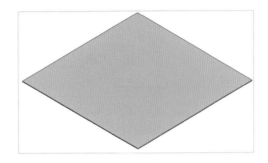] 창에서 길이, 깊이, 폭 매개변수 변경 시 객체 모델링도 자
동으로 변경됩니다.)

3) 교각 기둥 패밀리

교각 기둥 패밀리는 구조 해석을 고려한 설계를 위해 패밀리 구조기둥 카테고리로 템플릿
적용합니다.

① [응용프로그램버튼 ![icon]–새로만들기–패밀리–템플릿 "미터법 기둥.rft"]를 열기합니다.

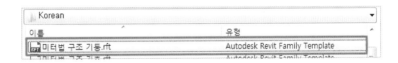

② 미리 설정된 치수를 길이 5000, 폭 7000으로 조정 합니다.

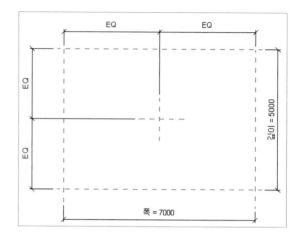

③ [작성패널-양식 패널-돌출]을 선택합니다.

④ [그리기 패널-타원]을 선택하고 깊이 값은 3000으로 설정합니다.

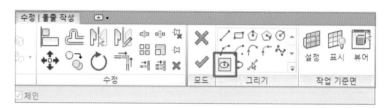

⑤ 중심점을 원점 클릭하고 폭 7000, 길이 5000인 타원을 그립니다.

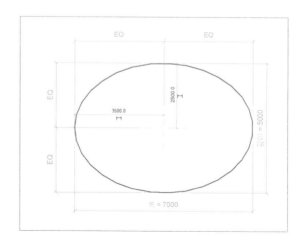

⑥ [수정패널-선 선택] 선택 후 간격띄우기에 "900" 입력 하여 타원 안쪽으로 간격을 띄우고 그리기를 완료 시킵니다.

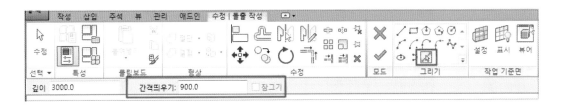

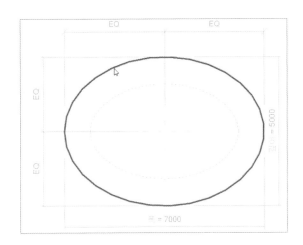

⑦ 타원 작성이 완료되면 스케치 모드를 완료합니다.

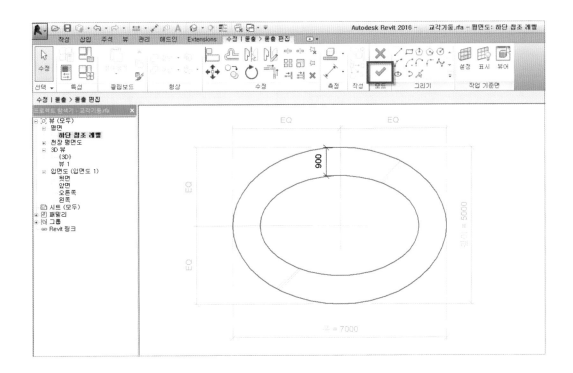

⑧ 입면도의 앞면 뷰로 가서 수정탭의 [수정패널-정렬]을 이용하여 돌출된 형상의 윗부분을 "상단 참조 레벨"에 맞추고 구속 시킵니다.

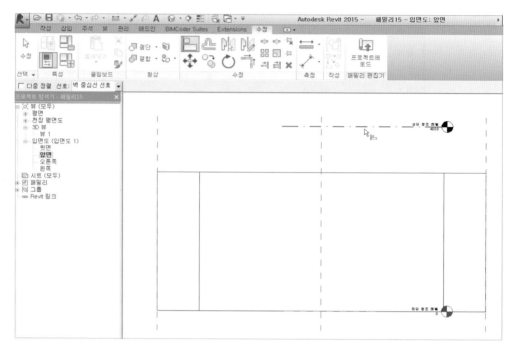

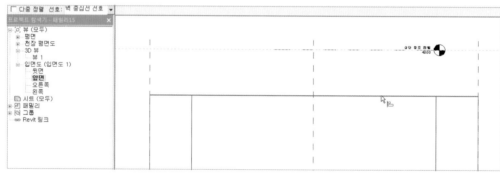

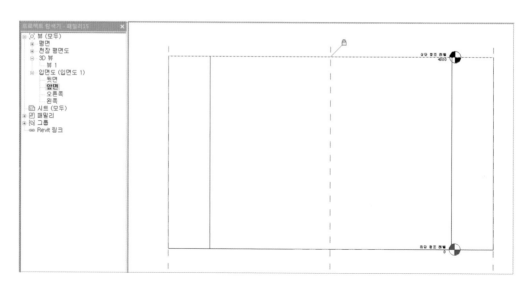

⑨ 기둥 뚫려있는 윗 부분은 솔리드로 "1000" 아래쪽으로 메우도록 하겠습니다.

⑩ [작성탭-작업 기준면패널-설정]을 클릭하여 [새 작업 기준면 지정-이름]에서 "레벨 : 상단 참조 레벨"을 선택합니다.

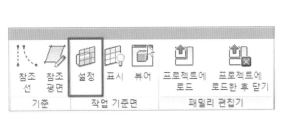

⑪ [작성탭-돌출]을 선택하여 내부의 타원에 맞춰 선을 그리고 깊이는 "-1000" 입력 후 돌출을 완료 합니다.

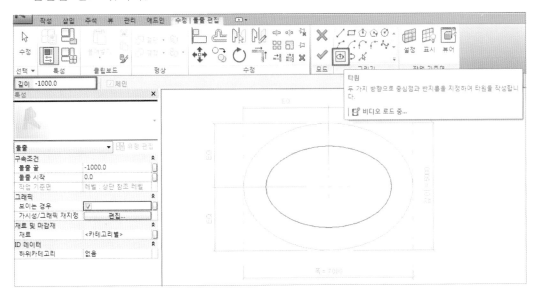

⑫ [수정탭-형상패널-결합]을 선택하여 돌출된 형상을 각각 클릭하여 결합합니다.
완성된 교각 기둥을 확인 하고 "교각기둥.rfa"으로 저장합니다.

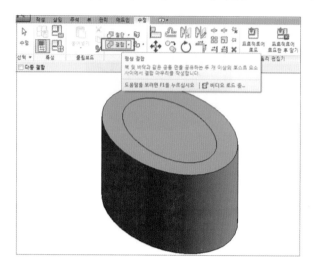

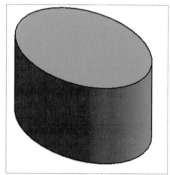

4) 교각 코핑 패밀리

교각 코핑 패밀리는 구조 해석을 고려한 설계를 위해 패밀리 구조프레임 카테고리로 템플릿 적용합니다.

① [응용프로그램버튼 ![icon] -새로만들기-패밀리-템플릿 "미터법 구조 프레임 - 보 및 가새.rft"]를 열기합니다.

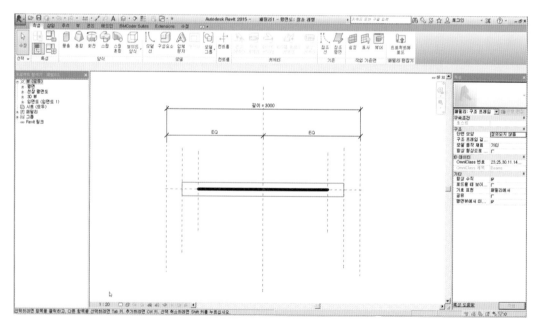

② 도면 가운데 미리 작성되어 있는 참조 평면과 형상은 삭제합니다.
  (중심(앞/뒤), 중심(왼쪽/오른쪽), 왼쪽, 오른쪽 참조평면은 삭제하지 않습니다.)

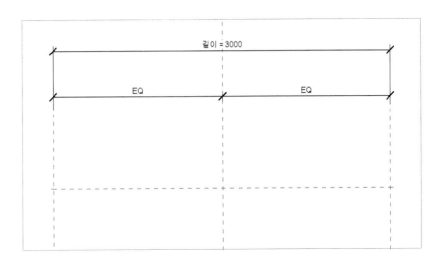

③ 참조평면에 "EQ" 치수를 입력하고 [수정탭-특성패널-패밀리 특성]에서 길이의 값을
  "12500"으로 변경합니다.

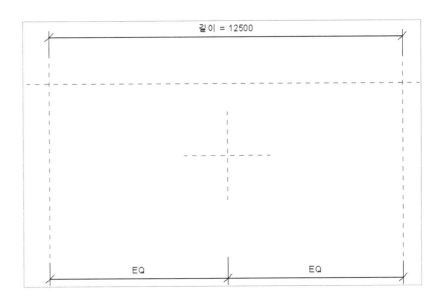

④ [작성탭-참조평면]을 선택하여 좌, 우측에 중심에서 "3500" 간격띄우기 하여 참조평면
  을 그립니다.

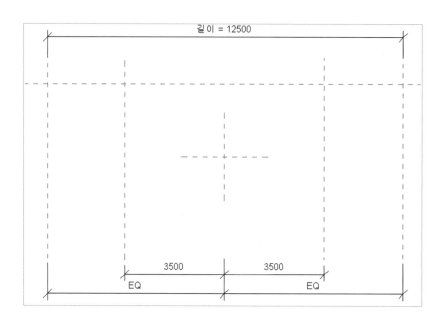

⑤ [작성탭-참조평면]을 선택하여 윗, 아래쪽에 중심에서 "2500" 간격띄우기 하여 참조평
  면을 그립니다.

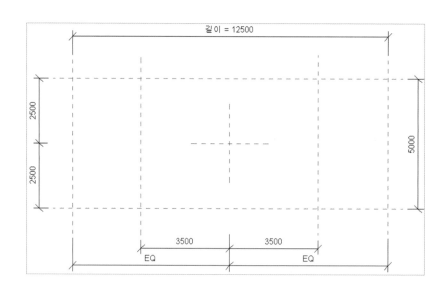

⑥ 입면도의 앞면뷰로 이동하여 참조레벨 아랫쪽으로 높이 "2500", "5000" 각각 간격띄우기 하여 참조 평면을 그리고 치수를 작성합니다.

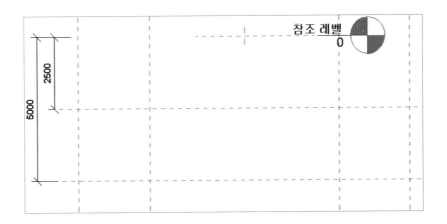

⑦ −2500에 있는 참조평면을 선택하고 특성창의 ID데이터에 이름을 "중간레벨" 입력합니다.

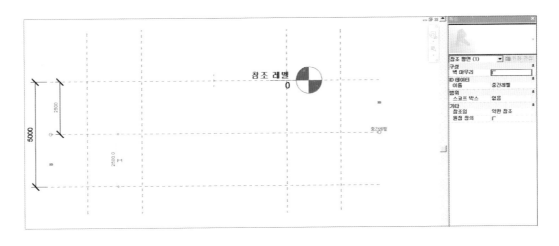

⑧ −2500에 있는 참조평면을 선택하고 특성창의 ID데이터에 이름을 "중간레벨" 입력합니다.

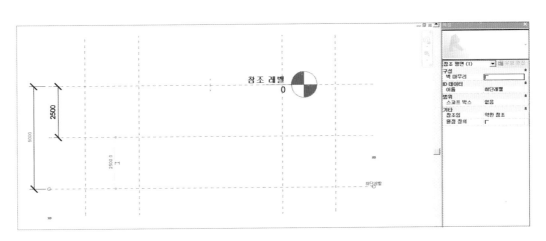

⑨ 평면의 참조 레벨 뷰로 이동하여 [작성탭-양식패널-혼합]을 클릭합니다.

⑩ 베이스 경계 작성에서 작업 기준면은 "참조 평면 : 하단레벨" 선택합니다.

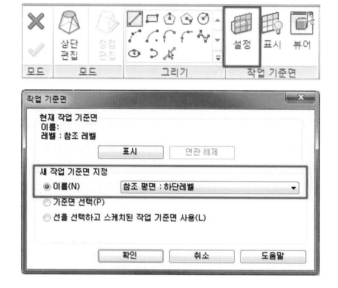

⑪ 베이스 편집에서 그리기 패널에 있는 타원을 선택하고 깊이 "0"으로 설정 후 폭 7000, 길이 5000에 맞춰 타원을 그립니다.

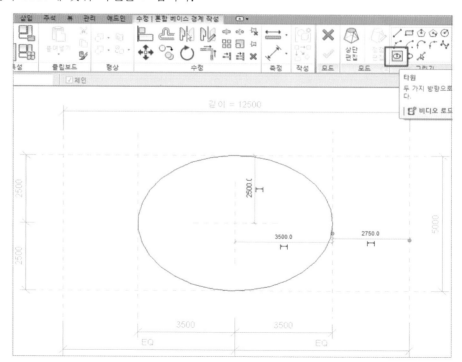

⑫ 상단편집을 클릭하여 작업 기준면은 "참조 평면 : 중간레벨" 선택합니다.

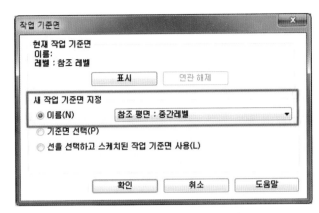

⑬ [그리기 패널–직사각형]을 선택하여 길이 "12500", 폭 "5000" 직사각형을 작성 후 자물쇠를 잠금하여 참조평면에 구속합니다.

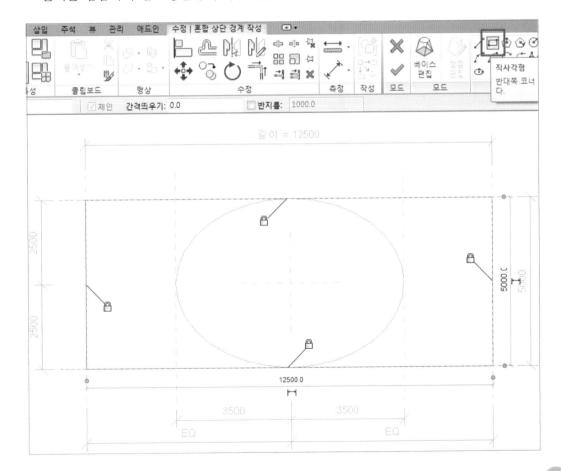

⑭ 그리기 모드 완료 버튼 클릭하여 혼합을 완료합니다.

⑮ 평면의 참조 레벨 뷰로 이동하여 [작성탭-양식패널-돌출]을 클릭합니다.

⑯ 돌출 작성에서 작업 기준면은 "참조 평면 : 중간레벨" 선택합니다.

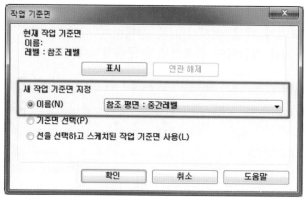

⑰ [작성탭-양식패널-돌출]을 클릭하여 깊이를 "1000", 길이 "12500", 폭 "5000" 사각형을 작성 하고 자물쇠를 잠금하여 직사각형을 참조평면에 구속합니다.

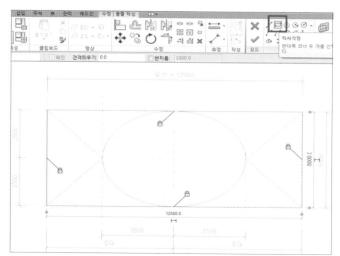

⑱ 입면도의 앞면 뷰로 이동하여 [수정탭-수정패널-정렬]을 이용하여 돌출로 만들어진 모형을 참조레벨에 구속시킵니다.

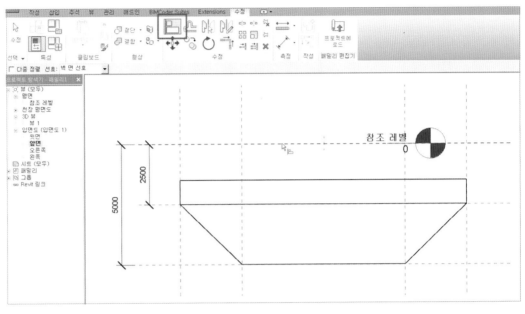

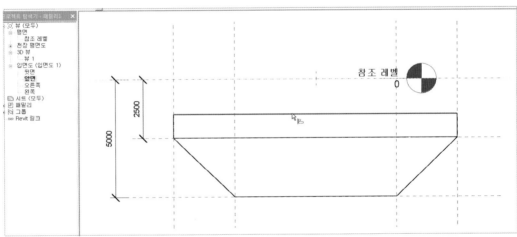

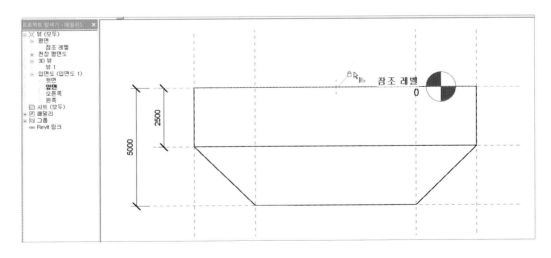

⑲ [수정탭-특성패널-패밀리 유형]을 선택하여 구조 재료를 콘크리트로 부여 하고 확인 클릭합니다.

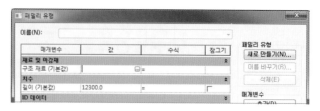

⑳ 완료된 패밀리를 확인 하고 '교각코핑.rfa'으로 저장합니다.

5) 받침 패밀리

① [응용프로그램버튼 📷 -새로만들기-패밀리-템플릿 "미터법 일반 모델 면 기반.rft"] 를 열기합니다.

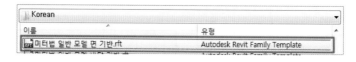

② 면기반에 작성되어 있는 참조평면의 간격을 띄우기하여 "폭"과 "길이"를 "2000"으로 설정합니다.

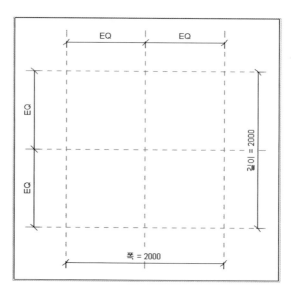

③ 중심참조평면에서 "890" 간격으로 상하좌우 방향으로 참조평면을 그립니다.

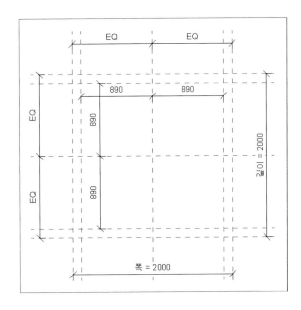

④ 앞면뷰로 이동하여 상단참조레벨 위쪽으로 "120", "180", "250" 간격으로 참조평면을 그립니다.

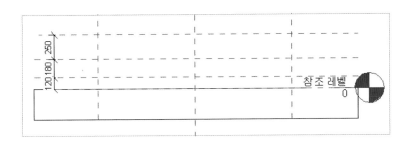

⑤ "120" 간격으로 그린 참조평면의 이름을 "H1", "180" 간격으로 그린 참조평면의 이름을 "H2"로 부여합니다.

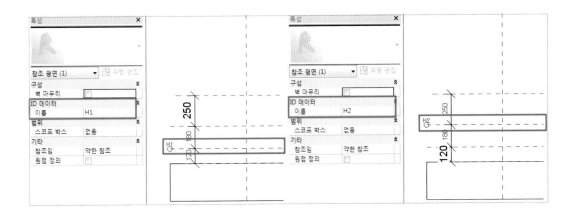

⑥ 참조레벨 뷰에서 [작성탭-돌출]을 선택하여 깊이에 "120"을 입력하고 참조평면에 맞춰 길이 "2000", 폭 "2000"의 사각형을 그리고 완료 시킵니다.

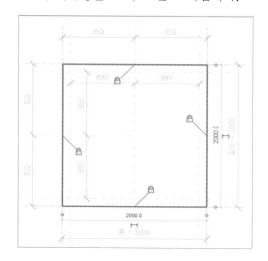

⑦ 작성탭의 작업기준면 패널에 있는 설정을 선택하여 새 작업 기준면을 "레벨 : H1"으로 변경합니다.

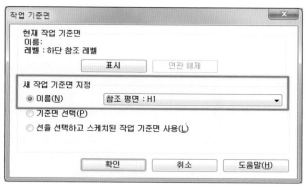

⑧ [작성탭-돌출]을 선택하여 깊이에 "180"을 입력하고 참조평면에 맞춰 반지름 "890" 사이즈의 원형을 그리고 완료 시킵니다.

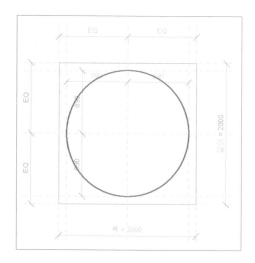

⑨ [작성탭-작업기준면 패널-설정]을 선택하여 새 작업 기준면을 "레벨 : H2"으로 변경합니다.

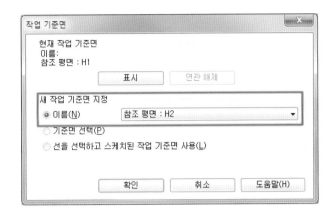

⑩ [작성탭-돌출]을 선택하여 깊이에 "250"을 입력하고 참조평면에 맞춰 "2000×2000" 사이즈의 사각형을 그리고 완료 시킵니다.

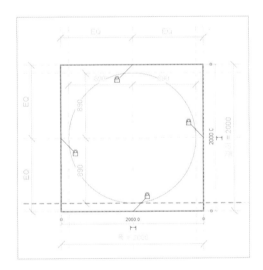

⑪ 완료된 모형을 확인하고 "받침(면기반).rfa"으로 저장합니다.

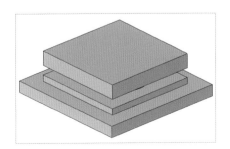

(2) 교대 패밀리

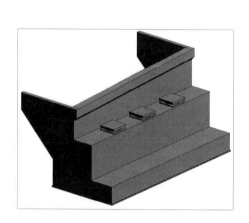

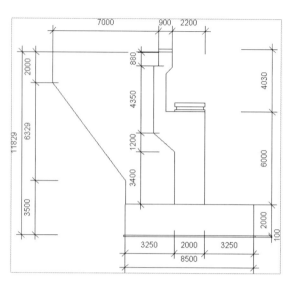

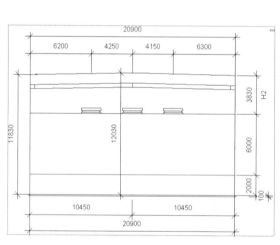

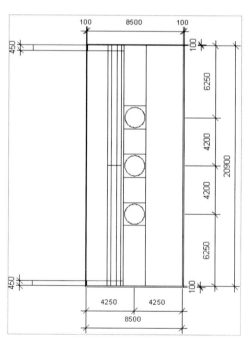

1) 교대 기초 패밀리

① 미리 작업 했던 "교각기초.rfa" 패밀리를 열기합니다.

② [패밀리 유형]창에서 설정값을 "길이 8500", "높이 2000", "폭 20900"으로 수정
합니다.

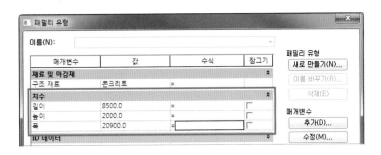

③ 완성된 패밀리를 확인하고 파일을 "교대기초.rfa" 패밀리로 저장합니다.

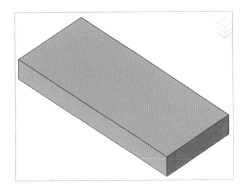

2) 교대 버림 패밀리

　① 미리 작업 했던 "교각버림콘크리트.rfa" 패밀리를 열기합니다.

　② [패밀리 유형 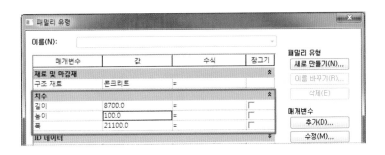]창에서 설정값을 "길이 8700", "높이 100", "폭 21100"으로 수정합니다.

③ 완성된 패밀리를 확인하고 파일을 "교대기초.rfa" 패밀리로 저장합니다.

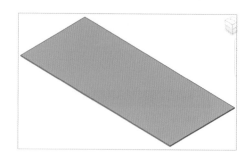

3) 교대 본체 패밀리

① [응용프로그램버튼  -새로만들기-패밀리-템플릿 "미터법 구조 기둥.rft"]를 열기합니다.

② 템플릿의 폭을 "20900"으로 깊이를 "2000"으로 변경하고 참조평면의 길이를 교차하도록 늘려줍니다.

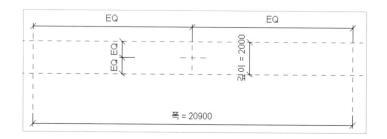

③ [작성탭-참조평면]을 선택하고 아래쪽으로 "1400" 간격의 참조평면 작성합니다.

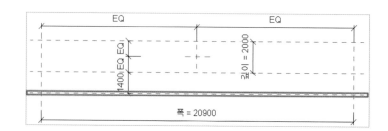

④ 입면도의 오른쪽 뷰로 이동하여 상단 참조 레벨을 선택하여 "5000"을 입력합니다.

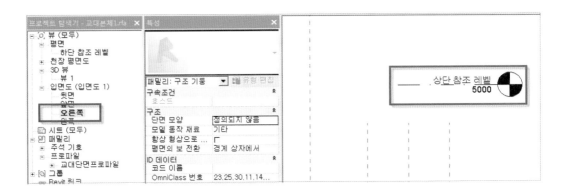

⑤ 참조평면을 상단참조레벨 아랫쪽 방향으로 "1400" 간격띄우기 하여 생성하고 정렬 치수 작성 후 자물쇠 잠금합니다.

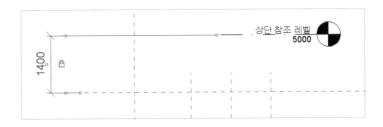

⑥ 다시 참조평면을 1200 간격띄우기 하여 생성하고 정렬 치수 작성 후 자물쇠 잠금합니다. (치수에 잠금을 하면 항상 고정치수입니다. 만약 상단 참조레벨의 높이 변경 시 1400, 1200 치수는 항상 고정이며 그 아래의 치수가 변경 됩니다.)

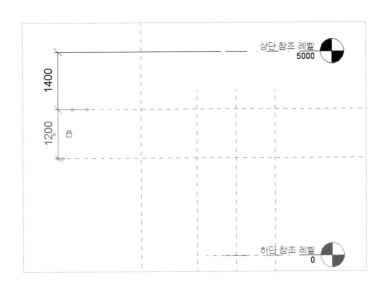

⑦ [작성탭-돌출]을 선택해서 참조평면에 맞춰 아래의 그림과 같이 선을 그리고 참조평면에 잠금 합니다. 그리고 깊이는 "20900"을 입력한 후 그리기를 완료합니다.

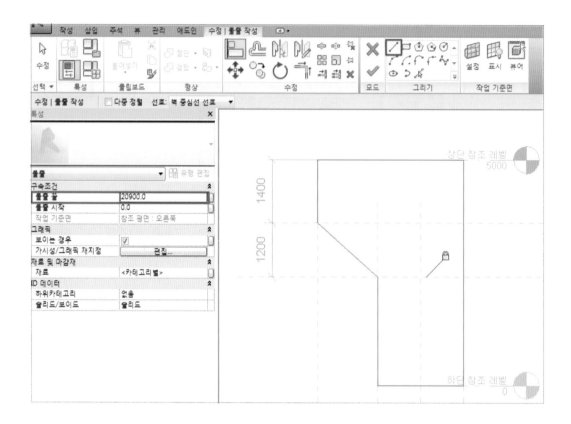

⑧ "면 하단 참조 레벨"에서 객체의 돌출 양쪽 끝부분을 확장 이동하여 참조평면에 구속합니다. "폭" 치수 매개변수 변경 시 자동으로 객체도 같이 변경됩니다.

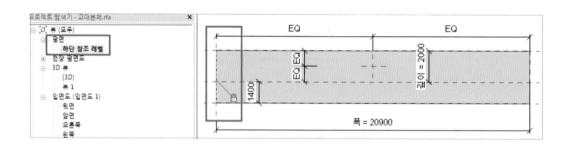

⑨ 완료된 돌출 모형을 확인 합니다.

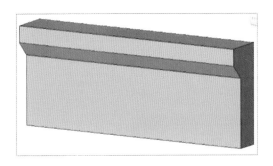

⑩ 오른쪽 뷰에서 돌출을 선택하고 돌출 끝 값을 "20900"으로 입력한 다음 아래 그림과
스케치를 하고 완료 합니다.

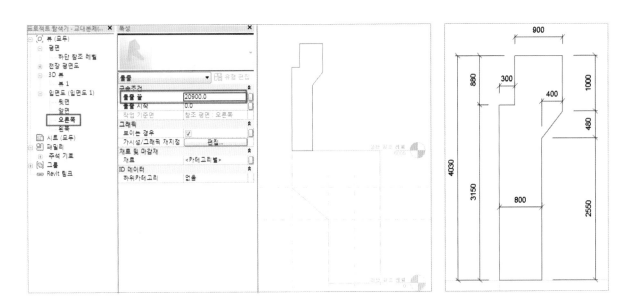

⑪ 평면뷰에서 완성된 돌출의 그립을 조절해 자물쇠를 잠금 합니다.

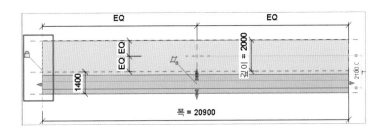

⑫ 3D 뷰에서 [수정탭 – 결합]을 이용해 완성된 객체를 결합합니다.

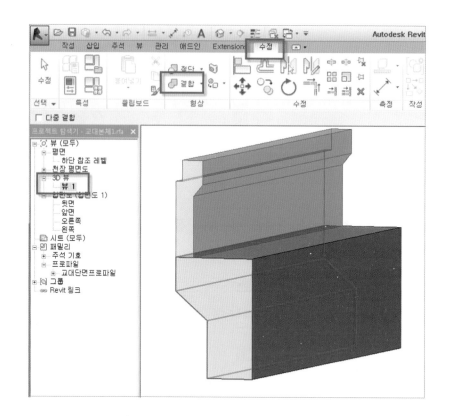

편경사 고려한 교대본체 모델링은 [10-3-2] 참고

(3) 상부 패밀리
1) 상부 프로파일 패밀리
① 패밀리 템플릿 "미터법 프로파일.rtf"를 열기합니다.

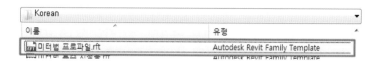

② [작성탭–참조평면]의 선택합니다.

③ 아래 치수와 같이 중심에서 오른쪽 부분으로 참조평면을 그립니다.

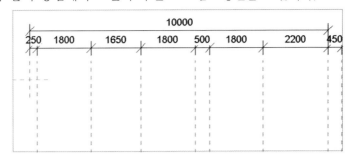

④ 아래 그림을 참고해서 나머지 부분에도 참조평면을 작성합니다.

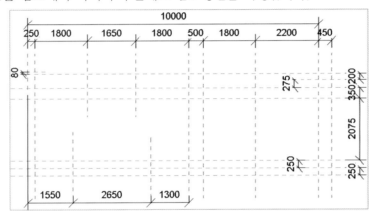

⑤ 아래 그림을 참고해 참조평면에 맞춰 선을 스케치 합니다.

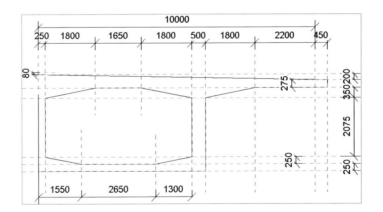

⑥ 수정탭 대칭을 이용해 참조평면을 대칭 하고 상부 프로파일의 이름으로 저장합니다.

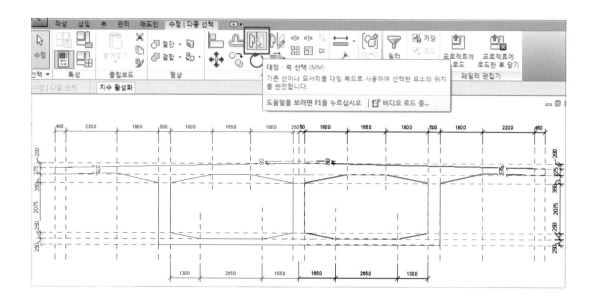

⑦ 이번에는 CAD 파일로 "상부 프로파일"을 간단하게 작성하는 방법에 대해 알아보도록 하겠습니다.

⑧ [응용프로그램버튼  -새로만들기-패밀리-템플릿 "미터법 프로파일.rft"]를 열기합니다.

⑨ 템플릿이 열리면 [삽입탭-가져오기패널-CAD가져오기]을 클릭합니다.

⑩ 샘플 폴더에 있는 "상부프로파일 작성 참고.dwg"파일을 선택하고 가져오기 단위는 밀리미터로 변경한 뒤 열기 합니다.

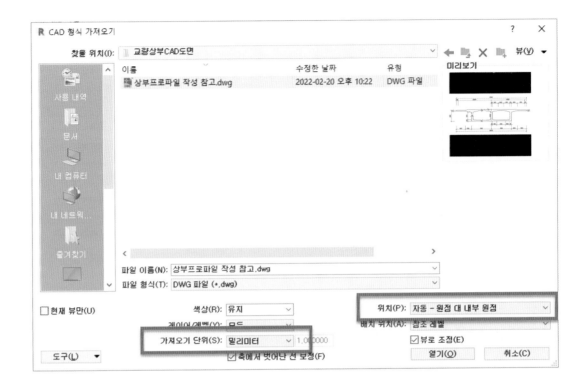

⑪ 원점을 기준으로 가져오기가 완료됩니다.

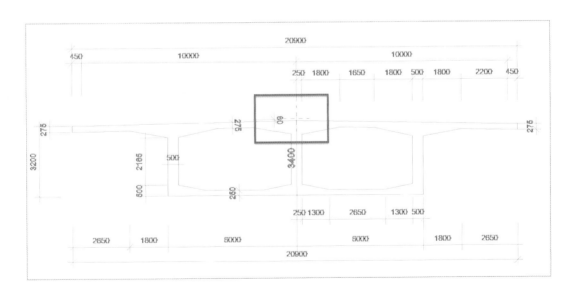

⑫ 가져오기한 CAD파일을 이동하려면 고정된 것을 해제해야 합니다. 따라서 [수정탭-수정 패널-핀]을 선택을 이용하면 CAD도면 고정을 해제하거나 다시 고정할 수 있습니다.

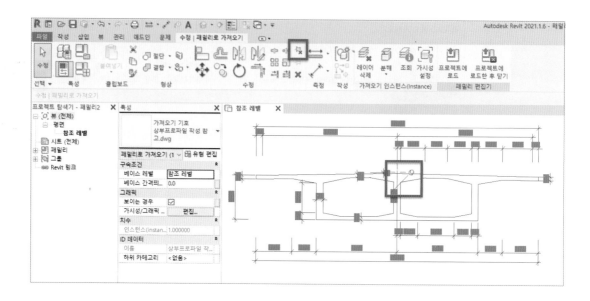

⑬ [작성탭-상제정보패널-선]을 선택하고 [수정|배치 선]탭에서 선 선택을 클릭합니다.

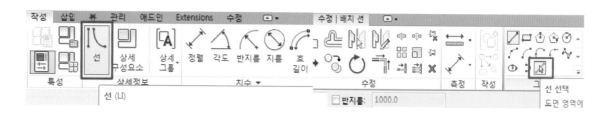

⑭ CAD의 상부선을 선택하여 상부 프로파일을 작성합니다. ("선 선택"시 키보드에서 "탭" 키를 클릭하면 선이 순환적으로 선택됩니다.)

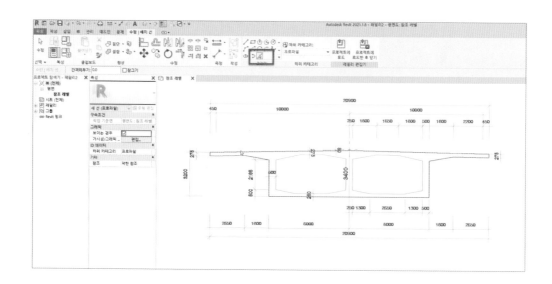

⑮ 상부 프로파일 작성이 완료되면 CAD도면의 고정을 해제하고 삭제를 합니다. 프로파일 선만 남게 되며 프로파일 패밀리로 활용 가능합니다. (프로파일 선이 겹쳐있거나 폐합이 안되어 있으면 스윕 작성이 안되게 됩니다. 따라서 선이 정확하게 폐합이 되고 중복되지 않도록 작업을 합니다.)

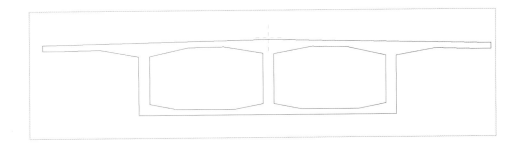

2) 상부 본체 패밀리

상부 본체 패밀리는 구조 해석을 고려한 설계를 위해 패밀리 구조 프레임 카테고리로 템플릿 적용합니다.

① [응용프로그램버튼 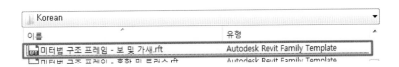 -새로만들기-패밀리-템플릿 "미터법 구조 프레임 - 보 및 가새.rft"] 를 열기합니다.

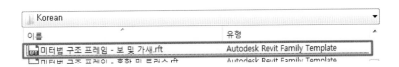

② 도면 가운데 미리 작성되어 있는 참조 평면과 형상은 삭제합니다. (중심(앞/뒤), 중심 (왼쪽/오른쪽), 왼쪽, 오른쪽 참조평면은 삭제하지 않습니다.)

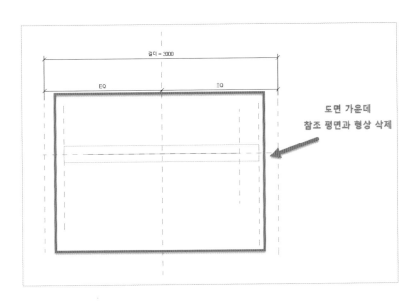

③ 왼쪽, 오른쪽 참조평면을 기준으로 스윕 경로를 작성하도록 하겠습니다.

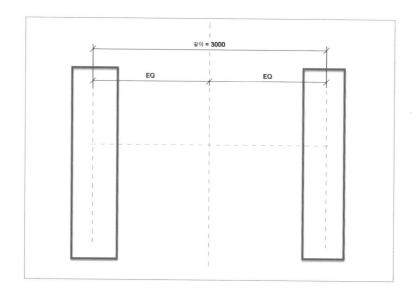

④ "패밀리로드"하여 앞에서 작성된 "상부 프로파일" 로드 합니다.

⑤ 스윕 명령을 실행합니다.

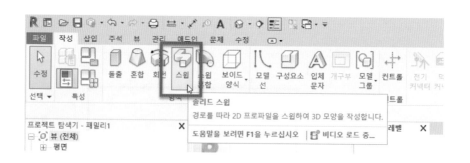

⑥ 스윕의 "경로 스케치"클릭합니다.

⑦ 스윕의 경로는 가운데 참조평면을 기준으로 선을 작성합니다. 우선 선을 양쪽의 왼쪽, 오른쪽 참조평면을 기준으로 조금 짧게 그려줍니다. (선을 짧게 그려주는 이유는 정렬 기능으로 양쪽의 참조평면을 고정할 때 쉽게하기 위함입니다.)

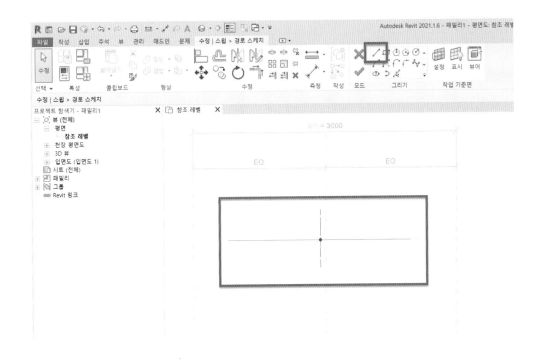

⑧ "정렬" 기능을 클릭하여 "왼쪽 참조평면" 선택하여 기준으로 정의합니다.

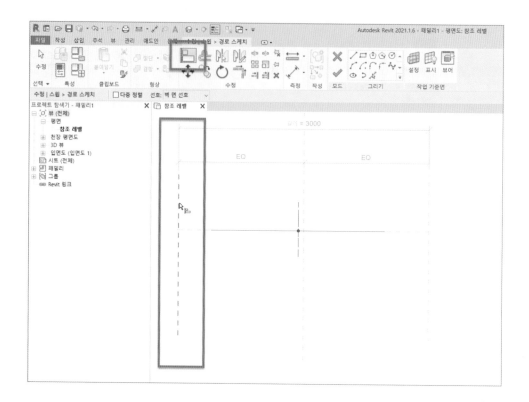

⑨ 다시 "경로 선" 끝점을 클릭하여 경로선을 연장합니다. (경로선의 끝점 선택시 키보드에서 "탭"키를 클릭하면 끝점을 잘 선택할 수 있습니다.)

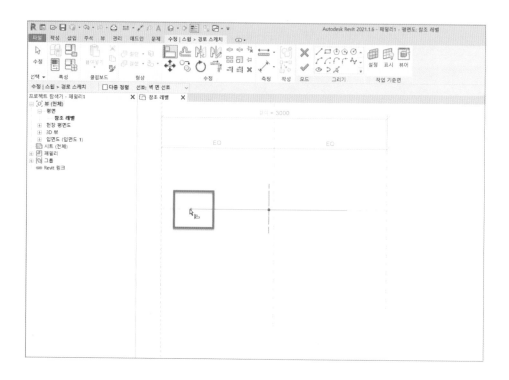

⑩ 스윕에 경로선이 왼쪽 참조평면을 기준으로 연장됩니다.

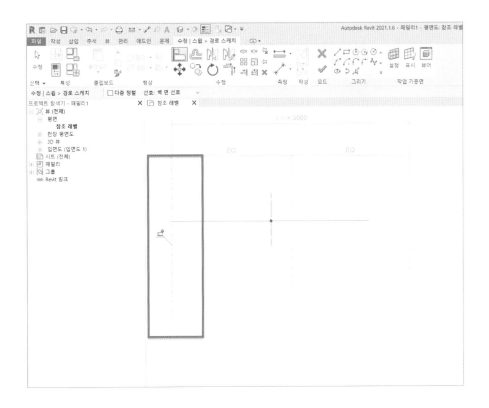

⑪ 스윕에 경로선이 왼쪽 참조평면을 기준으로 "자물쇠 모양"을 클릭하여 "잠금"을 실행합니다.

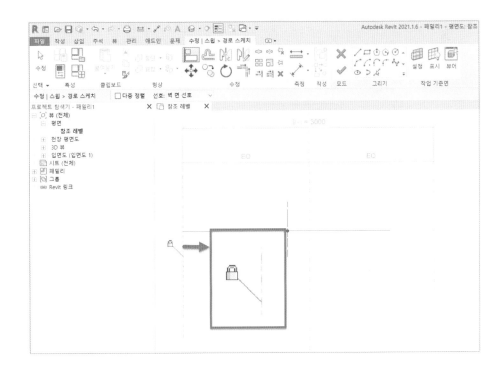

⑫ 스윕의 오른쪽 경로선도 같은 방법으로 오른쪽 참조평면에 정렬하여 "잠금"해줍니다. 스윕에 "경로스케치 모드"를 완료합니다.

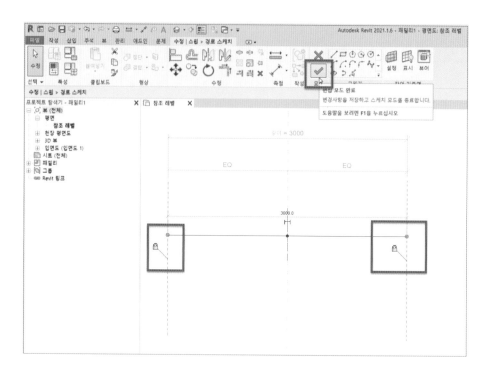

⑬ 스윕의 프로파일은 "상부프로파일"을 선택하고 "스윕 모드 완료"합니다.

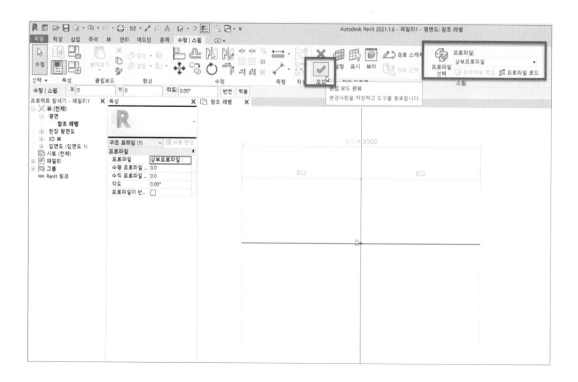

⑭ 상부 스윕이 완료되었으며 "길이 매개변수"를 변경하면 스윕의 경로도 같이 변경됩니다.

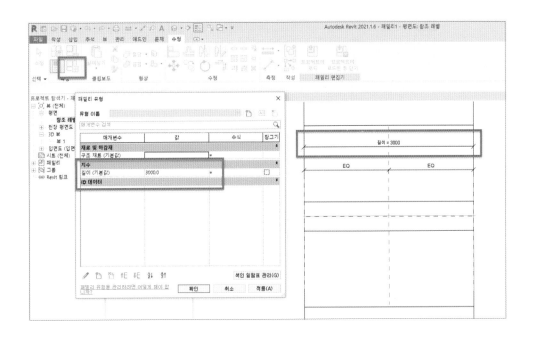

⑮ 작성된 모델을 상부패밀리로 저장 합니다.

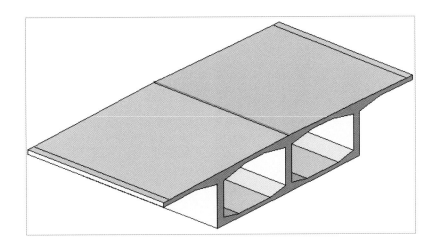

편경사 고려한 상부 패밀리 모델링은 [10-3-4, 10-3-5] 참고

3) 포장층 프로파일

① 패밀리 템플릿 "미터법 프로파일.rtf"를 열기합니다.

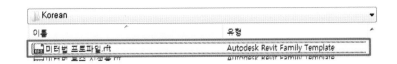

② [작성탭-참조평면]의 선택합니다.

③ 중심에서 좌우측에 "10000"간격을 띄워 치수를 작성하고 중심 참조평면에서 위쪽으로
　아래 그림과 같이 참조평면을 작성합니다.

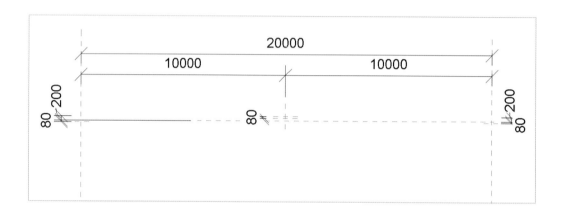

④ [작성탭 - 선]을 선택해 참조 평면에 맞춰 선을 작성합니다.

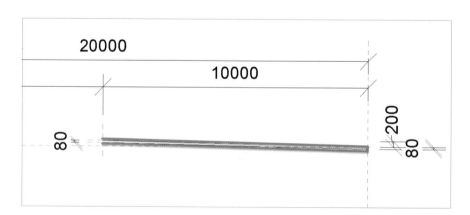

⑤ 포장 프로파일 선이 양쪽으로 폐합이 되도록을 작성합니다. (프로파일 선이 겹쳐있거나 폐합이 안되어 있으면 스윕 작성이 안되게 됩니다. 따라서 선이 정확하게 폐합이되고 중복되지 않도록 작업을 합니다.)

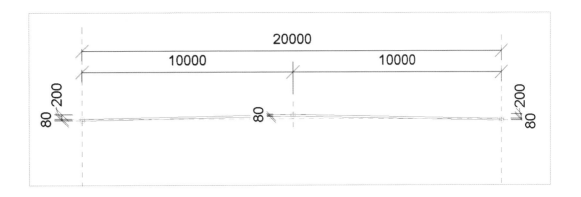

⑥ 작성된 프로파일을 "포장층 프로파일"로 저장합니다.

4) 포장층 패밀리

① [응용프로그램버튼 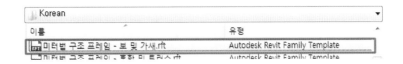 –새로만들기–패밀리–템플릿 "미터법 구조 프레임 – 보 및 가새.rft"] 를 열기합니다.

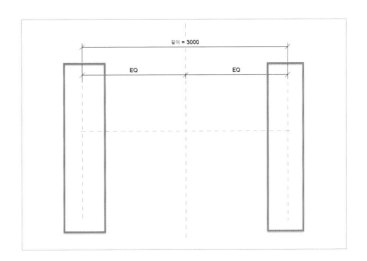

② 도면 가운데 미리 작성되어 있는 참조 평면과 형상은 삭제합니다. (중심(앞/뒤), 중심 (왼쪽/오른쪽), 왼쪽, 오른쪽 참조평면은 삭제하지 않습니다.)

③ 왼쪽, 오른쪽 참조평면을 기준으로 스윕 경로를 작성하도록 하겠습니다.

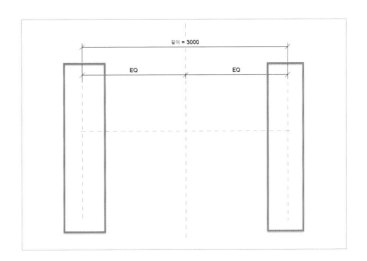

④ "패밀리로드"하여 앞에서 작성된 "상부 프로파일" 로드 합니다.

⑤ 스윕 명령을 실행합니다.

⑥ 스윕의 "경로 스케치"하여 경로를 양쪽 참조평면에 구속하고 스윕 "경로스케치 모드"를 완료합니다. (상부 본체 패밀리 작성 방법과 같습니다.)

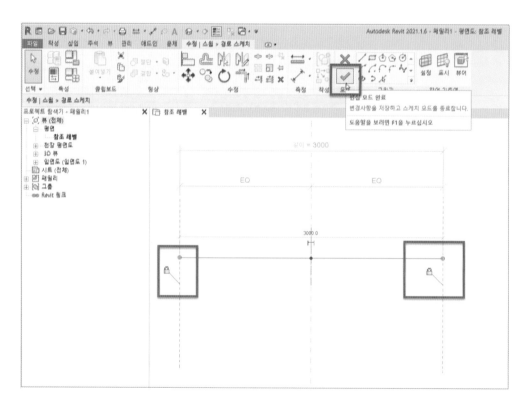

⑦ 스윕의 프로파일은 "포장프로파일"을 선택하고 "스윕 모드 완료"합니다.

⑧ 포장 스윕이 완료되었으며 "길이 매개변수"를 변경하면 스윕의 경로도 같이 변경됩니다.

⑨ 작성된 스윕 모델의 재료를 아스팔트로 설정하고 "포장층.rfa"로 저장합니다.

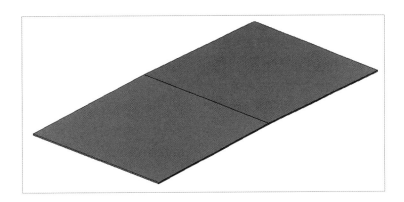

5) 방호벽 프로파일

상부 방호벽은 프로파일 패밀리만 작성하고 프로젝트 작업시 내부 패밀리 작성으로 모델링 진행하겠습니다.

① [응용프로그램버튼 ▲ –새로만들기–패밀리–템플릿 "미터법 프로파일.rtf"]를 열기합니다.

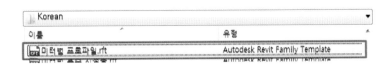

② [작성탭-기준패널-참조평면]을 이용해 참조평면을 그리고 [작성탭-상세정보-선]을 선택해서 참조평면에 맞춰 선을 그려 프로파일을 완성하고 "방호벽 프로파일.rfa"으로 저장합니다.

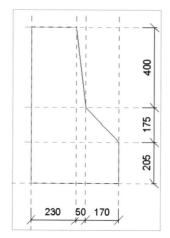

(1) 교량 패밀리 프로젝트화

　1) 교대 배치

　　① [2.Revit_구조물₩2.교량기본모델] 샘플폴더에서 [교량기본모델_Sample_시작.rvt] 파일
　　　을 열기합니다.

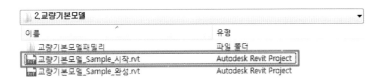

　　② [교량기본모델_Sample_시작.rvt] 파일에는 그리드와 레벨이 미리 작성된 도면입니다.
　　　(그리드와 레벨은 교량 기본적인 설정값에 의해 변경 가능합니다.)

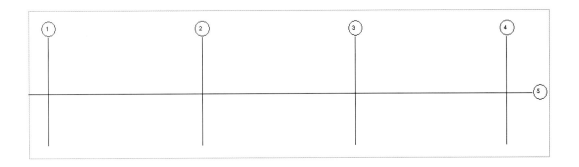

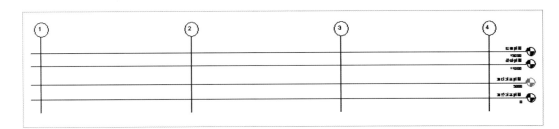

③ 앞에서 작성된 패밀리들을 로드하여 교량 프로젝트 모델링을 완성합니다.

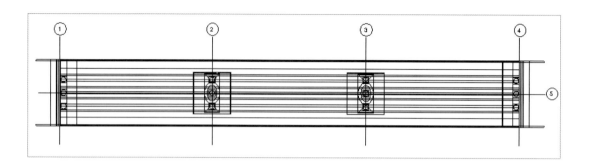

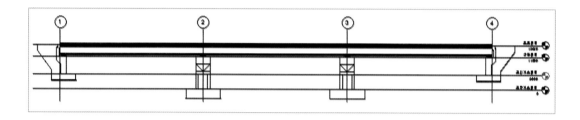

④ 먼저 "평면 - 배치도" 이동하여 그리드 숫자가 잘 보일수 있도록 축척을 수정합니다.

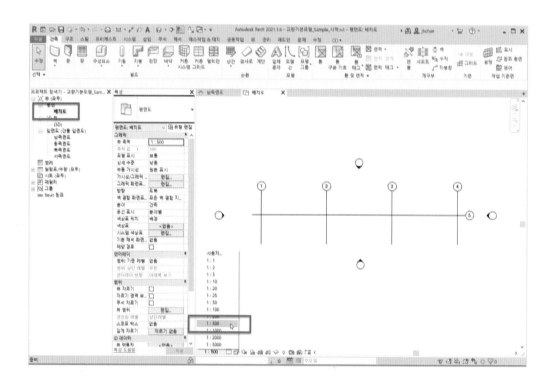

⑤ 교대 패밀리를 로드합니다. (교대본체, 교대기초, 교대버림콘크리트)

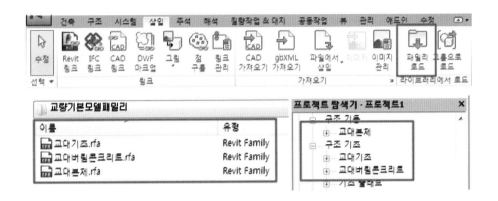

⑥ [구조-구성요소-구성요소배치]를 클릭합니다.

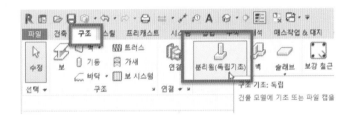

⑦ 특성창에서 패밀리 유형은 "교대기초"를 선택합니다. 또한 레벨은 "교대기초레벨"로 설정
합니다.

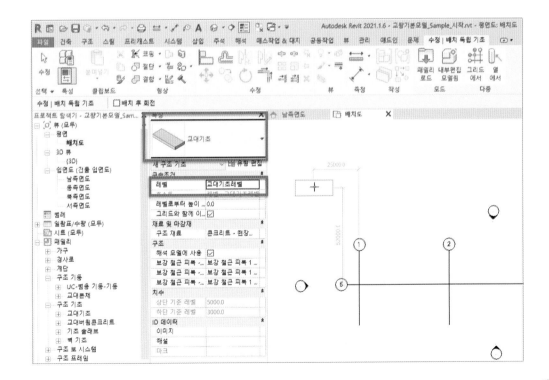

⑧ 옵션 바에서 "배치 후 회전"을 체크해 작업 공간에서 1번과 5번그리드의 교차점에 배치하고 위쪽으로 90° 회전 합니다. (또는 스페이스바 클릭하면 90° 회전이 되며, 그리고 배치해도 됩니다.)

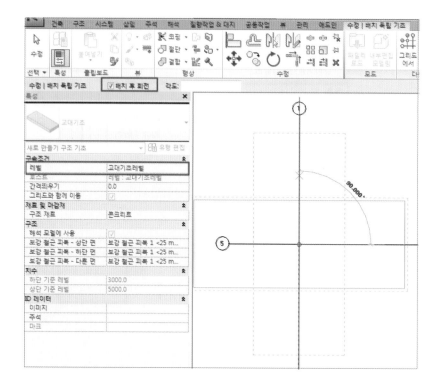

⑨ 교대버림콘크리트는 특성창 간격띄우기 값을 "-2000"으로 입력하고 교대 기초와 동일한 방법으로 배치합니다.

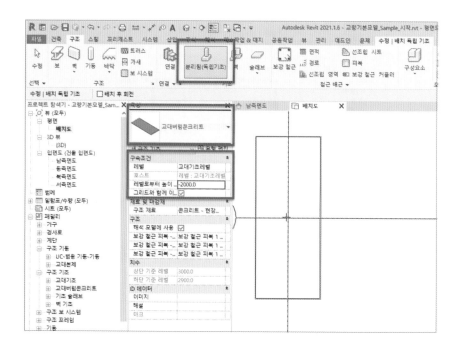

⑩ [건축탭 – 작업 기준면 – 설정]에서 현재 작업기준면은 "교대기초레벨" 입니다.

⑪ [구조탭–기둥–교대본체]를 선택합니다. (기둥이 배치될 작업기준면은 "교대기초레벨"입니다.)

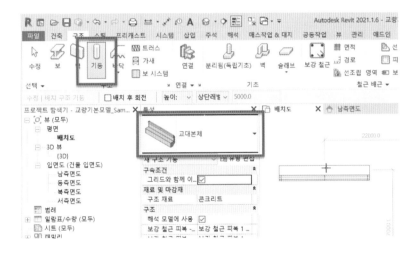

⑫ 배치 후 회전을 체크하고 "높이 : 상단레벨"로 변경 합니다. 그리드 교차점에 배치하고 아래쪽으로 90° 회전합니다. (교대본체는 "교대기초레벨" 베이스에서 상단레벨로 배치 됩니다.)

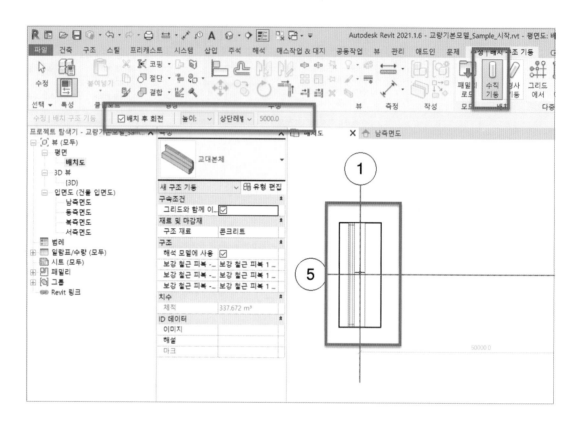

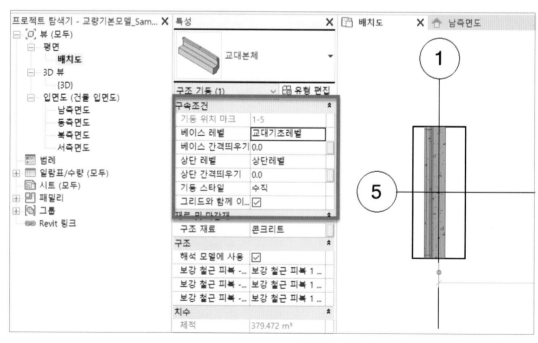

⑬ 배치된 버림콘크리트, 기초, 본체를 전부 선택해서 [수정탭-이동]명령을 이용해 아래그림을 참고해 이동합니다.(이동 치수는 "1200"입니다.)

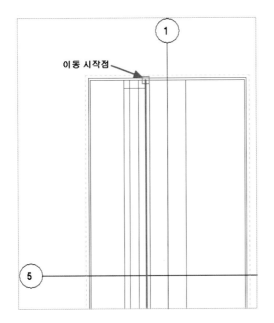

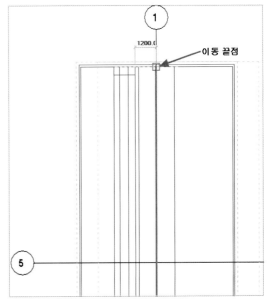

⑭ 남측면도에서 확인하면 아래 이미지와 같습니다.

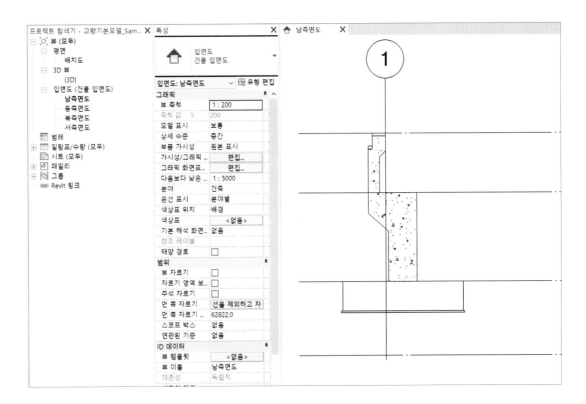

⑮ 배치된 교대기초/버림/본체 패밀리를 레벨 정보에 맞게 배치되었는지 확인합니다.

⑯ "받침(면기반)" 패밀리를 로드합니다.

⑰ [건축 - 구성요소 - 구성요소배치]를 클릭합니다.

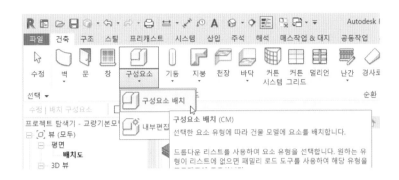

⑱ 특성창에서 "받침(면기반)"을 선택합니다. [배치 - 면에배치]를 선택하고 교대 본체에
받침을 배치 합니다. (새로운 구성요소 "패밀리"는 로드도 가능합니다.)

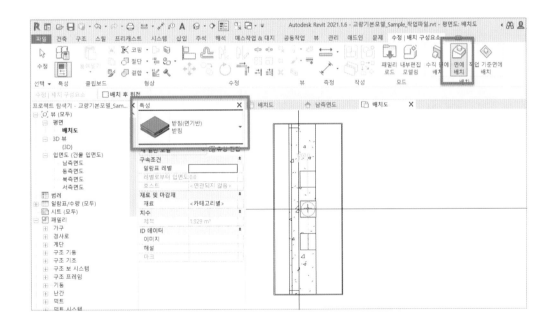

⑲ 받침은 정렬치수를 이용하여 간격을 "4200"으로 조정합니다.

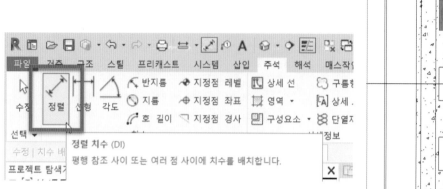

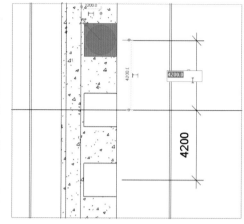

⑳ 교대의 받침이 배치 되었습니다.

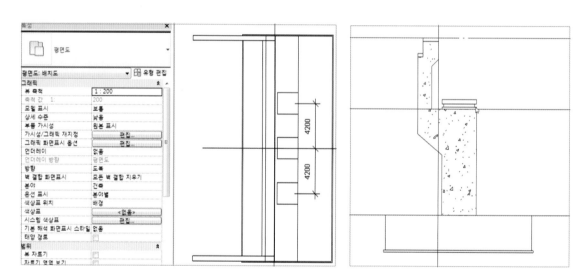

㉑ [건축 - 구성요소 - 내부편집모델링]을 클릭 후 일반모델을 선택하고 이름을 "날개벽"
   으로 정의합니다.

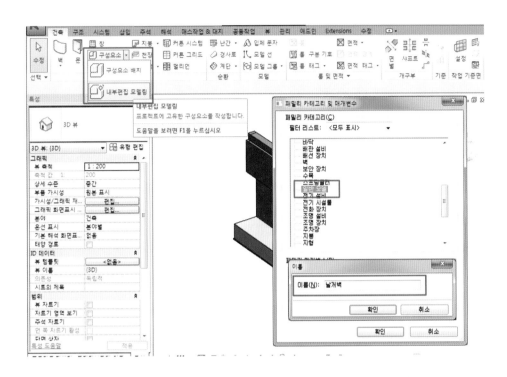

㉒ [작성 - 작업기준면설정]을 클릭합니다.

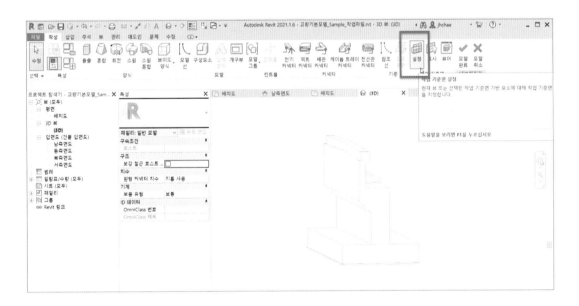

㉓ "기준면 선택" 체크하고 확인 클릭합니다.

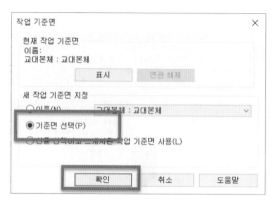 

㉔ 교대 본체의 옆면으로 작업기준면을 선택합니다. (교대본체 옆면을 기준으로 모델링 작업을 진행할 수 있습니다.)

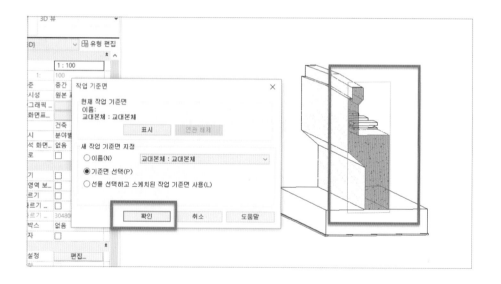

㉕ 돌출을 선택하고 아래 치수대로 선을 그리고 깊이는 -450을 입력한 후 완료합니다.

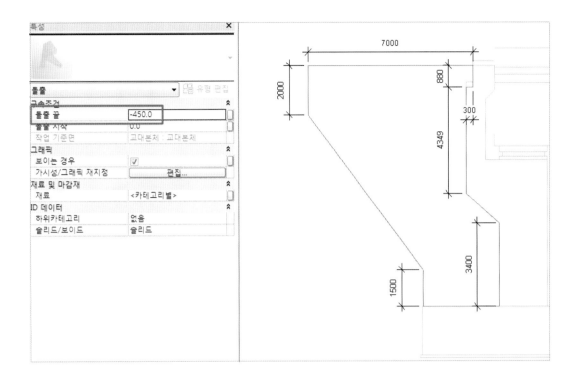

① 돌출 작성이 완료되면 "편집 모드 완료" 합니다.

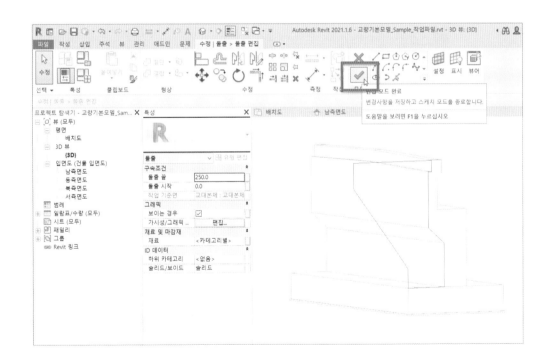

② 반대쪽도 위와 동일하게 날개벽을 생성하고 내부편집 "모델완료" 합니다.

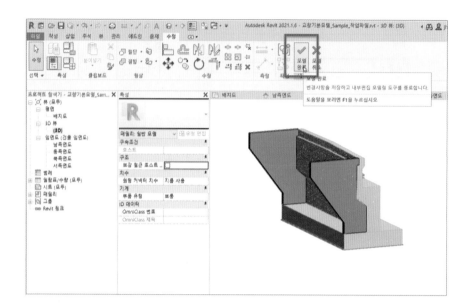

③ A2 교대는 대칭 기능으로 4번 그리드에 배치하도록 하겠습니다. 대칭 기준선 작성을 위해 참조[건축탭 – 참조평면] 클릭합니다.

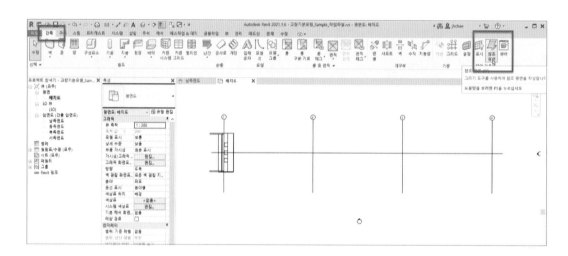

④ 참조평면을 교량 센터에 작성합니다.

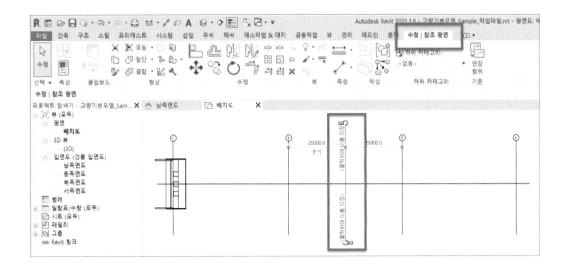

⑤ A1교대를 선택하여 [대칭 - 축 선택] 명령을 클릭하고 교량 가운데 작성한 참조평면을
선택합니다.

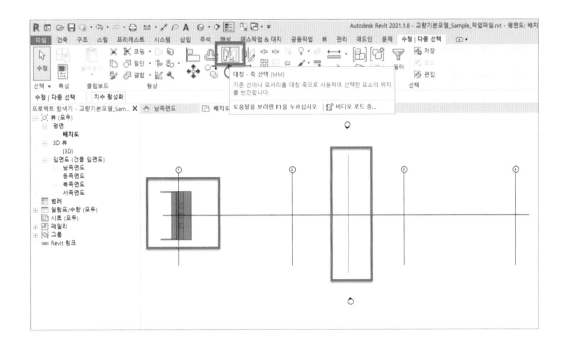

⑥ 참조평면을 기준으로 교대가 대칭 복사 되었습니다.

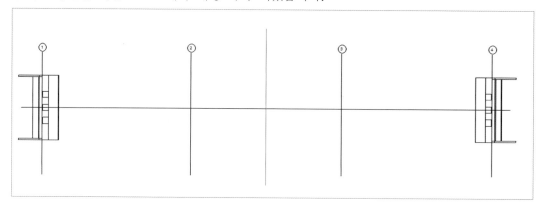

⑦ 남측면도에서 교대가 대칭된 것을 확인할 수 있습니다.

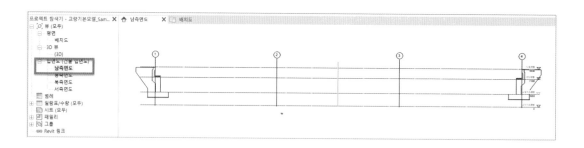

2) 교각 배치
① 교각 패밀리를 로드합니다.

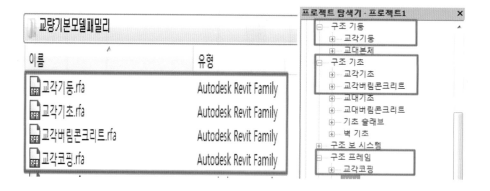

② 교대와 동일한 방법으로 교각버림콘크리트와 교각기초를 2번 그리드에 배치 합니다.

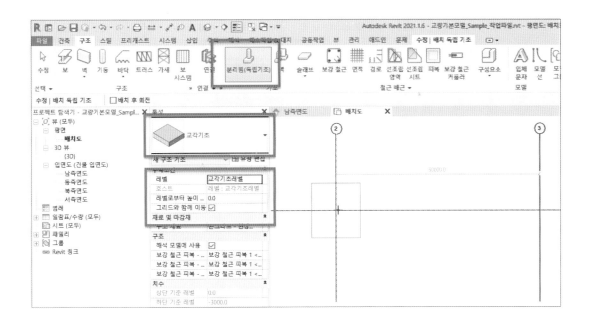

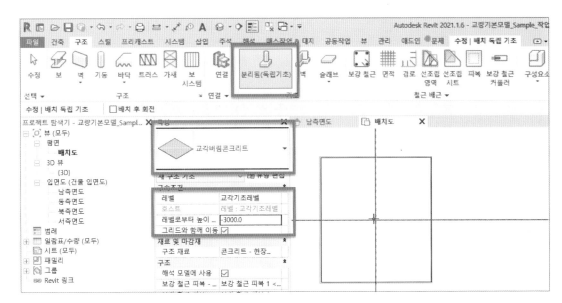

③ [구조 −기둥]을 클릭하고 패밀리는 교각기둥 선택해 배치합니다. 기둥 옵션은 "높이 − 상단레벨"로 설정하여 배치합니다.(기둥을 높이로 상단레벨에 구속하는 옵션입니다.)

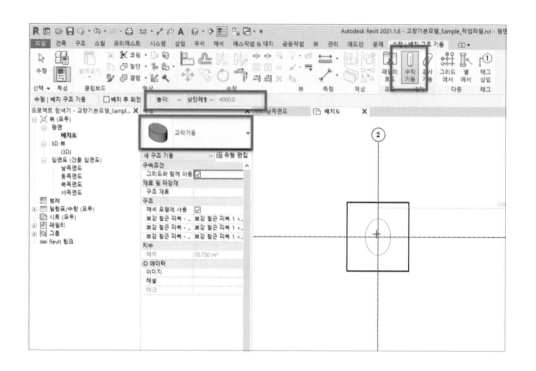

④ 교각 기둥은 아래와 같이 특성창에서 레벨 정보를 수정합니다.

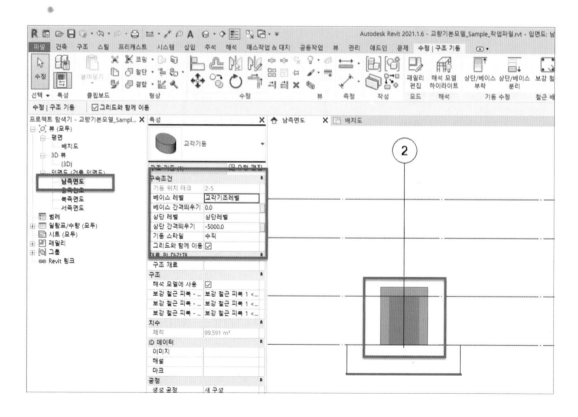

⑤ [구조 - 보]를 클릭하고 특성창에서 교각코핑을 선택합니다. 배치 기준면은 레벨 : 상단 레벨 지정합니다. 그리고 그리드 선을 따라 코핑길이 "12500" 입력하여 작성합니다.

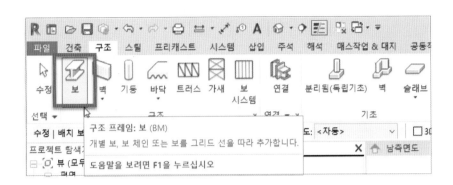

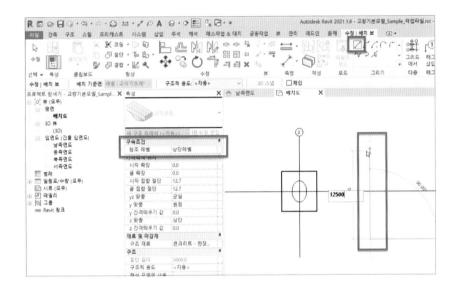

⑥ 교각코핑을 이동하여 배치합니다.

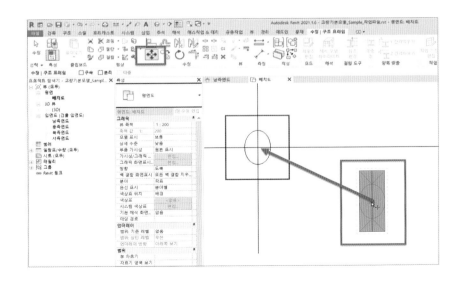

⑦ 교각코핑의 작업 기준면은 "상단레벨" 입니다.

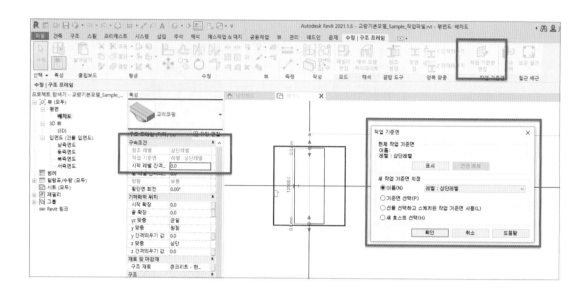

⑧ [건축 - 구성요소 - 구성요소배치]를 클릭하고 특성창에서 받침(면기반)을 선택합니다.
   그리고 교대에서와 같이 면기반으로 코핑위에 배치하고 정렬치수를 이용하여 "4200"간
   격으로 조정합니다.

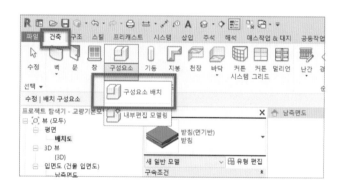

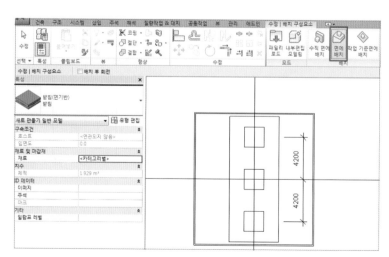

⑨ [교각기초/버림/기둥/코핑] 패밀리를 패밀리를 레벨 정보에 맞게 배치합니다.

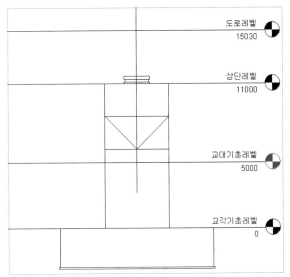

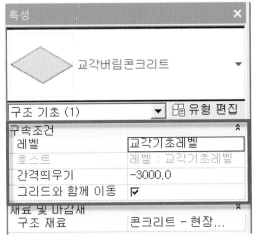

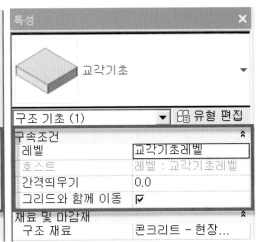

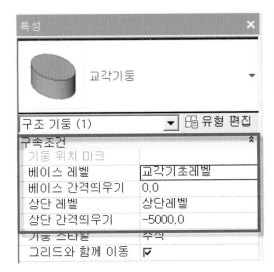

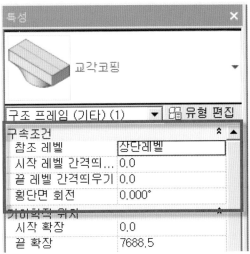

⑩ P2 교각을 대칭 기능을 이용하여 3번 그리드에 배치합니다.

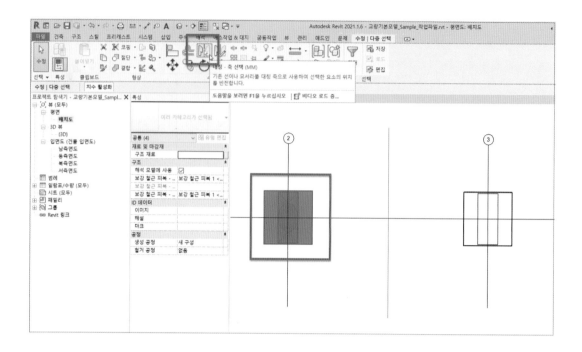

3) 상부 콘크리트 및 포장층 배치

① 샘플폴더에서 상부, 포장층 패밀리를 로드 합니다.

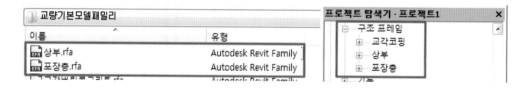

② [건축탭 – 작업 기준면 – 설정]에서 현재 작업기준면은 "도로레벨" 입니다.

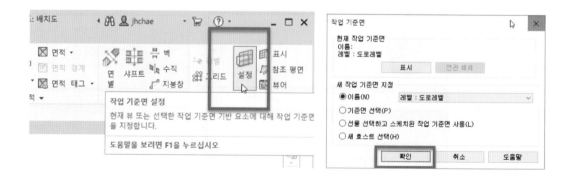

③ [구조 – 보]를 클릭하고 "상부본체" 선택합니다.

④ "상부본체" [배치 기준면 : 도로레벨]로 변경합니다. (상부본체의 기하학적 위치 Z 맞춤은 원점입니다.)

⑤ 1번, 5번 그리드가 교차 하는 점을 시작점으로 하고 4번, 5번 그리드가 교차하는 지점을 끝점으로 하여 일직선으로 그리기 합니다.

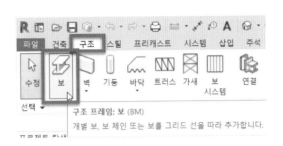

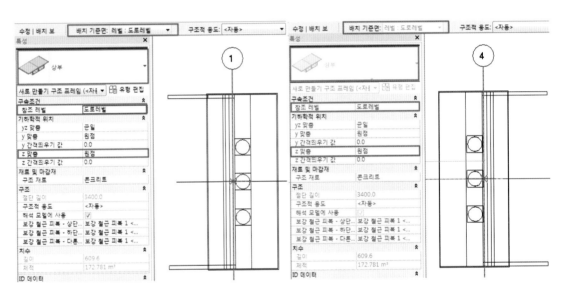

⑥ 도로 상부본체가 작성됩니다.

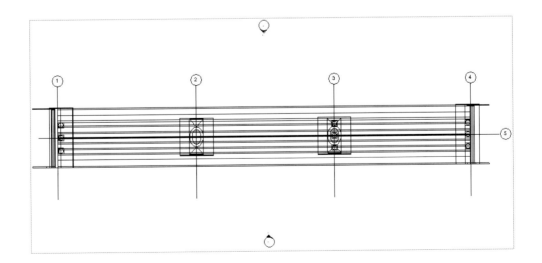

⑦ 도로 상부의 작업기준면은 "도로레벨"입니다.

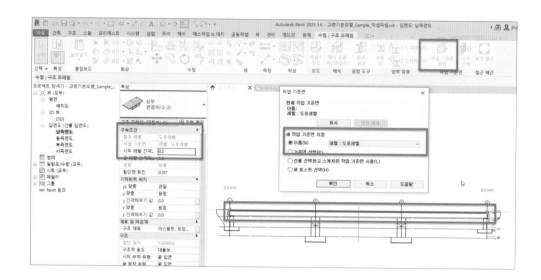

⑧ 포장층 패밀리도 [배치 기준면 : 도로레벨] 설정하여 상부본체와 같은 방식으로 배치합니다.

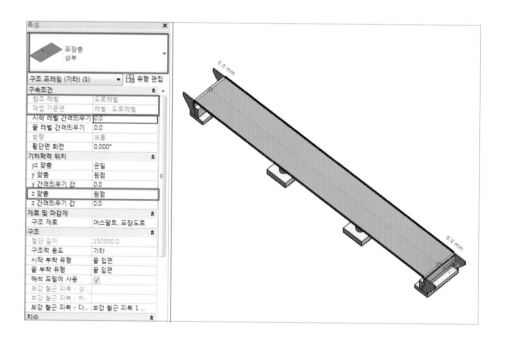

⑨ 방호벽 작성을 위해 [구성요소 - 내부편집 모델링 - 일반 모델]을 선택합니다.

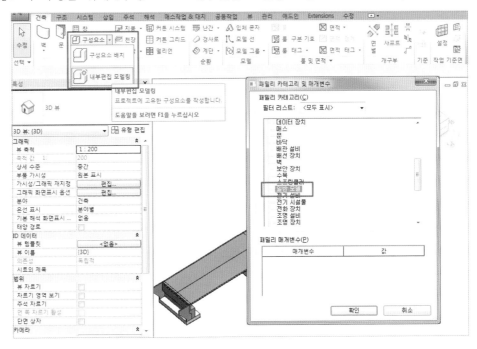

⑩ 스윕을 선택하고 스윕 경로 선택은 상부 바깥쪽 선 선택합니다.

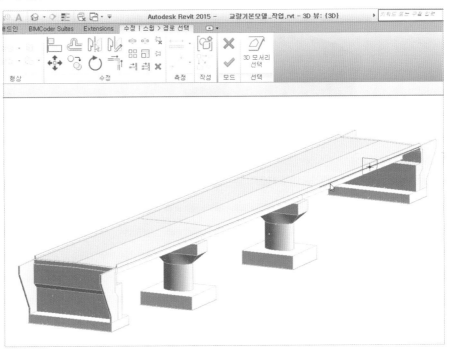

⑪ 경로 스케치 완료 후 프로파일로드를 선택하여 "방호벽" 프로파일을 로드하고 프로파일을 "방호벽"으로 적용합니다. (경우에 따라서는 프로파일 "각도 조정 및 반전"기능 이용하여 방호벽 프로파일을 아래와 같이 정상적으로 배치합니다.)

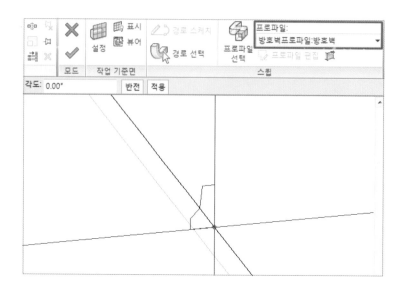

⑫ 반대편에도 동일하게 작성하여 상부 방호벽 모델 완료합니다.

(2) 도면화

1) 도면의 종류

① 입면도

구조물의 외관을 표현하기 위해 정면에서 바라본 모습을 나타낸 도면으로, 구조물의 형태, 방향, 비례, 재료 등의 정보를 나타낼 수 있다.

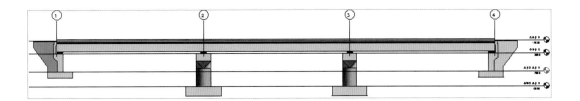

② 단면도

구조물을 수직으로 자른 면을 수평 방향에서 바라본 모습을 나타낸 도면, 바닥면 높이, 내부 구조재료, 내부 요소의 크기를 나타낼 수 있다.

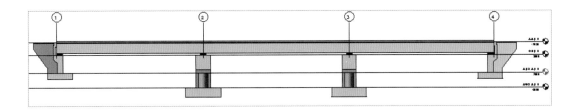

③ 평면도

구조물의 각 층을 일정한 높이에서 수평으로 자르고 위에서 내려다본 모습을 나타낸 도면, 각 층의 구조와 면적을 상세하게 나타낼 수 있다.

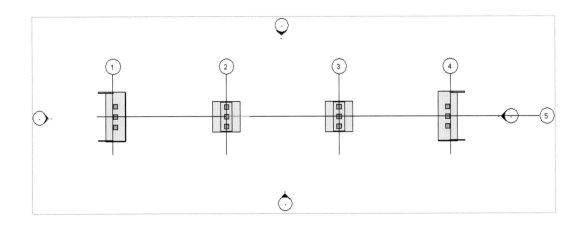

2) 교대/교각 평면도

① [프로젝트 탐색기 - 평면 - 배치도]의 마우스 오른쪽 버튼을 클릭해 "뷰 복제-복제"를
클릭합니다.

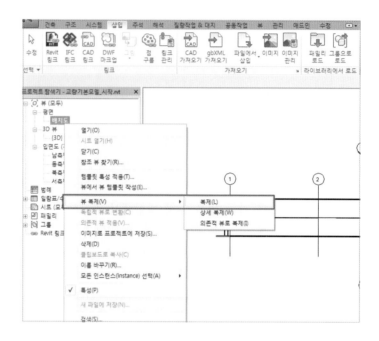

② 배치도가 복제되어 배치도 복사본 1이라는 이름의 평면 뷰가 생성됩니다. 여기서 1번
그리드에 배치된 교대를 제외한 나머지 요소들을 선택하고 마우스 오른쪽 버튼을 눌러
뷰에서 숨기기를 선택합니다.

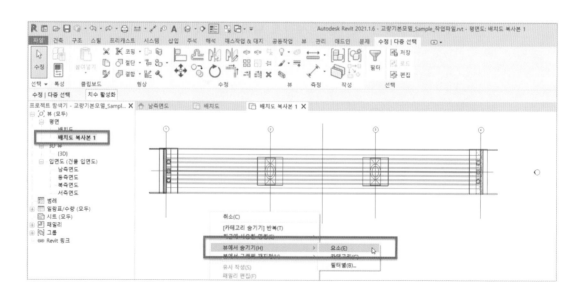

③ 프로젝트 탐색기에서 새로 작성된 뷰를 선택하고 F2번을 눌러 뷰의 이름을 교대평면도
로 변경합니다.

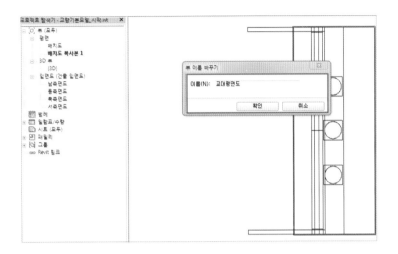

④ 주석탭 - 정렬 치수를 선택해서 평면의 끝과 중심선을 선택해 치수를 작성 합니다.

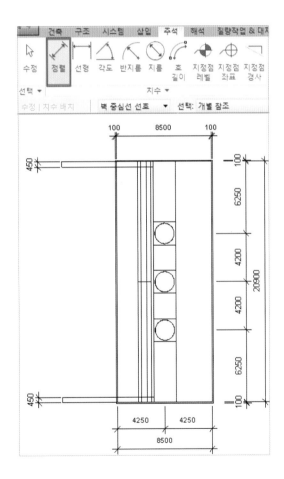

⑤ 위와 동일한 방법으로 교대평면도 뷰를 작성합니다.

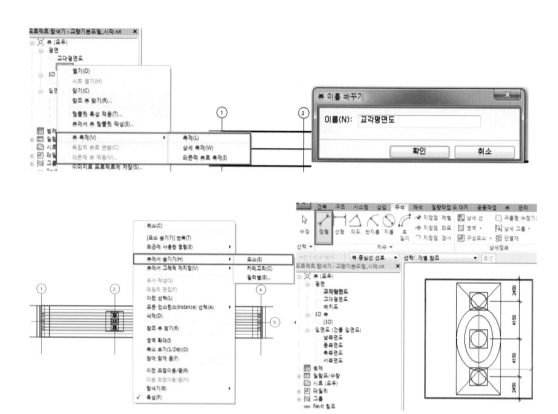

3) 교대/교각 단면도

① 단면도 작성을 위해 평면 뷰에서 뷰 탭 - 단면도를 선택합니다.

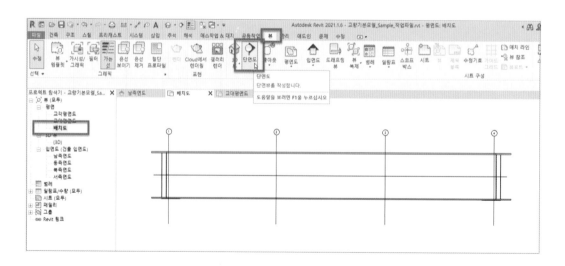

② 작업 공간에서 시작점을 아래그림과 같이 선택하고 수평으로 두번째 점을 찍어 단면도
를 그립니다.

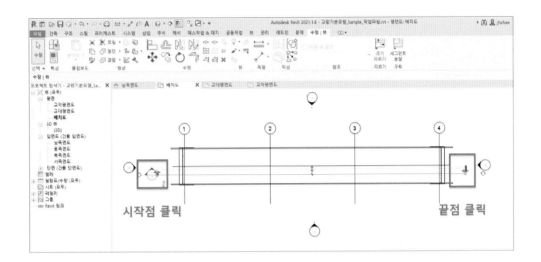

③ 단면도가 생성이 되며, 단면 그립을 이용하여 단면도에서 보여주는 범위를 설정할 수
있습니다.

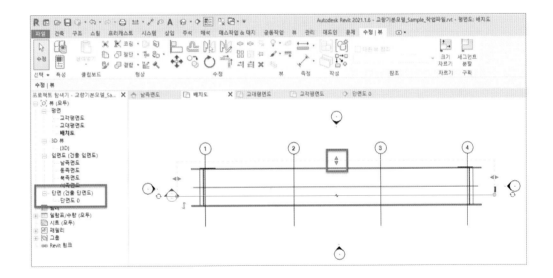

④ 단면뷰에서 그리드, 레벨등 불필요한 정보를 선택해 "뷰에서 숨기기 - 요소"를 선택해
  숨김처리 합니다.

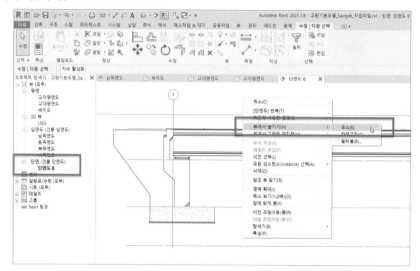

⑤ 주석탭의 치수와 지정점 레벨을 이용해 단면도의 주석을 입력합니다.

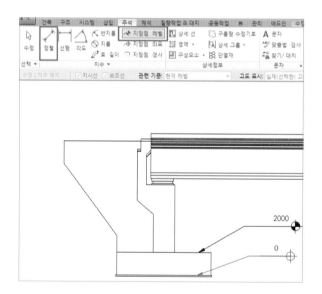

⑥ [뷰 - 단면도]를 선택하여 같이 교대 및 교각 위치에 단면을 정의 합니다.

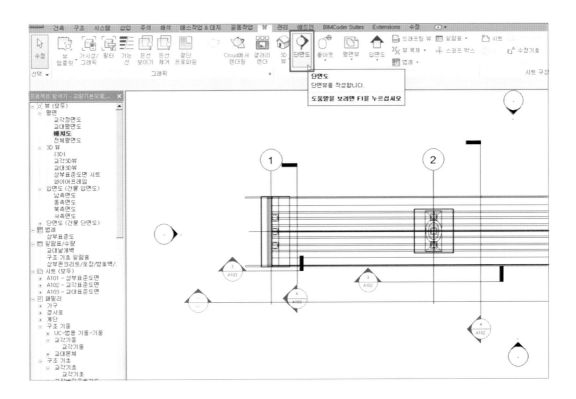

4) 교량 모델의 속성 정보 입력

① 1번 그리드에 있는 교대를 선택하고 특성창 ID데이터 항목에 해설(주석)과 마크를 입력 합니다.

해설(주석) : 교대본체, 교대기초

마크 : A1

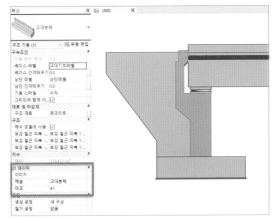

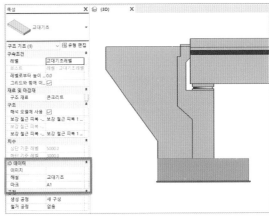

② 나머지 부분도 아래 그림고 같이 ID데이터의 해설(주석), 마크를 입력 합니다.

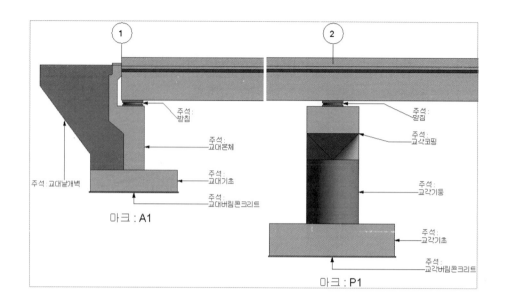

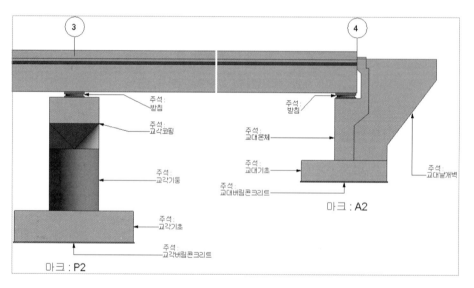

5) 일람표 산출

① 일람표 산출을 위해 [뷰 - 일람표] 클릭합니다.

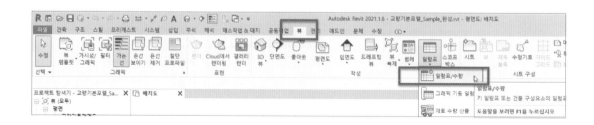

② [새 일람표] 창에서 "구조 기초" 선택하고 확인 클릭합니다.

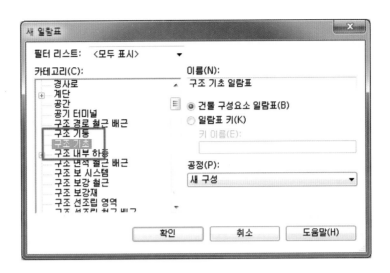

③ 일람표 특성 창의 필드탭에서 "패밀리 및 유형, 주석, 마크, 체적"의 필드를 선택하고 추가 버튼을 클릭합니다.

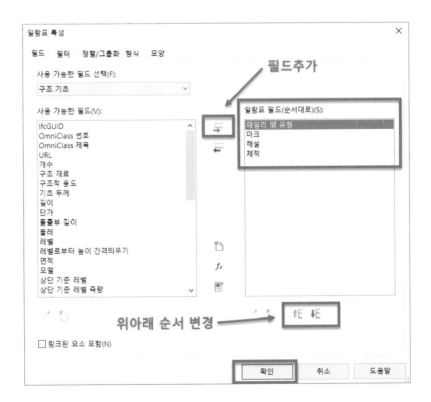

④ 일람표 특성 창의 필드탭에서 "패밀리 및 유형, 주석, 마크, 체적"의 필드를 선택하고 추가 버튼을 클릭합니다.

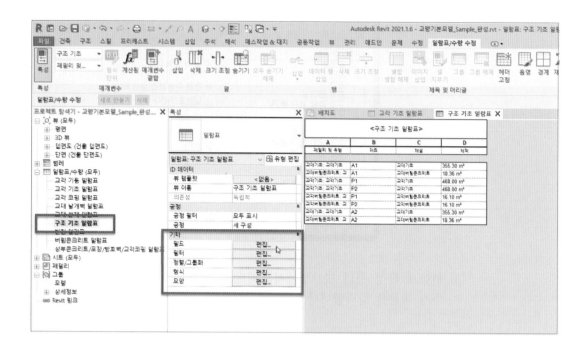

⑤ [정렬/그룹화] 탭에서 "패밀리 및 유형"을 선택합니다. 그리고 "모든 인스턴스 항목화" 에 체크하고 "총계"에 체크합니다.

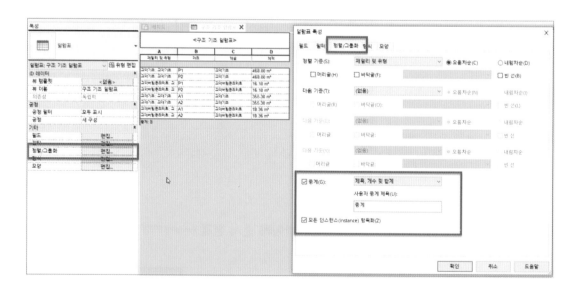

⑥ 필터 탭에서 필터 기준을 [해설 – 같음 – 교각기초]로 설정합니다. 그러면 구조 기초 중에서 해설이 교각기초인 유형들만 나타나고 체적량을 확인할 수 있습니다.

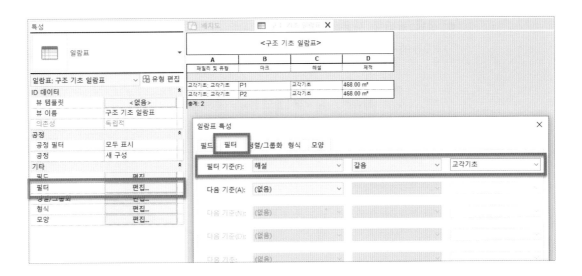

⑦ 형식 탭에서 총합 계산에 체크합니다.

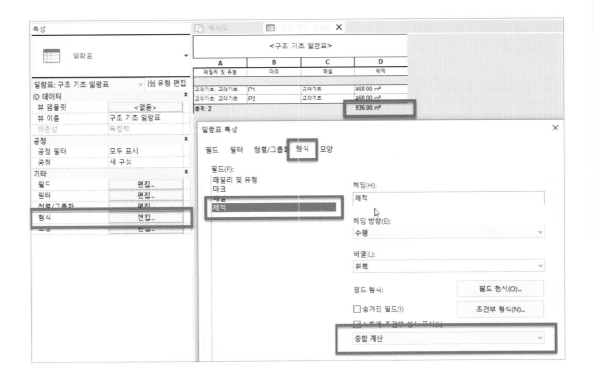

6) 그래픽 재지정

그래픽 재지정 하는 방법으로는 "선택 필터"와 "속성 필터" 방법이 있습니다.

● 선택 필터를 사용하는 방법

① 3D뷰에서 A1교대를 선택한 다음 저장 아이콘을 클릭합니다.

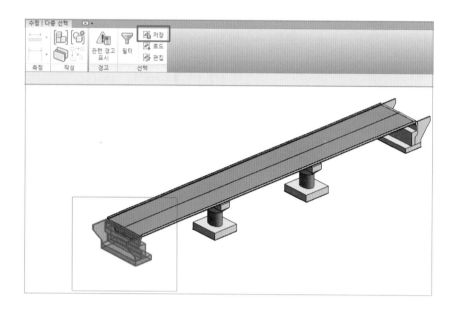

② 이름을 "A1교대"로 작성합니다.

③ 나머지 부분도 아래 그림과 같이 선택 저장합니다.

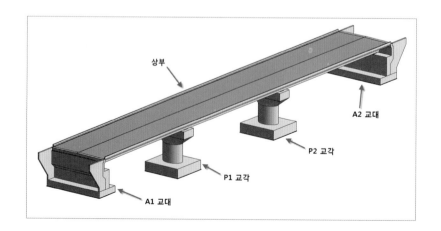

④ 3D 뷰를 복제하여 3개의 뷰를 만들고 이름을 변경하여 전체-A1교대 3D, 전체-P1교각 3D, 전체-상부 3D로 변경합니다.

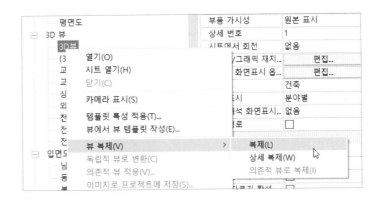

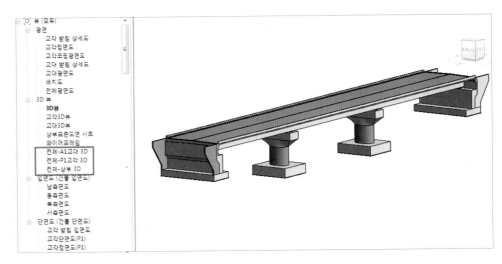

⑤ 전체-A1교대 3D뷰에서 그래픽 가시성창(키보드 단축키-VV)을 띄워서 [필터 탭-추가]를 클릭해 "A1교대"를 추가합니다.

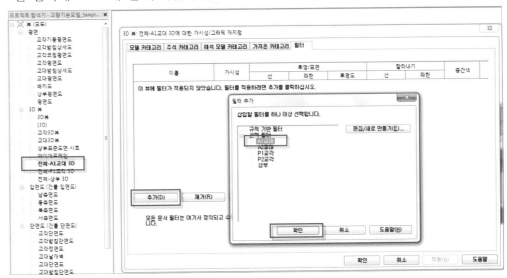

⑥ [투영/표면] -패턴을 클릭하여 "색상 – 빨간색", "패턴 – 솔리드 채우기"를 선택합니다.
(색상은 자유롭게 선택합니다.)

⑦ 3D 뷰에서 A1교대의 색상이 변경된 것을 확인 할 수 있습니다. 이와 같은 방법으로 P1
교각, 상부의 색상을 변경하면 도면화 과정중의 KEY-PLAN용으로 사용할 수 있습니다.

● 속성 필터를 사용하는 방법

⑧ 필터창에서 새로만들기 아이콘을 클릭한 다음 이름을 A1으로 작성합니다.

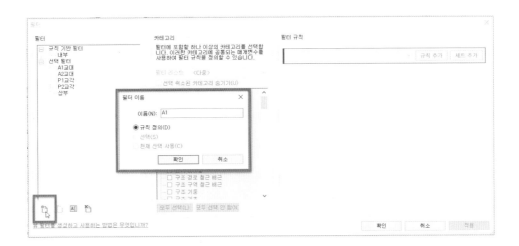

⑨ 카테고리에서 구조기둥, 구조기초, 구조 프레임, 일반모델을 선택합니다. 필터 규칙에서 필터 기준을 마크. 같음, A1을 선택합니다.

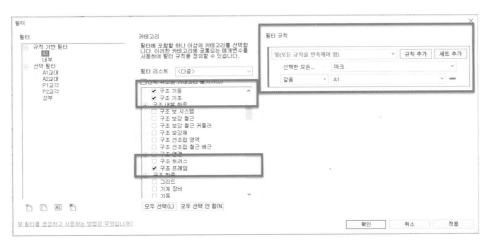

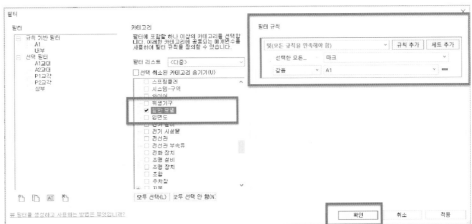

⑩ 필터 창에서 추가 버튼을 클릭하고 A1규칙을 선택합니다.

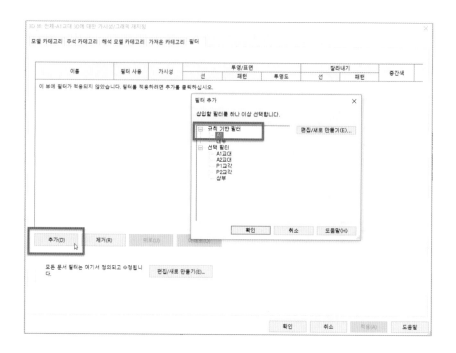

⑪ 패턴-재지정을 선택하고 색상과 패턴을 변경하면 모델의 색상이 변경됩니다.

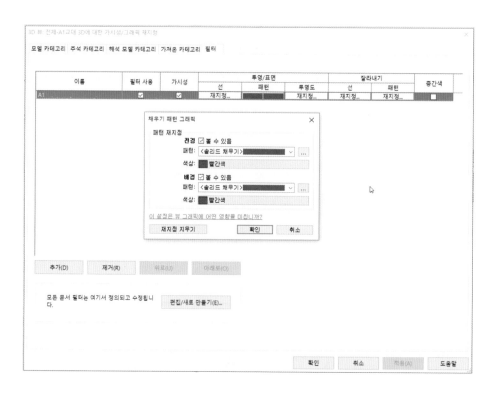

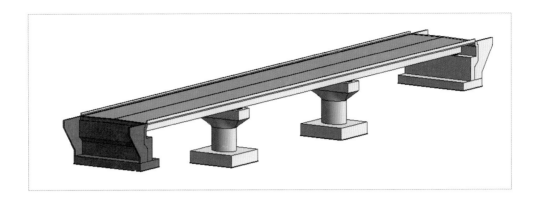

7) 시트 작성

① 시트 작성을 위해 프로젝트 탐색기-시트에서 마우스 오른쪽 버튼을 눌러 새 시트를 클릭합니다.

② 제목 블록은 A1 미터법을 선택하고 확인을 누릅니다.
로드를 클릭하면 A2, A3, A4등 다른 시트의 크기도 불러 올 수 있습니다.

③ 만들어진 새 시트를 클릭하고 키보드 F2 누르면 시트 번호와 이름을 변경 할 수 있습니다. A101~A105까지 시트를 만들고 시트의 이름은 아래 그림을 참고합니다.

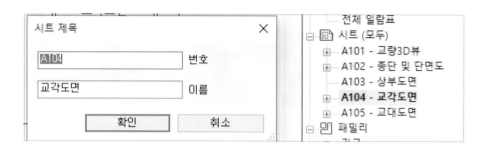

④ 뷰를 구성할 시트를 더블 클릭하면 시트 창 활성화됩니다. A104-교각도면 시트뷰를 활성화합니다.

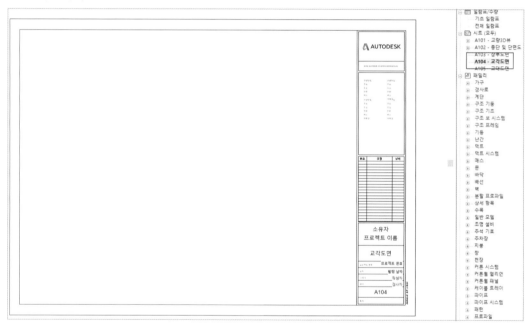

⑤ 시트가 활성화되면 작성된 뷰를 배치해 도면을 만들 수 있습니다. [뷰탭 - 뷰]를 클릭해서 시트에 배치할 "교각평면도"를 선택한뒤 시트에 뷰 추가를 클릭합니다. (시트에 배치할 작성된 평면, 단면, 입면, 일람표 등의 뷰를 선택해 시트에 뷰 추가를 눌러 배치를 합니다.)

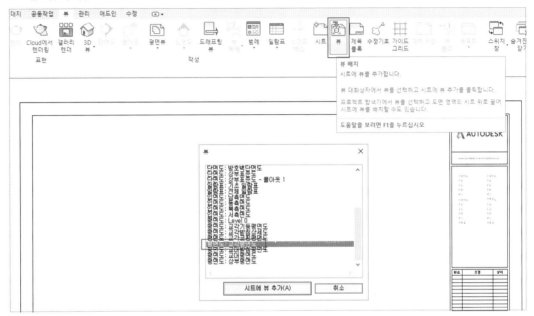

⑥ 시트가 마우스를 따라 움직입니다. 원하는 위치에 마우스를 클릭해 뷰를 배치합니다.

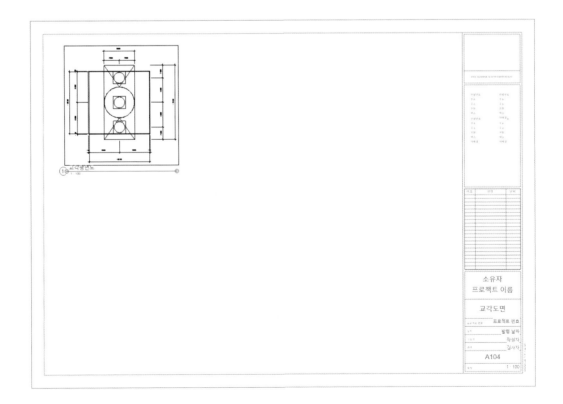

⑦ 동일한 방법으로 교각 정면도/교각 단면도/교각코핑평면도를 추가합니다.

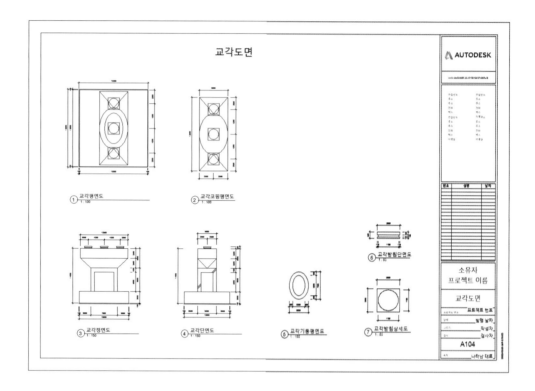

⑧ 이미 시트에 배치되어 있는 동일한 뷰를 다른 시트에 배치할 수 없습니다. 동일한 뷰를 2개 이상의 시트에 배치하기 위해서는 뷰를 복제해서 배치해야 합니다. 3D뷰를 배치하기 위해 교각 3D뷰를 복제합니다.

⑨ 복제된 3D뷰를 키보드의 F2키 또는 마우스오른쪽 이름바꾸기를 클릭해 교각3D뷰 –
  시트로 변경합니다.

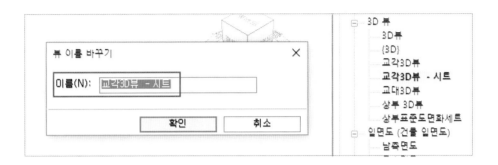

⑩ 교각도면 시트를 활성화해 교각3D – 시트 뷰를 추가합니다.

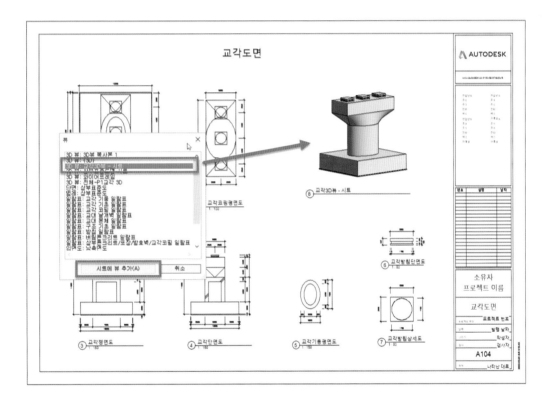

⑪ 3D 뷰와 같이 제목이 필요 하지 않는 경우, 배치된 교각3D뷰 – 시트를 선택하고 특성창에서 [뷰포트 제목 선 있음]을 [제목 없음]으로 변경하면 제목선이 표시되지 않습니다.

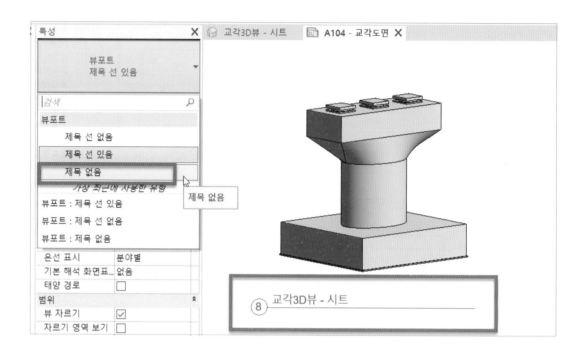

⑫ 교각과 관련된 교각 기둥 평면도 및 받침 단면도/상세도를 배치해 교각도면을 완성합니다.

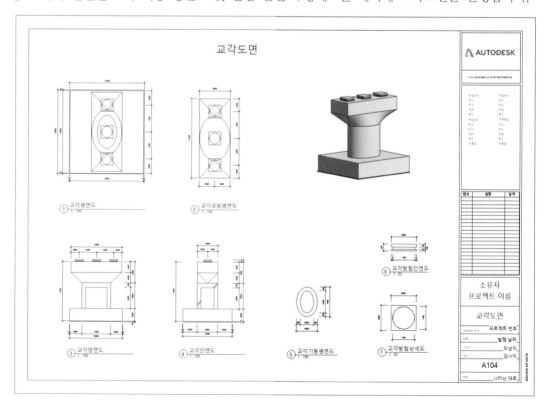

⑬ 배치된 뷰를 더블클릭하면 해당 뷰가 활성화되고 시트에 배치된 상태에서 해당뷰의 축척 변경/치수 및 주석의 입력 등 수정 편집이 가능합니다. 시트의 빈공간을 더블클릭하면 해당뷰가 비활성화 됩니다.

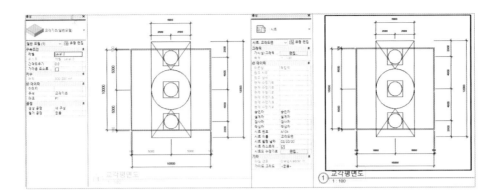

⑭ 교각도면 시트 구성이 완성되면 A105 교대도면 시트를 더블클릭해 활성화합니다.

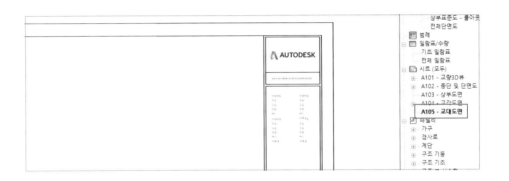

⑮ 시트에 배치를 원하는 뷰를 마우스 드래그앤 드롭으로 배치할 수 있습니다. 프로젝트 탐색기에서 교대단면도를 마우스로 "드래그앤드롭"해 시트에 배치합니다. 배치된 교대단면도를 확인하고 동일한 방법으로 교대정면도/교대평면도/날개벽/받침/3D뷰등을 탐색기에서 뷰를 "드래그앤드롭"하여 시트에 배치합니다.

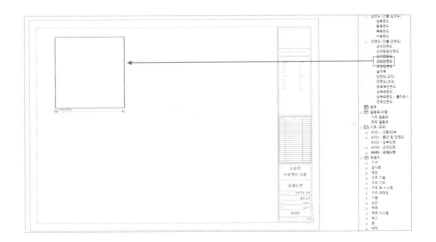

⑯ 나머지 A101 – 교량 3D뷰/ A102 – 종단 및 단면도/ A103 – 상부도면은 아래 그림을
참고하여 배치합니다.

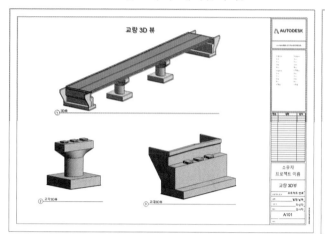

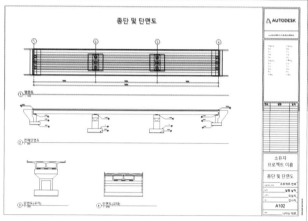

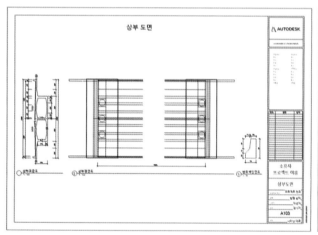

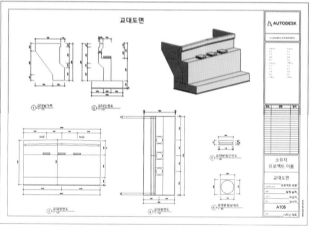

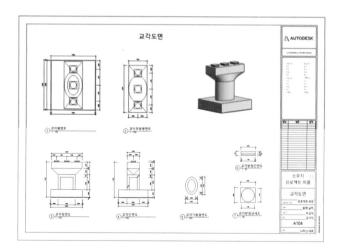

PSC Beam 교량 모델링

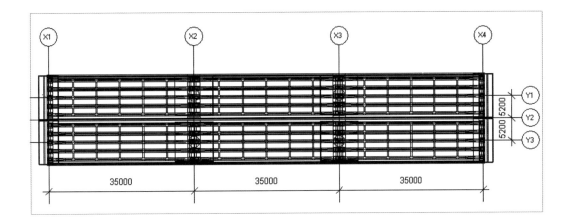

(1) PSC Beam 교량 부재별 패밀리

　1) 기초 말뚝 패밀리

　　① "미터법 일반 모델 면 기반.rft"를 열기 합니다.

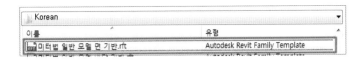

　　② [작성탭-돌출]을 선택하여 반지름이 "250"인 원형을 스케치 합니다.

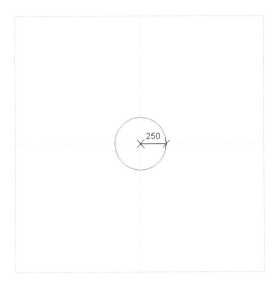

③ "깊이: 15000", "간격띄우기 : 200"을 입력하고 편집 모드를 완료 합니다.

④ 깊이 매개변수를 부여하고 재료의 버튼을 클릭해 구조 재료로 매개변수를 연관 시킨 후 말뚝으로 저장합니다.

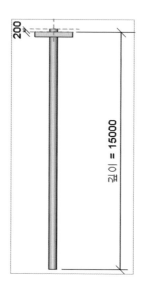

⑤ [패밀리 유형 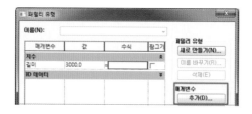] 클릭하여 매개 변수 추가를 선택해 "구조 재료" 매개변수를 추가하고 재료를 설정합니다.

2) 교대 버림콘크리트 패밀리

① "미터법 구조 기초.rft"를 열기 합니다.

② [작성탭-돌출]을 이용해서 길이 "10200", 폭 "4800", 높이 "100"인 치수로 버림 콘크리트를 작성합니다.

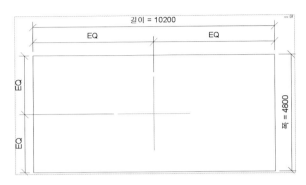
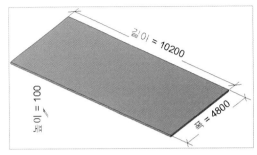

③ [패밀리 유형 ] 클릭하여 재료를 "콘크리트"로 선택하고 확인하여 창을 닫습니다.

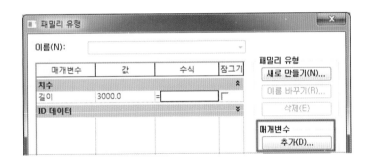

3) 교대 본체 패밀리

① "미터법 구조 기둥.rft" 패밀리 템플릿을 이용하여 교대 본체를 작성합니다.

② 미리 설정되어 있는 치수를 폭 "10000", 길이 "4600"으로 변경합니다.

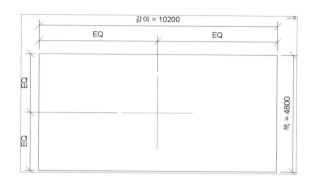

③ 입면도의 왼쪽 뷰에서 돌출을 이용해 모델링을 작성합니다.

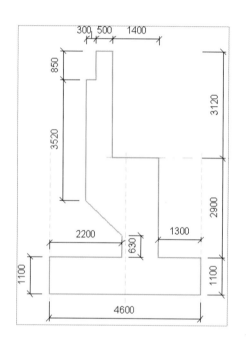
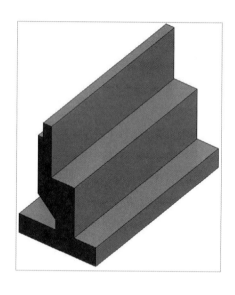

④ 입면도의 앞면뷰로 이동하여 상단참조레벨에서부터 계단 형태의 객체를 돌출을 이용하여 작성합니다. 치수는 아래 그림을 참고하여 작성합니다.

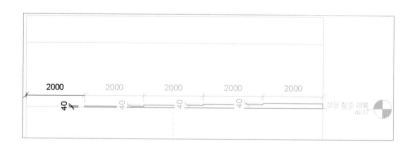

⑤ [보이드 양식-보이드 돌출]을 선택합니다.

⑥ 상단부에서 길이 "10000", 높이 "200"인 삼각형을 스케치하고 확인을 눌러 보이드 돌출을 작성합니다.

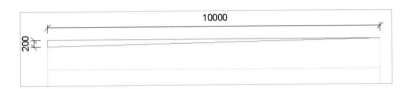

⑦ 정렬기능을 이용해 보이드 돌출의 폭을 맞추고 절단을 이용하여 솔리드 객체에서 보이드 객체를 잘라냅니다.

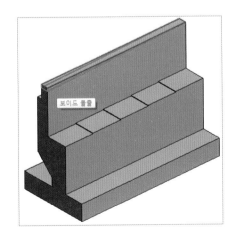

⑧ 만들어진 두개의 객체를 결합하여 교대본체를 완성합니다.

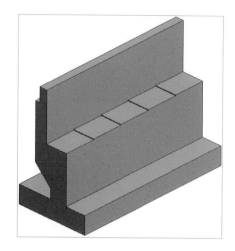

⑨ 반대편 교대본체는 동일한 방법으로 아래 치수를 참고해 작성합니다.

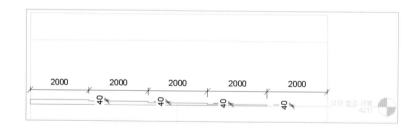

⑩ 보이드 돌출도 아래 치수를 참고하여 반대로 작성합니다.

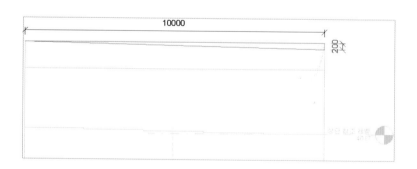

⑪ 완성된 객체를 교대본체_A, 교대본체_B로 저장합니다.

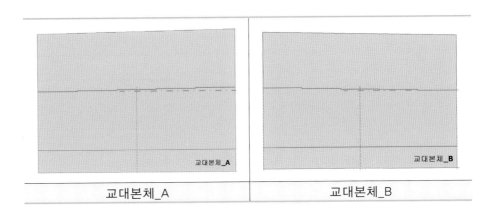

| 교대본체_A | 교대본체_B |

4) 교각 버림콘크리트 패밀리
  ① "미터법 구조 기초.rft"를 열기하여 교각 버림콘크리트를 작성합니다. 작성하는 방법은
    교대 버림 콘크리트와 동일하고 길이와 폭을 "9200"으로 설정합니다.

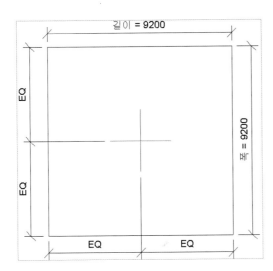

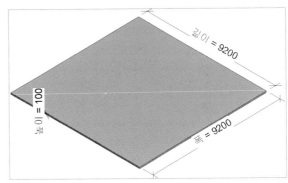

5) 교각 기둥 패밀리

① "미터법 구조 기둥.rft" 패밀리 템플릿을 이용하여 교각기둥을 작성합니다. 기둥은 반지름 "1250"인 원형기둥으로 작성하고 입면도 에서 상단 참조레벨에 구속합니다.

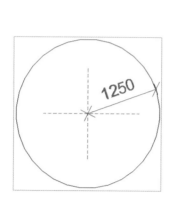
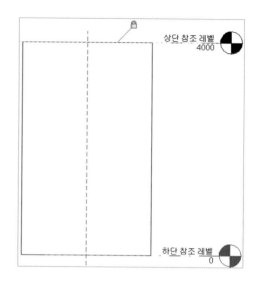

② [패밀리 유형 ]창에서 재료를 설정하고 "교각기둥.rfa"로 저장합니다.

6) 교각코핑 패밀리

① 교각 코핑은 "미터법 일반 모델.rft" 패밀리를 이용하여 작성합니다.

② 미리 설정되어 있는 참조평면과 치수를 삭제 하고 "길이 = 10000", "폭 = 3000"으로 참조평면과 치수를 작성 합니다.

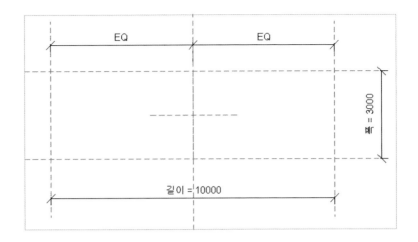

③ 입면도 앞면에서서 참조레벨 아래쪽으로 "1500" 간격으로 참조평면을 작성합니다.

④ 혼합을 이용해서 코핑 하단부의 모델링을 작성합니다. 베이스 레벨에서 길이와 폭이 "3000"인 사각형을 그리고 상단레벨은 길이 "10000", 폭 "3000"으로 작성합니다. 높이는 "-3000" 레벨에서 "-1500" 레벨까지 지정합니다.

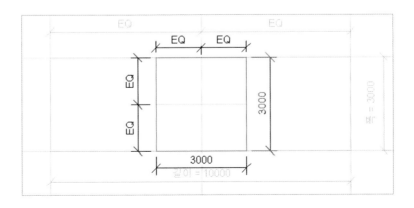

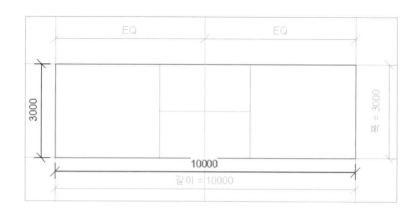

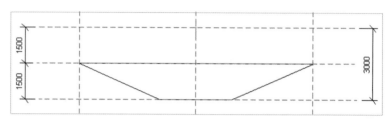

⑤ 코핑의 상단부는 앞면뷰에서 돌출로 작성 합니다. 돌출의 프로파일은 아래 그림의 치수를 참고 하여 계단식으로 작성합니다. 그리고 재료를 설정하고 교각코핑으로 저장합니다.

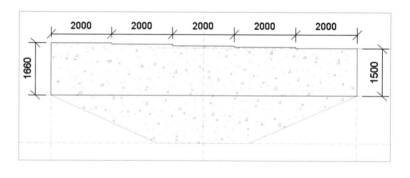

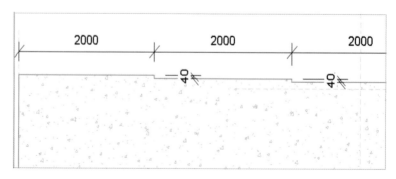

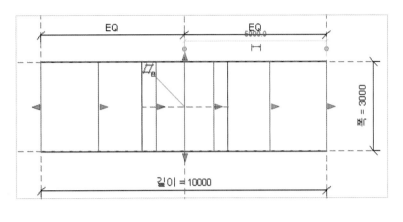

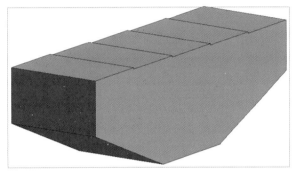

⑥ "미터법 일반 모델 면 기반.rft" 패밀리에서 돌출로 아래 치수를 참고하여 받침을 완성합니다.

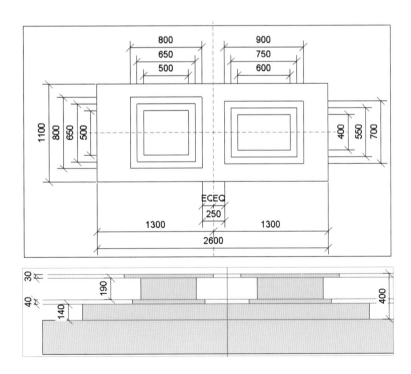

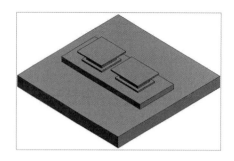

7) PSC 거더 패밀리

① "미터법 프로파일.rft"을 열기 합니다.

② 아래 그림의 치수를 참고하여 2개의 프로파일을 따로 작성하고 저장합니다.

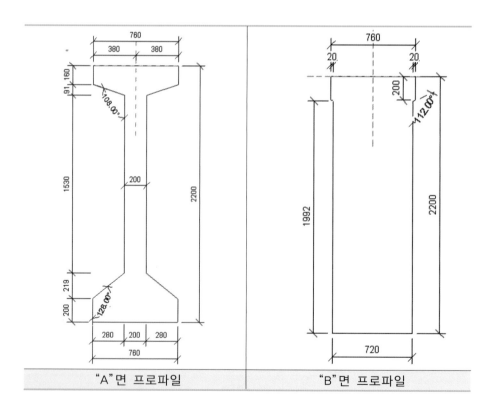

"A"면 프로파일   "B"면 프로파일

③ "미터법 구조 프레임 – 보 및 가새.rft" 패밀리를 열기 하여 미리 작성되어 있는 참조평면과 치수를 아래 그림을 참고하여 변경하고 "5650" 치수는 한번에 작성해 EQ치수로 변경합니다.

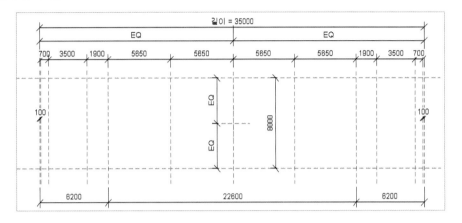

④ [작성탭 – 양식패널 – 스윕]을 선택하고 경로 스케치를 선택해서 "700" 간격의 참조평면과 교차하는 선을 스케치한 뒤 프로파일에 "A"면 프로파일을 선택합니다.

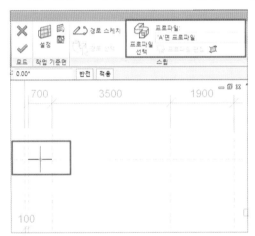
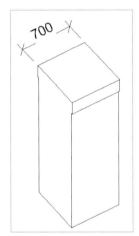

⑤ [작성탭 – 양식패널 – 스윕혼합]을 선택해 경로를 "3500" 길이로 스케치 합니다. 그리고 프로파일 1에는 "A"면 프로파일을 선택하고 프로파일 2에는 "B"면 프로파일을 선택합니다.

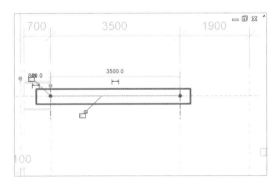

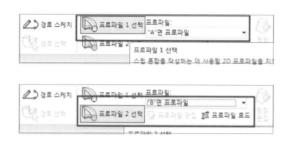

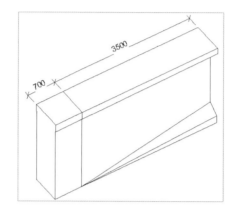

⑥ 스윕 혼합으로 작성하면 정점이 맞지 않을 때가 있습니다. 정점 편집 아이콘을 클릭해
 정점편집 모드에서 정점의 핀을 조절해서 아래그림과 같은 정점으로 편집합니다.

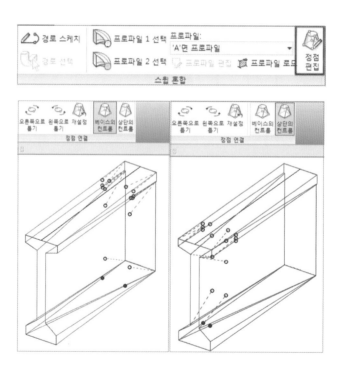

⑦ 스윕을 선택해 왼쪽 "1900"에서부터 오른쪽 반대편까지 "26400"의 길이로 경로를 스케치하고 프로파일은 "B"면 프로파일을 적용합니다.

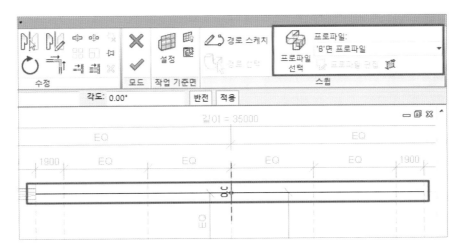

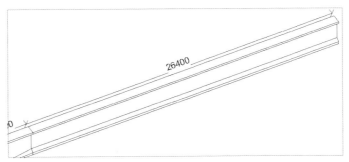

⑧ 혼합스윕을 역순으로 진행합니다. "3500" 길이로 스케치 하고 프로파일 1에는 "B"면 프로파일을 선택하고 프로파일 2에는 "A"면 프로파일을 선택합니다.

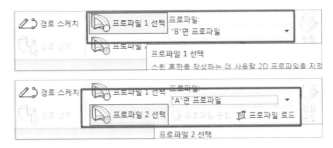

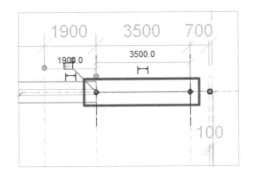

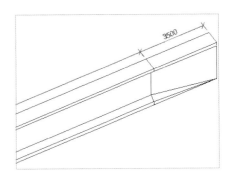

⑨ 마지막으로 "700" 길이로 경로를 스케치 하고 프로파일 1과 프로파일 2에 "A"면 프로
파일을 선택합니다.

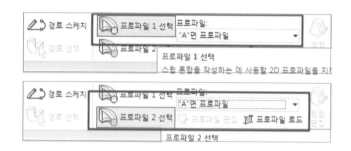

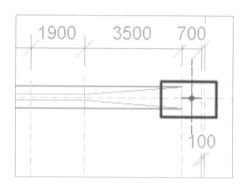

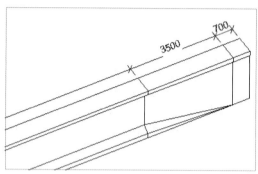

⑩ 참조레벨 뷰의 중심점에서 돌출로 8각형으로 스케치 합니다.

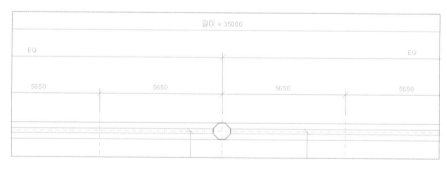

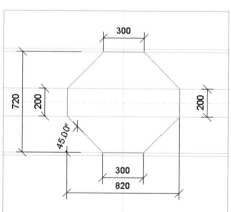

⑪ 돌출의 높이는 PSC beam의 높이와 동일하게 맞춤합니다.

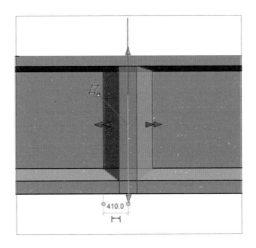

⑫ "5650" 간격의 중심점에 돌출을 복사합니다.

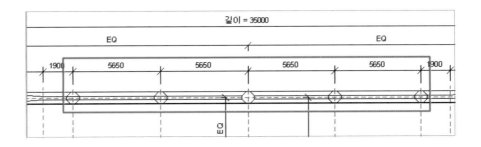

⑬ 작성된 객체를 [작성탭 – 모델그룹 – 그룹작성]을 선택해 그룹으로 설정합니다.

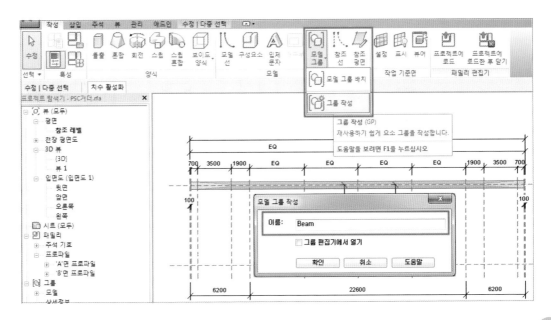

⑭ 그룹을 선택해 "2000" 간격으로 5개 복사 합니다.

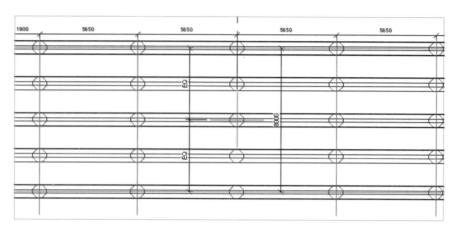

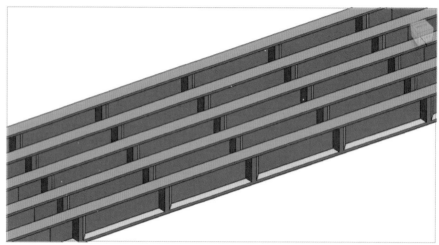

⑮ 왼쪽 뷰로 이동해 그룹을 선택해서 그룹의 원점을 상단의 중심점으로 변경합니다.

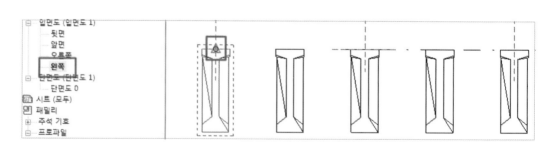

⑯ 그룹을 선택해서 '원래 레벨 간격띄우기" 값을 각각 "0mm, 40mm, 80mm, 120mm, 160mm" 설정 변경합니다.

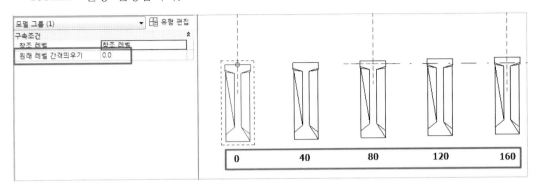

⑰ 참조 레벨값을 "-520" 입력합니다. (상부 본체 및 포장 두께 고려한 설계 높이입니다.)

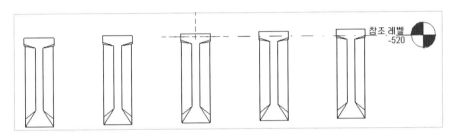

⑱ 참조평면뷰에서 PSC 거더의 형태가 변하는 위치의 참조평면에 이름을 부여 합니다.

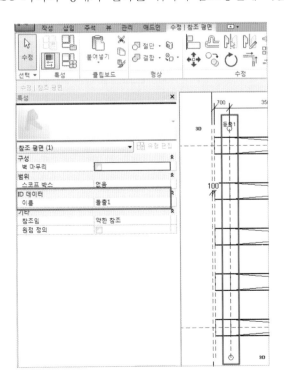

⑲ 왼쪽 뷰에서 [작성탭-돌출]을 선택하고 작업기준면을 위에서 지정한 참조평면으로 설정
합니다.

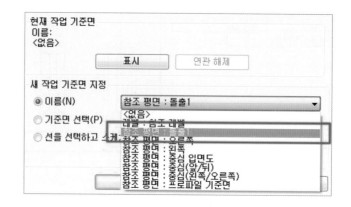

⑳ 선 선택을 이용하여 아래의 형태로 스케치 합니다.

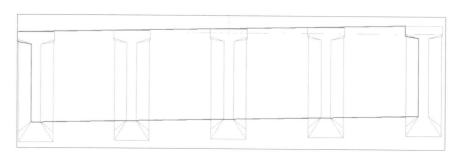

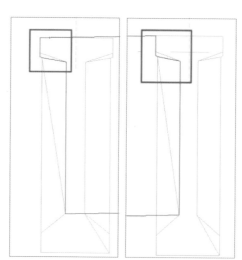

㉑ 깊이를 "400"으로 입력한 다음 편집 완료하고 반대편도 동일한 방법으로 돌출을 작성합니다.

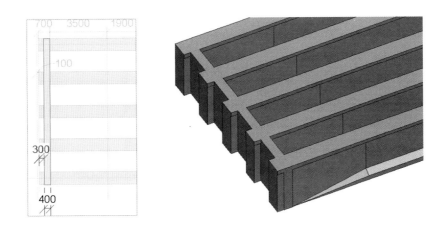

㉒ 참조 레벨뷰에서 팔각형 돌출의 중심 평면에 이름을 입력하고 그 앞에 단면뷰를 작성합니다.

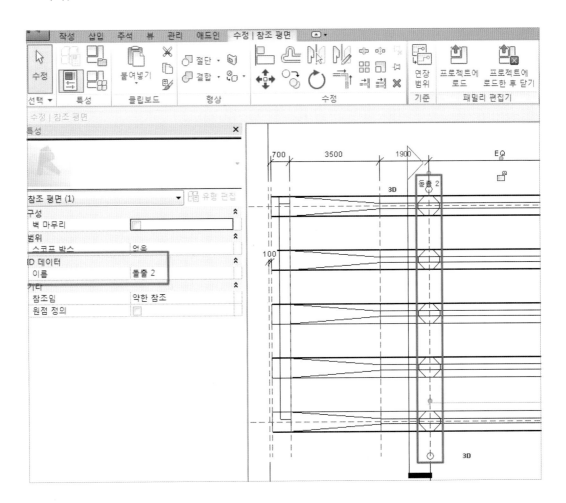

㉓ 단면뷰에서 돌출을 선택하고 작업기준면은 위에서 지정한 참조평면을 선택합니다.

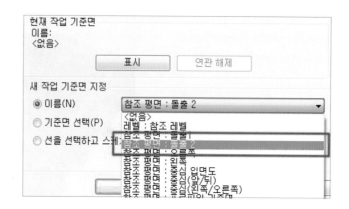

㉔ 아래의 그림을 참고하여 스케치를 작성하고 돌출의 시작은 "-150" 돌출의 끝은 "150"을 입력하고 돌출을 완료 합니다.

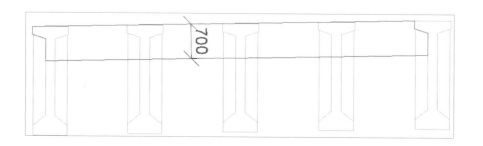

㉕ 완료된 돌출을 참조평면의 중심에 맞춰 복사 합니다.

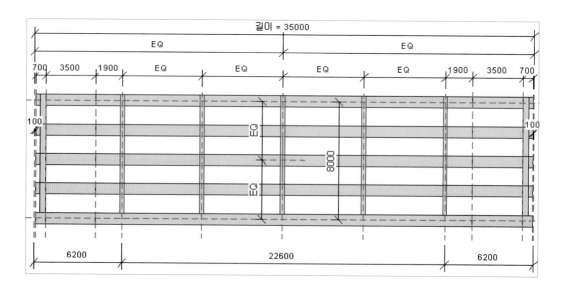

㉖ 단면도 뷰를 다시 활성화 하여 돌출을 선택하고 작업기준면은 중심(왼쪽/오른쪽)을 선택합니다.

㉗ PSC Beam과 크로스 Beam사이의 공간에 선스케치를 이용해 작성합니다.

㉘ 참조레벨 뷰에서 작성된 돌출을 Beam 길이에 맞게 늘려 참조평면에 구속 시키고 나머지 부분도 동일하게 돌출로 작성합니다.

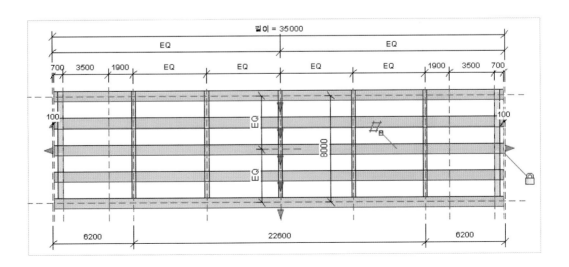

㉙ 수정탭 결합을 선택하고 작성된 객체들을 눌러 모델을 결합합니다.

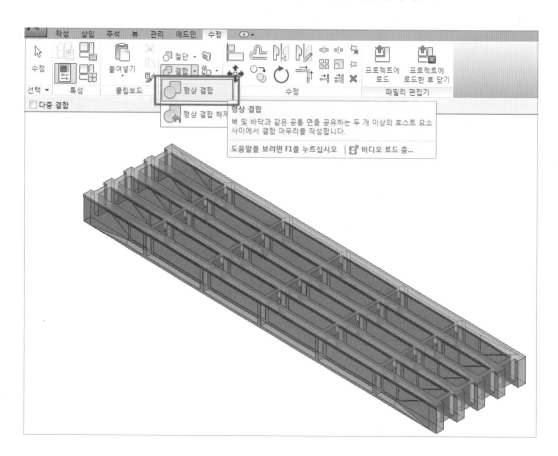

㉚ 재료를 설정하고 완료된 PSC 거더를 확인하고 "PSC 거더.rfa"로 저장합니다.

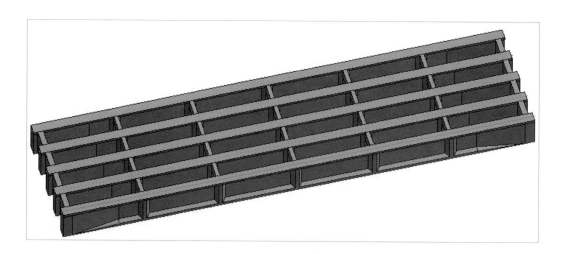

8) 상부 패밀리

① "미터법 프로파일.rft"을 열기 합니다.

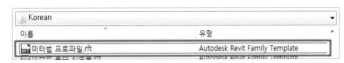

② 아래 치수를 참고하여 프로파일을 작성하고 상부(콘크리트)프로파일.rfa로 저장합니다.

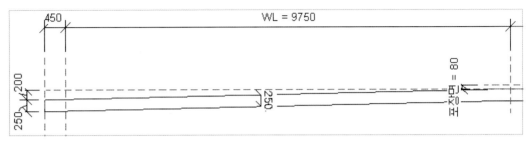

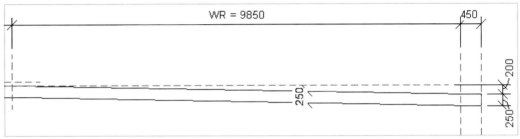

③ "미터법 구조 프레임 - 보 및 가새.rfa"를 열기 합니다.

④ 내부에 있는 참조 평면과 돌출을 삭제 합니다.

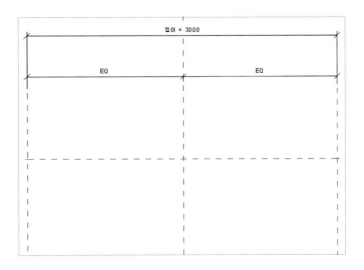

⑤ [양식패널-스윕]선택하고 경로 선택을 하여 가로 중심선으로 경로를 선택합니다.

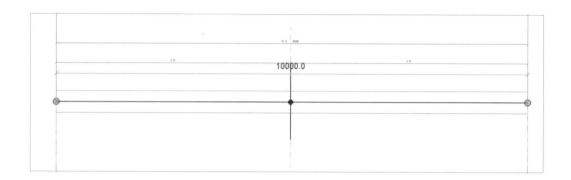

⑥ 프로파일 선택에서 위에서 작성한 상부(콘크리트)프로파일을 로드 하고 프로파일을 선택
   합니다.

⑦ 프로파일이 경로에 삽입이 된 것을 확인 한 후 편집 모드 완료를 눌러 스윕을 종료합니다.

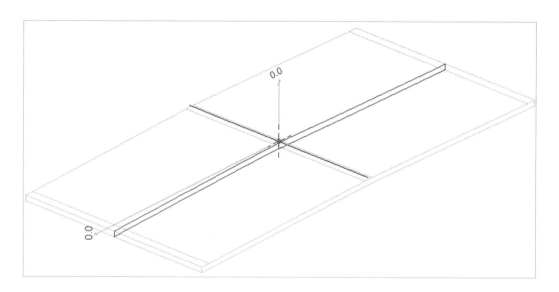

⑧ 완성된 모델에 콘크리트 재질을 설정하고 "상부.rfa"로 저장합니다.

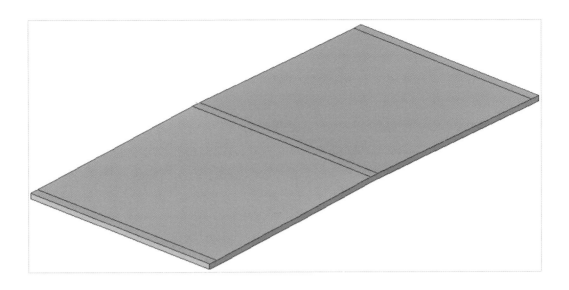

9) 포장층 패밀리

① 아래 치수를 참고하여 프로파일을 작성하고 포장면(아스팔트)프로파일.rfa로 저장합니다.

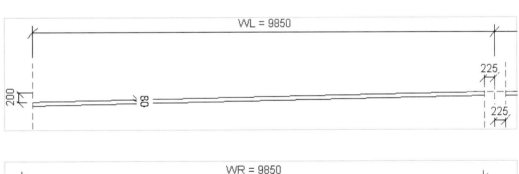

② 프로파일을 패밀리로 만드는 방법은 상부(콘크리트)의 패밀리를 만드는 방법과 동일합니다. 대신 저장 시 재료를 아스팔트로 지정하고 저장합니다.

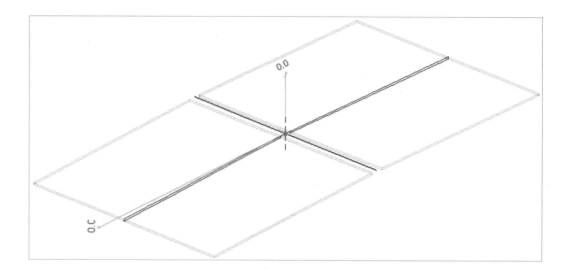

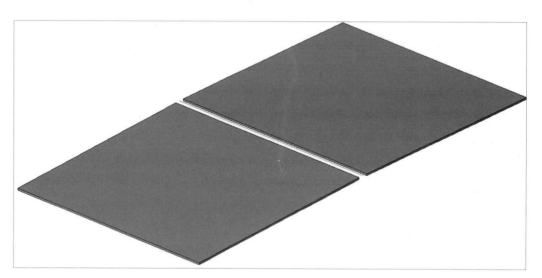

10) 중앙분리대 및 방호벽 프로파일 패밀리

① "미터법 프로파일.rft"을 열기 하여 아래 그림의 치수를 참고하여 프로파일을 작성합니다. 중앙분리대와 방호벽을 따로 작성하여 저장합니다.

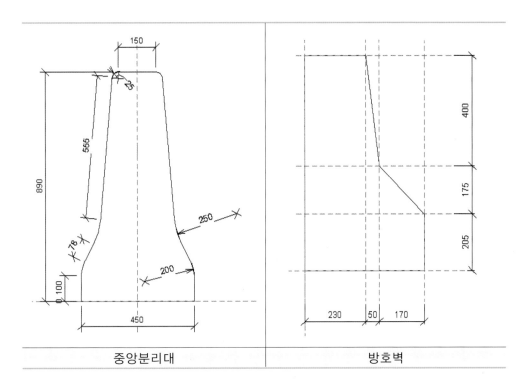

중앙분리대	방호벽

(2) PSC Beam 교량 프로젝트화

1) PSC Beam 배치

① [2.Revit_구조물₩3.PSC교량] 샘플폴더에서 [1.PSC교량_Sample_시작.rvt] 파일을 열기 합니다.

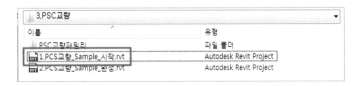

② 교대 패밀리를 로드합니다.

③ x축 그리드와 y1, y3축 그리드에 교차되는 위치에 교각과 교대 버림콘크리트를 배치합니다.

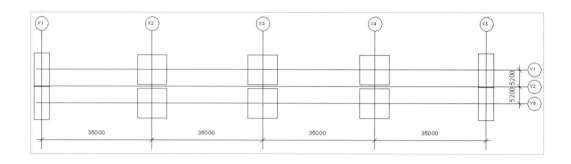

④ [건축탭-빌드패널-구성요소 배치]을 클릭합니다.

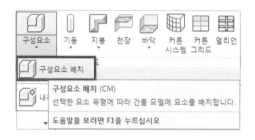

⑤ 수정|배치 구성요소에서 면에 배치를 클릭합니다.

⑥ 말뚝을 버림 콘크리트 위에 배치하고 치수를 이용해서 "800" 간격으로 조정합니다.

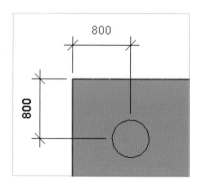

⑦ [수정탭-배열]을 선택하고 항목 수 : 3 이동 위치 : 마지막에 체크합니다.
   그리고 말뚝의 중심점에서 "3200"을 입력하고 엔터합니다.

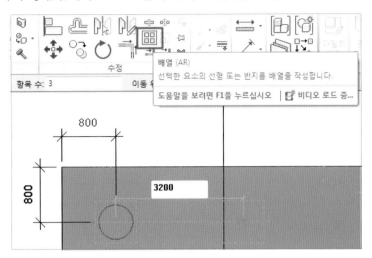

⑧ 말뚝이 배열이 되었으면 배열된 말뚝을 선택하고 다시 [수정탭-배열]을 선택합니다.

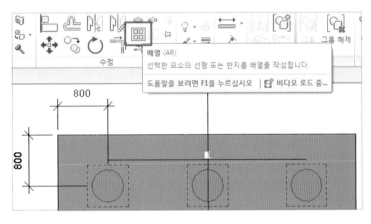

⑨ 항목 수 : 8을 입력하고 이름 위치 : 마지막에 체크 합니다.
   그리고 아래쪽 방향으로 "8600" 치수를 입력합니다.

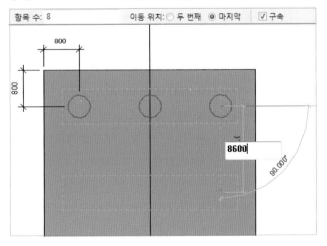

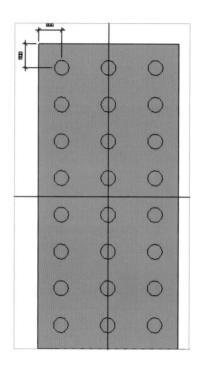

⑩ 교각의 말뚝배치는 교대의 말뚝배치와 동일한 방법으로 진행합니다. 우선 첫 번째 말뚝을 "800" 간격을 띄워 배치하고 배열의 항목 수 : 8 이동 위치 : 마지막으로 설정 합니다. 그리고 배치의 길이를 "7600"으로 입력합니다.

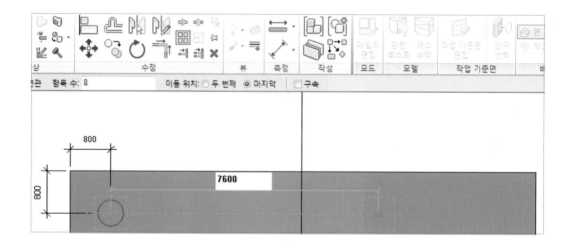

⑪ 배열된 말뚝을 선택해서 항목 수 : 8 이동 위치 : 마지막으로 설정하고 아래쪽 방향으로 "7600"을 입력해서 말뚝을 완성합니다.

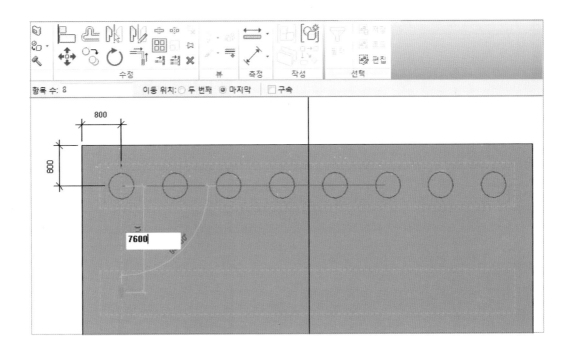

⑫ 나머지 교대와 교각에도 말뚝을 배치 시켜 완료합니다.

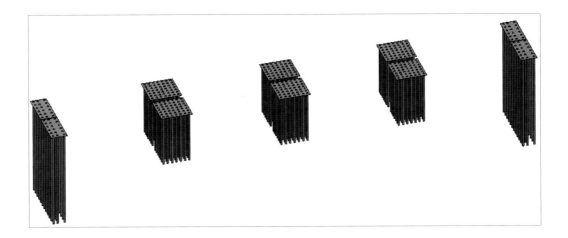

⑬ 교대본체와 교각기둥을 배치합니다.

교대를 배치 할 때는 높이로 변경하고 교대교각상부 높이를 지정합니다.

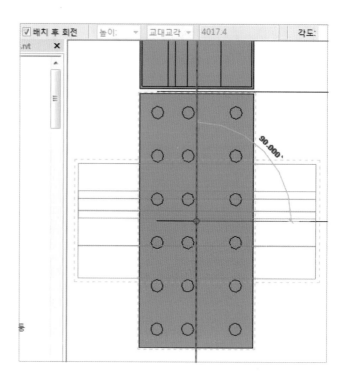

⑭ 남측면도뷰에서 배치된 교대를 전체 선택해 교대의 상단 끝점을 기준으로 그리드 방향으로 "400" 이동 해서 그리드에 정렬합니다.

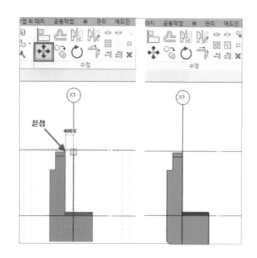
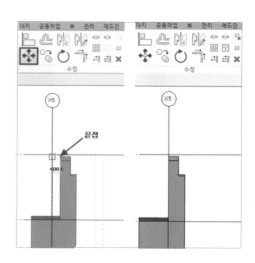

⑮ [구조탭-분리됨(독립기초)]를 선택해 교각기초를 선택하고 교각 버림 콘크리트 위에 배치합니다. 그리고 버림 콘크리트를 선택하여 간격띄우기에 "-2500" 입력해 버림 콘크리트를 기초 아래에 배치시킵니다.

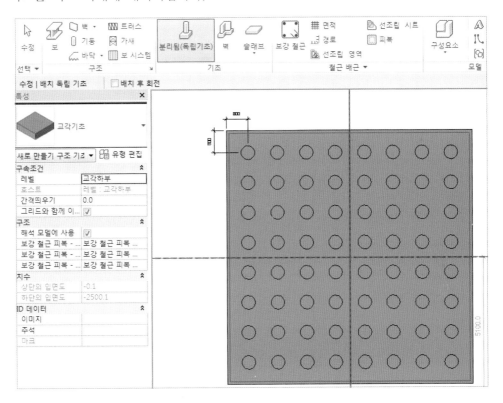

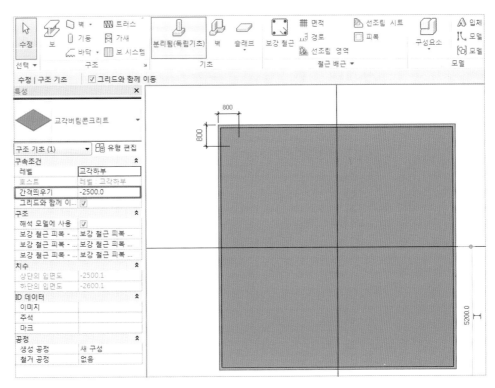

⑯ 교대 기둥을 배치하고 나서 상단 코핑이 배치되는 것을 고려하기 위해 간격띄우기 값에 "-3000"을 입력 합니다.

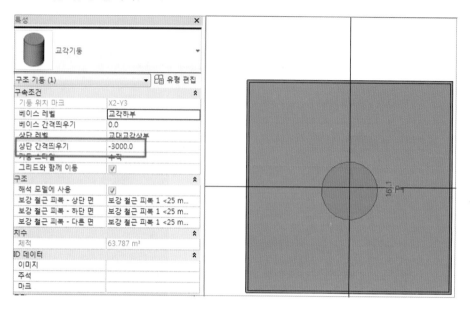

⑰ [구조탭-보]를 선택하여 패밀리를 교각코핑으로 변경하고 작업공간에 "10000"을 입력하여 코핑을 그립니다. (교각코핑을 배치할 때 코핑이 그려지는 아래 그림을 참고해 방향을 주의해서 그립니다.)

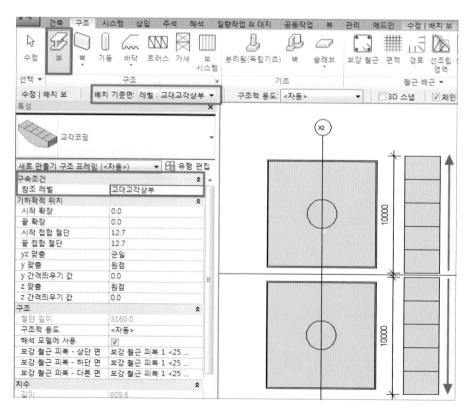

⑱ 코핑이 서로 결합되는 것을 방지하기 위해 코핑을 클릭한 다음 결합점에서 마우스 오른쪽 버튼을 클릭하고 결합금지를 선택합니다.

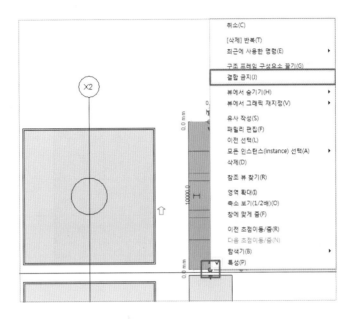

⑲ [수정탭 – 정렬]기능을 이용해서 코핑을 기초의 중심에 정렬합니다.

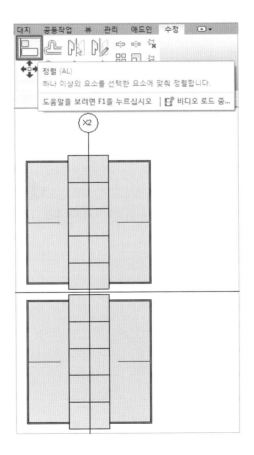

⑳ 교대의 경우 받침을 배치하기 전에 받침의 위치를 설정하기 위해서 x1그리드 우측으로 "300" 간격을 띄워 참조평면을 그립니다.

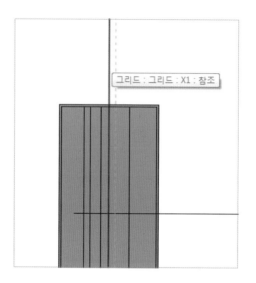

㉑ [건축탭-빌드패널-구성요소 배치]을 클릭하여 패밀리는 받침(교대)로 변경합니다.

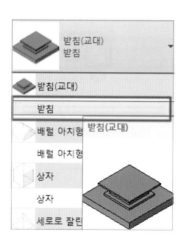

㉒ 배치 구성요소를 면에 배치로 하고 각 면에 받침을 배치합니다. 수정 탭의 정렬을 이용해 참조평면과 받침의 중심을 정렬하고 치수를 이용해 "2000" 간격으로 조정합니다.

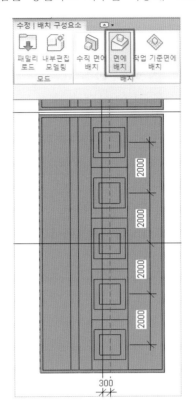

㉓ 교대의 경우 각 면의 중심에 받침을 배치한 뒤 "2000" 간격으로 정렬합니다.

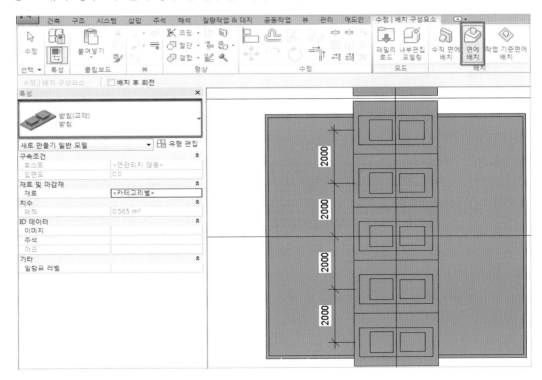

㉔ [구조패널−보]를 선택하여 패밀리를 PSC거더로 변경하고 참조레벨은 상부프레임으로 변경합니다.

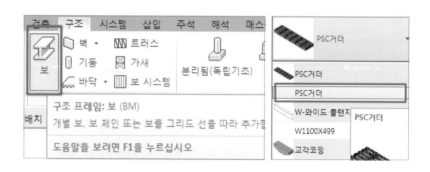

㉕ X1그리드와 y1그리드의 교차점에서 시작하여 x2그리드와 교차되는 점까지 "35000" 길이로 배치합니다.

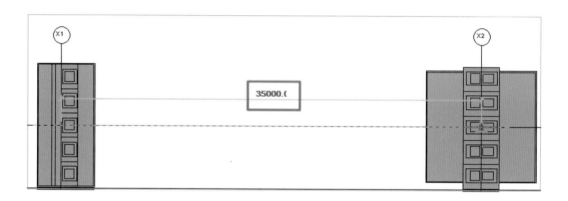

㉖ 다른 교대와 교각, 교각과 교각사이에도 동일한 방법으로 PSC 거더의 배치를 완료하고 반대편의 상부 프레임은 x5, y3교차점에서부터 시작해 작성합니다.

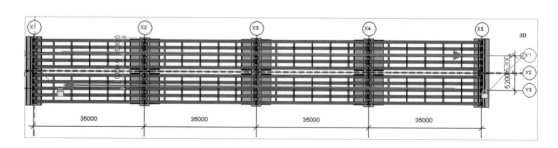

㉗ [구조탭-보]를 선택해 패밀리는 상부(콘크리트)로 변경하고 참조레벨은 "참조프레임",
z맞춤은 "원점"으로 변경합니다.

㉘ 시작점은 위에서 그린 참조평면과 X1그리드가 교차되는 곳을 선택하고 "140000"을 입력
하여 상부 프레임의 길이를 설정 합니다.

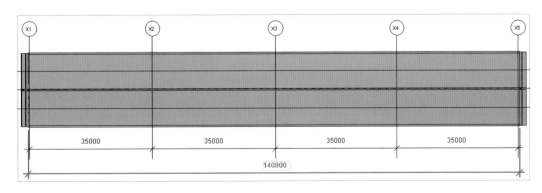

㉙ 포장면은 상부와 동일한 방법으로 작성합니다.

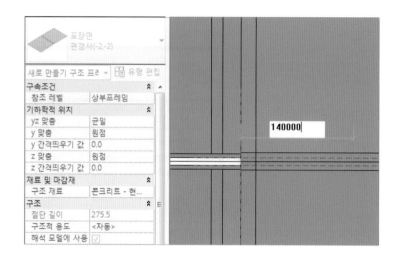

㉚ 방호벽과 중앙분리대의 작성을 위해 [건축탭-구성요소-내부편집 모델링]을 선택해서 구조프레임 카테고리를 선택합니다.

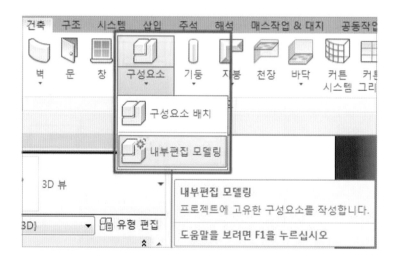

㉛ 스윕을 선택하여 방호벽과 중앙분리대를 작성합니다.
작성하는 방법은 교량의 작성방법과 동일합니다.

㉜ 방호벽과 중앙분리대를 선택하여 특성창의 구조 재료를 클릭하여 콘크리트를 선택합니다.

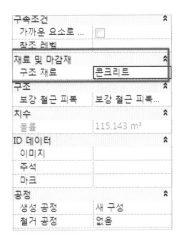

㉝ 내부편집 모델링 돌출을 이용해 방호벽을 아래 치수와 같이 스케치 하고 돌출 끝을
  −450으로 설정합니다. 그리고 나머지 부분도 동일하게 날개벽을 만듭니다.

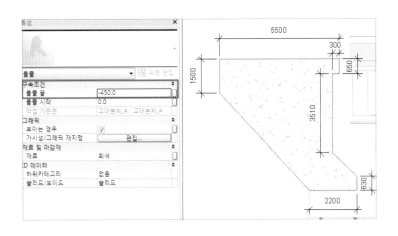

㉞ 완료된 모델링을 확인합니다.

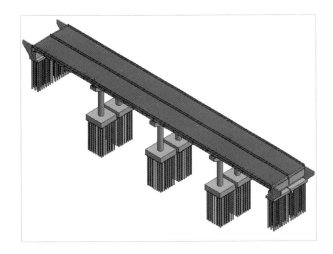

(1) 철근 배근 설정

① 철근을 배근하기 위해 구조템플릿으로 새 프로젝트를 실행합니다.
(구조템플릿에는 철근 기본 패밀리가 포함되어 있습니다.)

② [구조탭-철근 배근 패널 드롭다운]을 클릭하여 철근 배근 설정을 선택 합니다.

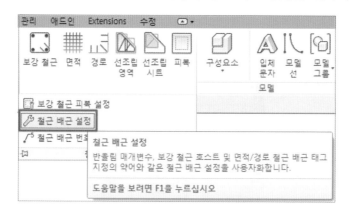

③ 철근 배근 설정의 일반에서 "보강 철근 형태 정의에 후크 포함" 체크를 하고 확인을 눌러 설정합니다.
　　이 옵션은 보강 철근이 프로젝트에 배치되기 전에 정의해야 합니다. 보강 철근이 기본 설정에 배치된 후에는 (해당 인스턴스(instance)를 먼저 삭제하지 않고) 이 옵션을 선택 취소할 수 없습니다.

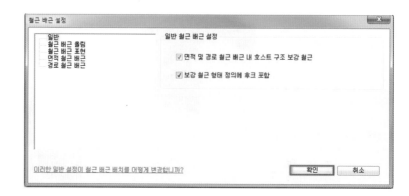

④ [구조탭-철근 배근 패널-피복]을 클릭합니다.

⑤ 피복설정 : 버튼을 클릭하여 피복 설정 편집창을 엽니다.

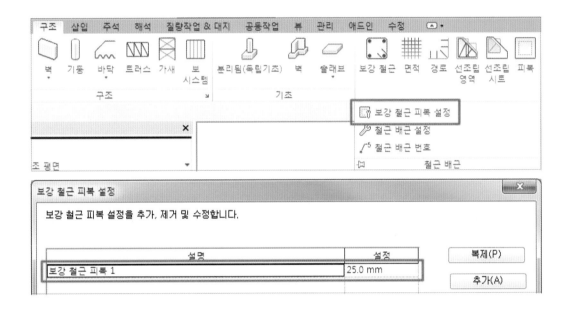

⑥ 보강 철근 피복설정 창에서는 부재의 피복 값을 설정 할 수 있습니다.
추가 버튼을 눌러 피복을 추가하여 기둥〈피복 : 50〉, 보〈피복 : 40〉, 벽〈피복 : 30〉의
피복 값을 생성 하고 확인을 눌러 창을 닫습니다.

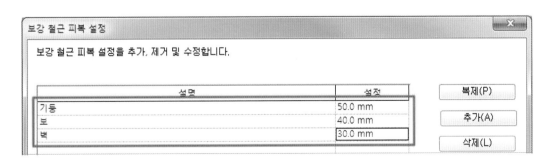

• 부재의 피복 변경 방법은 특성창의 구조의 보강 철근 피복에서 변경이 가능합니다.

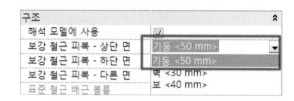

(2) 기둥 철근 배근

① [2.Revit_구조물4.철근모델] 샘플폴더에서 [1.보벽기둥철근_Sample_시작.rvt] 파일을 열기합니다.

② 철근배치의 확인을 위해 평면도, 입면도, 3D 뷰를 열고 창을 [뷰탭-창타일 정렬]기능을 이용해 정렬합니다. 그리고 기둥을 선택하고 보강철근을 클릭 합니다.

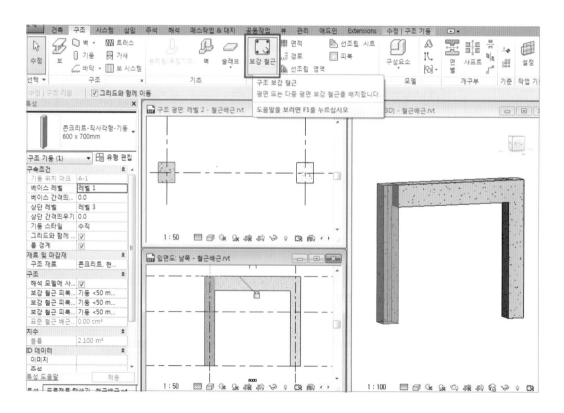

③ 보강철근 클릭 후 아래와 같은 알림 창이 나오면 확인을 눌러 닫습니다.

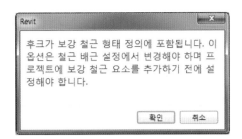

④ 보강 철근 모양 탐색기에서 "보강 철근 모양 : T4-01"을 선택하고 특성창에서 보강 철근 유형을 "D10 - 스트럽/타이"로 선택합니다.

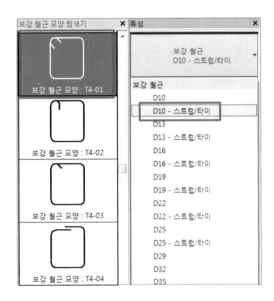

• 보강 철근 모양 탐색기 창이 나타나지 않으면 옵션패널을 클릭합니다.

④ 기둥에 마우스를 가져다 대면 미리보기로 철근의 모양이 나타납니다.
배치될 형태를 확인하고 클릭하여 기둥에 철근을 배치합니다.

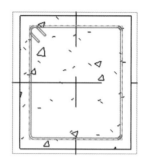

⑤ 배치된 철근을 선택하고 특성창 뷰 가시성 편집 버튼을 클릭합니다.

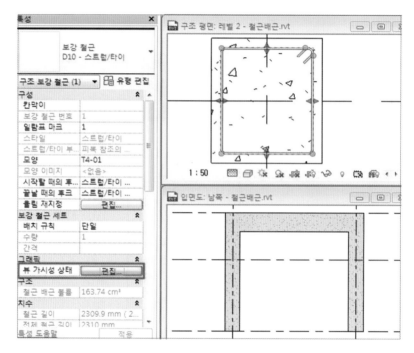

⑥ 3D 뷰의 뷰표시와 솔리드 보기에 체크를 하고 남쪽 뷰표시에도 체크합니다.

뷰 유형	뷰 이름	뷰 표시	솔리드로 보기
3D 뷰	해석 모델	☐	☐
3D 뷰	{3D}	☑	☑
구조 평면	레벨 1	☐	☐
구조 평면	레벨 2	☑	☐
구조 평면	레벨 2 - 해석	☐	☐
구조 평면	레벨 1 - 해석	☐	☐
구조 평면	대지	☐	☐
입면도	남쪽	☑	☐
입면도	동쪽	☐	☐
입면도	북측면	☐	☐
입면도	서쪽	☐	☐

⑦ 3D뷰에서 가시성 설정을 높음으로 하게 되면 솔리드 형태로 철근이 표시 됩니다.

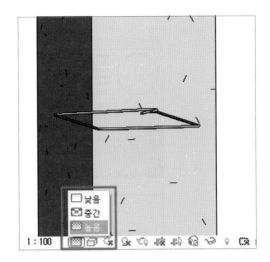

⑧ 배치된 철근을 선택하고 배치를 최대 간격으로 바꾸고 간격을 "200"으로 설정합니다.
  기둥에 철근이 200간격으로 배치된 것을 확인 할 수 있습니다.

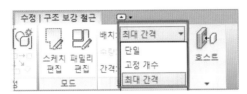 

⑨ 철근의 모양 핸들을 이용해서 기둥의 후프를 보 밑단 까지만 배치 되도록 조정 합니다.

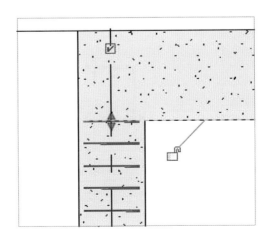

⑩ 기둥의 주철근 배치를 위해 기둥을 다시 선택한 후 보강철근을 클릭합니다. 그리고 보강
철근 모양 탐색기에서 T1-00을 선택하고 보강철근의 유형에서 D25철근을 선택합니다.

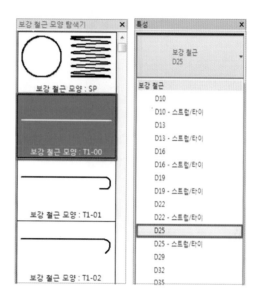

⑪ 철근의 배치 방향은 피복에 수직을 선택하고 배치 : 고정 개수, 수량 : 3을 입력합니다.

⑫ 평면도에서 기둥의 수직철근을 배치합니다.

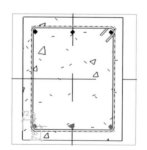

⑬ 철근이 다른 뷰에서 나타나도록 철근의 뷰가시성을 조절합니다.

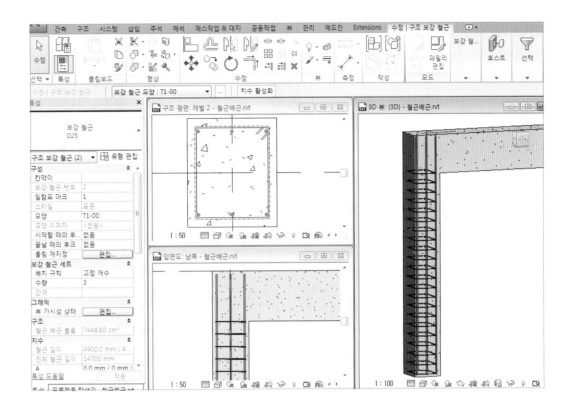

⑭ 특성창의 구성 부분에 시작할 때의 후크와 끝날 때의 후크를 지정할 수 있는 부분이 있습니다. 후크의 형태가 없는 철근 모양을 선택하고 배치하더라도 후크의 모양을 넣을 수 있습니다.

기둥의 주근을 정착형태로 배치하기 위해 끝날 때 후크를 표준 후크 – 90도로 변경합니다.

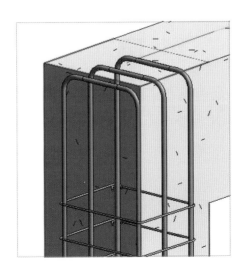

⑮ 반대편 기둥에도 동일한 방법으로 철근배근을 작성합니다.

3) 보 철근 배근

　① [뷰탭−단면도]를 선택합니다.

　② 레벨2 평면도에서 단면도를 생성합니다.

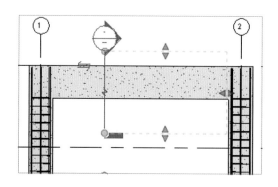

③ 단면도 뷰를 열고 보를 선택한 다음 보강철근을 클릭합니다.

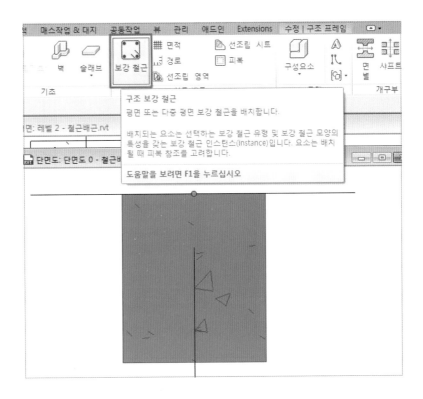

④ 보강 철근 모양 탐색기에서 "보강 철근 모양 : T4-01"을 선택하고 철근의 유형을 D10
   - 스트럽/타이로 변경합니다.

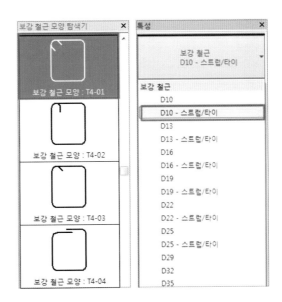

⑤ 마우스 커서를 보에 올려놓으면 스트럽의 형태가 미리보기로 나타납니다.
이때 마우스를 클릭하여 스트럽을 보에 배치합니다.

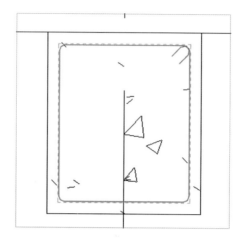

⑥ 배치된 스트럽이 다른 뷰에서 보이도록 철근의 뷰 가사성을 변경합니다.

3D 뷰(높음 상세 수준)에서 보강 철근 요소를 가리지 않거나 솔리드로 표시합니다.

정렬 순서를 변경하려면 열 머리글을 클릭하십시오.

뷰 유형	뷰 이름	뷰 표시	솔리드로 보기
3D 뷰	해석 모델	☐	☐
3D 뷰	{3D}	☑	☑
구조 평면	레벨 1	☐	☐
구조 평면	레벨 2	☐	☐
구조 평면	레벨 2 - 해석	☐	☐
구조 평면	레벨 1 - 해석	☐	☐
구조 평면	대지	☐	☐
단면도	단면도 0	☑	☐
입면도	남쪽	☑	☐
입면도	동쪽	☐	☐
입면도	북측면	☐	☐
입면도	서쪽	☐	☐

확인   취소

⑦ 배치된 스트럽을 선택해서 배치 : 최대 간격, 간격 : 125mm로 변경합니다.

⑧ 보의 양단부까지 스트럽이 125mm 간격으로 배치된 것을 확인합니다.

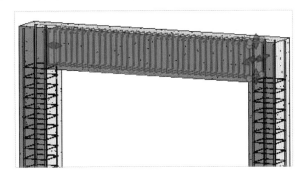

⑨ 보의 주근을 배치하기 위해 보강 철근을 클릭합니다.

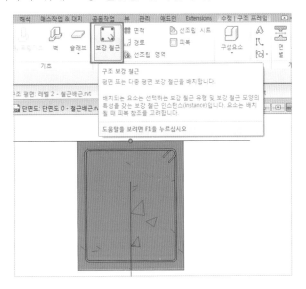

⑩ "보강 철근 모양 : T1-06"을 선택하고 보강 철근의 유형은 D25를 선택 합니다.

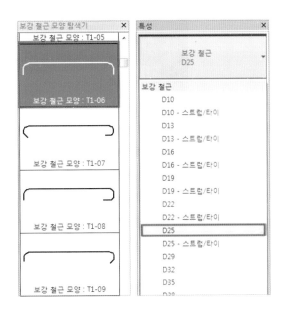

⑪ 배치 방향은 피복에 평행을 선택하고 배치 : 고정 개수, 수량 : 3을 입력합니다.

⑫ 보의 주근을 보에 배치합니다.
그리고 다른 뷰에서 배치된 철근이 보이도록 가시성을 조정합니다.

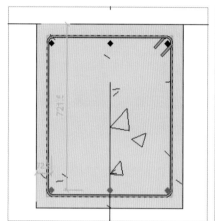

⑬ 보의 스트럽과 주근의 철근 배근이 완료 되었습니다.

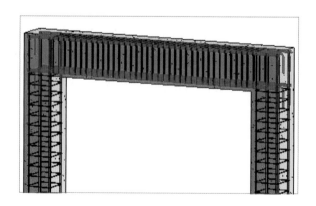

4) 벽 철근 배근

  ① 벽체의 철근 배근은 면적 배근으로 합니다. 벽체를 선택 한 후 면적을 클릭합니다.

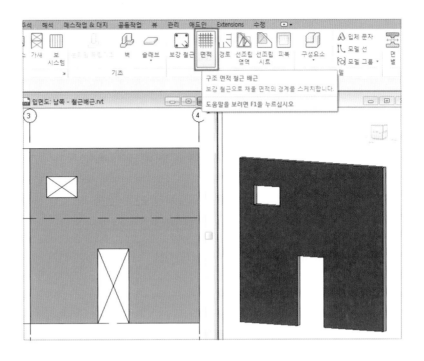

  ② 주근 방향을 선택하고 선을 클릭합니다.

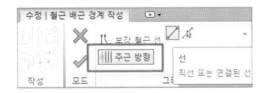

  ③ 남쪽 입면도 뷰에서 수직으로 선을 그립니다.

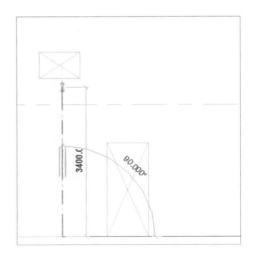

④ 편집 모드 완료 버튼을 눌러 철근의 면적 배근을 완료 합니다.

⑤ 벽을 선택하면 구조 면적 철근 배근이 선택 됩니다.
　선택을 하고 나서 뷰 가시성 상태를 다른 뷰에서 철근이 보이도록 변경 합니다.

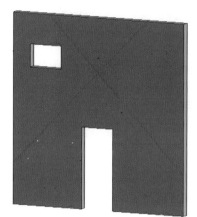

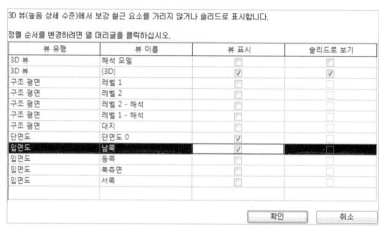

⑥ 특성창의 레이어에서 배치된 철근의 유형을 변경 하고 간격을 조정 할 수 있습니다.
　외부와 내부의 주근 타입을 D13으로 변경하고 벽체 철근 배치를 완료 합니다.

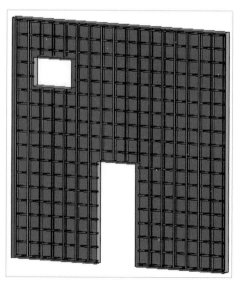

5) 교대본체 철근 모델링

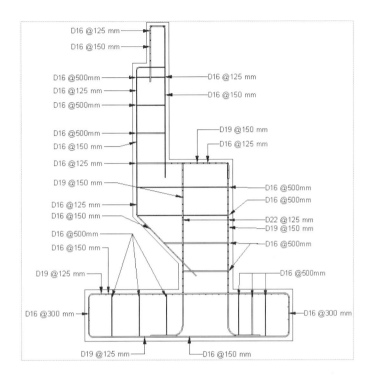

① [2.Revit_구조물4.철근모델] 샘플폴더에서 [3.철근고급_Sample_시작.rvt] 파일을 열기
합니다.

② 평면뷰에서 모형의 안쪽으로 왼쪽과 윗쪽으로 단면도를 생성 합니다.

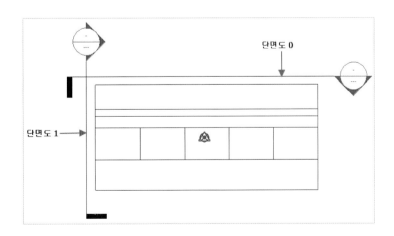

③ 단면도 1를 열기 하고 [구조탭-보강철근]을 클릭합니다.

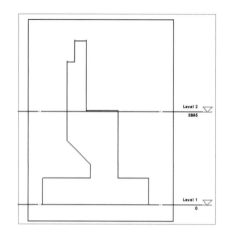

④ 철근 모양 탐색기 에서 [보강 철근 모양 : T2-00]을 선택하고 객체 위에 마우스를 가져다 대면 미리보기로 철근의 형태가 나타납니다. 철근의 간격과 길이를 설정하고 스페이스 바로 철근의 위치를 조정하여 배치합니다.

- 철근 유형 : D16
- 배치 평면 : 가까운 쪽 피복 참조
- 배치 방향 : 작업 기준면에 평행
- 철근 배치 규칙 : 최대 간격
- 간격 : 125mm
- 철근 치수
  B : 1200mm
  C : 340mm

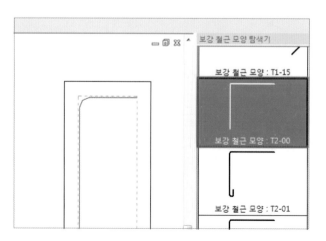

⑤ 동일한 방법으로 [보강 철근 모양 : T2-00]을 배치합니다.

- 철근 유형 : D16
- 배치 평면 : 가까운 쪽 피복 참조
- 배치 방향 : 작업 기준면에 평행
- 철근 배치 규칙 : 단일
- 철근 치수

  B : 340mm

  C : 3225mm

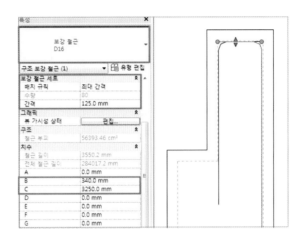

⑥ [보강 철근 모양 : T2-00], 보강 철근 : D16, 최대간격 125mm으로 설정하고 B : 3170, C : 640을 입력하여 철근을 배치합니다.

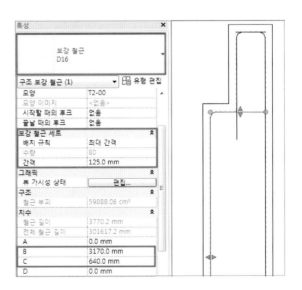

⑦ [구조탭-철근 배근패널-보강 철근]을 클릭하여 보강 철근 스케치를 클릭하고 교각 본체를 선택합니다.

• 보강 철근 스케치를 이용하면 보강 철근 모양을 수동으로 배치할 수 있습니다.

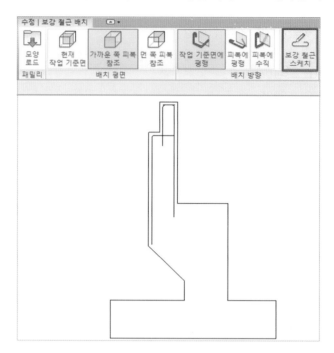

⑧ 아래 그림과 같이 수직으로 "340", 대각선으로 "1840"인 선을 스케치 하고 편집 모드 완료를 클릭합니다.

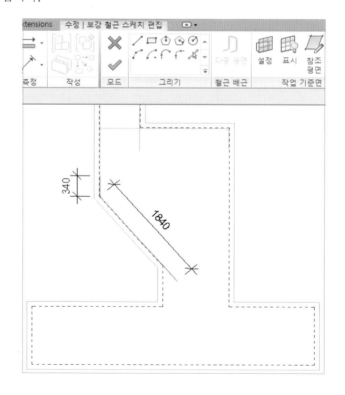

⑨ 특성창에서 보강 철근[D16]으로 변경하고 배치 규격은 최대 간격으로 설정하고 간격은 125mm로 설정합니다.

⑩ 단면도 1에서 [T2-00]철근을 배치하고 특성창에서 특성을 변경합니다.

• 보강 철근 : D16
• 보강 철근 배치 규칙 : 최대간격
• 간격 : 125mm
• 치수

  B : 2040mm

  C : 340mm

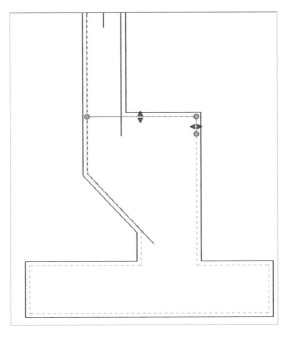

⑪ 기초 부분의 철근은 아래 그림을 참고하여 배근합니다. [보강 철근 = D19]로 설정 합니다.

- 철근 유형 : D19
- 배치 평면 : 가까운 쪽 피복 참조
- 배치 방향 : 작업 기준면에 평행
- 철근 배치 규칙 : 최대 간격
- 간격 : 125mm
- 철근 치수

  B : 850mm

  D : 850mm

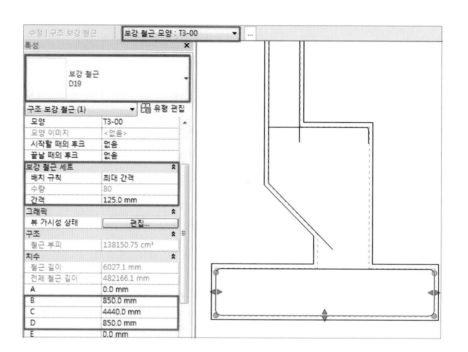

- 철근 유형 : D19
- 배치 평면 : 가까운 쪽 피복 참조
- 배치 방향 : 작업 기준면에 평행
- 철근 배치 규칙 : 최대 간격
- 간격 : 125mm
- 철근 치수

  B : 200mm

  D : 200mm

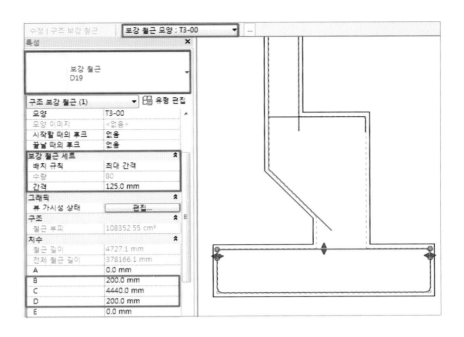

⑫ 본체의 수직근을 "T6-27" 철근을 선택해 배치하고 반대편도 동일한 방법으로 배치합니다.
이때 정착 길이를 결정하는 치수의 매개변수가 달라지므로 B와 D치수에 유의해서 값을
입력합니다.

- 철근 유형 : D16
- 배치 평면 : 가까운 쪽 피복 참조
- 배치 방향 : 작업 기준면에 평행
- 철근 배치 규칙 : 최대 간격
- 간격 : 125mm
- 철근 치수

  B : 500mm

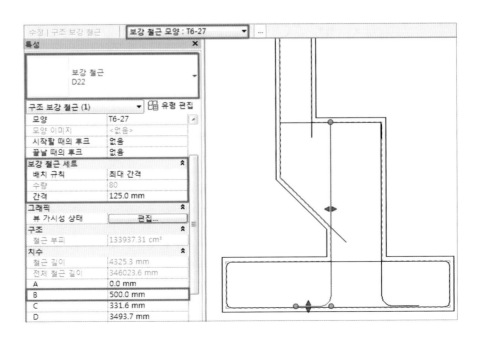

• 철근 유형 : D16
• 배치 평면 : 가까운 쪽 피복 참조
• 배치 방향 : 작업 기준면에 평행
• 철근 배치 규칙 : 최대 간격
• 간격 : 125mm
•철근 치수

  D : 500mm

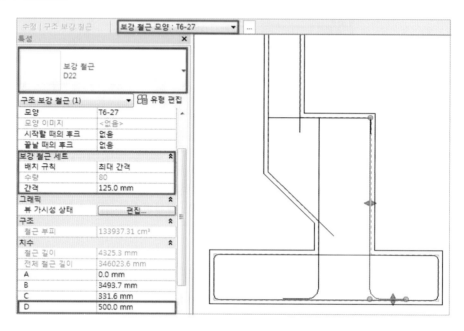

• 철근의 형상이 나타나지 않을 경우 대칭기능을 이용해 형상의 방향을 변경합니다.

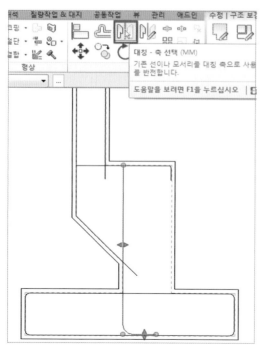
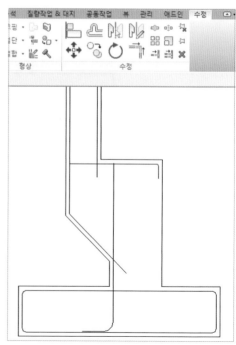

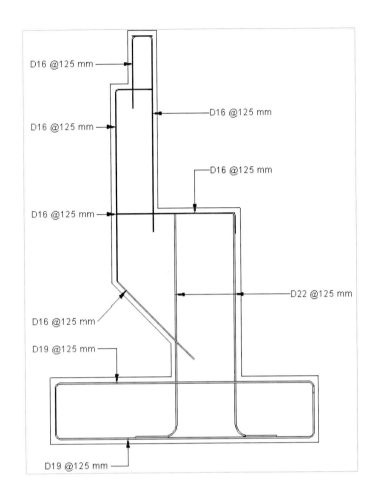

D16 @125 mm

D16 @125 mm

D16 @125 mm

D16 @125 mm

D16 @125 mm

D22 @125 mm

D16 @125 mm

D19 @125 mm

D19 @125 mm

⑬ 상하의 간격으로 철근이 배근되는 수평근 배근 구간에는 [구조탭-철근 배근패널-보강 철근]을 클릭하고 배근 방향은 피복에 수직을 선택합니다.

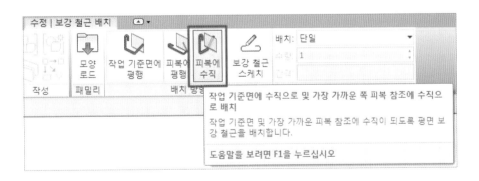

⑭ 철근 모양 탐색기에서 [T1-00]을 선택합니다.

⑮ 철근을 피복안쪽에 배치하고 특성창에서 유형을 D16으로 변경합니다.
그리고 [배치 규격 - 최대 간격], [간격 - 150mm]를 입력합니다.

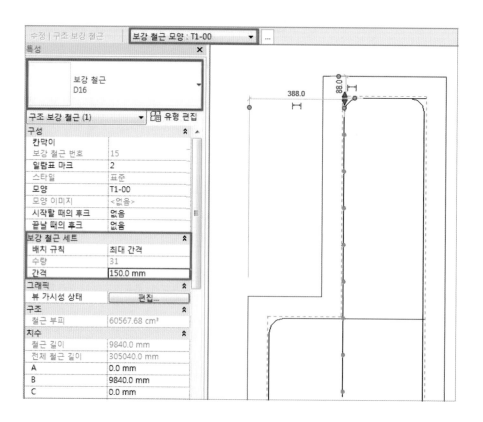

- 교각 기둥의 내부에는 수평 철근의 배근 범위를 결정할 면이 없기 때문에 배치된 철근의 그립을 이용하여 철근의 교차 위치까지 배근 범위를 변경합니다.

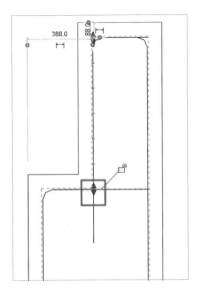

⑯ 수평철근은 [T1-00]철근 모양을 사용해 아래 그림과 같이 간격을 조정하여 배치합니다.

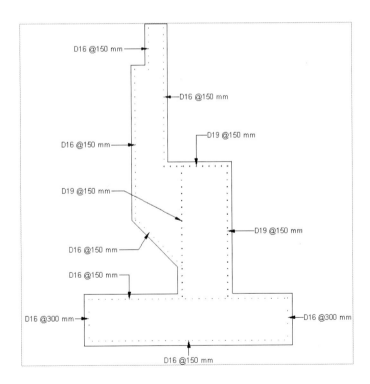

⑰ [구조탭-철근 배근-보강 철근]을 선택하고 [T1-06]철근을 피복에 수직으로 배근하고 끝 단면에서 "300" 간격을 띄웁니다.

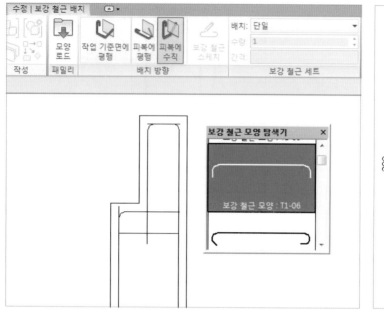

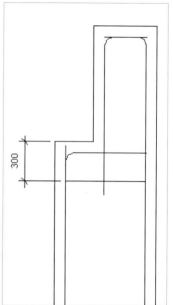

⑱ 배치된 서포트 철근을 선택하고 유형편집을 클릭합니다.

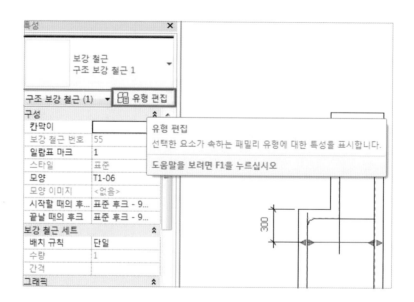

⑲ 유형 특성 창에서 복제를 클릭하고 이름을 "D16(80mm)"로 입력합니다.
   그리고 철근 지름에 "15.9mm"를 입력합니다.

⑳ 복제된 패밀리에서 [후크 길이-편집]을 클릭하고 "보강 철근 후크 길이" 창에서
   [표준 후크 – 90도 – 자동계산]에 체크를 해제하고 후크길이에 "80"을 입력합니다.

㉑ 확인을 눌러 특성창에서 나와 배치된 서포트 철근의 유형을 변경한 D16 (80mm)로 변경하면 후크의 길이가 80mm로 변경된 것을 확인 할 수 있습니다.(치수 매개변수 중 A, G를 확인 합니다.)

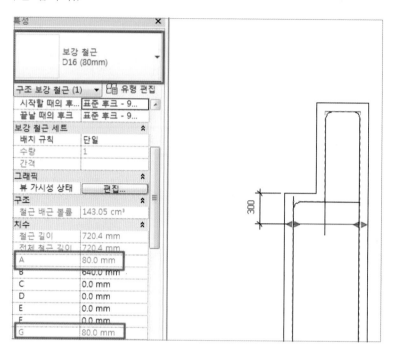

㉒ [뷰탭-단면도]를 선택하여 배치된 서포트 철근의 배치를 위한 단면도를 작성합니다.

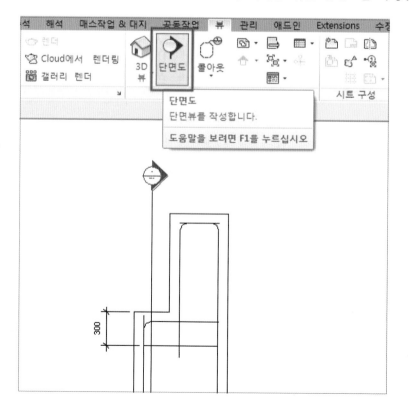

㉓ 배치된 서포트 철근 이외의 철근을 숨김 처리하고 서포트 철근 선택한 뒤 배열을 클릭해서 "500" 간격으로 배열하고 배열 개수는 본체를 넘어서지 않는 개수로 조정합니다.

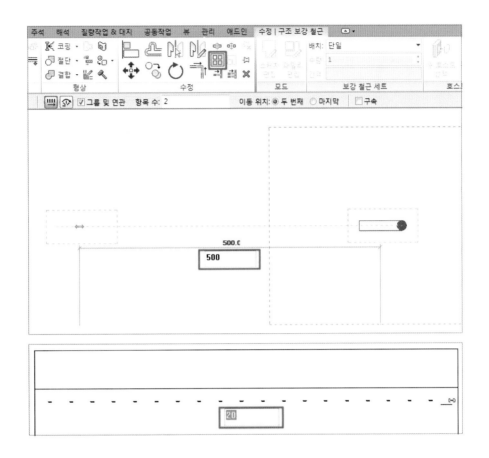

㉔ "600" 간격으로 2단을 추가적으로 배치합니다. 추가적으로 배치 할 때 시작 철근은 "125" 간격을 띄워 배치합니다.

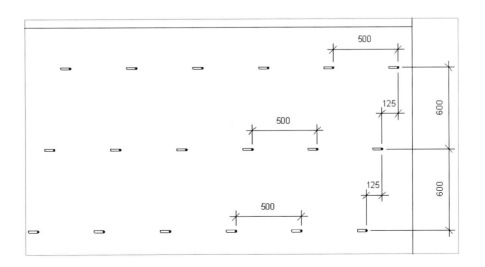

㉕ 위와 동일한 방법으로 배열을 이용해 철근을 배치합니다.
철근의 배열 간격은 "500"으로 설정하고 "600"간격으로 4단을 배근 합니다.

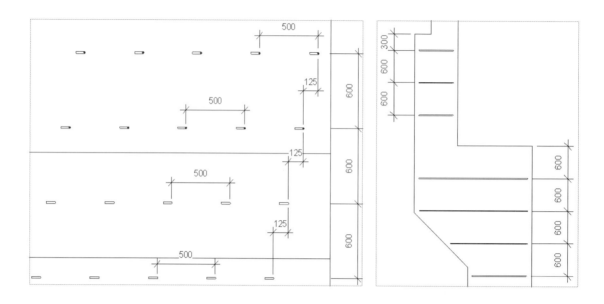

㉖ 교각 기둥의 하단부에 "600" 간격띄우기해서 참조평면을 그리고 참조평면의 이름을 지정합니다.

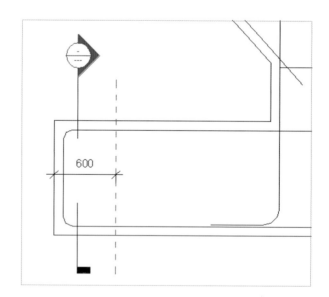

㉗ 작성한 단면뷰에서 작업기준면을 참조평면으로 설정하고 [구조탭-보강 철근-보강 철근 스케치]를 클릭하고 교각 기둥을 선택합니다. 그리고 아래치수와 같은 형태로 스케치 합니다.

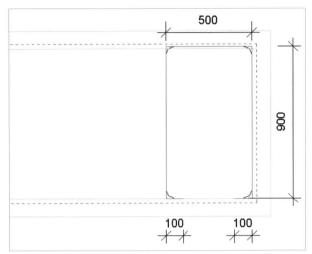

㉘ 스케치를 완료하고 배열을 선택해 배열 간격을 "1000"을 입력하여 배열하고 배열 개수 를 조정해 배열을 완료 합니다.

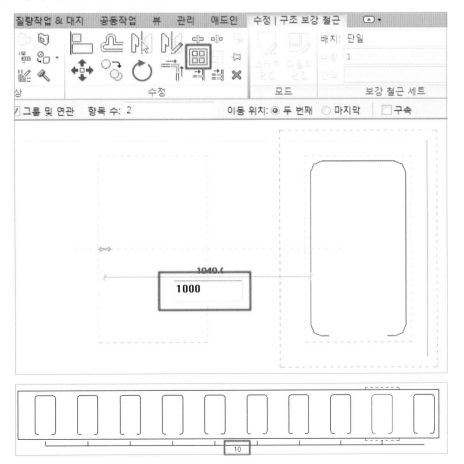

㉙ 배치된 철근과 동일한 방법으로 "600" 간격과 "300" 간격으로 추가적으로 배치합니다. 서포트 철근을 배근 할 때는 교차 배근을 위해 "125" 간격을 띄워 배근 합니다.

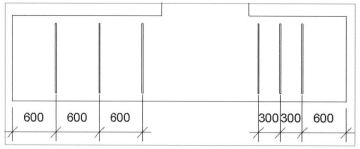

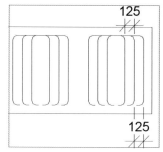

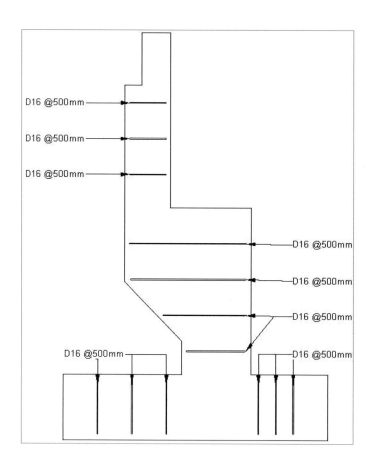

㉚ 최종 완성된 철근 배근 모델링을 확인합니다.

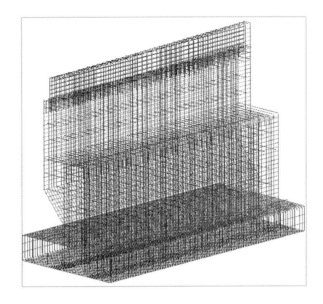

(1) 터널 프로파일 패밀리

① [응용프로그램버튼  -새로만들기-패밀리-템플릿 "미터법 프로파일.rft"]를 열기합니다.

② 탬플릿이 열리면 [삽입탭-가져오기패널-CAD가져오기]을 클릭합니다.

③ 샘플 폴더에 있는 "터널모델링프로파일도면.dwg" 파일을 선택하고 가져오기 단위는 밀리미터로 변경한 뒤 열기 합니다.

④ CAD 도면이 삽입되면 원점의 중심점을 작업공간의 참조평면의 중심점으로 이동하여 도면을 배치시킵니다.

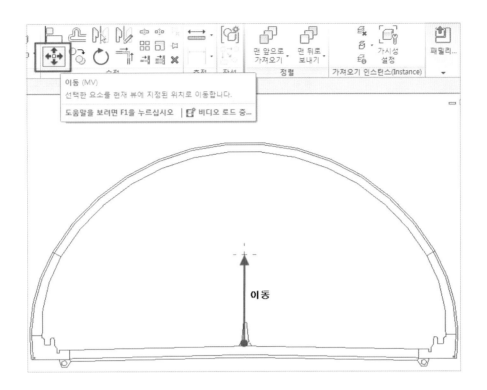

⑤ 이동이 완료되면 [수정탭-수정패널-핀]을 선택하여 CAD도면을 고정 시킵니다.

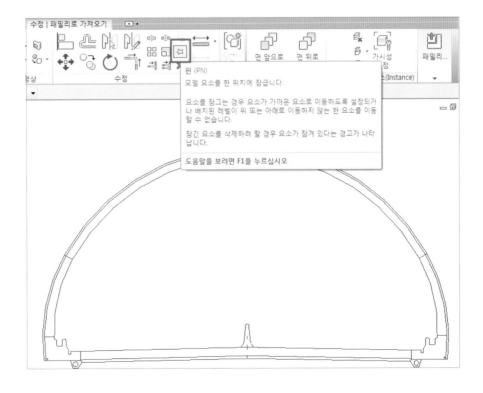

⑥ [작성탭–상제정보패널–선]을 선택하고 [수정|배치 선]탭에서 선 선택을 클릭합니다.

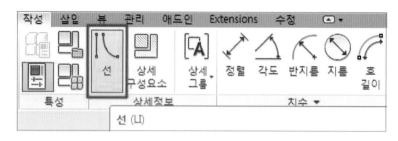

⑦ 상부 중앙의 호와 연결된 선을 선택합니다.

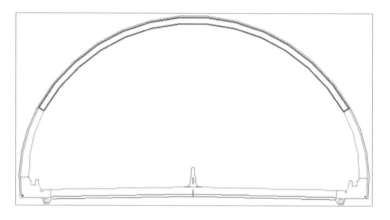

⑧ 그래픽 가시성 창(키보드 VV)을 열어서 [가져온 카테고리탭–이 뷰로 가져온 카테고리 표시]체크를 해제 합니다.

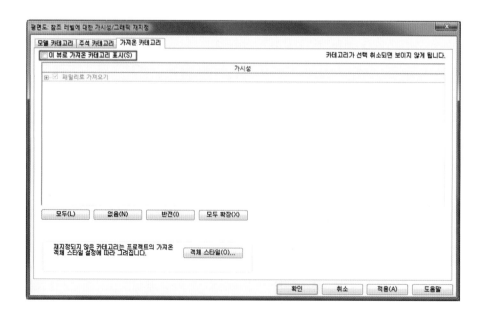

⑨ 작성된 프로파일을 라이닝 중앙부 프로파일로 저장합니다.

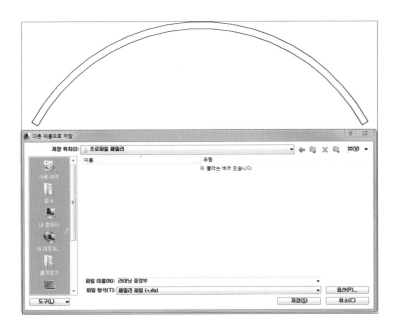

⑩ 아래 그림과 같이 다른 부분도 프로파일 패밀리로 작성합니다.
(샘플 폴더에 프로파일 패밀리가 작성되어 있습니다.)

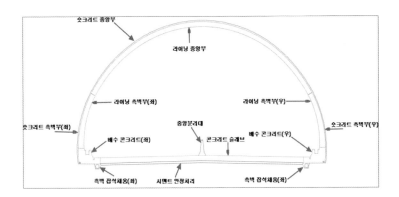

2) 터널 솔리드 패밀리

① 응용프로그램버튼 　 -새로만들기-패밀리-템플릿 "미터법 구조 프레임 - 보 및 가새.rft"]
를 열기합니다.

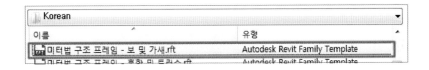

② 위에서 작성된 프로파일 패밀리를 로드 합니다.

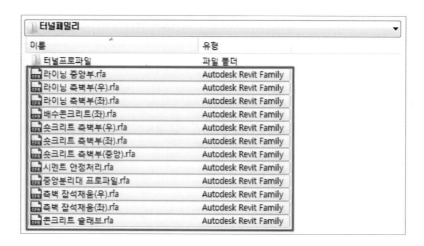

③ [작성탭-스윕]을 선택하고 경로를 참조평면에 맞게 그리고 구속합니다.

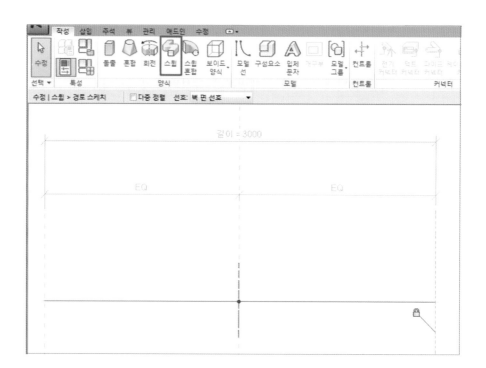

④ 프로파일 선택에서 라이닝 중앙부 프로파일을 선택하고 스윕을 완료 합니다.

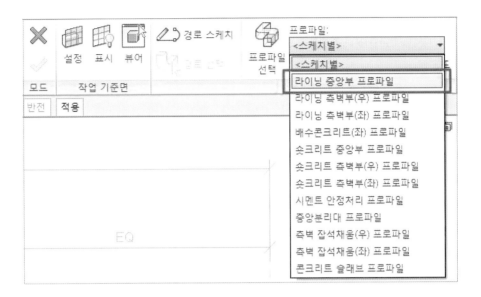

⑤ 작성된 패밀리를 라이닝 중앙부로 저장합니다.

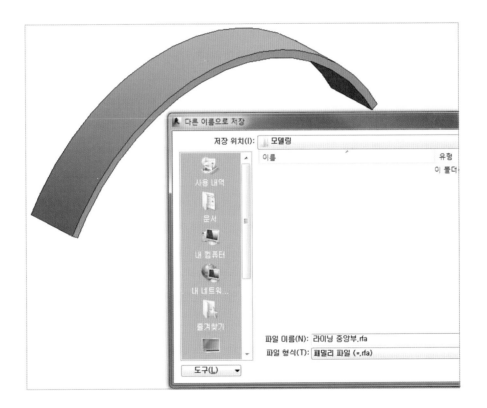

⑥ 나머지 작성된 프로파일 패밀리도 위와 동일한 방법으로 모델을 작성합니다.

3) 터널 프로젝트 모델링
① 새로운 프로젝트 만들고 작성된 패밀리를 로드 합니다.

② 모델선을 이용해 10000길이의 선을 작성합니다.

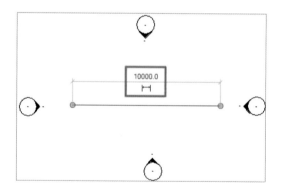

③ 구조탭-보를 선택하고 특성창에서 라이닝 중앙부를 선택합니다.

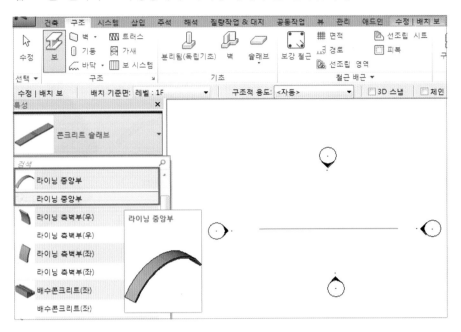

④ 특성창 z맞춤을 원점으로 설정하고 [수정 ┃ 배치 보]탭에서 선 선택을 선택해 작업공간
에 그려진 모델선을 선택합니다.

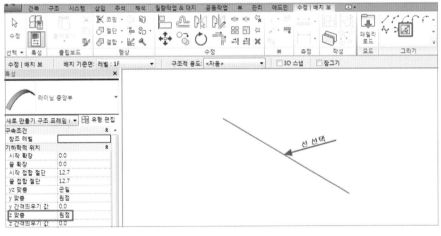

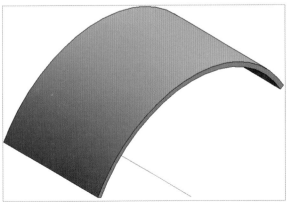

⑤ 구조 탭- 보에서 콘크리트 슬래브를 선택하고 z 맞춤을 원점으로 한 후 모델선을 선택
   해서 배치합니다.

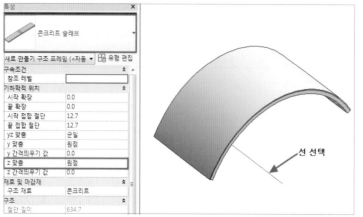

⑥ 나머지 패밀리도 동일한 방법으로 작성합니다.

배치를 위해 작성한 선을 선택해서 삭제를 하고 필요에 따라 록볼트, 방수막 뚜껑을 작성
합니다.

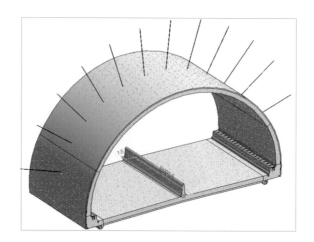

4) 터널물량산출
   ① 일람표 산출을 위해 [뷰 - 일람표] 클릭합니다.

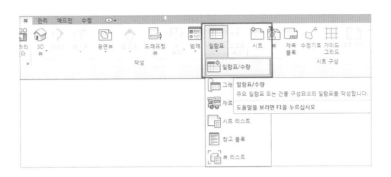

② [새 일람표] 창에서 "구조 프레임"을 선택하고 확인 클릭합니다.

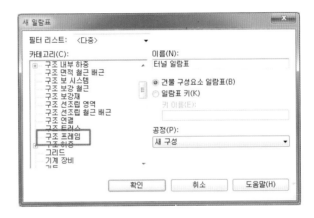

③ 일람표 특성 창의 필드탭에서 패밀리 및 유형, 체적의 필드를 선택하고 추가 버튼을 클릭합니다.

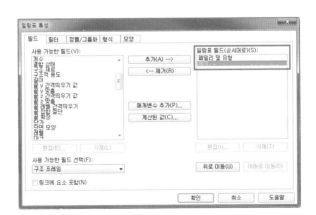

④ [건축탭-구성요소]에서 작성된 모델은 일반모델의 일람표를 작성해야 확인 할 수 있습니다. 동일한 방법으로 일반모델 일람표를 작성하여 전체적인 체적량을 확인 합니다.

<터널 일람표>

A	B
패밀리 및 유형	체적
라이닝 중앙부: 라이닝 콘크리트(중앙)	95.21 m³
라이닝 측벽부(우): 라이닝 측벽부(우)	20.18 m³
라이닝 측벽부(좌): 라이닝 측벽부(좌)	20.18 m³
배수콘크리트(우): 배수콘크리트(우)	17.05 m³
배수콘크리트(좌): 배수콘크리트(좌)	17.05 m³
숏크리트 측벽부(우): 숏크리트 측벽부(우)	5.93 m³
숏크리트 측벽부(좌): 숏크리트 측벽부(좌)	5.97 m³
숏크리트 측벽부(중앙): 숏크리트 측벽부(중앙)	24.34 m³
시멘트 안정처리: 시멘트 안정처리	27.61 m³
측벽 잡석채움(우): 측벽 잡석채움(우)	1.21 m³
측벽 잡석채움(좌): 측벽 잡석채움(좌)	1.21 m³
콘크리트 슬래브: 콘크리트 슬래브	84.87 m³

<터널 일반 모델 일람표>

A	B
패밀리 및 유형	체적
방수막 뚜껑(좌): 방수막 뚜껑(좌)	0.23 m³
중앙분리대: 중앙분리대	3.91 m³
록볼트 하부: 록볼트 하부	0.00 m³
록볼트 상부: 록볼트 상부	0.02 m³
방수막 뚜껑(우): 방수막 뚜껑(우)	0.23 m³

chapter 09

일반모델 패밀리를 활용한 교량모델링

(1) 새 프로젝트 작성 및 도면 설정

1) 프로젝트 작성

① 새 프로젝트를 작성하여 "건축템플릿" 으로 생성합니다.

② 건축 템플릿에는 모델링 작성에 필요한 기본적인 뷰가 구성되어 있습니다. 다른 템플릿 과는 뷰구성과 패밀리의 로드 차이만 존재하며 건축 템플릿을 수정하여 새로운 프로젝 트파일을 구성합니다.

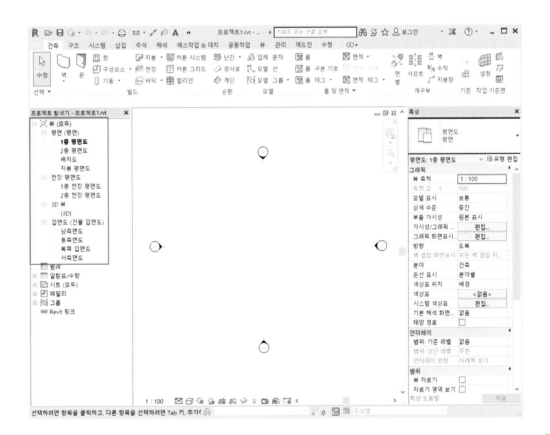

2) 평면 그리드

그리드는 설계를 구성하는 데 도움이 되는 주석 요소입니다. 그리드 작성 도구와 수정 기능을 이용해 그리드를 작성합니다.

① 1층 평면도에서 [건축탭-기준패널-그리드] 명령을 실행합니다.
② 도면영역에서 마우스의 커서를 수직으로 이동하여 그리드 선을 그립니다.(아래에서 위쪽으로 그리면 그리드헤드가 상단, 위쪽에서 아래쪽으로 그리면 그리드헤드가 하단에 작성됩니다.)

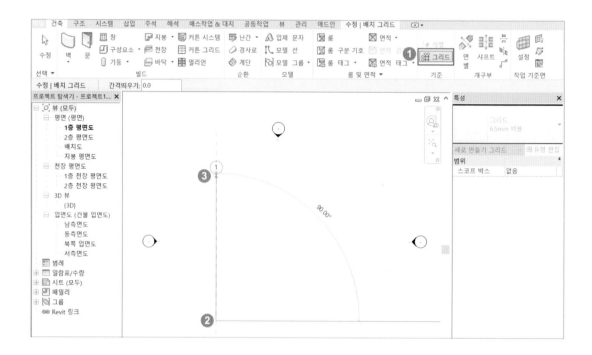

③ 그리드 명령을 실행하고 도면영역에서 마우스의 커서를 수직으로 이동하여 그리드 선을 그립니다.
④ 임시치수의 숫자를 클릭하고 치수를 "50000"으로 변경합니다.

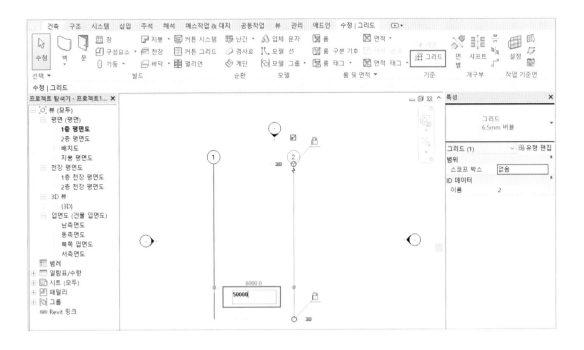

⑤ 도구막대에서 축척을 조정해 그리드의 글자크기를 조정할 수 있습니다.

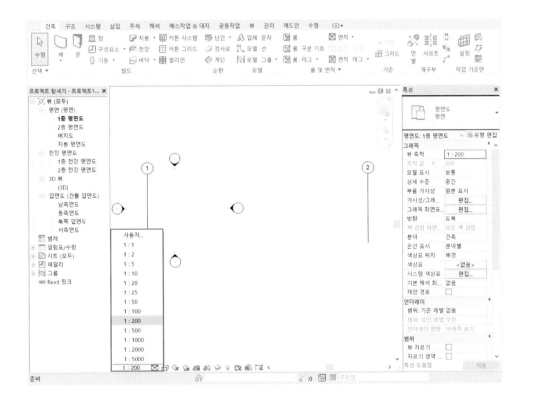

⑥ 그리드 명령을 실행하고 활성화 리본탭 그리기 패널에서 "선"선택을 선택합니다.

⑦ 옵션바 간격 띄우기에 "50000"을 입력합니다.

⑧ "그리드2" 위에 마우스를 올려 놓고 하고 오른쪽에 미리보기 점선이 나타나면 클릭합니다. (마우스 방향에 따라서 미리보기 점선의 위치가 다릅니다.)

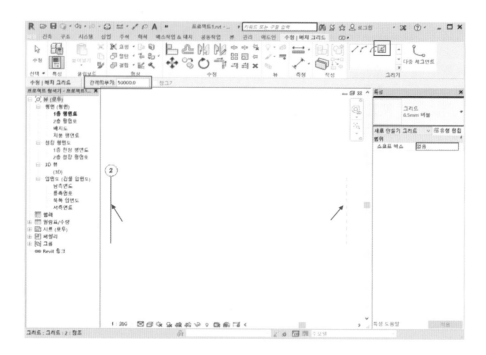

⑨ [수정 탭-복사]를 클릭합니다.
⑩ 그리드3을 선택하고 엔터를 입력해 선택을 완료합니다.
⑪ 마우스를 오른쪽으로 움직여 방향을 정하고 키보드 치수 "50000"을 입력하고 엔터를 입력합니다.

⑫ 그리드 명령을 실행해 1~4번 그리드에 수평으로 5번 그리드를 작성합니다.

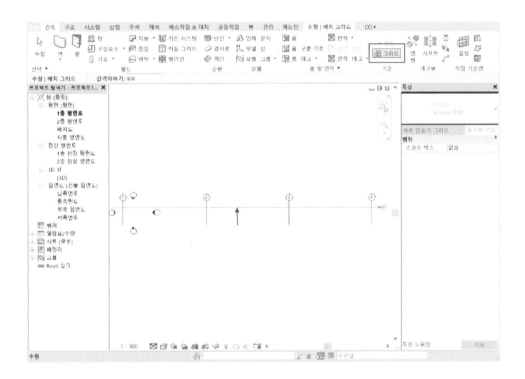

⑬ 그리드의 길이는 그리드를 선택하고 하단의 점을 움직여 조정이 가능합니다. 동일한 위치에 그리드 점이 위치해 있다면 같은 선상에 위한한 그리드점이 같이 움직입니다.
해당 점을 조정해 그리드 길이를 늘리거나 줄여 줍니다.

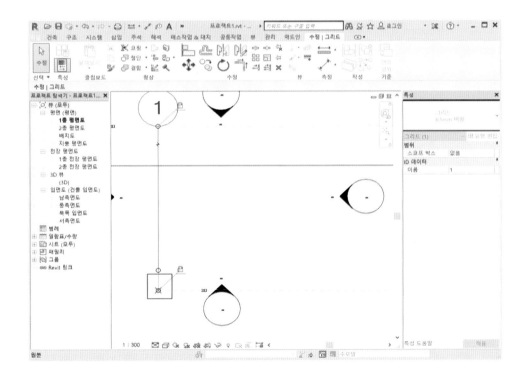

⑭ 작업공간의 입면표시기를 그리드 바깥쪽으로 움직여 배치합니다.

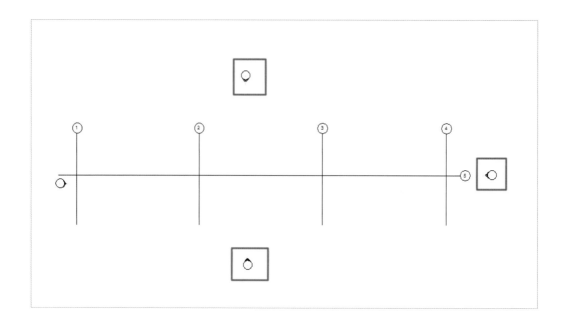

3) 뷰 범위

뷰 범위는 평면뷰에서 객체의 가시성 및 화면표시를 제어하는 일련의 수평 기준면입니다.

① [평면 뷰-특성 창-범위-뷰 범위] 편집을 클릭합니다.

② 평면뷰에서 도면의 전체적인 형상을 파악하고 작성하기 위해 상단, 하단, 레벨은 무제한으로 변경하고 절단 기준면은 "50000"을 입력합니다.

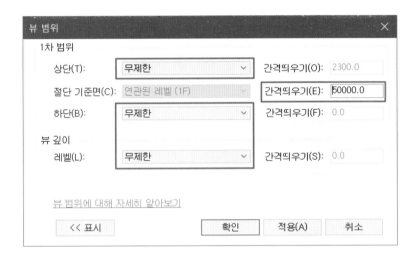

4) 뷰 옵션

① 축척 : 뷰 축척은 도면에서 객체를 나타내는 데 사용되는 비율 시스템입니다. 프로젝트의 각 뷰에 서로 다른 축척을 지정할 수 있습니다. 또한 사용자 뷰 축척을 작성할 수도 있습니다.

② 상세 수준 : 뷰 축척에 기반하여 새로 작성된 뷰의 상세 수준을 설정할 수 있습니다. 뷰 축척은 낮음, 중간, 또는 높음이라는 상세 수준 제목으로 구성되어 있습니다.

③ 비주얼 스타일 : 개의 다른 그래픽 스타일을 지정할 수 있습니다. 비주얼 스타일은 모델 화면표시, 그림자, 조명, 사진 노출, 배경 옵션으로 구분됩니다.

5) 레벨 작성 및 입면뷰 설정

프로젝트 레벨을 추가합니다. 레벨은 프로젝트 건물 내의 수직 높이 또는 층을 정의하고 객체를 배치하는 기준으로 사용됩니다.

레벨을 추가하려면 단면뷰 또는 입면뷰에 있어야 합니다.

① [프로젝트 탐색기-남측면도]를 더블 클릭해서 뷰를 엽니다.
② 레벨 명령을 실행합니다.
③ 도면영역에서 마우스의 커서를 수평으로 이동하여 레벨 선을 그립니다. (레벨의 작성 방법은 그리드 작성방법과 동일합니다.)

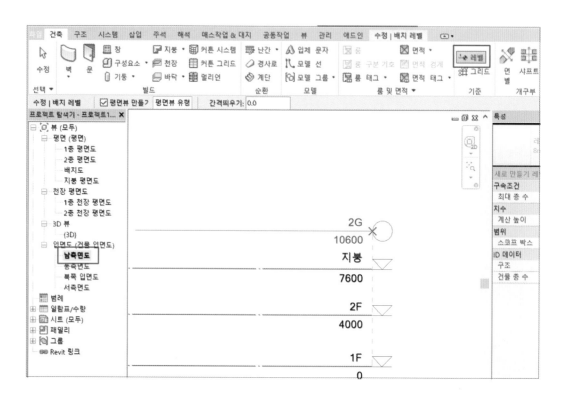

④ 1F 레벨의 이름을 클릭해서 "Level.0"을 입력합니다.

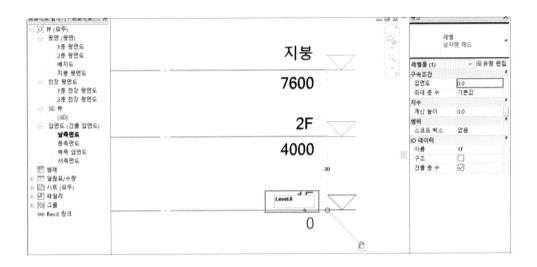

⑤ 2F와 지붕 레벨을 삭제합니다. (레벨이 삭제되면 해당 레벨의 뷰도 같이 삭제됩니다.)

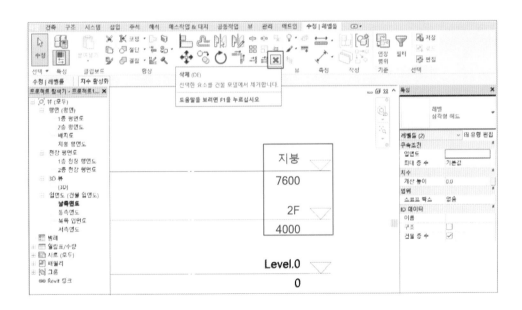

⑥ 해당 경고창이 나오면 확인을 클릭합니다.

⑦ [프로젝트 탐색기-1층 평면도]를 마우스 오른쪽을 클릭해 이름 바꾸기 또는 키보드 F2 키를 눌러 이름을 "Level.0"으로 변경합니다. 교량일반모델링 샘플폴더에서 [1.교량일반모델링_시작.rvt] 파일을 열면 위와 동일한 설정이 완료되어 있습니다.

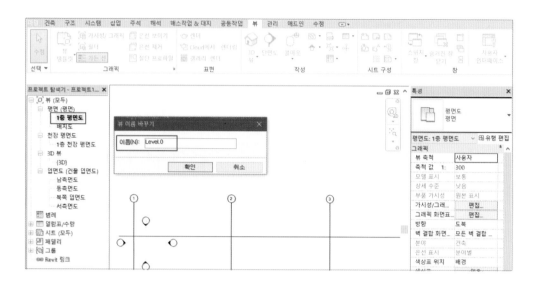

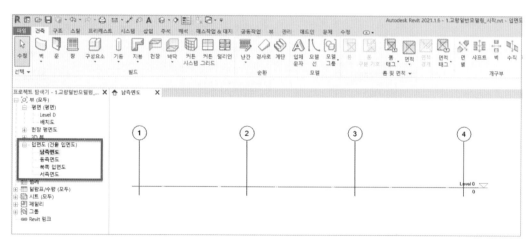

(2) 교량 객체별 치수 정보

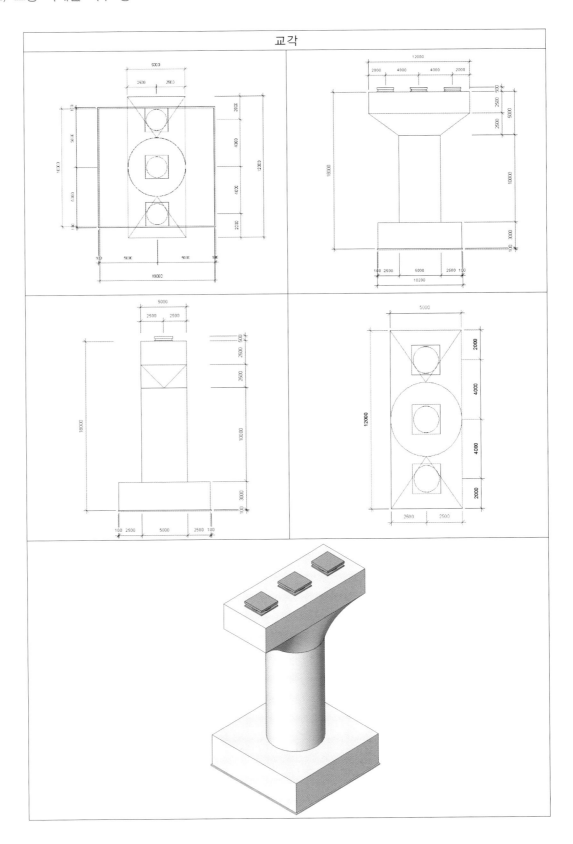

교대

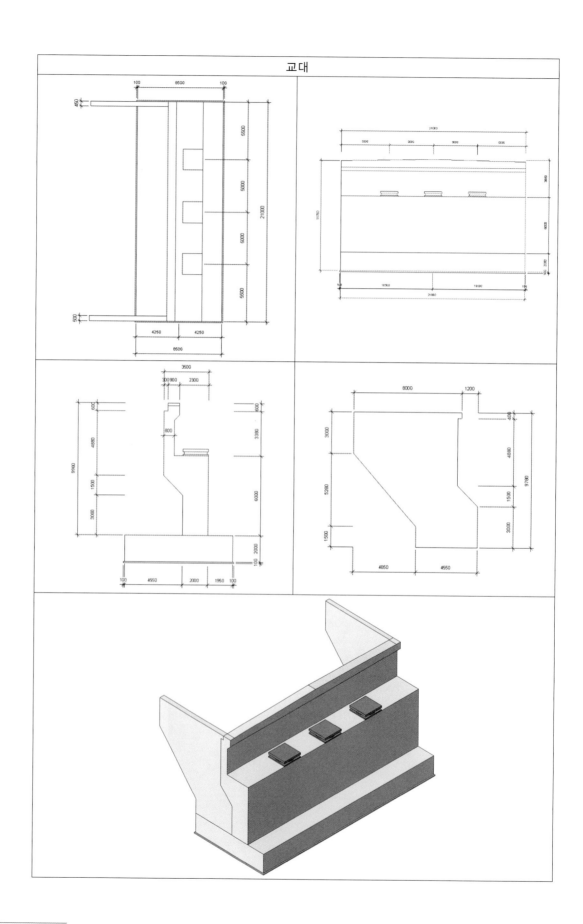

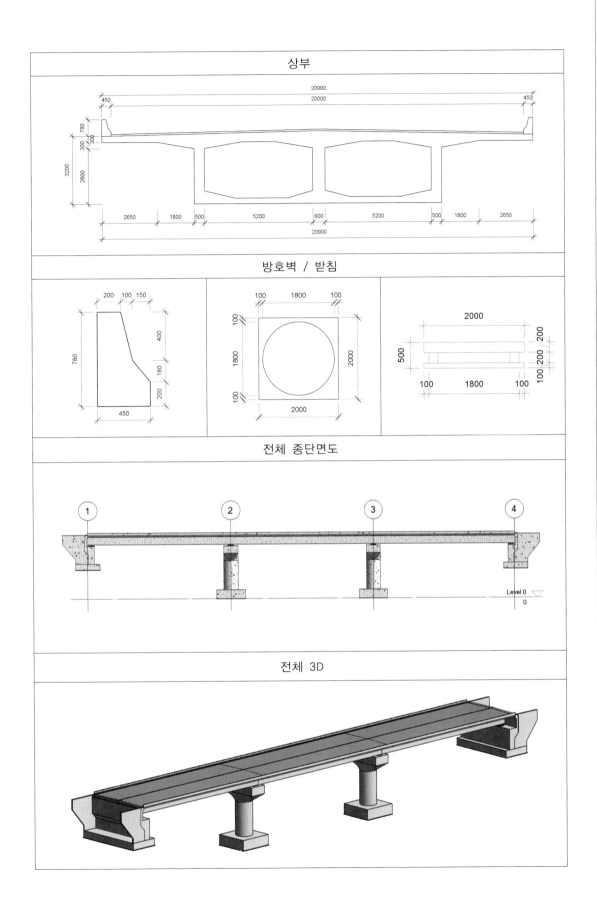

상부

방호벽 / 받침

전체 종단면도

전체 3D

(3) 교각 패밀리

　1) 교각기초 패밀리

　　① [응용프로그램버튼-새로만들기-패밀리-템플릿 "미터법 일반 모델.rft"]를 열기합니다.

　　② 템플릿이 열리면 [작성탭-참조평면]을 클릭합니다.

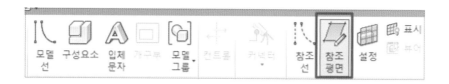

　　③ 참조평면을 중심에서 "5000" 간격띄우기 하여 좌,우측에 작성합니다.

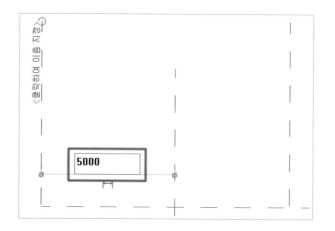

④ [수정탭-치수패널-정렬치수]를 클릭하여 왼쪽 참조평면, 가운데 참조평면, 오른쪽 참조
  평면 차례로 클릭하고 치수가 위치할 곳에 다시 클릭합니다.

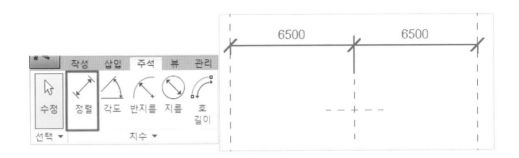

⑤ 치수 폰트가 작게보이면 스케일 조정하여 적당한 폰트로 설정합니다.

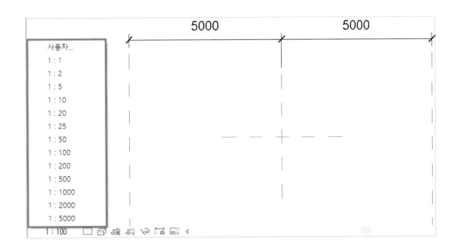

⑥ 치수의 "EQ"치수 클릭하여 양쪽의 길이가 서로 같은 길이로 설정되도록 합니다. (EQ
  설정하면 치수변경 시 양쪽이 서로 같은 길이로 변경이 됩니다.)

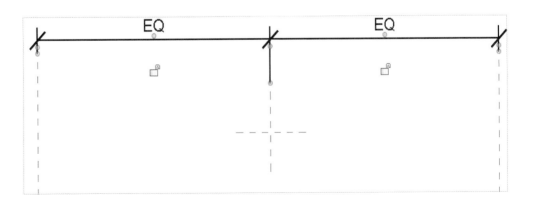

⑦ 다시 [수정탭-측정패널-정렬치수]를 클릭하여 왼쪽 참조평면, 오른쪽 참조평면 차례로 클릭하고 치수가 위치할 곳에 클릭합니다.

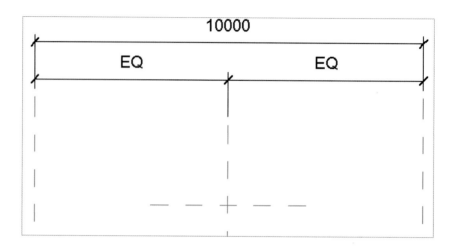

⑧ 전체 치수를 선택하고 [레이블]에서 새로 만들기를 클릭하고 "길이"변수를 설정해 줍니다.

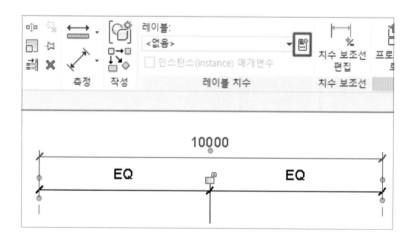

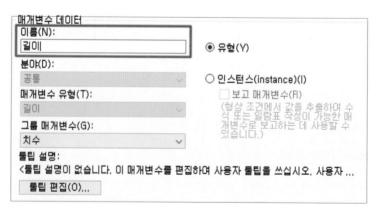

⑨ [작성탭-참조평면]을 선택하고 위쪽과 아래쪽에 참조평면을 중심에서 "5000" 간격띄우기 하여 작성합니다.

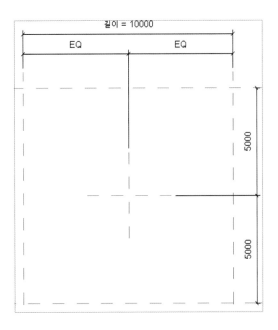

⑩ [수정탭-수정패널-정렬치수]를 클릭하여 아래 그림과 같이 "EQ"치수와 "폭" 매개변수를 설정해 줍니다.

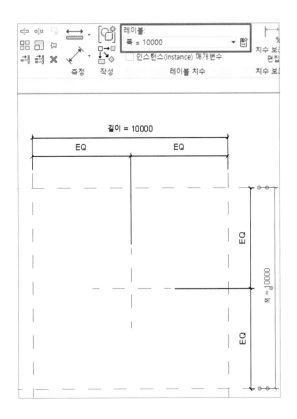

⑪ 프로젝트 탐색기에서 앞면 뷰를 열고 [작성탭-참조평면]을 선택하여 참조레벨 아래쪽으로 "3000" 간격띄우기 하여 참조평면을 작성합니다.

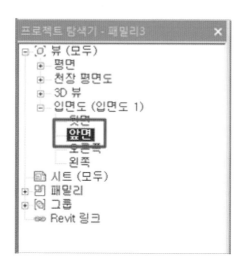 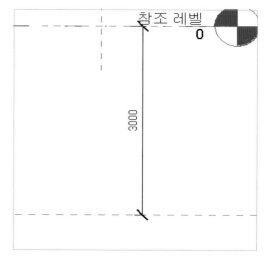

⑫ 치수를 클릭하고 [레이블 치수패널]에서 "깊이" 매개변수를 추가합니다.

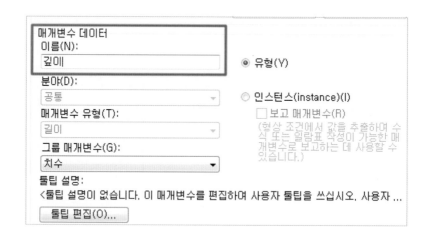

⑬ 지금까지는 치수 매개변수 변경시 참조평면 위치가 변경되도록 설정하였습니다. 현재 설정된 참조평면에 솔리드 모델 객체 작성하여 매개변수 변경하면 솔리드 객체도 같이 변경되도록 모델링 합니다.

⑭ 참조레벨 뷰에서 [작성]탭의 [돌출] 선택하고 깊이는 "3,000"으로 입력합니다

⑮ 그리기에서 사각형 선택하고 참조평면이 교차된 왼쪽 상단에서 오른쪽 하단으로 직사각형을 작성하고 잠물쇠를 잠궈 참조평면에 구속시킵니다.

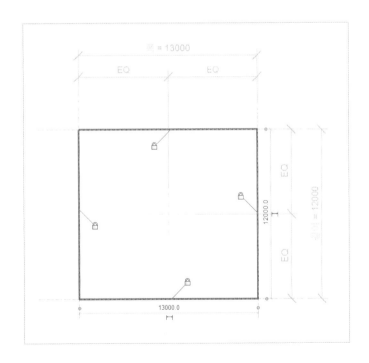

⑯ 스케치 모드를 완료하면 솔리드 돌출 객체가 작성됩니다.

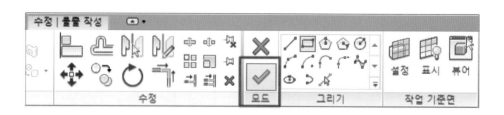

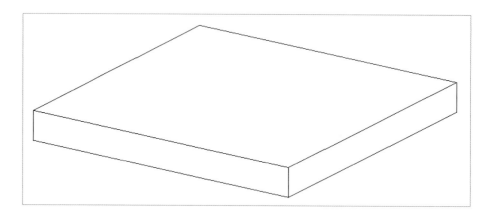

⑰ 입면도 – 앞면 뷰로 이동하여 [수정] 탭의 [정렬]을 클릭하고 참조평면 선택 후 모형 선택하고 자물쇠의 잠금형태로 바꿔주면 객체가 참조평면에 구속이 됩니다.

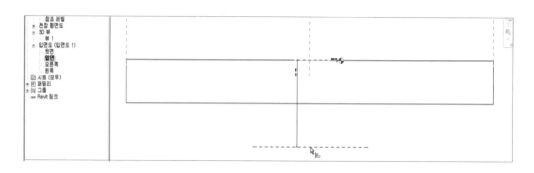

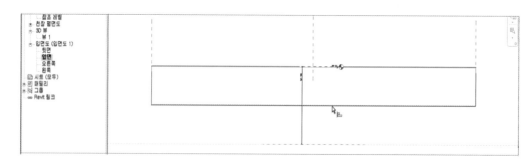

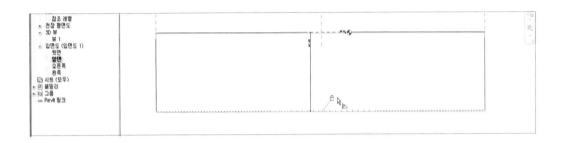

⑱ 작성된 객체를 선택해 [특성창 – 재료 – 패밀리 매개변수 연관] 버튼을 클릭합니다.

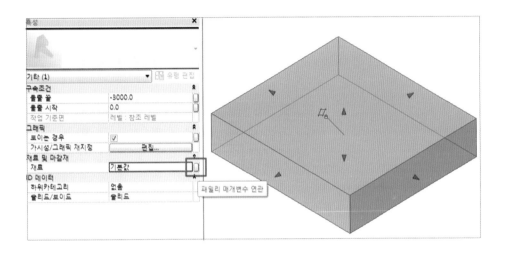

⑲ 패밀리 매개변수 연관 창에서 새로 만들기를 클릭합니다.

⑳ 매개변수 이름에 "구조 재료"를 입력하고 확인을 눌러 창을 닫습니다.

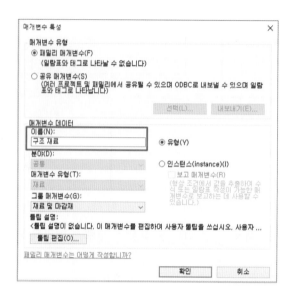

㉑ 패밀리 유형 클릭하여 재료를 콘크리트로 선택하고 "확인" 클릭합니다.

㉒ 재료에 필요한 재질이 없을 경우 재질 라이브러리를 열어 필요한 재질을 문서에 추가하고 적용합니다.

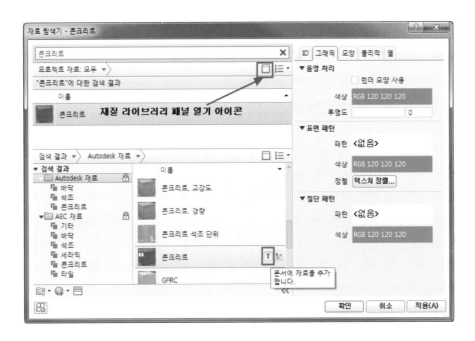

㉓ 완성된 패밀리를 확인하고 파일을 "교각기초(일반모델).rfa"로 저장합니다. ([패밀리 유형] 창에서 길이, 깊이, 폭 매개변수 변경 시 객체 모델링도 자동으로 변경됩니다.)

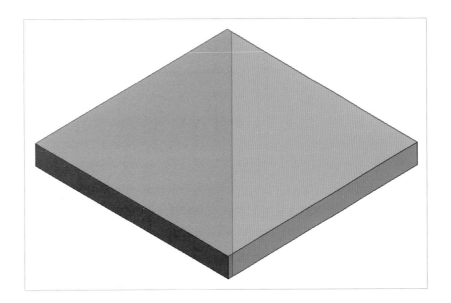

2) 교각 버림콘크리트 패밀리

① [응용프로그램버튼-새로만들기-패밀리-템플릿 "미터법 일반 모델.rft"]를 열기합니다.

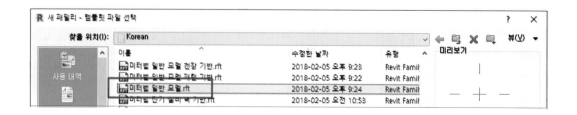

② 참조 평면 뷰에서 교각 기초와 동일 한 방법으로 참조 평면을 그리고 길이 "10200", 폭 "10200" 매개변수를 추가합니다.

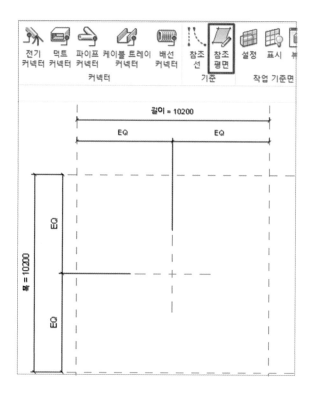

③ 입면뷰에서 참조평면을 그리고 깊이 매개변수 "100"을 적용합니다.

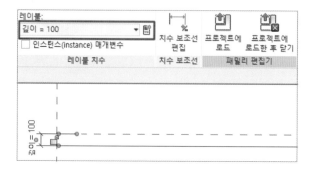

④ 그리기에서 사각형 선택하고 참조평면이 교차된 왼쪽 상단에서 오른쪽 하단으로 직사각형을 작성하고 잠물쇠를 잠궈 참조평면에 구속시킵니다. 스케치 모드를 완료하면 솔리드 돌출 객체가 작성됩니다.

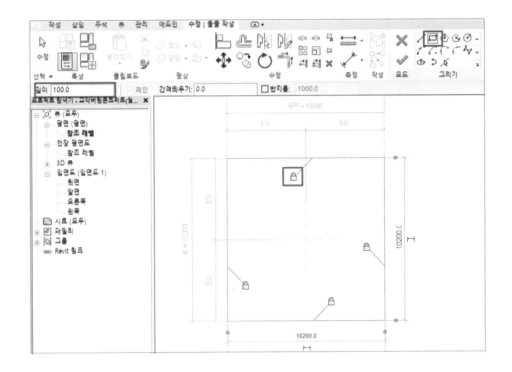

⑤ 입면도 – 앞면 뷰로 이동하여 [수정] 탭의 [정렬]을 클릭하고 참조평면 선택 후 모형 선택하고 자물쇠의 잠금형태로 바꿔주면 객체가 참조평면에 구속이 됩니다.

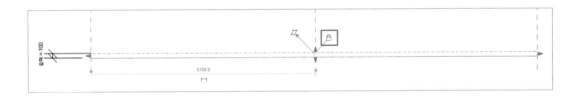

⑥ 재료를 설정한 다음 완성된 패밀리를 확인하고 파일을 "교각버림콘크리트(일반모델).rfa"로 저장합니다. ([패밀리 유형] 창에서 길이, 깊이, 폭 매개변수 변경 시 객체 모델링도 자동으로 변경됩니다.)

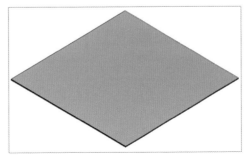

3) 교각 기둥 패밀리

① [응용프로그램버튼-새로만들기-패밀리-템플릿 "미터법 일반 모델.rft"]를 열기합니다.

② 참조평면을 그리고 치수 매개변수를 이용해 길이와 폭을 "5000"으로 조정합니다.

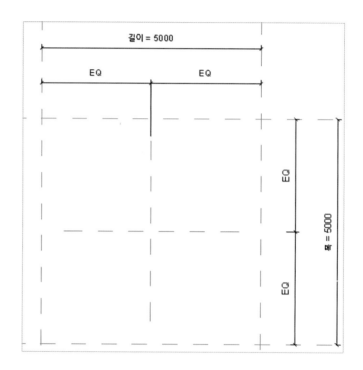

③ [작성패널-양식 패널-돌출]을 선택합니다.

④ [그리기 패널-원]을 선택하고 깊이 값은 "5000"으로 설정합니다.

⑤ 중심점을 원점 클릭하고 길이와 폭이 "5000"인 원을 그리고 완료되면 스케치 모드를 완료합니다.

⑥ 입면도의 앞면 뷰로 가서 수정탭의 [수정패널-정렬]을 이용하여 돌출된 형상의 윗부분을 "상단 참조 레벨"에 맞추고 구속합니다.

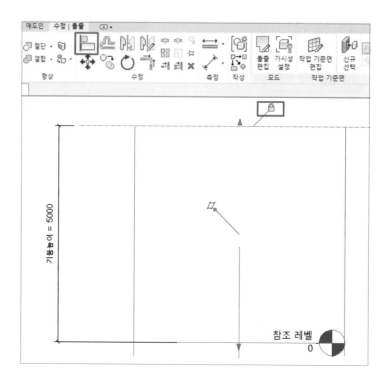

⑦ [완성된 교각 기둥을 확인 하고 "교각기둥(일반모델).rfa' 으로 저장합니다.

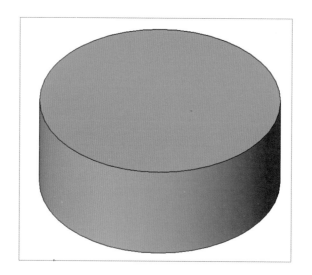

4) 교각 코핑 패밀리

① [응용프로그램버튼-새로만들기-패밀리-템플릿 "미터법 일반 모델.rft"]를 열기합니다.

② 아래 그림과 같이 참조평면을 작성하고 매개변수를 부여 합니다.

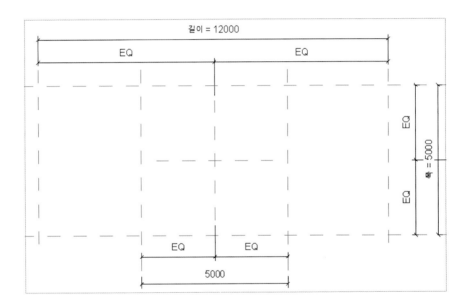

③ 입면도의 앞면뷰로 이동하여 참조레벨 아랫쪽으로 높이 "2500", "5000" 각각 간격띄우기 하여 참조 평면을 그리고 치수를 작성합니다.

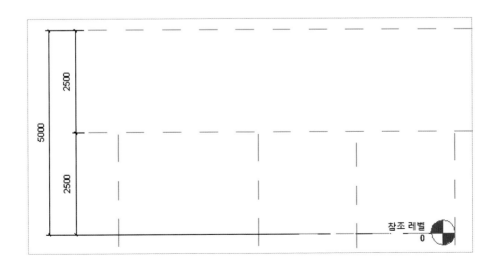

④ "2500"에 있는 참조평면을 선택하고 특성창의 ID데이터에 이름을 "중간레벨" 입력하고
"5000"에 있는 참조평면에 상부레벨을 입력합니다.

중간레벨

상부레벨

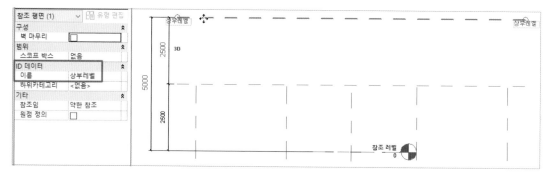

⑤ 평면의 참조 레벨 뷰로 이동하여 [작성탭-양식패널-혼합]을 클릭합니다.

⑥ 베이스 경계 작성에서 작업 기준면은 "레벨 : 참조 레벨" 선택합니다.

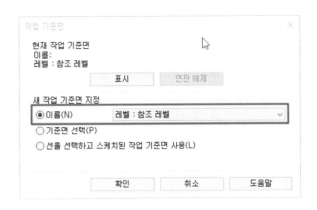

⑦ 베이스 편집에서 그리기 패널에 있는 원을 선택하고 깊이 "0"으로 설정 후 길이와 폭을 "5000"에 맞춰 원을 그립니다.

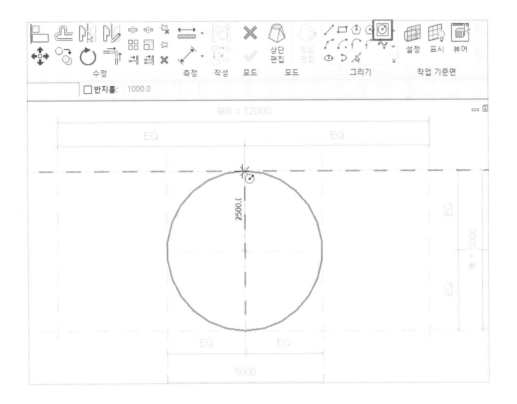

⑧ "상단편집"을 클릭하여 작업 기준면은 "참조 평면 : 중간레벨" 선택합니다.

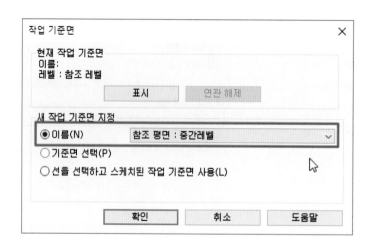

⑨ [그리기 패널-직사각형]을 선택하여 길이 "12000", 폭 "5000" 직사각형을 작성 후 자 물쇠를 잠금하여 참조평면에 구속합니다.

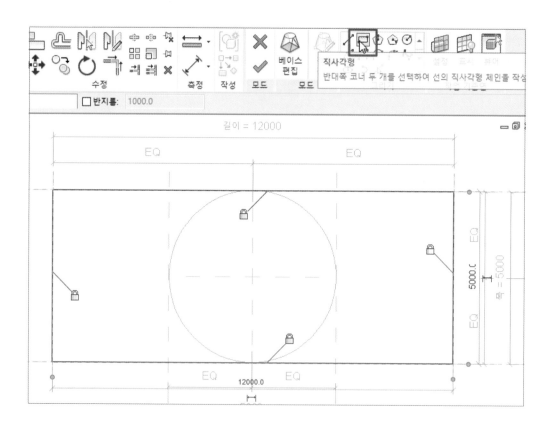

⑩ 그리기 모드 완료 버튼 클릭하여 혼합을 완료합니다.

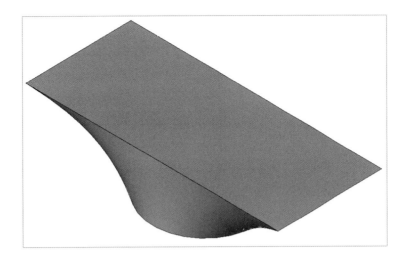

⑪ 돌출의 첫 번째 끝, 두 번째 끝에 치수는 "0"으로 설정하여 참조평면과 같이 움직이게 설정합니다.

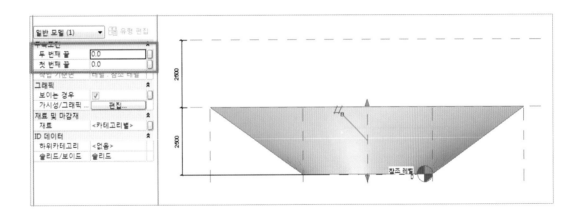

⑫ 다시 평면의 참조 레벨 뷰로 이동하여 [작성탭-양식패널-돌출]을 클릭합니다. 돌출 작성에서 작업 기준면은 "참조 평면 : 중간레벨" 선택합니다.

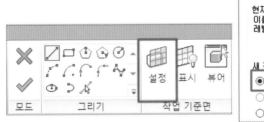

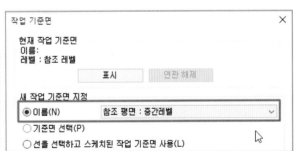

⑬ [작성탭-양식패널-돌출]을 클릭하여 깊이를 "1000", 길이 "12,000", 폭 "5,000" 사각형을 작성하고 자물쇠를 잠금하여 직사각형을 참조평면에 구속합니다.

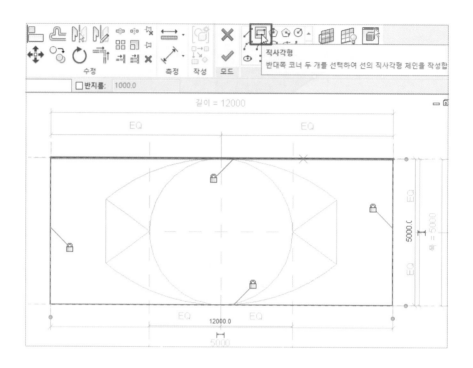

⑭ 입면도의 앞면 뷰로 이동하여 [수정탭-수정패널-정렬]을 이용하여 돌출로 만들어진 모형을 참조레벨에 구속시킵니다.

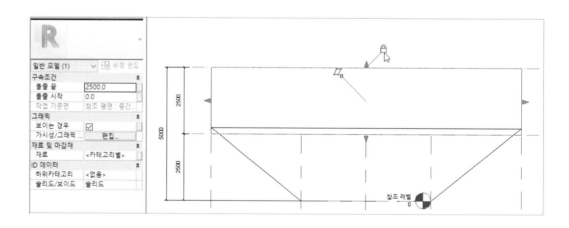

⑮ 객체에 재료를 부여 하고 완료된 패밀리는 '교각코핑(일반모델).rfa'으로 저장합니다.

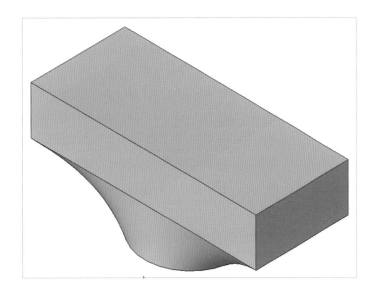

(4) 교대 패밀리

　1) 교대 기초 패밀리

　① 미리 작업 했던 "교각기초.rfa" 패밀리를 열기합니다.

　② [패밀리 유형] 창에서 설정값을 "길이 8500", "높이 2000", "폭 21000"으로 수정합니다.

매개변수	값	수식	잠그기
재료 및 마감재			⨠
구조 재료	콘크리트, 현장타설, 회색 ...	=	
치수			⨠
길이	21000.0	=	☐
깊이	2000.0	=	☐
폭	8500.0	=	☐
ID 데이터			⨡

③ 완성된 패밀리를 확인하고 파일을 "교대기초(일반모델).rfa" 패밀리로 저장합니다.

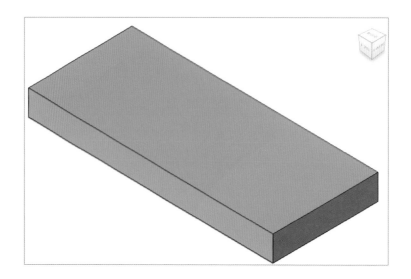

2) 교대 버림 패밀리

　① 미리 작업 했던 "교각버림콘크리트.rfa" 패밀리를 열기합니다.

　② [패밀리 유형] 창에서 설정값을 "길이 8700", "높이 100", "폭 21200"으로 수정합니다.

매개변수	값	수식	잠그기
재료 및 마감재			^
구조 재료	콘크리트, 현장타설, 회색	=	
치수			^
길이	21200.0	=	☐
길이	2000.0	=	☐
폭	8700.0	=	☐

③ 완성된 패밀리를 확인하고 파일을 "교대기초(일반모델).rfa" 패밀리로 저장합니다.

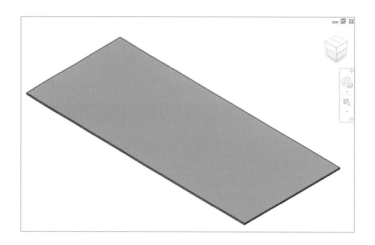

3) 교대본체 패밀리

① [응용프로그램버튼-새로만들기-패밀리-템플릿 "미터법 일반 모델.rft"]를 열기합니다.

② 참조 레벨 뷰에서 [작성탭-참조평면]을 선택하고 아래 그림과 같이 참조평면 작성합니다.

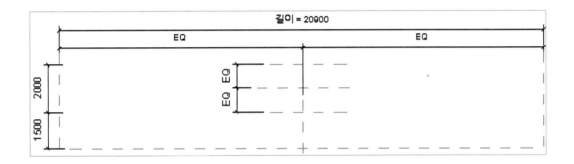

③ 오른쪽 뷰로 이동한 다음 참조평면을 작성합니다.

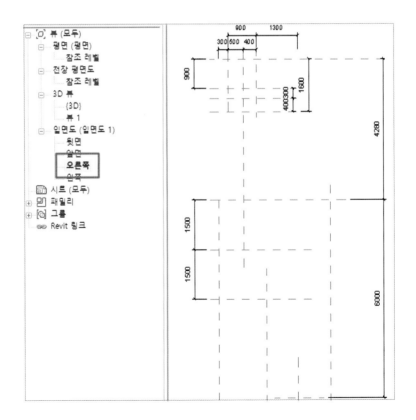

④ [작성탭−돌출]을 선택해서 참조평면에 맞춰 아래의 그림과 같이 선을 그리고 참조평면에 잠금 합니다.

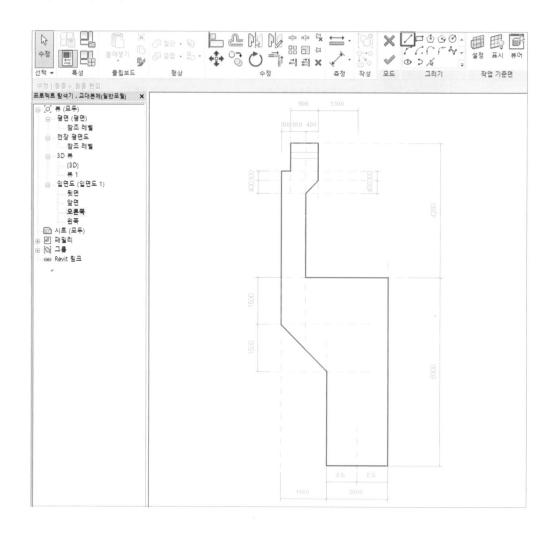

⑤ 참조 레벨뷰로 이동해서 정렬기능을 이용해 좌 우측 참조평면에 형상을 잠금 합니다. "길이" 치수 매개변수 변경 시 자동으로 객체도 같이 변경됩니다.

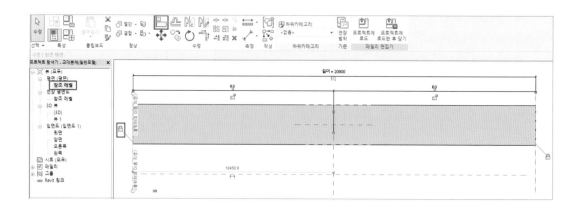

⑥ 전체적인 형상의 작성이 완료되었으면 앞면뷰로 이동합니다.

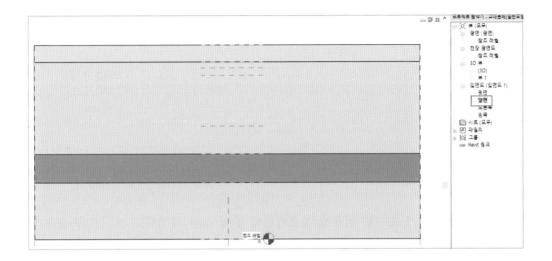

⑦ [작성 탭 - 보이드 양식 - 보이드 돌출]을 클릭합니다.

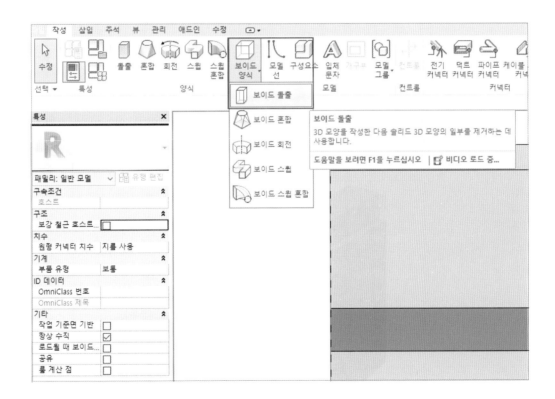

⑧ 보이드 스케치 전에 참조평면을 작성합니다.

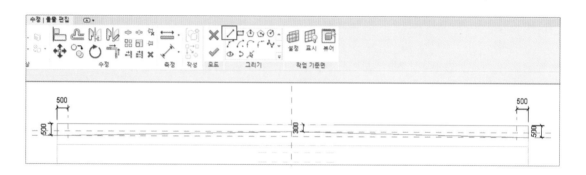

⑨ 그리기 도구를 이용해 참조평면에 맞춰 선을 작성하고 보이드 돌출을 완료 합니다.

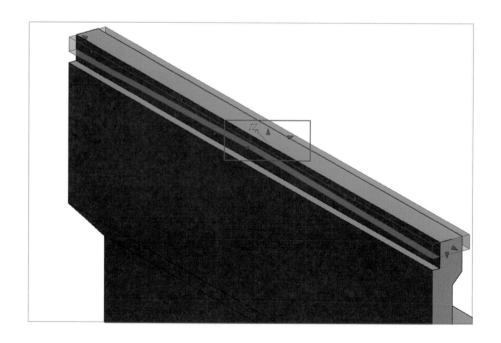

⑩ 3D뷰에서 보이드 범위가 형상 전체를 포함하고 있지 않는다면 삼각형 그립을 이용해 범위를 조정합니다.

⑪ 완료된 돌출 모형을 확인하고 재질은 콘크리트를 합니다.

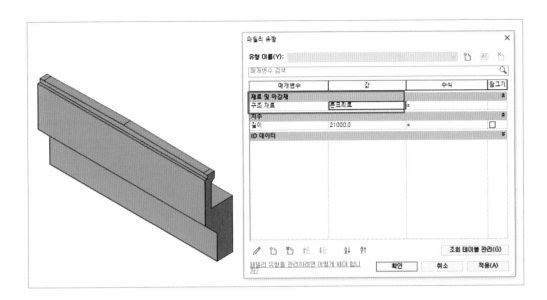

(5) 상부 일반모델 패밀리

1) 받침, 프로파일 패밀리(상부, 포장, 방호벽)

받침(면기반) 패밀리, 상부(프로파일), 포장(프로파일), 방호벽(프로파일) 패밀리는 [제4편
- 4장]에서 교량 기본모델링에서 작업한 방식과 같습니다. 샘플파일 폴더에서 작업된 프로
파일 패밀리를 사용하도록 하겠습니다.)

2) 상부 본체 패밀리

① [응용프로그램버튼 −새로만들기−패밀리−템플릿 "미터법 일반 모델.rft"]를 열기합니다.

② [삽입탭 − 패밀리 로드]를 클릭하여 미리 작성되어 있는 [샘플파일 − 프로파일] 폴더에
서 "상부 프로파일" 로드 합니다.

③ 중심 참조평면에서 오른쪽으로 "5000"간격의 참조 평면을 작성하고 길이 매개변수를 작성합니다.

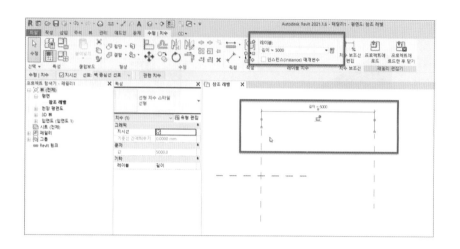

④ [작성 탭 - 스윕]을 클릭합니다.

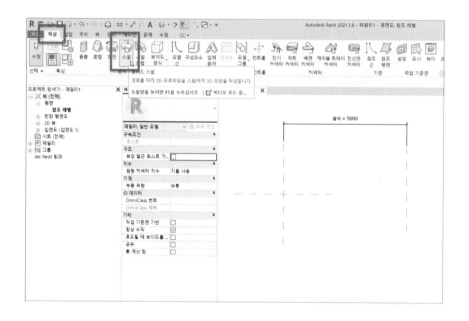

⑤ 경로를 그리고 정렬 기능을 이용해 선의 끝점들과 선의 위치를 참조평면에 잠급니다. 해당선의 위치가 스윕의 중심이 됩니다. (정렬 기능으로 경로 스케치의 선을 참조평면에 구속할 수 있습니다.) 경로스케치 모드 완료합니다.

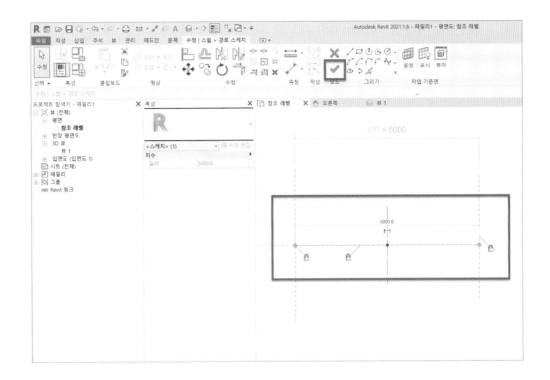

⑥ 프로파일 선택을 눌러 앞에서 작성된 상부프로파일을 선택하고 완료버튼을 눌러 스윕을 완료합니다.

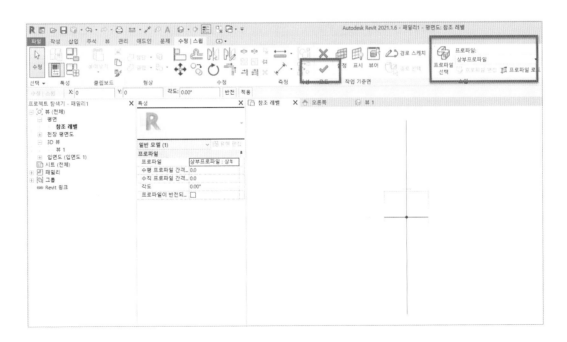

⑦ 작성된 스윕 모델의 재료를 "콘크리트, 프리캐스트"로 설정하고 "상부(일반모델).rfa"로
   저장합니다.

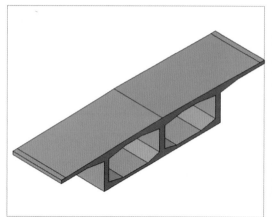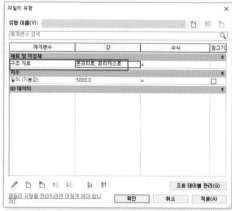

3) 포장층 패밀리
   ① 상부본체 패밀리에서 작성했던 방식으로 "포장층 패밀리"도 작성합니다. 같은 방식이며
      프로파일 선택만 "포장층프로파일"을 선택하고 스윕을 완료합니다.
   ② 작성된 스윕 모델의 재료를 "아스팔트, 포장도로"로 설정하고 "포장층(일반모델).rfa"로
      저장합니다.

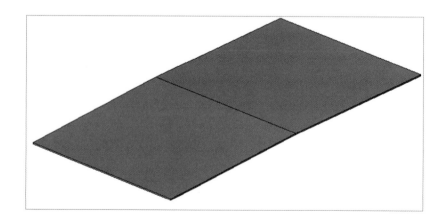

토목 BIM 실무활용서

(6) 교량 기본 모델 프로젝트화

    1) 1.6.1 프로젝트 교대 배치

       ① 샘플폴더에서 [1.교량일반모델링_시작.rvt] 파일을 열기합니다.

       ② [1.교량일반모델링_시작.rvt] 파일에는 그리드와 레벨이 미리 작성된 도면입니다. (그리드와 레벨은 교량 기본적인 설정 값에 의해 변경 가능합니다.)

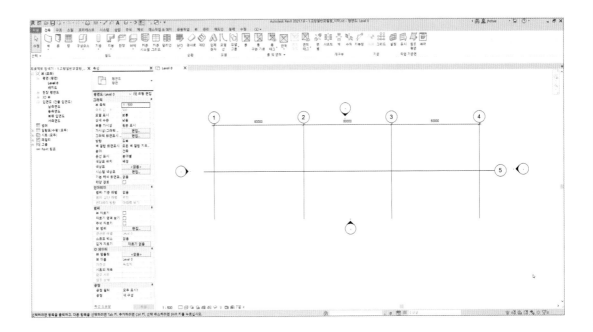

       ③ 일반모델로 작성한 교량 패밀리가 로드되어 있습니다.

④ [건축-구성요소-구성요소배치]를 클릭합니다.

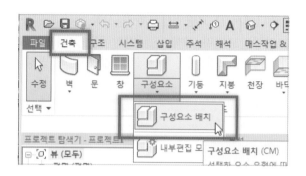

⑤ 특성창에서 교대기초를 선택해 간격띄우기 값을 "10000"으로 설정합니다. 그리고 옵션 바에서 배치 후 회전을 체크해 작업 공간에서 1번과 5번그리드의 교차점에 배치하고 위쪽으로 90˚ 회전합니다.

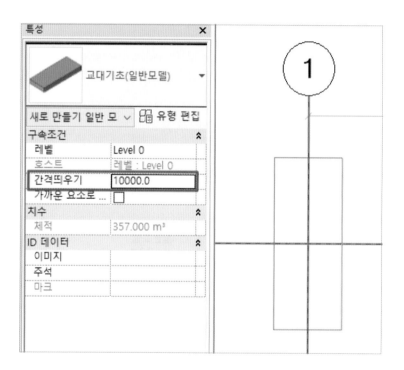

⑥ 교대버림콘크리트는 특성창 간격띄우기 값을 "9900"으로 입력하고 교각 기초와 동일한 방법으로 배치합니다.

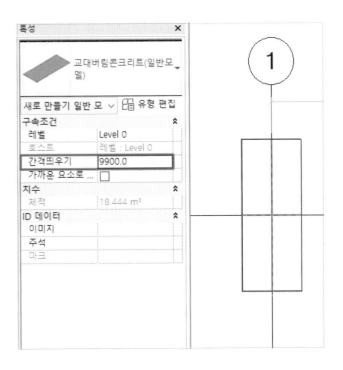

⑦ [교대본체]를 선택해 배치 후 회전을 체크하고 간격띄우기 값을 "12000"으로 변경합니다. 그리드 교차점에 배치하고 아래쪽으로 90°회전합니다.

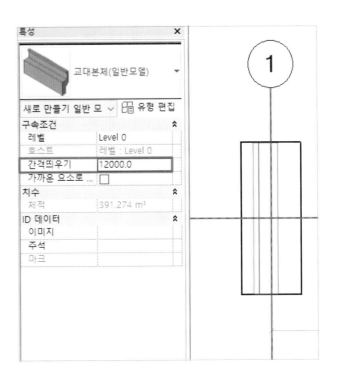

⑧ 배치된 버림콘크리트, 기초, 본체를 전부 선택해서 [수정탭-이동]명령을 이용해 아래그림을 참고해 이동합니다. (이동치수는 "1300"입니다.)

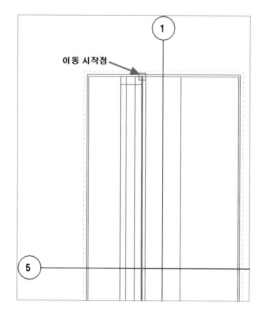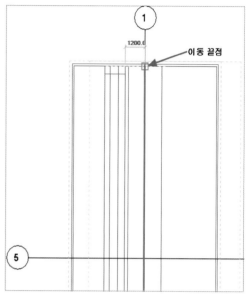

⑨ 배치된 교대기초/버림/본체 패밀리를 레벨 정보에 맞게 배치되었는지 확인 합니다.

⑩ [건축-구성요소-구성요소배치]를 클릭하고 특성창에서 받침(면기반)을 선택합니다.

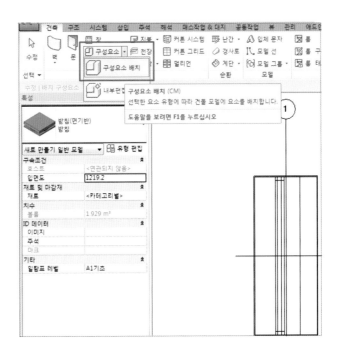

⑪ [배치 - 면에배치]를 선택하고 교대 본체에 받침을 배치합니다. (작성된 "받침 패밀리"
로드합니다.)

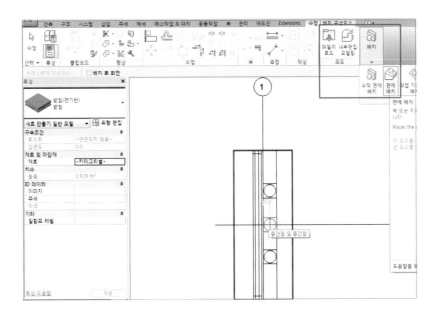

⑫ 중간의 받침은 5번 그리드에 정렬시키고 다른 받침은 정렬치수를 이용해 5번 그리드와 간격을 "5000"으로 조정합니다.

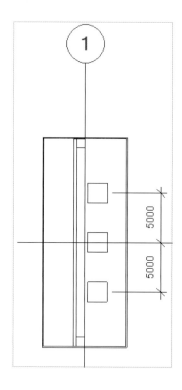

⑬ 프로젝트 탐색기에서 3D뷰를 열고 [건축 - 구성요소 - 내부편집모델링]을 클릭 후 일반 모델을 선택하고 이름을 "날개벽"으로 정의합니다.

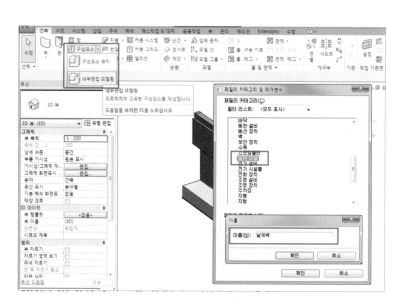

⑭ [작성 – 작업기준면설정]을 클릭하고 교대 본체의 옆면으로 작업기준면을 선택합니다.

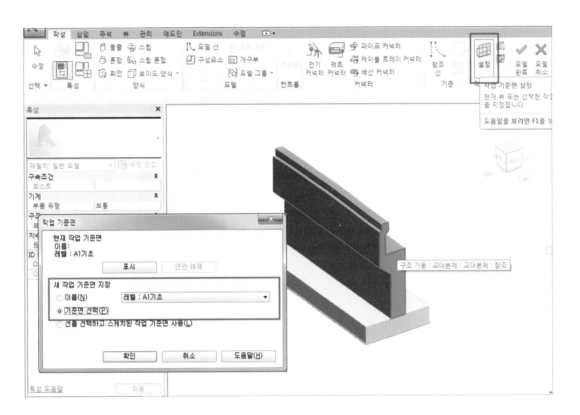

⑮ 프로젝트 탐색기에서 남측면도로 이동해서 돌출을 선택하고 아래 치수대로 선을 그리고 깊이는 "–450"을 입력한 후 완료합니다.

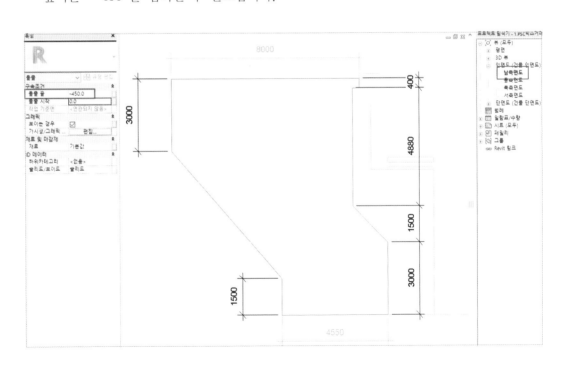

⑯ 반대쪽도 위와 동일하게 날개벽을 생성합니다.

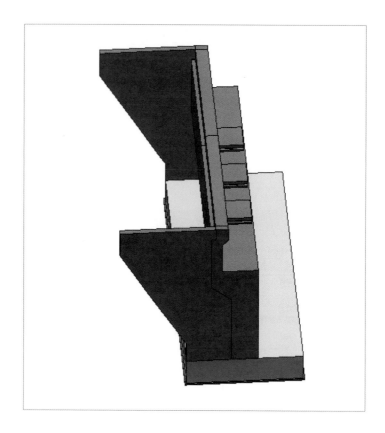

⑰ A2 교대도 같은 방법으로 4번 그리드에 배치합니다. (대칭 기능으로 바로 복사해서 작성
할 수도 있습니다.)

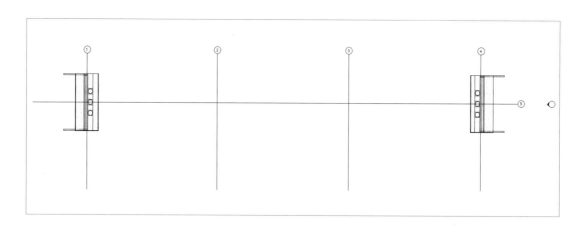

2) 1.6.2 프로젝트 교각 배치

① 교대와 동일한 방법으로 교각버림콘크리트와 교각기초를 2번 그리드에 배치합니다.

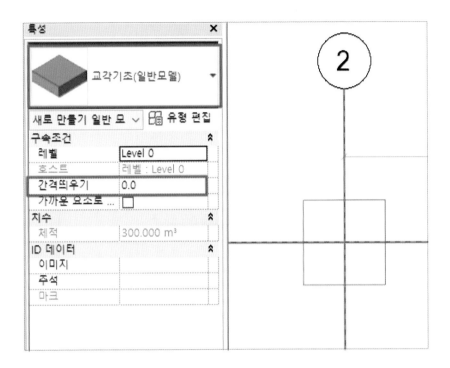

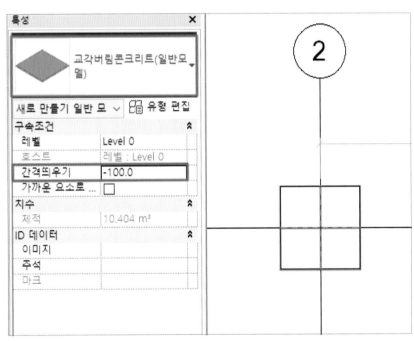

② [건축-구성요소-구성요소 배치]를 클릭하고 패밀리는 교각기둥 선택해 간격띄우기 "3000", 기둥높이 "10000"을 입력하고 교각 기초 위에 배치합니다.

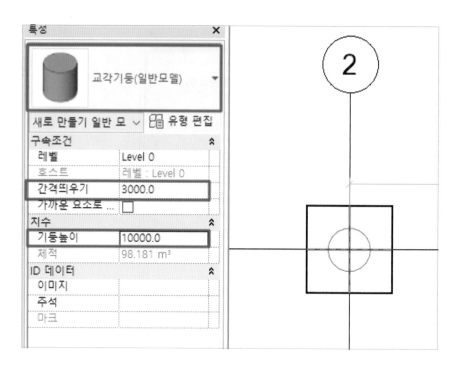

③ 특성창 패밀리 탐색기에서 교각코핑을 선택합니다. 간격띄우기 "13000"을 입력하고 배치합니다.

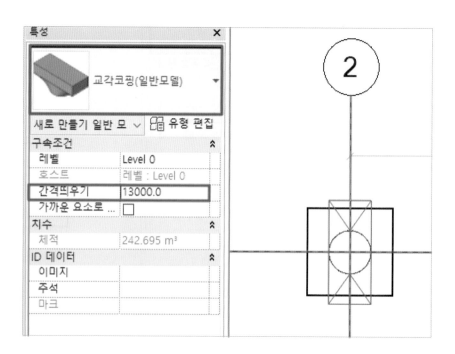

④ 특성창 패밀리 탐색기에서 받침(면기반)을 선택합니다. 그리고 교대에서와 같이 면기반
으로 코핑위에 배치하고 정렬치수를 이용하여 "4200"간격으로 조정합니다.

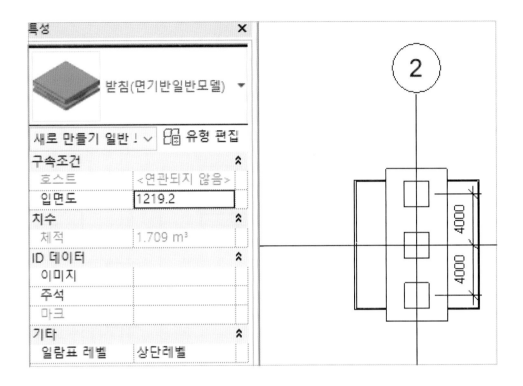

⑤ P2 교대도 같은 방법으로 3번 그리드에 배치합니다. (대칭 기능으로 바로 복사해서 작성
할 수도 있습니다.)

3) 1.6.3 프로젝트 상부 콘크리트 및 포장층 배치

　① [건축-구성요소-구성요소배치]를 클릭하고 "상부(일반모델)" 선택합니다.

　② 간격띄우기 "18500"을 입력하고 길이 "50000"을 입력한 후 1번, 5번 그리드가 교차하
　　는 점을 클릭해 상부를 작성합니다.

　③ 동일한 방법으로 2번,5번 그리드, 3번,5번 그리드 점을 클릭해 상부 전체를 완성합니다.

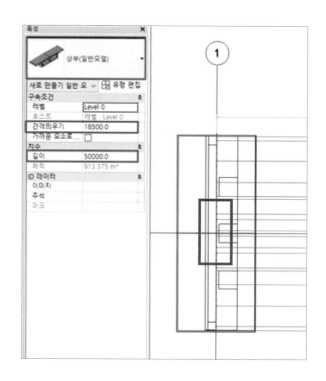

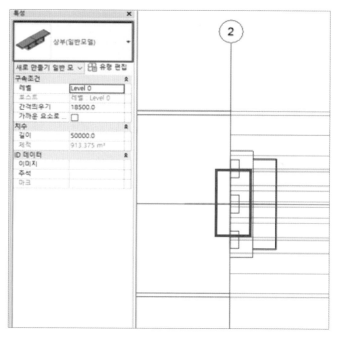

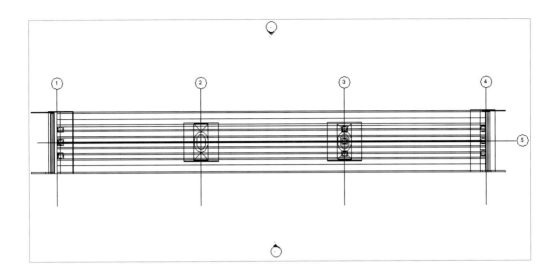

④ 패밀리 탐색기에서 포장층(일반모델)을 선택하고 간격띄우기 "21700", 길이 "150000"
을 설정하여 상부 본체와 같은 방식으로 배치합니다.

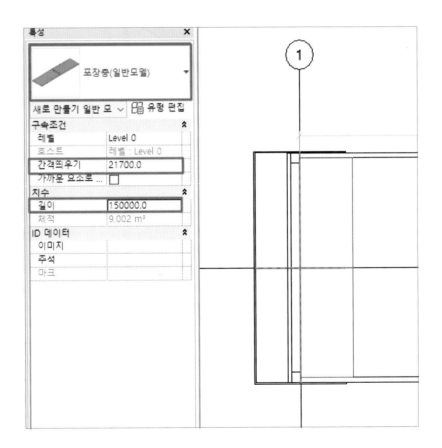

⑤ 방호벽 작성을 위해 [구성요소-내부편집 모델링-일반 모델]을 선택합니다.

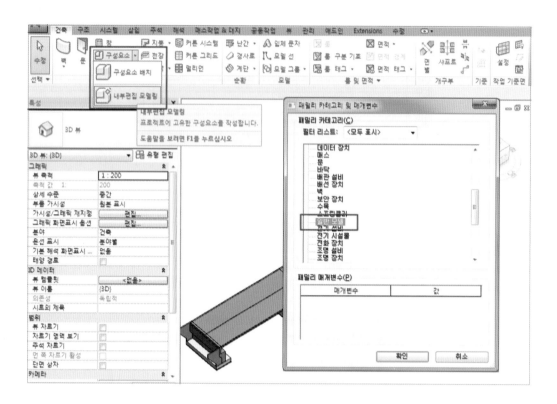

⑥ [작성 - 스윕]을 선택하고 스윕 경로 선택으로 상부 바깥쪽 모서리들을 선택합니다. 교차되는 부분에서 선의 중복이 발생되거나 끊겨 있는 경우 [수정 - 코너로 자르기 연장] 기능을 이용해 1개의 연속된 성으로 수정합니다.

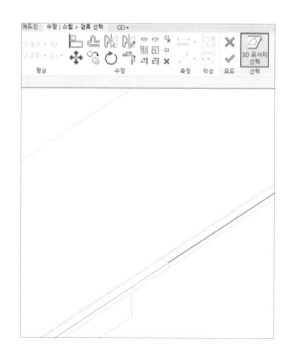

⑦ 경로 스케치 완료 후 프로파일로드를 선택하여 "방호벽" 프로파일을 로드하고 프로파일을 "방호벽"으로 적용합니다. (경우에 따라서는 프로파일 "각도 조정 및 반전" 기능 이용하여 방호벽 프로파일을 아래와 같이 정상적으로 배치합니다.)

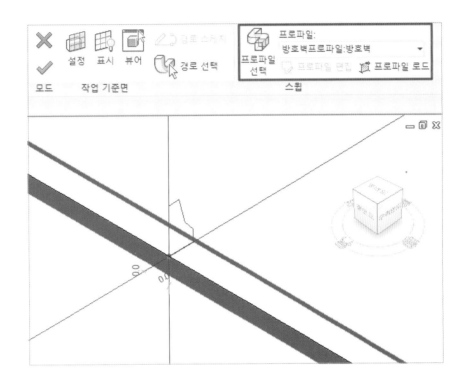

⑧ 반대편에도 동일하게 작성하여 상부 방호벽 모델 완료합니다.

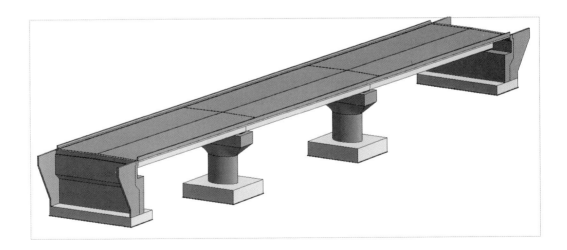

제5편

협업(Civil 3D + Revit) 및 좌표공유

05 협업(Civil 3D + Revit) 및 좌표공유

chapter 01

Civil 3D 도로정보 공유

(1) 코리더 터널 구간 포장 솔리드 내보내기

코리더에서 필요한 측점에 포장면 솔리드를 추출할 수 있습니다. (Revit에서 코리더 포장 솔리드 활용하여 터널 모델을 진행합니다. Civil 3D에서 설계한 3D 도로 종단 정보를 바로 사용할 수 있으며, 좌표까지 공유 가능합니다.)

① 샘플폴더에서 [3.협업(지형및구조물)₩ 1.터널코리더정보추출.dwg] 파일 열기합니다.(Civil 3D 기본 모델링에서 터널 구간 코리더만 활성화 되어 있습니다.)

② Civil 3D 도로 모델링시 설명 드렸듯이 [터널구간] 코리더에 포장층이 다르게 설정되어 있던 이유는 터널 포장 경로 모델링을 Revit에서 솔리드 모델 연계하여 사용하는데 있어, 포장층을 Revit에서 잘 알아볼 수 있도록 하기 위해 포장 깊이 설정 값을 1M로 수정되어 있습니다.

③ [코리더-도로] 선택하여 [리본] 탭에서 [코리더 솔리드 추출] 클릭합니다.

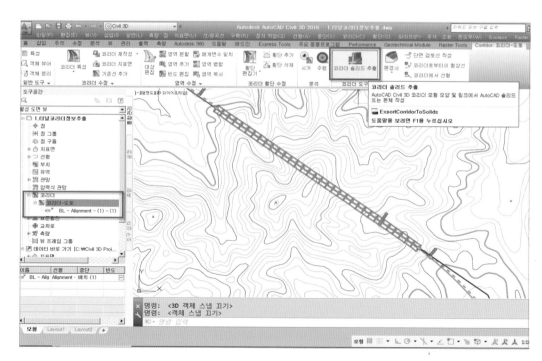

④ [코리더에서 솔리드 작성] "영역 옵션" 창에서 "BL – Alignment" 오른쪽 마우스 클릭
하여 [영역 추가] 선택합니다.

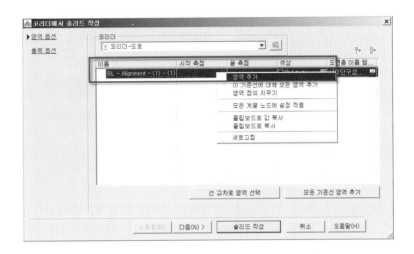

⑤ 화면에 코리더 측점 스냅 이용하여 측점 1+300~1+960 구간 선택합니다.

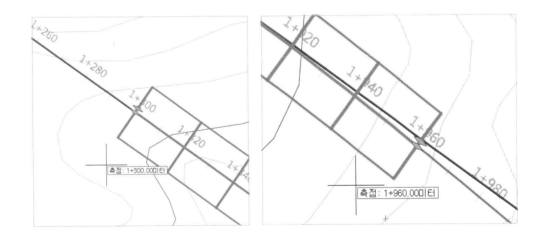

⑥ 터널 구간의 코리더 영역이 지정 되었습니다.

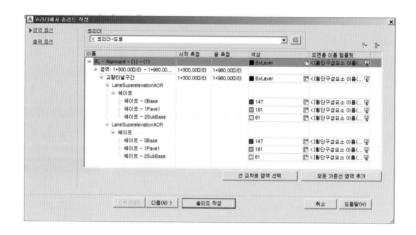

⑦ 도면층 이름 템플릿을 클릭하면 [이름 템플릿] 창에서 [특성 필드]에 형식으로 솔리드
레이어 이름 변경이 가능합니다. 솔리드 레이어 이름 지정하면 솔리드 객체를 레이어
별로 관리할 수 있습니다. (여기서는 기본값 사용합니다.)

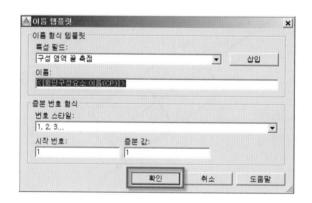

⑧ [코리더에서 솔리드 작성] "출력 옵션" 창에서 [객체 유형 작성]은 "AutoCAD 3D 솔리드(코리더 단면 검토 기반)" 선택합니다. [새 도면에 추가] 도면 저장할 경로와 이름을 지정합니다. "솔리드 작성" 클릭하여 새로운 도면에 코리더 솔리드를 내보내기 합니다.

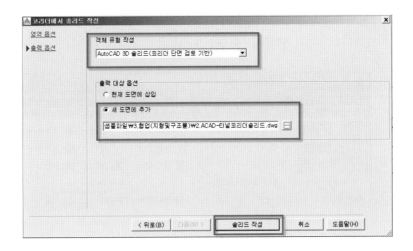

⑨ 내보내기된 솔리드 객체를 열기하여 확인합니다. (터널 포장면 솔리드 X, Y, Z 값을 가진 객체입니다. 솔리드 좌표 정보 활용하면 Revit에서 구조물 모델링 작업을 더 쉽게 할 수 있습니다.

(2) 코리더 교량 구간 교대/교각 좌표 정보 획득하기

① 단면검토선을 작성하면 측점별 지반선/계획선/좌표 등의 정보를 획득할 수 있습니다.
(Revit에서 작업 편의성 위해 교대/교각 위치는 2+000 ～ 2+650 까지 50M 간격으로
배치하겠습니다.)

② 샘플폴더에서 [3.협업(지형 및 구조물)₩3.교량기초정보추출.dwg] 파일 열기합니다.

③ [리본 - 홈] 탭에서 [단면검토선] 클릭합니다.

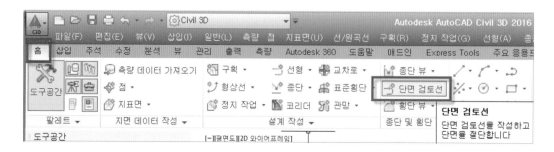

④ 선형은 "Alignment -(1)" 선형 선택 후, 단면 검토선 그룹 작성을 합니다.

⑤ [단면 검토선 도구] 에서 "측점 범위로" 선택하여 필요한 구간에 단면검토선 생성합니
다. ("측점 위치" 선택하면 사용자가 원하는 측점을 화면에서 직접 클릭하여 취득할
수 있습니다.)

⑥ 화면에 [단면 검토선 작성 - 측점 범위로] 창에서 측점 범위는 "2+000미터 ～ 2+650미터",
단면검토증분 값 "50미터" 설정합니다.

⑦ 교량 구간 50m 간격으로 단면검토선이 작성 되었습니다.

⑧ 측점정보 산출 위해 [도구공간 - 도구상자] - [Reports Manager - 코리더 - 경사 측량 보고서] 실행 클릭하여 [차선 경사 보고서] 활성화 합니다.

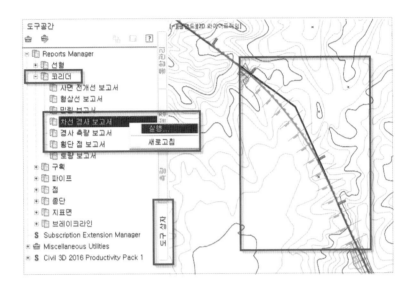

⑨ [차선 경사 보고서]에서 Revit에서 필요한 교대/교각 위치에 정보만 추출하면 아래 표와 같습니다.

SL 이름	측점	지반선표고	종단계획표고	X	Y	구성
2+000.00	2+000.00	74.268	83.685	223,684.75	224,037.02	교대1
2+050.00	2+050.00	69.821	84.336	223,722.10	437,721.44	교각1
2+100.00	2+100.00	69.1	84.986	223,757.75	437,686.39	교각2
2+150.00	2+150.00	63.844	85.637	223,791.60	437,649.60	교각3
2+200.00	2+200.00	60.615	86.288	223,823.57	437,611.16	교각4
2+250.00	2+250.00	61.461	86.938	223,853.57	437,571.17	교각5
2+300.00	2+300.00	65.053	87.589	223,881.54	437,529.73	교각6
2+350.00	2+350.00	62.719	88.24	223,907.41	437,486.94	교각7
2+400.00	2+400.00	68.236	88.89	223,931.17	437,442.96	교각8
2+450.00	2+450.00	64.376	89.541	223,953.28	437,398.11	교각9
2+500.00	2+500.00	70.685	90.192	223,974.44	437,352.81	교각10
2+550.00	2+550.00	71.623	90.842	223,995.30	437,307.37	교각11
2+600.00	2+600.00	74.392	91.493	224,016.16	437,261.93	교각12
2+650.00	2+650.00	84.012	92.144	224,037.02	437,216.49	교대2

chapter 02

Revit 프로젝트 구조물(교량, 터널) 모델링

(1) 교량 프로젝트 모델링

1) 프로젝트 기본 정보 삽입

① 건축 템플릿으로 프로젝트를 시작합니다.

② [삽입-CAD링크]를 선택해서 "5.ACAD-교량기초정보.dwg" 파일을 삽입합니다.

• 위치 : 자동 - 원점 대 원점

• 가져오기 단위 : 미터

③ 모델링 작업을 위해 그리드와 레벨을 삽입합니다.

    우선 [건축탭-그리드]를 선택하고 2+000.00의 대각선으로 그려진 선을 선택합니다.

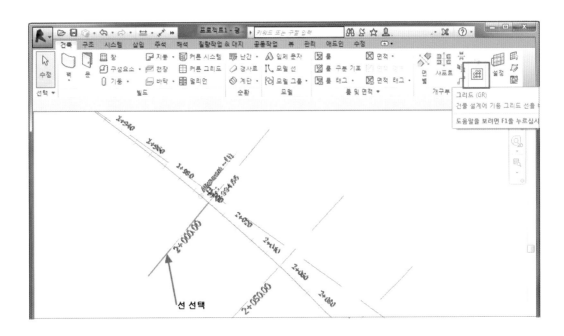

④ 나머지 측점에도 그리드를 작성하고 그리드의 이름은 아래 표를 참고 해서 작성합니다.

그리드 이름	측점
A1	2+000.00
P1	2+050.00
P2	2+100.00
P3	2+150.00
P4	2+200.00
P5	2+250.00
P6	2+300.00
P7	2+350.00
P8	2+400.00
P9	2+450.00
P10	2+500.00
P11	2+550.00
P12	2+600.00
A2	2+650.00

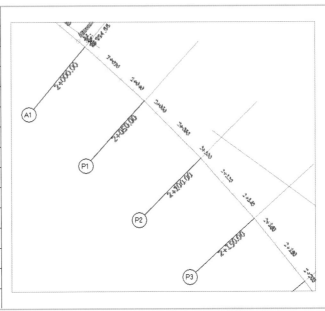

⑤ [건축탭–기준패널–레벨]을 선택하여 레벨을 그립니다. 레벨의 이름을 더블 클릭하여
　 "A1 기초"로 수정하고 레벨을 더블클릭 하여 "70000"을 입력합니다.

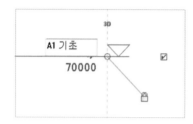 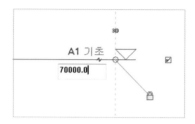

⑥ 교량의 하부 객체가 모델링되는 레벨을 작성합니다.

구성	측점	교대교각 상단레벨	교대교각 기초레벨
A1	2+000.00	79,655	70,000
P1	2+050.00	80,306	66,000
P2	2+100.00	80,956	65,000
P3	2+150.00	81,607	61,000
P4	2+200.00	82,258	57,000
P5	2+250.00	82,908	58,000
P6	2+300.00	83,559	62,000
P7	2+350.00	84,210	59,000
P8	2+400.00	84,860	64,000
P9	2+450.00	85,511	60,000
P10	2+500.00	86,162	67,000
P11	2+550.00	86,812	68,000
P12	2+600.00	87,463	71,000
A2	2+650.00	88,114	80,000

레벨이름	상단 레벨
2+000.00	83.685
2+050.00	84.336
2+100.00	84.986
2+150.00	85.637
2+200.00	86.288
2+250.00	86.938
2+300.00	87.589
2+350.00	88.240
2+400.00	88.890
2+450.00	89.541
2+500.00	90.192
2+550.00	90.842
2+600.00	91.493

2+600.00 ▽
91493
2+550.00 ▽
90842
2+500.00 ▽
90192
2+450.00 ▽
89541
2+400.00 ▽
88890
2+350.00 ▽
88240
2+300.00 ▽
87589
2+250.00 ▽
86938
2+200.00 ▽
86288
2+150.00 ▽
85637
2+100.00 ▽
84986
2+050.00 ▽
84336
2+000.00 ▽
83685

2) 교대 배치
① 샘플폴더에서 [3.협업(지형 및 구조물)₩ 6.교량고급모델_시작.rvt] 파일 열기합니다.
② [삽입탭–라이브러리에서 로드 패널–패밀리 로드]를 선택하여 교대, 교각 패밀리들을 로드
합니다.

③ [구조탭-분리됨(독립기초)]를 선택해 "교대기초"를 선택합니다. 레벨 : A1 기초, 배치 후 회전을 선택해 그리드에 직각이 되도록 배치합니다.

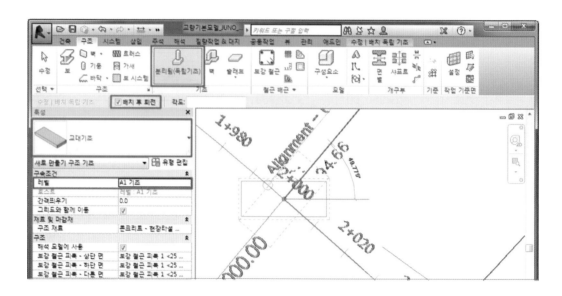

④ 교대버림 콘크리트는 기초 하단에 배치 되도록 간격띄우기에 "-2000"을 입력하고 배치합니다.

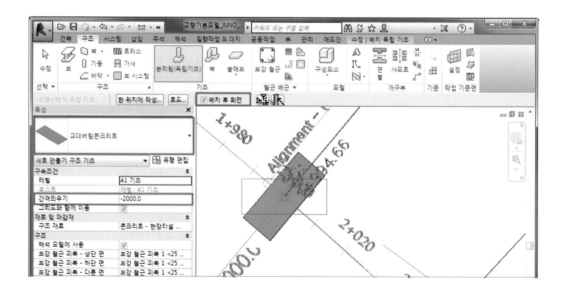

⑤ 교대 본체를 배치 하기전 [건축탭-설정]을 클릭해 "레벨 : A1 기초"로 작업 기준면을 변경합니다.

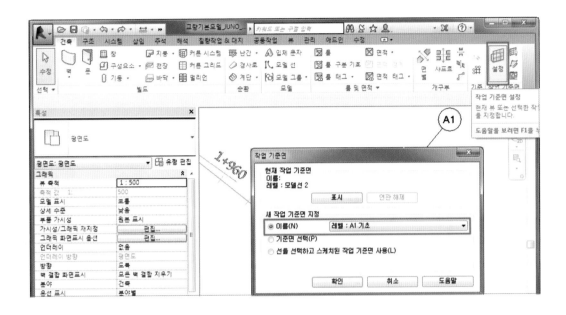

⑥ [구조탭-기둥]을 선택해 "교대본체"로 패밀리 유형을 변경하고 "높이 : A1 상단"으로 변경하고 작업공간에 배치합니다.

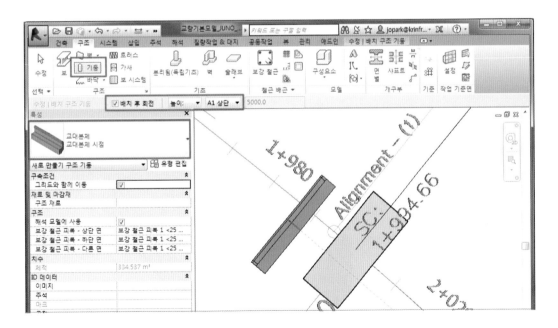

⑦ [수정탭–정렬]을 선택해 기초의 중심과 교대본체의 중심을 일치 시킵니다.

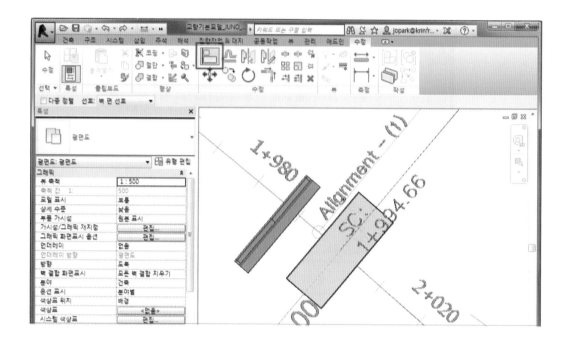

⑧ 배치된 교대본체와 기초를 선택해 교대본체의 중간점을 그리드 교차점으로 이동합니다.

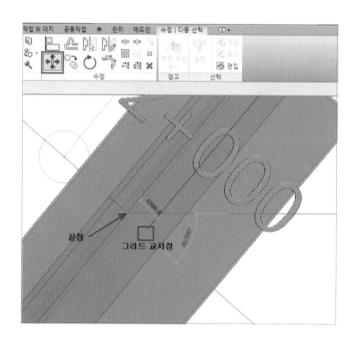

⑨ [건축탭-구성요소 배치]를 선택합니다. 그리고 특성창에서 "받침(면기반)" 유형을 선택하고 배치 구성요소 활성화 탭에서 면에 배치를 선택합니다.

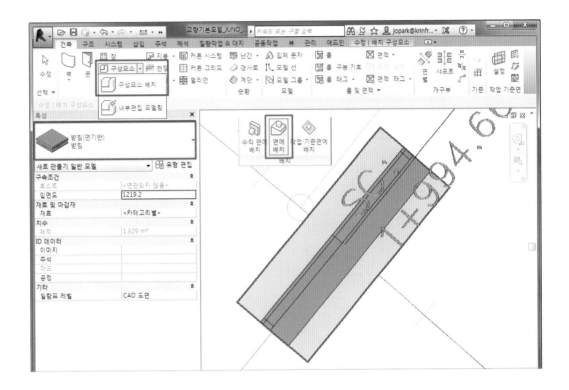

⑩ 받침을 교대에 배치하고 정렬기능을 이용해 중심에 위치를 맞춥니다.

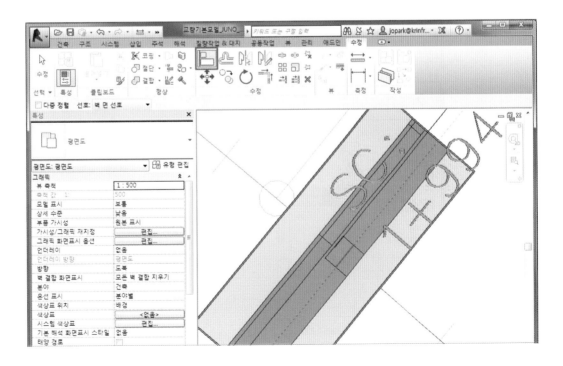

⑪ [수정탭-복사]아이콘을 선택하고 좌우측으로 "4500" 간격으로 복사합니다.

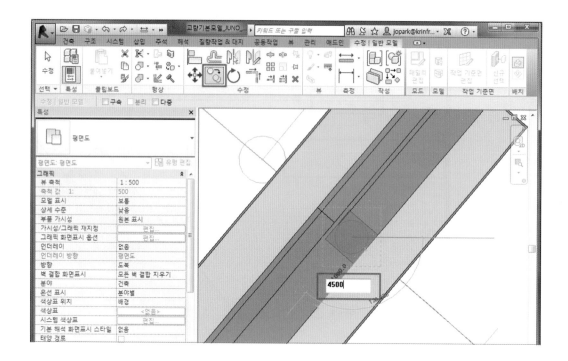

⑫ 받침 배치가 완료 되면 교대 날개벽 작성을 위해 교대에 대각선으로 평행하게 단면도를
작성합니다.

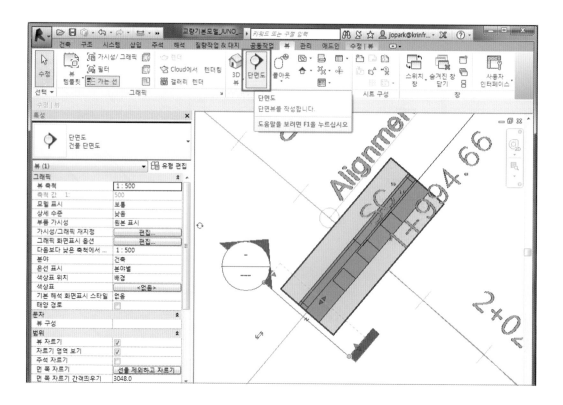

⑬ 작성된 단면도 뷰에서 [건축탭-설정]을 클릭해 작업 기준면을 교대의 단면으로 설정합니다.

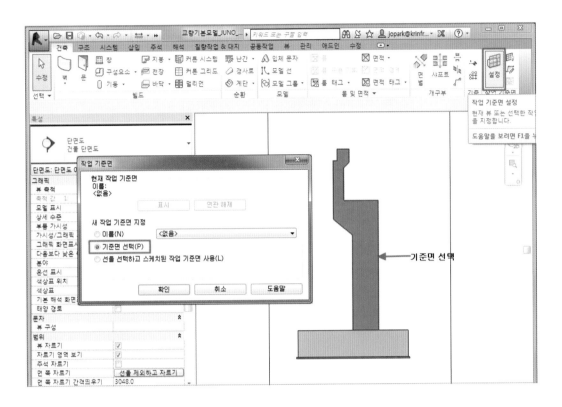

⑭ [건축탭-내부편집 모델링]을 선택해 카테고리는 일반 모델을 선택합니다.
그리고 이름에 "A1 날개벽"을 적고 확인을 눌러 모델링 작성을 준비 합니다.

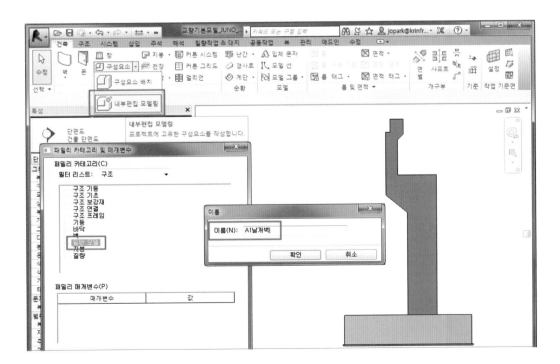

⑮ [작성탭–돌출]을 클릭해 교대본체와 기초에 맞닿은 면은 선 선택으로 선택하고 아래 그림을 참고해 치수를 입력해서 선을 스케치 합니다. 그리고 깊이에 "–450"을 입력하고 모델을 완료 합니다.

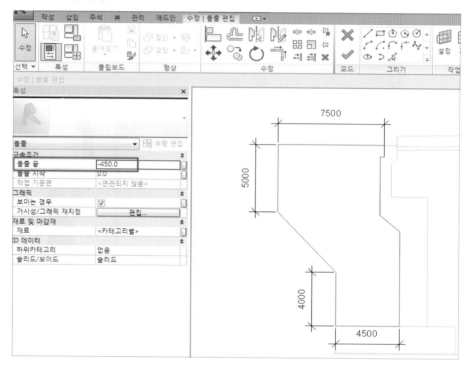

⑯ 작성이 완료된 날개벽은 대칭 기능을 이용해 반대편에 대칭하고 교대 날개벽 모델링을 완성합니다. (반대편 날개벽은 복사 또는 새롭게 작업하여 완료하셔도 됩니다.)

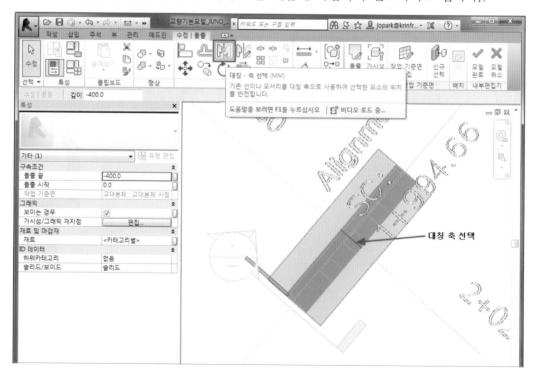

⑰ 모델링이 완성되면 특성데이터를 입력합니다.

  교대의 기초를 선택하고 특성창에서 "주석 : 교대기초", "마크 : A1"을 입력합니다.

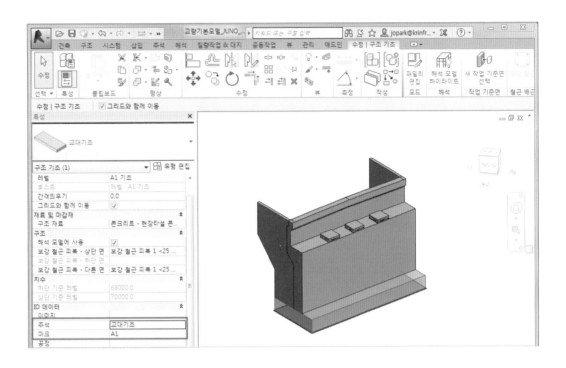

⑱ 아래 그림을 참고해 교대의 나머지 부분도 특성 정보를 입력합니다.

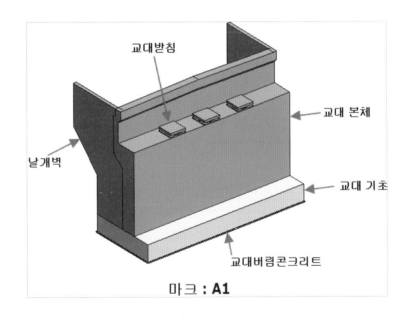

마크 : **A1**

3) 교각 배치

① [구조탭-분리됨(독립기초)]를 선택해 교각기초"를 선택합니다. 레벨 : P1 기초, 배치 후
회전을 선택해 그리드에 직각이 되도록 배치합니다.

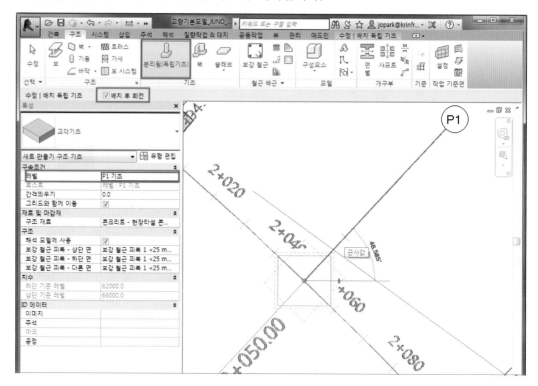

② 교각버림콘크리트는 기초 하단에 배치 되도록 간격띄우기에 "-4000"을 입력하고 배치
합니다.

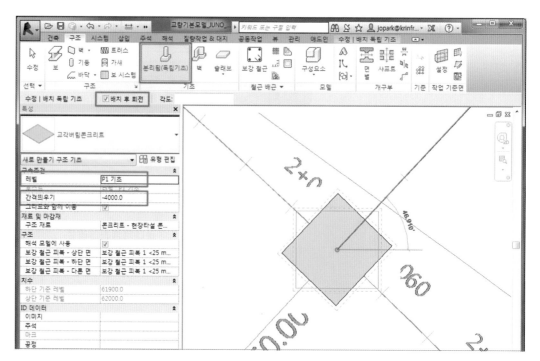

③ 교각 기둥의 배치를 위해 작업 기준면을 "P1 기초"로 변경합니다. 그리고 [구조탭-기둥]
을 선택하고 "높이 : P1 상단"으로 변경한 다음 기초에 배치합니다.

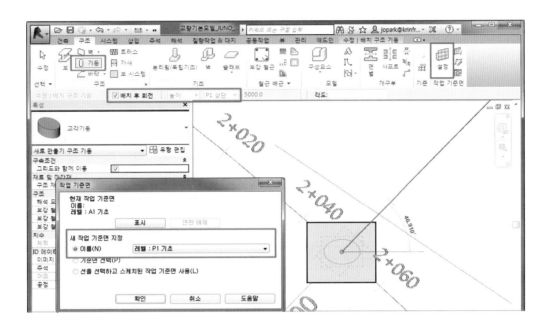

④ 교각 기둥의 배치를 한 다음 코핑 배치를 위해 상단 간격띄우기에 "-5000"을 입력합니다.

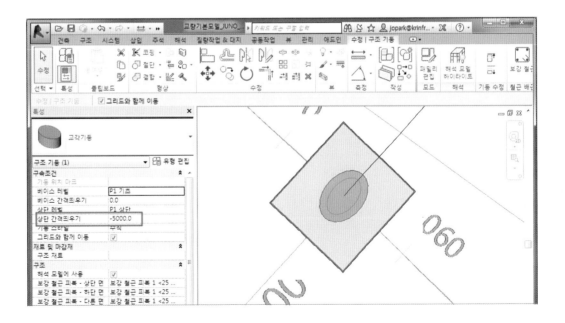

⑤ 기둥을 배치한 다음 [구조탭-보]를 클릭하고 특성창에서 교각코핑 패밀리를 선택하고
특성창에서 아래의 정보로 특성을 변경합니다.

• 배치기준면 – 레벨 : P1 상단
• 구속조건 참조레벨 – P1 상단
• Z축 맞춤 – 원점
  특성 변경 후 "13000"의 길이로 보를 작성합니다.

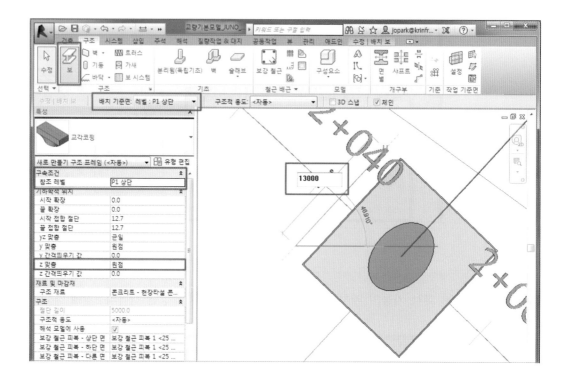

⑥ 작성된 코핑을 정렬기능을 이용해 중심선과 중심선을 맞춰 기둥위에 배치 되도록 합니다.

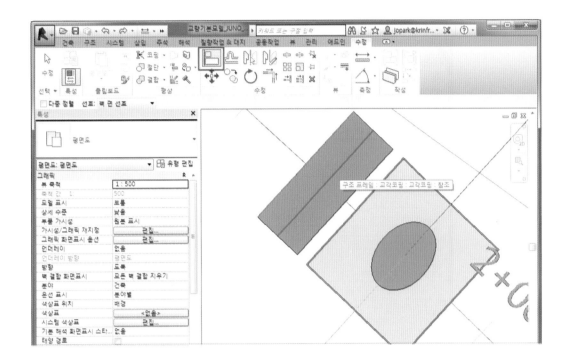

⑦ [건축탭-구성요소 배치]를 선택합니다.

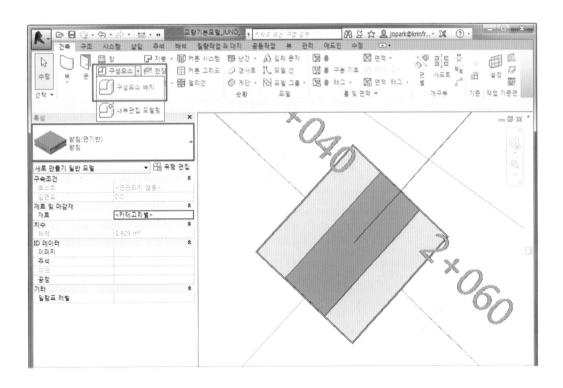

⑧ 특성창에서 "받침(면기반)" 유형을 선택하고 배치 구성요소 활성화 탭에서 면에 배치를 선택해 코핑위에 받침을 배치합니다.

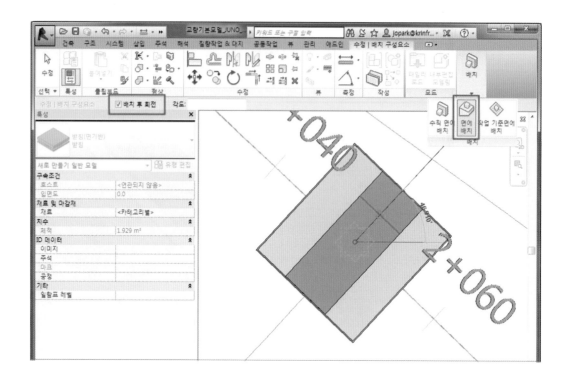

⑨ 배치된 받침을 [수정탭−복사]를 이용해 좌우로 "4000" 간격으로 복사 합니다.

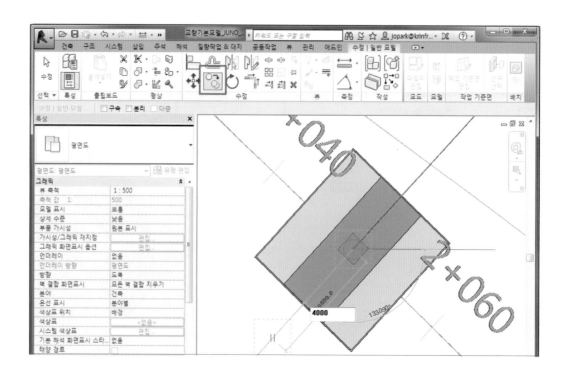

⑩ 모델링이 완성되면 특성데이터를 입력합니다. 교각의 기초를 선택하고 특성창에서 "주석 : 교각기초", "마크 : P1"을 입력합니다.

⑪ 아래 그림을 참고해 교각의 나머지 부분도 특성 정보를 입력합니다.

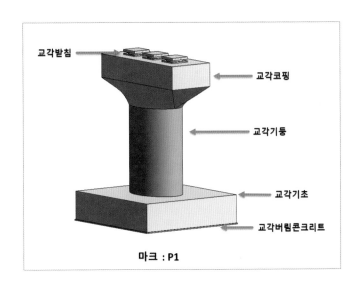

마크 : P1

⑫ A2교대와 P2~P12교각도 위의 방법을 적용해 모델링을 작성합니다.

4) 상부모델링
① 평면뷰에서 전체 모델을 선택한 다음 필터를 클릭해 그리드의 체크를 해제 하고 뷰에서 숨기기 - 요소를 선택합니다.

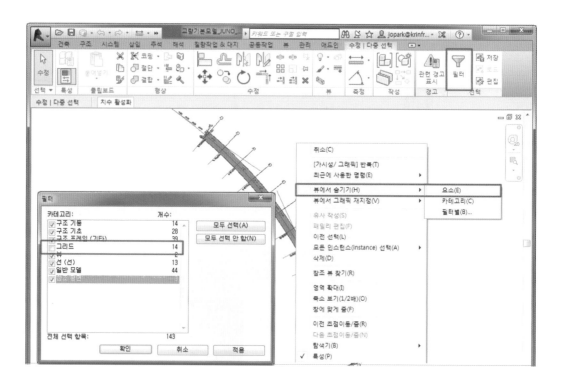

② [구조탭-보]를 선택해 상부 유형을 선택 하고 아래의 설정을 적용한 다음 그리기 패널의 호를 이용해 그리드의 그리드 끝점과 그리드 끝점을 연결하고 반지름 "1,000,000"으로 작성 합니다.

- 패밀리 유형 : 상부
- 배치 기준면 : 2+000.00
- 참조 레벨 : 2+000.00
- Z 맞춤 : 원점

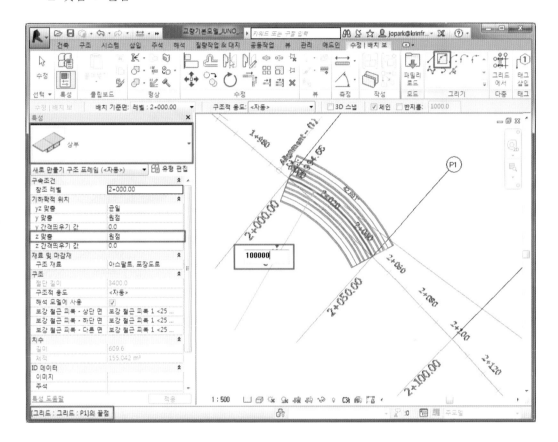

③ 계속해서 동일한 방법을 적용하여 P7 그리드 까지 호를 이용해 상부모델링을 작성합니다.

- 패밀리 유형 : 상부
- 배치 기준면 : 2+050.00
- 참조 레벨 : 2+050.00
- Z 맞춤 : 원점

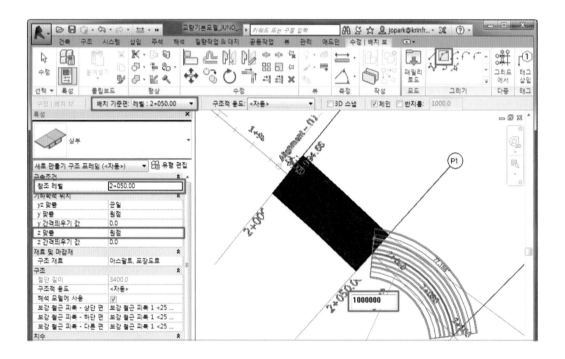

④ P7그리드 ~ P12 그리드의 상부 모델링은 직선으로 모델링 합니다.

- 패밀리 유형 : 상부
- 배치 기준면 : 2+350.00 ~ 2+600.00
- 참조 레벨 : 2+350.00 ~ 2+600.00
- Z 맞춤 : 원점

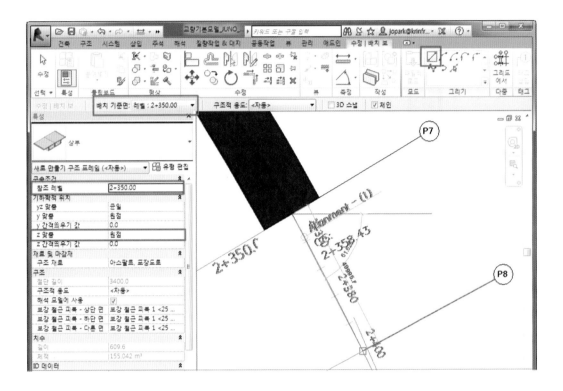

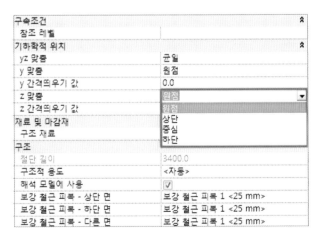

- Z 맞춤
- 원점
  패밀리를 작성할 때 원점이 기준
- 상단
  객체의 상단 점이 기준
- 중심
  객체의 중심점이 기준
- 하단
  객체의 하단점이 기준

⑤ 상부 모델링이 완료 되면 3D뷰에서 전체 모델을 선택하고 필터옵션에서 "구조 프레임
(기타)"만 체크하고 확인을 클릭합니다.

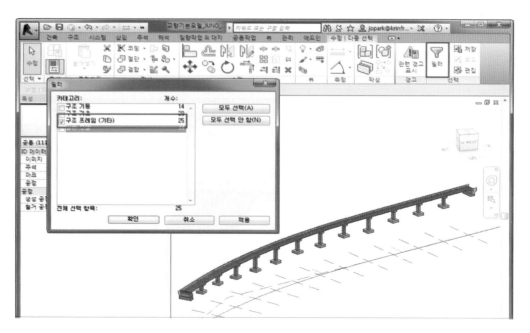

⑥ 구조 프레임만 선택이 되고 특성창에서 끝 레벨 간격띄우기 값에 "650"을 입력 합니다.
그리고 주석란에 상부를 입력해 특성을 적용 합니다.
(도로 구배 적용을 위한 간격띄우기 설정합니다.)

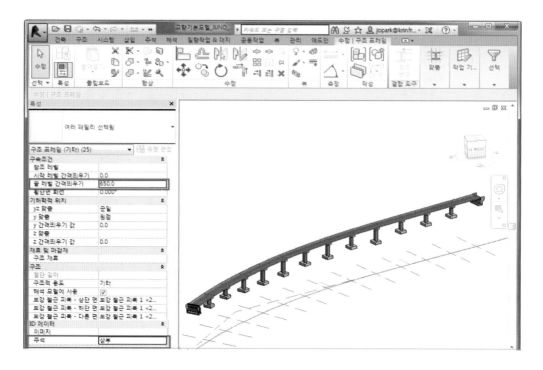

⑦ 포장층 모델링은 상부 모델링과 동일한 방법으로 그리드의 끝점과 끝점을 연결해 모델링을 진행합니다.

- 패밀리 유형 : 상부
- 그리기 : 호
- 배치 기준면 : 2+000.00 ~2+300.00
- 참조 레벨 : 2+000.00 ~2+300.00
- Z 맞춤 : 원점
- 호 반지름 : 1,000,000

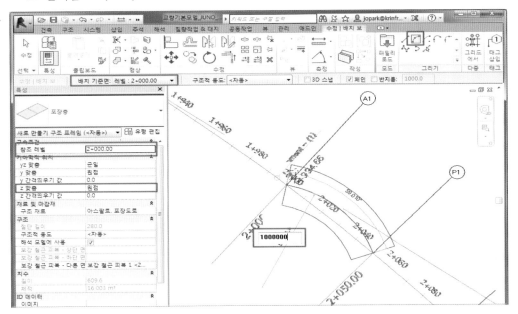

- 패밀리 유형 : 상부
- 그리기 : 직선
- 배치 기준면 : 2+350.00 ~2+600.00
- 참조 레벨 : 2+350.00 ~2+600.00
- Z 맞춤 : 원점

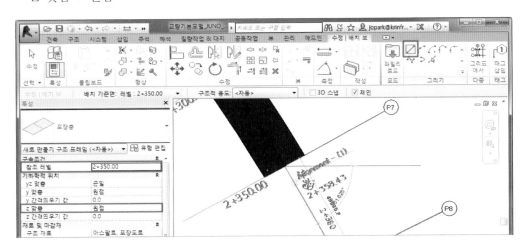

협업(Civil 3D + Revit) 및 좌표공유 part 05

⑧ 모델링이 완성되면 3D뷰에서 포장층을 선택하고 마우스 오른쪽 버튼을 눌러 "모든 인
   스턴스 선택 - 뷰에 나타남"을 클릭해 모든 포장층을 선택합니다. 그리고 "끝 레벨 간
   격띄우기 : 650, 주석 : 포장층"을 입력합니다.

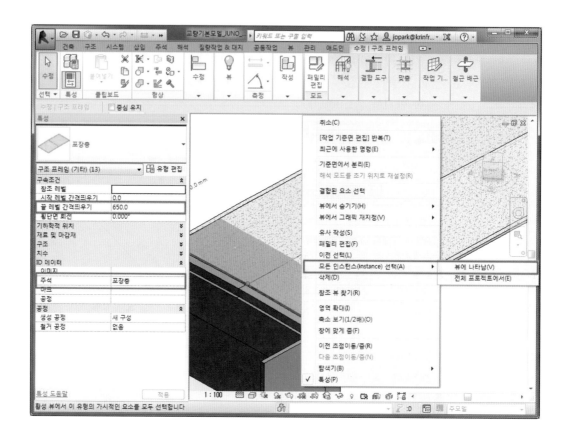

⑨ 여기까지는 상부 모델링을 직접 그려서 모델링 하는 방법에 대해서 알아보았습니다. 하
   지만 상부 모델 배치에서 조금더 쉬운 방법으로는 "선 선택으로 모델링" 작성하는 방법
   이 있어 간단히 알아보도록 하겠습니다.

⑩ 선이 배치 될 레벨을 만들고 그 레벨을 배치 기준면으로 해서 A1~P7그리드 까지 키보드의 "TAB" 키를 이용해서 각 그리드의 끝점을 잇는 호를 그립니다.
(여기서 선은 "레벨 모델선"에 그려집니다.)

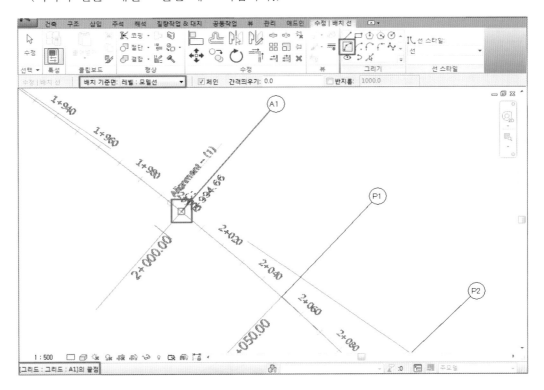

⑪ 같은 방법으로 P7~P12그리드는 선을 이용해서 직선을 그립니다.

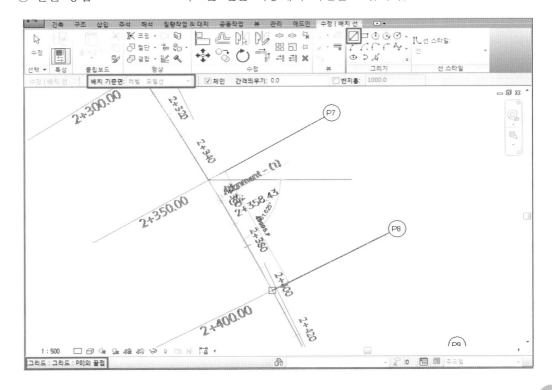

⑫ 상부를 배치 할 때 "선 선택"을 클릭하여 "참조레벨, 배치기준면, Z 맞춤"을 설정한 다음
그려진 선을 선택하면 자동으로 상부 모델이 원하는 레벨에 배치됩니다.

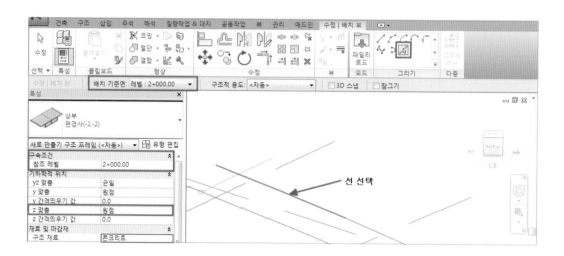

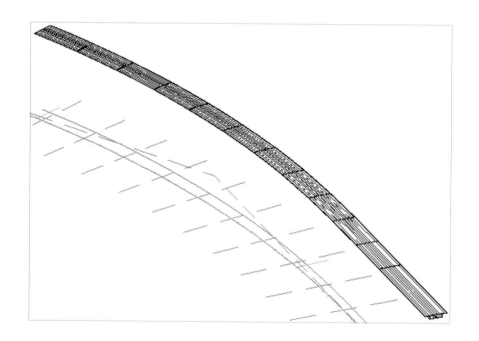

5) 교량 방호벽 모델링

① [건축탭-빌드패널-구성요소-내부편집 모델링]을 선택합니다.

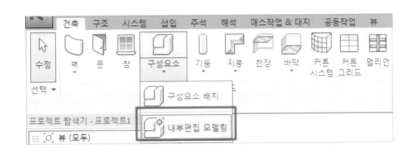

② 패밀리 카테고리 및 매개변수는 "구조 프레임"을 선택한 후 이름은 "교량 방호벽"로 부여합니다.

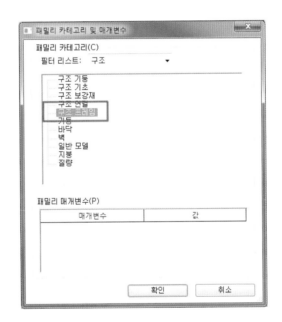

③ [작성탭-양식패널-스윕]을 선택합니다.

④ [스윕패널–경로선택]을 선택하고 "3D모서리 선택"을 체크 한 후 상부 객체의 모서리를
  선택합니다.

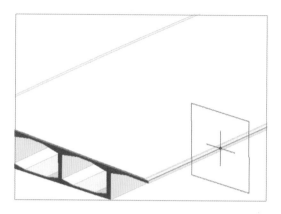

⑤ 경로 스케치 완료 후 프로파일로드를 선택하여 "방호벽" 프로파일을 로드하고 프로파일
  을 "방호벽"으로 적용합니다. (경우에 따라서는 프로파일 "각도 조정 및 반전" 기능 이
  용하여 방호벽 프로파일을 아래와 같이 정상적으로 배치합니다.)

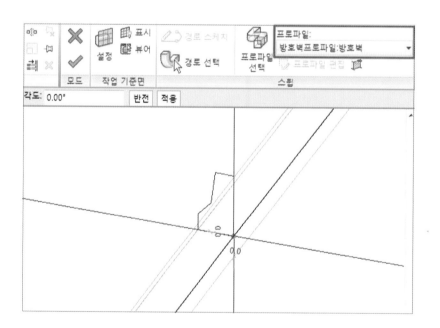

⑥ 완료된 스윕을 확인 하고 반대편 부분도 위와 같은 스윕으로 방호벽 작성하여 교량 전체 모델링을 완성합니다.

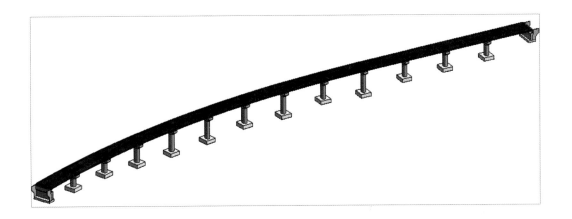

6) 교량 CAD DWG파일로 내보내기

① 공유 좌표 설정을 위해 CAD의 좌표를 획득 합니다.

[관리탭-좌표-좌표 획득]을 클릭하고 링크된 CAD도면을 선택합니다.

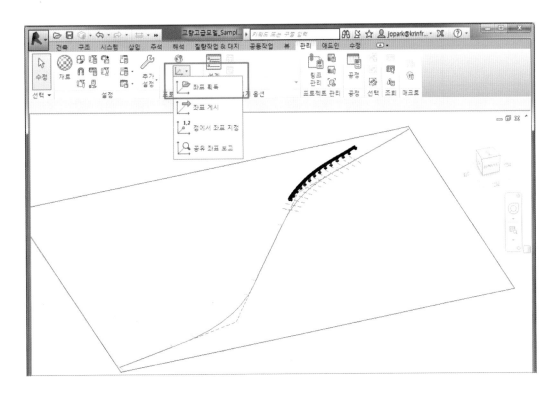

② DWG로 내보내기 할 때 뷰에 표시된 객체들이 전부 내보내기 때문에 CAD링크 도면 또한 내보내지게 됩니다. CAD링크 도면을 제외하고 싶을 때는 [그래픽 가시성 창(키보드 VV) - 가져온 카테고리 탭] 링크된 DWG도면의 체크를 해제 합니다.

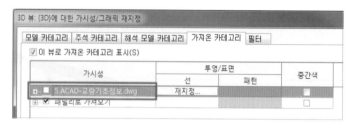

③ 3D 뷰 상태에서 [응용프로그램버튼 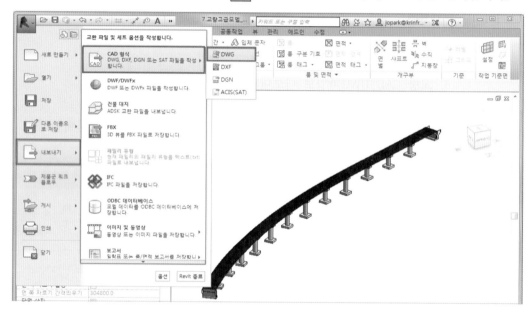 -내보내기-CAD 형식-DWG]를 선택합니다.

④ DWG 내보내기 창에서 "내보내기 설정" 버튼을 클릭합니다.

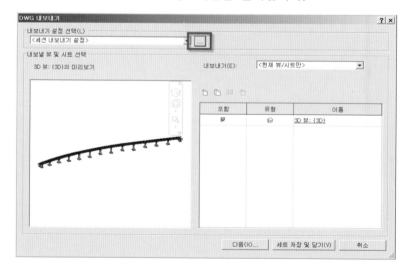

⑤ [DWG/DXF 내보내기 설정 수정] 창에서 다양한 내보내기 옵션을 지정할 수 있습니다. "솔리드" 탭에서 "ACIS솔리드" 체크합니다.

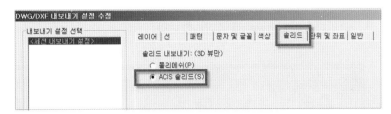

⑥ "단위 및 좌표" 탭에서 "단위 : 미터", "좌표계 기반 : 공유"에 체크 후 확인 클릭합니다.

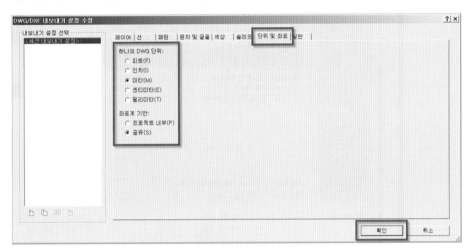

⑦ DWG내보내기 창에서 다음을 눌러 DWG 파일을 저장합니다.

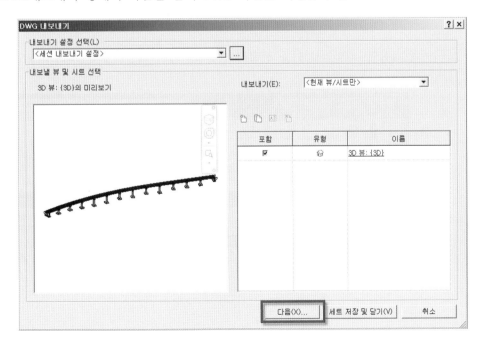

(2) 터널 프로젝트 모델링

1) 터널 모델링

① 새 프로젝트를 만들기 하고 [삽입탭-CAD 링크]를 선택해 샘플폴더에서 "2.ACAD-터널 코리더솔리드.dwg"를 삽입 합니다.

② [삽입-패밀리로드]를 선택해 샘플폴더에서 터널프로파일패밀리.rfa파일을 로드 합니다.

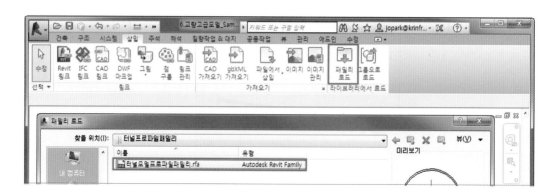

③ [건축탭-구성요소-내부편집 모델링]을 선택하고 패밀리 카테고리는 "구조 프레임",
   이름은 "터널"로 작성합니다.

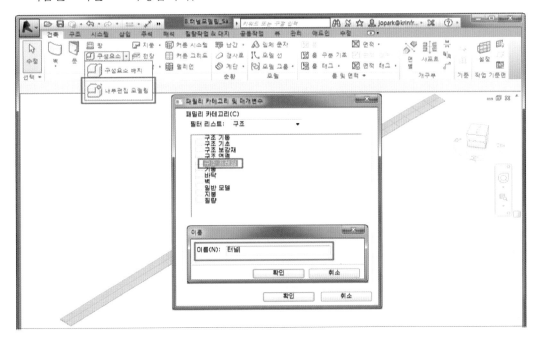

④ 내부편집 모델링의 작성탭에서 스윕을 선택하고 경로 선택을 클릭합니다.

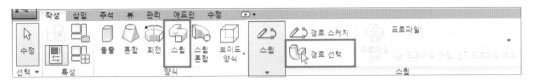

⑤ 3D모서리 선택을 체크한 다음 링크된 3D솔리드의 중심선을 클릭해서 경로를 지정합니다.

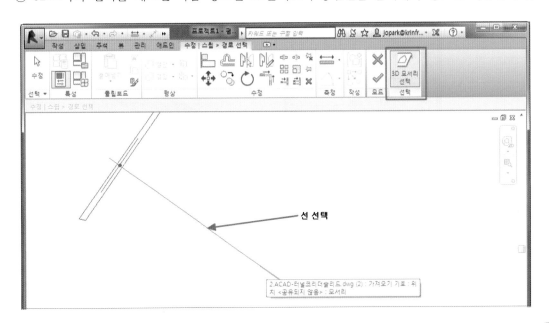

선 선택

⑥ 경로를 선택한 다음 로드 된 "터널프로파일패밀리"를 선택하고 완료 버튼을 누릅니다. (스윕 경로를 3차원 솔리드 선을 지정하였기 때문에 정확하게 수평으로 프로파일이 정의 되지 않습니다. 경우에 따라서는 프로파일 각도 조정하여 터널프로파일을 수평이 되게 배치할 필요도 있습니다.)

⑦ 모델이 완성되면 특성창 [ID데이터–주석]란에 터널이라는 정보를 입력합니다.

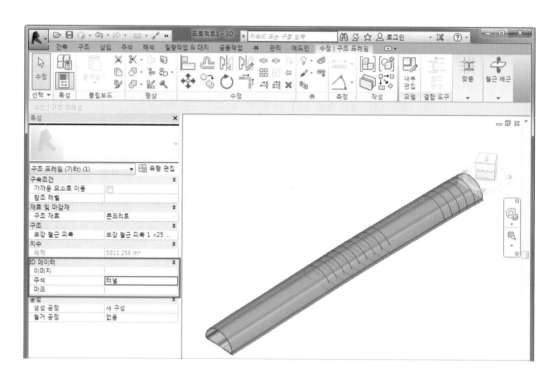

2) 터널 CAD DWG파일로 내보내기

① 공유 좌표 설정을 위해 CAD의 좌표를 획득 합니다.

[관리탭-좌표-좌표 획득]을 클릭하고 링크된 CAD도면을 선택합니다.

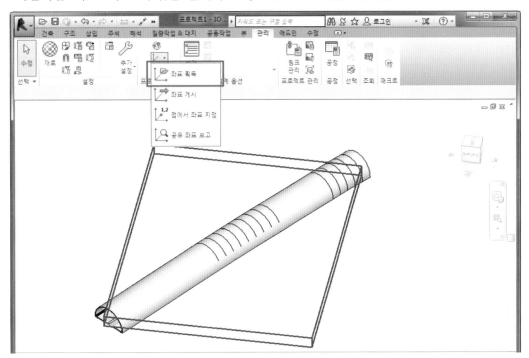

② [그래픽 가시성 재지정 창(키보드 VV) - 가져온 카테고리 탭]에서 링크된 DWG도면의 체크를 해제 합니다.

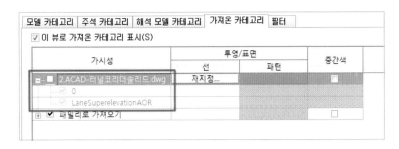

③ [응용프로그램버튼 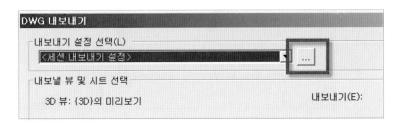 -내보내기-CAD 형식-DWG]를 선택합니다.

④ DWG 내보내기 창에서 "내보내기 설정" 버튼을 클릭합니다.

⑤ [DWG/DXF 내보내기 설정 수정] 창에서 다양한 내보내기 옵션을 지정할 수 있습니다.
　"솔리드" 탭에서 ACIS솔리드 체크합니다.

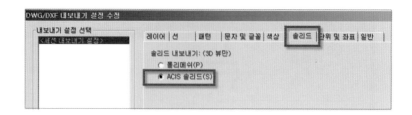

⑥ "단위 및 좌표" 탭에서 "단위 : 미터", "좌표계 기반 : 공유"에 체크 후 확인 클릭합니다.

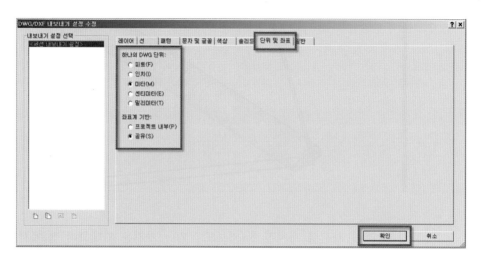

⑦ DWG내보내기 창에서 다음을 눌러 DWG 파일을 저장합니다.

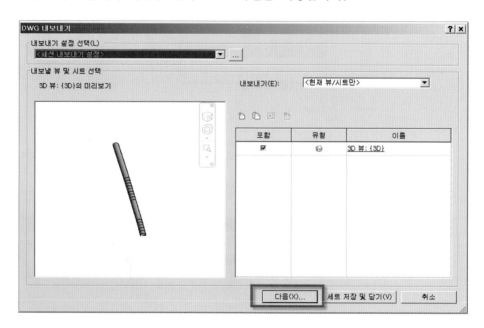

Civil 3D 구조물 모델 검토

(1) Civil 3D 도면에서 교량 및 터널 솔리드 객체 가져오기

　　Civil 3D에서 도로 설계한 데이터와 Revit에서 교량/터널 모델링한 솔리드를 가져오기하여 종합적인 도로설계를 검토할 수 있습니다.

　　① 샘플폴더에서 [3.협업(지형 및 구조물)₩ 14.전체계획 지형 및 터널 및 교량 가져오기.dwg] 파일 열기합니다.

　　② [리본 – 삽입] 탭에서 [블록 삽입] 클릭합니다. (명령창에서 "Insert" 명령)

　　③ 삽입 창에서 "8.교량고급모델_CAD솔리드.dwg" 선택하여 가져오기 합니다.

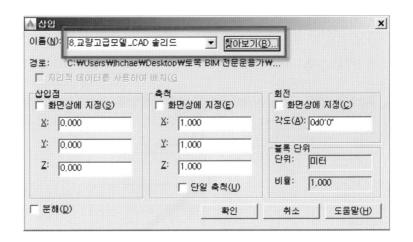

④ 좌표를 정확하게 인식하여 블록으로 가져올 수 있습니다.
  터널(11. 터널본선모델_CAD 솔리드)도 같은 방법으로 가져오기 합니다.

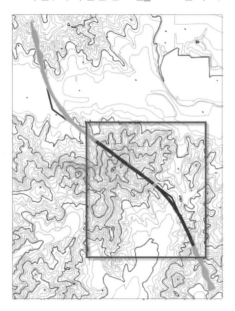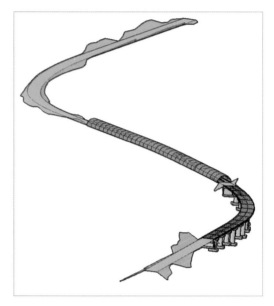

(2) 교량 및 터널 솔리드 종단/횡단 투영
  AutoCAD의 솔리드 객체를 종단/횡단에 투영하여 검토 가능합니다. 투영 스타일을 조정하여
  사용자가 원하는 형상으로 표현할 수 있습니다.

① 터널 또는 교량 블록을 EXPLODE 하여 솔리드로 변경합니다.
② 솔리드 객체는 종단뷰/횡단뷰에 투영하여 표현할 수 있습니다.
③ [리본 - 홈] 탭에서 [종단뷰 - 객체를 종단 뷰에 투영] 클릭합니다.

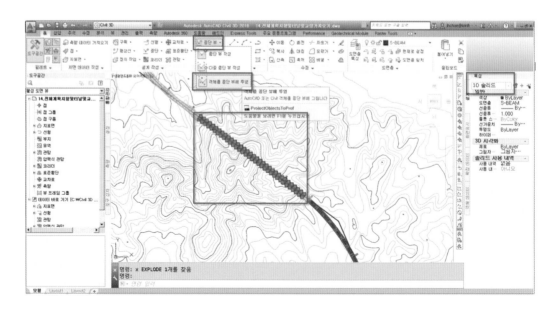

④ 표현할 종단뷰 화면에서 마우스 클릭하여 종단뷰 선택합니다.

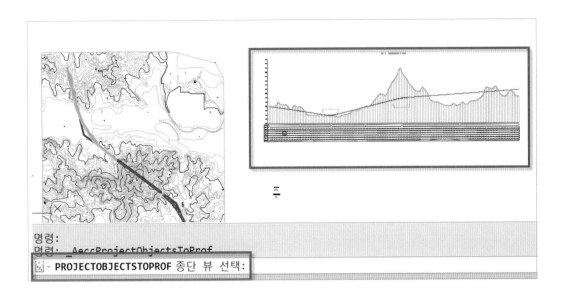

⑤ [객체를 종단 뷰에 투영] 창에서 스타일 변경을 위해 "Basic" 클릭합니다.

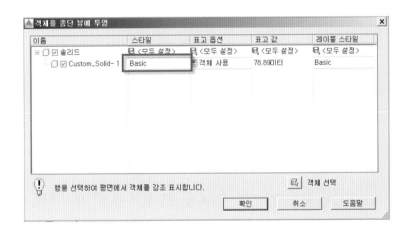

⑥ [투영 스타일 선택] 창에서 "Basic"의 "현재 선택요소 편집" 클릭합니다.

⑦ [투영 스타일 – Basic] 창 [종단] 탭에서 아래와 같이 설정합니다.

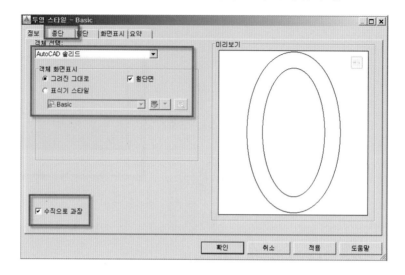

⑧ 종단에 터널과 종단 형상에 솔리드 투영이 됩니다.

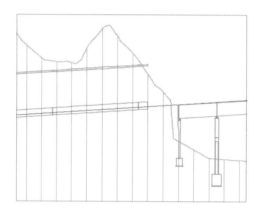

⑨ 횡단도 같은 방식으로 "객체를 횡단뷰에 투영" 명령으로 솔리드를 표현할 수 있습니다.

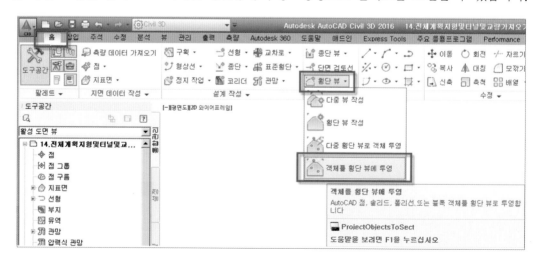

(3) 전체 계획지형 통합

"15.전체계획 지형완료(도로 코리더, 터널, 교량).dwg"도면은 터널 갱구부 모델/교량 앞성토 등 지형 및 구조물 보완 작업을 완료한 도면입니다. 이 지형 모델 이용하여 Navisworks 및 InfraWorks에서 계속해서 작업하도록 하겠습니다.

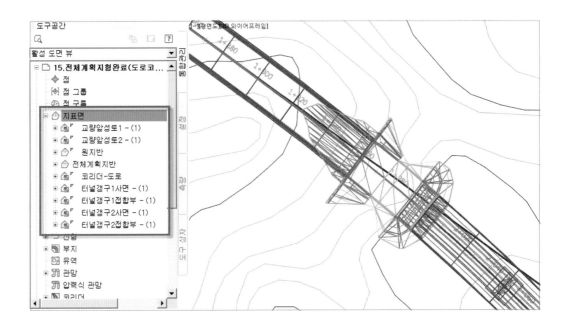

제6편

Navisworks 활용
설계검토 및 공정관리

06

Navisworks 활용 설계검토 및 공정관리

chapter 01

소개

Autodesk® Navisworks® Manage는 설계 의도와 건설 가능성의 분석, 시뮬레이션 및 커뮤니케이션을 지원하는 포괄적인 프로젝트 검토 솔루션입니다. 여러 부서에서 다양한 빌딩 정보 모델링(BIM), 디지털 프로토타입 및 프로세스 플랜트 설계 응용프로그램으로 만든 설계 데이터를 하나의 모델 파일로 통합할 수 있습니다. 간섭 관리와 충돌 감지 도구 덕분에 설계 및 건설 전문가들은 실제 공사에 앞서 잠재적 문제점을 미리 예상하고 방지함으로써 많은 비용을 초래하는 일정 지연이나 재작업을 최소화 할 수 있습니다. Autodesk® Navisworks® Manage는 공간 조정과 프로젝트 일정을 연결해 4D 시뮬레이션과 분석을 제공합니다. 전체 프로젝트 모델을 게시해 자유롭게 NWD나 DWF™ 파일 형식으로 확인할 수 있습니다.

- 모델 파일 및 데이터 병합 – 프로젝트를 전체적으로 검토할 수 있도록 프로젝트 데이터를 단일 모델로 통합
- 실시간 탐색 – 프로젝트 모델을 모든 측면에서 검사
- 검토 툴킷 – 파일 크기나 형식에 상관없이 3D 프로젝트 검토
- 협업 툴킷 – 프로젝트 검토 과정 간소화
- NWD 및 3D DWF™ 게시– 프로젝트를 쉽게 배포할 수 있는 압축 파일로 게시
- 5D 일정 – 모델 데이터를 프로젝트 일정 및 비용과 연계시켜 프로젝트 작업을 시뮬레이션하고 계획 수립
- 사실적 시각화 – 현실감 있는 이미지와 애니메이션을 제작해 이해를 도움
- 충돌 및 간섭 체크 – 실제 공사를 시작하기 전에 충돌이나 간섭 파악

■프로그램 기능 Comparison

기능	Autodesk® Naviswork® Manage	Autodesk® Naviswork® Simulate	Autodesk® Naviswork® Freedom
프로젝트 확인			
실시간 3D 시각화 및 탐색	✓	✓	✓
전체 팀 검토	✓	✓	✓
프로젝트 검토			
파일 및 데이터 병합	✓	✓	
검토 툴킷	✓	✓	
NWD 및 3D DWF™ 게시	✓	✓	
협업 툴킷	✓	✓	
시뮬레이션 및 분석			
5D 일정	✓	✓	
사실적 시각화	✓	✓	
객체 애니메이션	✓	✓	
조정			
충돌 및 간섭 체크	✓		
충돌 및 간섭 관리	✓		

지원포맷	확장자	지원포맷	확장자
Navisworks	.nwd .nwf .nwc	Inventor	.ipt .iam. ipj
AutoCAD	dwg, .dxf, .sat	Leica	.pts .ptx
MicroStation (SE & J)	.dgn .prp .prw	Riegl	.3dd
Catia	.model, .session, .exp, dlv3, .CATPart, .CATProduct, .cgr	Pro/Engineer	.prt, .asm, .g, .neu
3D Studio	.3ds .prj	PDMS	.rvm
ASCII Laser File	.asc .txt	SketchUp	.skp
ACIS SAT	.sat	STEP	.stp .step
DWF	.dwf	STL	.stl
Faro	.fls .fws .iQscan .iQmod .iQwsp	Trimble	ASCII laser file
IFC / CS/2	.ifc	VRML	.wrl .wrz
IGES	.igs .iges	Z+F	.zfc .zfs
Informatix	.man .cv7	Siemens PLM	.jt
Parasolid Binary	.X_B	SolidWorks	.prt, . Asm, SLDASM, SLDPRT
NX	*.prt	PDS Design Review	*.dri

Autodesk Navisworks 인터페이스는 직관적이며 쉽게 배우고 사용할 수 있습니다.
사용자 여러분들은 작업 방식에 맞게 응용프로그램 인터페이스를 조정할 수 있습니다.
자주 사용하지 않는 고정 창을 숨기거나 자주 사용하는 고정 창을 크게 할 수 있습니다.

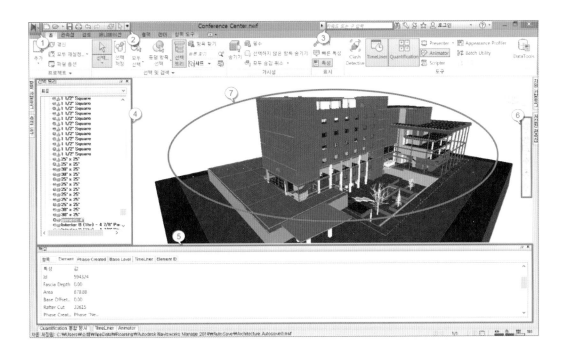

① 응용프로그램 버튼
② 신속 접근 도구막대
③ 정보 센터
④ 고정 가능한 창(선택 트리, 특성 등)
⑤ 고정 가능한 창
⑥ 탐색 막대
⑦ 장면 뷰

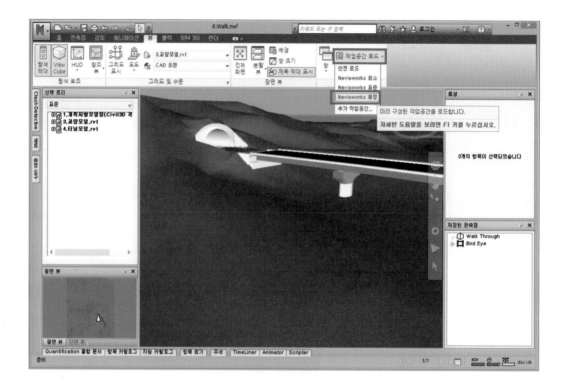

Autodesk Navisworks는 사전 정의된 작업공간과 함께 제공됩니다. 이러한 작업공간은 있는 그대로 사용하거나 사용자화하여 사용자가 지향하는 작업 환경으로 저장할 수 있습니다. [뷰 탭 – 작업공간 패널 ➡ 작업공간 로드] 를 선택합니다. 작업 공간은 미리 약속된 공간에서 프로젝트를 진행하게 됩니다. 이번 교재에서는 모두 [Navisworks 확장]에서 진행합니다.

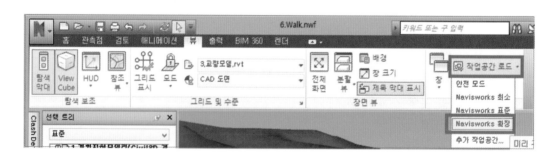

Navisworks 파일의 특성

Autodesk Navisworks는 23종류의 서로 다른 파일 형식을 읽어 들일 수 있습니다. 하지만 Navisworks는 각각의 특성에 따라 파일의 형식을 지정하여 저장하거나 불러들이기 할 수 있습니다.

■ NWC

CAD파일을 Autodesk Navisworks로 읽어올 때 자동으로 생성됩니다. 이렇게 하면 캐시 파일을 사용할 수 있으므로 다음에 해당 CAD 파일(이 파일이 수정되지 않은 경우)을 열 때 실질적으로 프로세스의 속도가 빨라집니다. 이 효과는 수십 개에서 수백 개의 CAD 파일이 포함된 프로젝트를 열 때 특히 두드러집니다. 즉, 이러한 파일에는 CAD 파일을 Autodesk Navisworks 형식으로 변환하는 데 필요한 관련 데이터만 포함됩니다.

Autodesk AutoCAD, Revit 및 3ds Max와 Bentley MicroStation을 비롯하여 지원되는 CAD 응용프로그램에서 Exporter Plugin 모듈을 통해 직접 내보낼 수 있습니다.

■ NWF

참조 파일이며 지오메트리를 포함하지 않습니다. 이 파일에는 함께 열고 추가하는 원래 파일 및 Autodesk Navisworks에서 모형에 수행하는 모든 작업에 대한 포인터가 포함되어 있습니다. 모든 CAD 파일을 추가한 후에는 프로젝트에 대해 마스터 NWF 파일을 저장하는 것이 좋습니다. 그러면 이후에 NWF를 열 때 각 파일이 다시 열립니다. 그러나 실제로는 이 작업이 보다 지능적인 방식으로 실행됩니다. 즉, 해당 NWC 파일이 있는지 확인되고 CAD 파일이 마지막으로 변환된 이후에 수정되었는지 확인됩니다. 수정된 경우 CAD 파일이 다시 읽히고 다시 캐시 됩니다. 수정되지 않은 경우에는 캐시 파일이 사용되어 로드 되는 프로세스의 속도가 빨라집니다.

■ NWD

모든 지오메트리 및 Autodesk Navisworks에서 모형에 수행하는 모든 작업을 포함하는 완전한 데이터 세트입니다. 이 파일은 고 압축되며 암호 보호 기능으로 보안을 설정할 수 있습니다. NWD 파일은 프로젝트 전체를 모든 관련자와 공유할 때 사용하면 좋은 형식으로, 개별 분야에서 해당 설계가 전체 프로젝트에 맞는지 확인할 수 있습니다. NWD 파일은 무료 뷰어인 Autodesk Navisworks Freedom 2014에서 검토할 수 있습니다. 표식을 추가하고 프로젝트를 완전히 분석해야 하는 경우에는 정식 Autodesk Navisworks 제품을 사용합니다.

Navisworks에서 읽기 가능한 파일은 23종이며 아래의 그림과 같이 각각의 로더(Roader)를 내장하고 있습니다.

chapter 04

프로젝트 추가

Autodesk Navisworks는 협업을 위한 강력한 기능을 제공합니다. '추가'와 '병합' 두 가지 방식이 제공되며 작업 방식은 동일합니다. 공통적으로 '추가'와 '병합'의 차이점은 추가의 경우 지오메트리 표식 같은 중복 컨텐츠가 유지되지만, 병합은 중복 컨텐츠가 제거됩니다.

(1) 파일 열기 / 프로젝트 생성

선택한 파일의 형상 및 정보를 작업중인 파일에 추가하는 방법을 설명합니다.

① Navisworks Manage에서 [응용프로그램 버튼 - 열기]를 선택합니다.

② 샘플 폴더에서 [4.Navisworks₩1.계획지형모델링(AutoCAD 객체).dwg] 파일을 선택합니다.

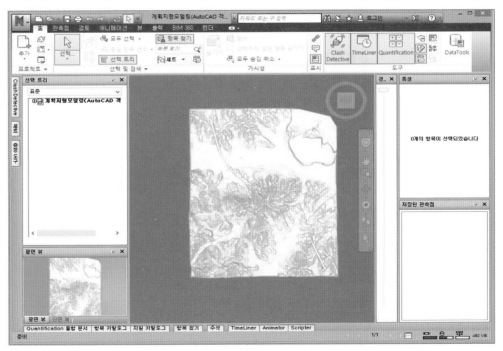

③ 파일을 가져오기 할 때 Navisworks에서는 다양한 형식을 지원하고 있기 때문에 가끔 설정을 필요로 할 때가 있습니다. 기본적인 DWG 파일을 가져오기 할 때에의 옵션을 확인합니다.

④ 화면의 빈 공간에 마우스 오른쪽 버튼을 클릭한 다음 [전역 옵션(F12 - 단축키)]을 선택합니다.

⑤ [파일 판독기 - DWG/DXF]를 확장합니다. 우측 열에는 DWG 파일의 속성 변환을 돕는 여러 옵션들이 있습니다. 먼저 [기본 소수점 단위]를 밀리미터로 선택합니다.

⑥ DWG 파일을 가져오기 할 때 삼차원 객체로 가져오기 때문에 문자 변환은 하지 않습니다. 이를 위해 [문자 변환]에 체크를 풉니다.

⑦ DWG 로더 버전이 현재의 AutoCAD의 버전과 동일한지 확인합니다.
(최신 버전의 로더를 사용해야지만 하위버전의 파일을 가져오기 할 수 있습니다.)

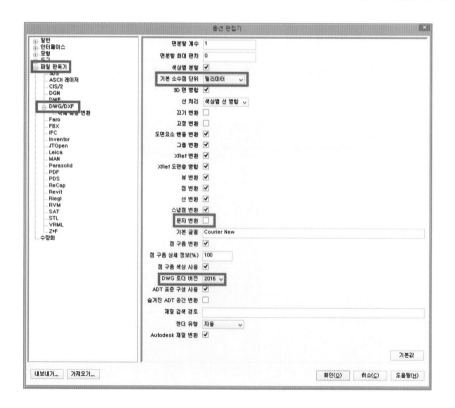

⑧ DWG/DXF 부분의 하단을 확장하게 되면 [객체 특성 변환]이 나타납니다. 토목 전용 프로그램인 Civil 3D를 사용하여 파일을 생성하였을 때에는 반드시 이 부분이 체크가 되어 있는지 확인해야 합니다.

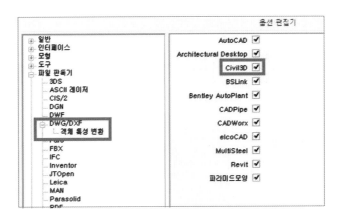

⑨ 파일을 열고 난 다음 DWG파일은 Navisworks가 읽은 후 Cash 형태로 남아있습니다. 이때의 형식은 [원래의 파일 이름.NWC]가 됩니다.

계획지형모델링(AutoCAD 객체).dwg	2016-01-15 오후...	DWG 파일		2,500KB
계획지형모델링(AutoCAD 객체).nwc	2016-01-18 오후...	Navisworks Cache		651KB

(2) 토목 파일 적용된 DWG 파일 열기

① Civil 3D에서 작업한 파일을 Navisworks에서 열 때에는 문제가 발생할 수 있습니다. 설계과정에서 사용한 특정 모델링을 제대로 그리고 정확하게 읽어오려면 반드시 Civil 3D Object Enabler가 필요합니다. 이 파일은 Autodesk 홈페이지에서 다운로드가 가능합니다.

② 설치한 이후 파일을 읽어오게 되면 기존의 DWG 파일과 다르게 Civil 3D의 속성을 확인할 수 있습니다.

③ 샘플 폴더에서 [4.Navisworks₩ 1.계획지형모델링(Civil 3D 객체).dwg] 파일을 선택합니다.

④ 지형 모델을 선택하게 되면 [특성]창에 Civil 3D 탭이 생성된 것을 확인할 수 있습니다.

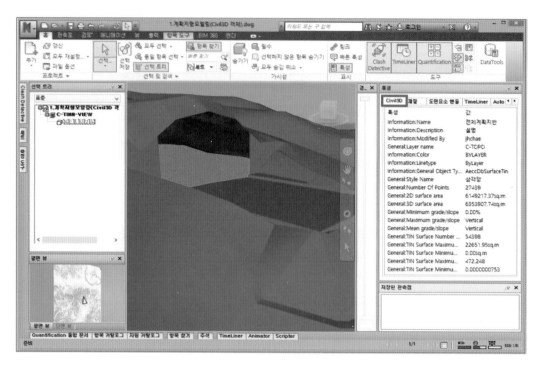

(Civil 3D 파일을 읽었을 경우)

(AutoCAD DWG 파일을 가져오기 했을 때에는 속성이 들어오지 않게 됩니다. 속성을 가지고 리뷰 및 세트를 작성을 해야 하는 일이 많을 때에는 Civil 3D 파일을 사용해야 합니다. 통합적인 BIM 파일을 만들기 위해서는 Object Enabler를 반드시 PC에 설치해야 합니다.)

(3) 프로젝트에 파일 추가하기

① 파일을 가져오기 전에 Navisworks의 기본적인 Revit 파일 가져오기 설정을 합니다.

② 빈 공간에 마우스 오른쪽 버튼을 클릭한 다음(혹은F12) [전역 옵션]을 선택합니다.

③ 파일 판독기를 확장한 다음 Revit을 선택합니다. [요소 매개변수 변환]에서 모두를 선택합니다. 그리고 [요소 특성 변환]에도 체크를 합니다. 토목 분야에서는 건축과는 다르게 Revit에서의 Level 관념이 필요 없게 되므로 [파일을 수준별로 분할]에 체크를 해지합니다.

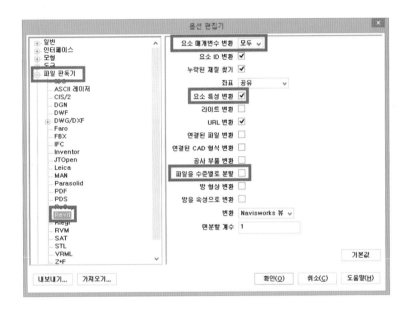

④ Navisworks에서는 여러 파일을 하나의 모델로 만들 수 있습니다.

사용하는 명령은 [추가]입니다. [홈 탭 - 프로젝트 패널 - 추가]를 선택합니다.

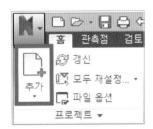

⑤ 샘플 폴더에서 [4.Navisworks₩3.교량모델.rvt]를 선택합니다.
  열기 버튼을 눌러 가져오기를 마무리 합니다.

⑥ Revit 파일을 Navisworks에서 열게 되면 Revit에서 생성한 그리드와 레벨을 확인할 수
  있습니다.

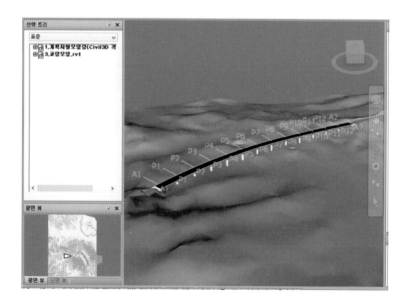

① Shift + 마우스 휠을 사용하게 되면 Navigation 명령 중 Orbit 명령을 사용할 수 있습
  니다.
② 샘플 폴더에서 [4.Navisworks₩ 4.터널모델.rvt]를 선택합니다.
  열기 버튼을 눌러 가져오기를 마무리 합니다.
③ 샘플 폴더에서 [4.Navisworks₩ 2.도로 코리더 솔리드.dwg]를 선택합니다.
  열기 버튼을 눌러 가져오기를 마무리합니다.
④ [선택 트리]에 추가한 파일이 순서대로 정렬되어 보이게 됩니다.
  이 파일을 [응용 프로그램 버튼 - 다른 이름으로 저장]을 선택하여 [4.Navisworks₩5.
  토목BIMNW.nwf]로 저장합니다.

⑤ 파일이 저장되면 프로그램의 상단의 타이틀 바가 그림과 같이 현재 열린 파일로 대체됩니다.

Autodesk Navisworks에서는 3D 모형 주위를 탐색할 수 있는 원하는 탐색 도구를 선택할 수 있습니다. 탐색 막대에서 이러한 탐색 도구에 액세스할 수 있습니다. 초점이동, 궤도, 확대/축소와 같은 기본 탐색 도구와 마찬가지로 탐색 막대에서도 모형을 보행시선, 조감뷰 또는 둘러보기 할 수 있는 도구에 액세스할 수 있습니다.

또한 탐색 막대에서는 모형의 현재 방향에 대한 시각적 피드백을 제공하는 ViewCube 탐색 도구 및 커서를 따라 이동 하며 하나의 도구에서 다양한 3D 탐색 도구에 액세스할 수 있는 추적 메뉴인 SteeringWheels를 켜거나 끌 수 있습니다.

탐색 도구는 관련 항목 위로 커서를 이동하고 마우스 왼쪽 버튼을 누르고 있으면 선택됩니다.

(1) 탐색 막대를 사용한 초점이동, 확대/축소 및 궤도

'초점이동' 🖐 '확대/축소' 🔍 및 '궤도' 🔄 는 3D 모형의 뷰 방향을 설정할 수 있는 기본 3D 탐색 도구입니다. 탐색 도구에서 초점이동, 확대/축소 및 궤도 모두에 액세스할 수 있습니다.

탐색 막대의 버튼 중 하나를 클릭하거나 명령 리스트 확장 버튼을 클릭할 때 나타나는 리스트에서 도구 중 하나를 선택하여 탐색 도구를 시작합니다.

① 샘플 폴더에서 이전에 저장한 [4.Navisworks₩5.토목BIMNW.nwf]를 선택합니다.

② 화면과 평행한 모형의 뷰를 이동하려면 탐색 막대에서 초점이동 🖐 을 선택합니다. 장면 뷰에서 마우스 왼쪽 버튼을 클릭한 채로 끌어 모형을 초점이동 합니다.

③ 모형의 현재 뷰에 대한 배율을 늘리거나 줄이려면 탐색 막대에서 확대/축소 🔍 도구 중 하나를 선택하거나 휠 버튼을 이용합니다.

④ 창 확대/축소 🔍 를 선택한 다음 장면 뷰에서 클릭한 채로 끌면 확대/축소할 직사각형의 크기를 정의할 수 있습니다.
마우스 버튼을 놓으면 뷰가 직사각형 내용으로 채워집니다.

⑤ 확대/축소 🔍 를 선택한 다음 장면 뷰에서 클릭한 채로 끌면 마우스 커서 아래에 있는 고정점으로 확대/축소됩니다. 앞으로 끌면 확대되고, 뒤로 끌면 축소됩니다.

⑥ 특정 객체를 선택한 후 선택 항목 확대/축소 🔍 를 선택하면 '장면 뷰'에서 선택한 항목 범위로 바로 확대/축소됩니다.

⑦ 모두 확대/축소 🔍 를 선택하면 전체 모형 범위로 바로 확대/축소됩니다.

⑧ 모형을 '피벗 점' 주위로 회전하려면 탐색 막대에서 궤도 도구 중 하나를 선택합니다. 장면 뷰에서 마우스 왼쪽 버튼을 사용하여 클릭한 채 끌면 모형이 회전합니다.

⑨ 궤도 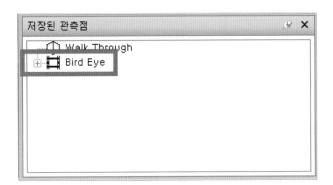를 선택하면 뷰의 방향을 유지하면서 모형이 회전됩니다.

⑩ 제한된 궤도 를 선택하면 모형이 턴테이블에 놓여 있는 것처럼 고정된 수평면 주위를 회전합니다.

⑪ 자유 궤도 를 선택하면 모형이 특정 방향에 제한 받지 않고 초점 주위로 자유롭게 회전합니다.

⑫ 초점 이동하려면 '마우스 가운데 버튼' 을 누른 채로 마우스를 이동합니다.

⑬ 모형을 확대/축소하려면 '마우스 휠' 을 굴립니다. 앞으로 굴리면 확대되고, 뒤로 굴리면 축소됩니다.

⑭ 모형을 궤도 이동하려면 [⇧ Shift] 키를 누른 채 '마우스 가운데 버튼' 을 누릅니다. 마우스를 이동하면 현재 정의되어 있는 피벗점 주위로 모형이 회전합니다.

(2) 보행 시선 및 조감 뷰 사용하기
① 샘플 폴더에서 [4.Navisworks₩6.Walk.nwf]을 엽니다.
② 파일을 열어 확인하게 되면 우측 하단에 [저장된 관측점]이 있습니다. 이전에 저장한 프로젝트에서 파일의 뷰나 혹은 애니메이션을 저장하는 공간입니다. 이곳에서 생성된 [Bird Eye]를 선택합니다.

③ 조감뷰는 프로젝트의 뷰를 하늘에서 새가 날아가는 듯한 뷰로 보여주는 네비게이션 방법입니다. 이 뷰를 확인하기 위해 리본에서 애니메이션 탭을 선택합니다.

④ 재생 패널에서 [재생] 버튼을 선택하게 되면 기존에 생성된 애니메이션을 재생하여 볼
   수 있습니다.

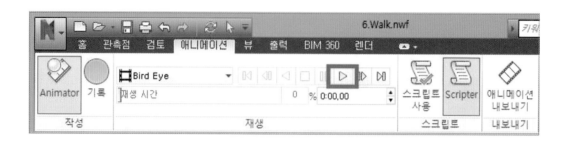

⑤ 프로젝트의 전체 뷰를 조감하거나 효과적인 가시성을 위해 사용하는 뷰는 조감뷰 외에
   보행시선 뷰가 있습니다. 보행 시선 뷰는 사람이 걸어가면서 보이는 뷰를 디스플레이하
   여 삼차원의 모델에서 공사후의 모습 혹은 건설중인 형태의 모습을 관망할 수 있습니
   다. [저장된 관측점]에서 {Walk Through}를 선택합니다.

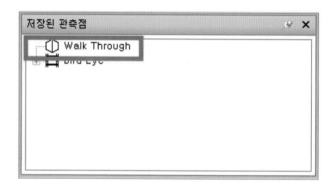

⑥ 화면의 뷰가 지정된 화면으로 이동하는 것을 확인할 수 있습니다. 탐색 도구에서 [보행
   시선]도구를 선택합니다. (조감뷰로 변경되어있기 때문에 이를 변경하는 작업입니다.
   명령에서 하단에 있는 작은 검은색 삼각형 버튼을 클릭합니다.)

⑦ CTRL+D를 입력하여 [충돌] 모드를 켭니다. CTRL+G를 입력하여 [중력] 모드를 켭니다.
CTRL+T를 입력하여 [3인칭] 모드를 켭니다. (단축키가 아닌 버튼을 사용하여 입력이
가능합니다. 검은색 삼각형을 눌러 나타나는 명령을 선택하여 실행합니다.)
화면상에 아바타가 나타나게 되며 화면의 정 중앙에 위치하게 됩니다.

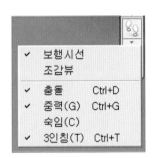

⑧ 마우스를 앞으로 밀어 보행 시선을 진행하게 되면 터널을 걸어 다니는 것 같이 리뷰 할
수 있습니다.
보행 시선의 가속을 하려면 Shift 키를 누른 채 진행합니다.
⑨ 마우스 휠을 조정하여 뷰의 각도(틸트)를 조정할 수 있습니다.
원하는 뷰를 위해서는 마우스 조정이 필요합니다.

저장된 관측점에는 카메라 위치가 저장되며 색상 및 투명도 재정의, 숨겨진 항목, 단면 평면, 탐색 속도 및 모드, 충돌 탐지 설정을 저장 할 수 있습니다.

(1) 저장된 관측점 사용

관측점 기본값의 옵션에서 숨기기/필수 속성 저장 및 재료 재정의를 살펴보겠습니다.

옵션 설정을 통해 저장된 관측점에 재료 재정의(색상 및 투명도) 또는 관측점 저장 시 숨겨진 항목에 대한 상세 정보를 저장하거나 저장하지 않을 수 있습니다. 관측점 옵션값을 선택하면 카메라 위치가 변경되더라도 관측점을 저장한 후 재정의했는지 여부에 관계없이 모형을 현재 상태로 볼 수 있습니다. 이러한 저장된 속성 옵션을 사용하면 다른 사용자가 사용자의 관측점을 검토할 때 다른 사람에게 사용자의 의도대로 모형이 표시됩니다.

① 샘플 폴더에서 [4.Navisworks₩6.Walk.nwf]을 엽니다.
② [응용프로그램 버튼 – 옵션]을 선택합니다.

③ [옵션 편집기] 대화상자의 왼쪽 창에서 [인터페이스]를 확장하고 [관측점 기본값]을 선
택합니다. [숨기기/필수 속성 저장] 및 [재료 재정의] 옵션을 모두 선택해야 합니다.
[확인]을 선택하여 변경 사항을 적용합니다.

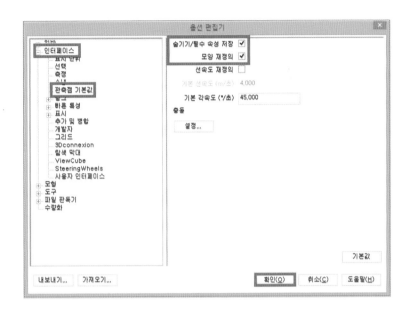

④ [중 참] 도구를 사용하여 터널 입구 쪽으로 이동합니다.

⑤ 우측 하단의 [저장된 관측점]에서 마우스 오른쪽 버튼을 클릭한 다음 [관측점 저장]을 선택합니다.

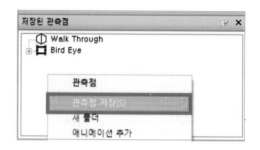

⑥ [뷰의 이름]을 [터널 입구]로 입력하여 뷰를 저장합니다.

⑦ 저장된 관측점은 다양하게 이용 할 수 있습니다. 모델의 색상을 뷰 마다 다르게 설정하여 사용자의 빠른 판단을 위해 사용될 수 있습니다. 이를 위해 갱구의 색상을 변경하겠습니다.

선택 트리에서 [4.터널 모델.rvt]를 확장합니다. Revit의 레벨과 동일한 이름으로 상속 받습니다. 선택 트리에서 [갱구]를 선택합니다. 선택과 동시에 화면에는 파란색으로 하이라이트 되는 것을 확인할 수 있습니다.

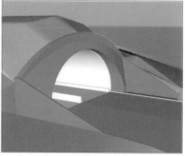

⑧ 리본 메뉴 중에서 [항목 도구]탭으로 이동합니다. 선택한 객체의 색상 및 이동 그리고 링크를 관장하는 메뉴 모음으로 이번에는 색상을 변경합니다. [모양 패널]에서 [색상] 버튼을 선택합니다.

⑨ 색상 중에서 Cyan 색상을 선택합니다.

⑩ 선택이 된 것을 확인하려면 ESC키를 눌러 객체 선택을 취소합니다.

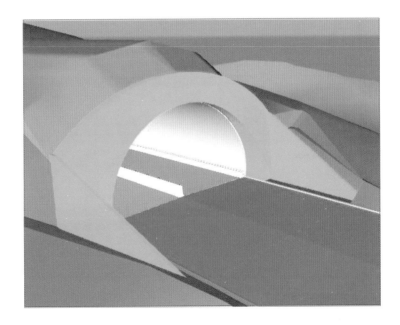

⑪ 위의 상황과 다른 것을 생성하려면 [관측점]에서 마우스 오른쪽 버튼을 클릭하여 관측점을 새롭게 생성합니다. 이때 관측점의 이름은 [터널 입구 opt1]로 설정합니다.

⑫ [터널 입구]와 [터널 입구 opt1]의 선택에 따라 갱구의 색상이 변경되는 것을 확인할 수 있습니다. 이는 뷰에 따라 색상의 선택하여(혹은 재질) 사용자의 옵션에 맞춰 지정을 할 수 있습니다.

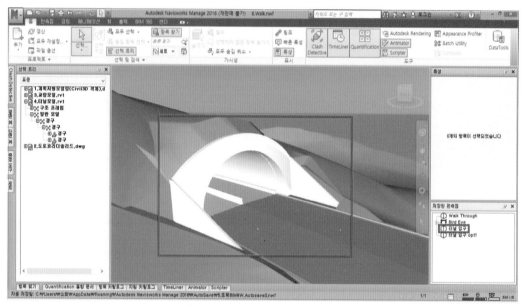

터널 입구를 선택한 경우

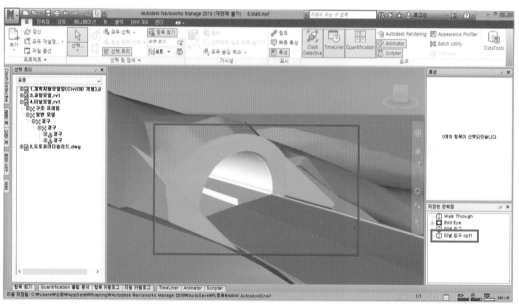

터널 입구 opt1을 선택한 경우

모델 전체적으로 색상을 일치하려면 [전역 옵션]에서 위에서 선택하였던 두 가지 사항 [숨기기/필수 속성 저장] 및 [재료 재정의]의 체크를 해지하면 됩니다.

(2) 수정 지시 및 태그

Autodesk Navisworks에서는 각 관련자가 프로젝트를 개별적으로 검토할 수 있도록 모든 관련자에게 배포하기 위한 안전한 압축 단일 NWD 파일을 생성할 수 있지만 상당수 고객은 같은 공간에서 모든 주요 관련자와 정기적인 검토 세션을 가지는 것을 선호할 것입니다. 이러한 방식으로 협력하면 프로젝트를 함께 검토하여 잠재적 문제를 판별해 내고 즉시 후속 조치를 논의하여 결정할 수 있습니다.

Autodesk Navisworks에는 모든 관련자가 사용할 수 있는 단일 3D 장면에 전체 프로젝트가 제공되어 이러한 작업이 상당히 수월해집니다. 검토 팀에서는 실시간 탐색 기능을 통해 고유한 빌딩 정보에 즉시 액세스하며 프로젝트의 모든 것을 탐색할 수 있습니다.

버튼을 한 번만 클릭하여 검색 세트 그룹을 선택하고 그 외 모든 항목은 숨길 수 있어 자세한 검토 작업을 위해 프로젝트의 특정 부분을 분리하여 표시할 수 있습니다. 유사한 방식으로 단면 처리 도구를 사용하면 검토 작업을 위해 프로젝트 단면을 확인할 수 있습니다. 이렇게 작성된 단면을 통해 전체 모형을 체계적으로 검토하여 작은 부분뿐이 아니라 전체적인 부분까지 확인할 수 있습니다.

이러한 검토 세션 중에는 발견한 사항과 논의 사항 및 해결 방법을 기록한 다음 설계 변경이 필요할 경우 이러한 사항을 엔지니어를 비롯한 더 많은 관련자에게 전달할 수 있는 방법이 필요합니다. Autodesk Navisworks 태그 도구를 통해 이 커뮤니케이션이 가능합니다. 지금 이 기능을 살펴보겠습니다.

① 샘플 폴더에서 [4.Navisworks₩7.Viewpoint.nwf]을 엽니다.
② [저장된 관측점]에서 [터널 입구]를 선택합니다.
③ 리본 메뉴중 [검토]를 선택합니다.

④ [태그 추가]버튼을 선택합니다.

⑤ 태그를 추가하려면 태그를 지정할 항목을 [마우스 왼쪽 버튼]으로 클릭한 다음 항목 바깥쪽(배경이 너무 복잡하지 않은 위치 권장)을 클릭합니다. 태그가 화면에 그려져 숫자 1로 식별됩니다.

⑥ [주석 추가] 대화상자도 자동으로 팝업 되어 태그를 추가한 이유, 팀원들에게 수정 지시 사항 혹은 설계 변경 요청 사항을 입력할 수 있습니다.

⑦ [확인]버튼을 클릭하게 되면 바로 태그가 작성됩니다. 이 태그의 경우 관측점에 귀속되어 관리됩니다. 생성된 주석을 확인하려면 하단에 위치한 주석 탭을 클릭합니다.

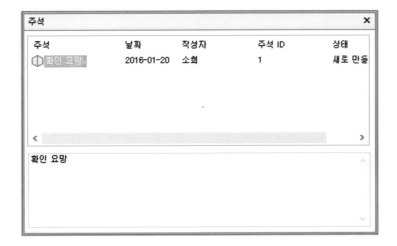

⑧ 모델을 확인하면서 문제가 발생한 곳 혹은 검토가 필요한 곳에 태그를 작성하거나 관측점을 저장할 수 있습니다.

⑨ 생성된 관측점은 보고서로 내보내기 하여 문서 혹은 XML로 저장하여 팀원들과 공유가 가능합니다.

⑩ 리본 메뉴에서 [출력] 탭을 선택합니다. [데이터 내보내기]패널로 이동합니다. [데이터 내보내기] 명령중에서 [관측점 보고서]를 선택하면 HTML로 내보내기 할 수 있습니다.

⑪ 파일의 이름을 지정한 다음 저장하게 되면 내보내지게 됩니다.

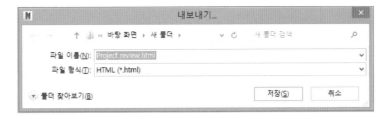

■ TIP

이 보고서에는 추가 소프트웨어를 필요로 하지 않게 태그가 지정된 항목의 스크린 샷과 모든 관련 주석을 볼 수 있습니다. 그렇기 때문에 더 많은 관련자에게 배포할 수 있습니다. 앞서 언급했듯이 보고서에는 팀원들에게 전달할 지침을 포함할 수 있습니다. 주석에 개인 또는 부서의 이름을 포함하면 해당 개인/부서에서 자신과 관련된 태그를 검색하여 고유한 수정 지시사항 리스트를 작성할 수 있게 됩니다.

Autodesk Navisworks의 'Clash Detective' 도구를 사용하면 설계 과정 중에 전체 프로젝트 모형을 검색하여 분야간 간섭을 확인 할 수 있습니다.

3D 프로젝트 모형에서 간섭을 효율적으로 식별, 검사 및 보고할 수 있습니다.

모형을 검사하는 동안 사용자로 인해 오류가 발생할 위험을 줄일 수 있습니다.

완료된 설계 작업에 대해 "기초 확인"또는 프로젝트에 대해 계속 진행되는 감사 확인용으로 사용될 수 있습니다.

일반적인 3D 지오메트리 정보와 레이저 스캔 된 점 구름 간의 간섭 테스트를 수행할 수 있습니다.

Autodesk Navisworks 다른 기능과 결합하여 사용할 수 있습니다.

'Clash Detective'와 객체 애니메이션을 함께 연결하면 이동 객체 간의 간섭을 자동으로 확인 할 수 있습니다. 예를 들어 'Clash Detective' 테스트를 기존 애니메이션 장면에 연결하면 빌딩 맨 위를 회전하는 크레인, 작업 그룹과 충돌하는 화물 트럭 등과 같이 애니메이션 동안 정적 객체와 이동 객체 모두에 대한 간섭을 자동으로 강조합니다.

[Clash Detective]와 [TimeLiner]를 함께 연결하면 프로젝트에 대한 시간 기반 간섭 확인 작업을 수행할 수 있습니다. 시간 기반 간섭에 대한 자세한 정보는 테스트할 항목 선택을 참고 하십시오.

[Clash Detective], [TimeLiner] 및 객체 애니메이션을 함께 연결하면 완전히 에니메이트 된 'TimeLiner'의 시간 흐름에 따라 간섭 확인을 하여 공사 진행 중에 발생될 수 있는 모든 간섭을 확인할 수 있습니다.

(1) 간섭 감지

Autodesk Navisworks를 사용하면 다양한 분야에서 작업된 서로 다른 작업정보를 단일 모형 환경으로 결합할 수 있습니다. 그런 다음 'Clash Detective' 기능을 사용하면 여러 분야 간 에 발생할 수 있는 충돌을 식별하여 프로젝트 실행 전에 문제를 해결할 수 있습니다. 이로 인한 잠재적 시간 단축 및 비용 절감 효과는 말할 것도 없습니다.

[뷰 탭 – 작업공간 패널 – 창 – Clash Detective]

간섭 테스트를 정의하는 가장 좋은 방법은 간섭이 발생할 가능성이 높은 곳에서 간섭을 검색 하는 것입니다. 이때 Clash Detective 기능의 도움을 받되 이 기능에 전적으로 의존하는 것 은 좋지 않습니다. 전체 모형에서 관련이 없는 사항을 포함하여 모든 것을 검색하면 수많은 간섭 리스트로 인해 혼란을 겪게 될 것입니다. 그러나 문제가 발생할 가능성이 높은 영역, 현장에 맞지 않는 사항 등에 대한 실제 경험을 바탕으로 간섭 테스트를 정의하면 Autodesk Navisworks를 통해 이러한 문제를 빠르게 찾아 해결할 수 있습니다.

① 샘플 폴더에서 [4.Navisworks ₩8.clash.nwd]를 엽니다.
② 간섭체크를 하기 위해서는 왼쪽 열에 있는 Clash Detective를 고정합니다.

③ 나타난 간섭체크 모듈은 현재 지정된 [테스트]가 없기 때문에 간섭체크를 할 수 없는 상황입니다. 이를 위해서는 우측 상단에 있는 테스트 추가] 버튼을 선택합니다.

④ 테스트의 이름은 [도로 VS 교량]으로 입력합니다.

⑤ 간섭 체크를 하기 위한 최소한의 설정이 마무리가 되었습니다. Navisworks에서 간섭 체크를 하면 민감하게 반응하여 원하지 않는 간섭 결과까지 나타나게 되어 필요 없는 부분이 생성됩니다. 이를 방지하기 위해 Navisworks에서는 [규칙] 이라는 선택옵션을 제공하고 있습니다.

⑥ [규칙]탭을 선택합니다. 그림과 같이 모든 항목에 대한 체크를 합니다.

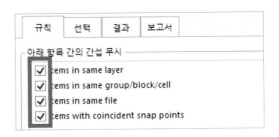

선택한 옵션은 [같은 레이어인 경우 간섭 체크에서 예외 처리], [같은 블록, 셀, 그룹인 경우 예외 처리], [같은 파일인 경우 간섭에서 예외 처리], [같은 스냅 포인트를 공유하는 경우 간섭에서 예외 처리]입니다. 각각의 상황에 맞는 간섭 체크 예외 옵션을 지정해야 원하는 간섭을 확인할 수 있습니다.

⑦ 다시 선택 탭으로 이동합니다.

⑧ 선택 A에서는 [2.도로코리더솔리드.dwg]를 선택합니다.
   선택 B에서는 [3. 교량모델.rvt]를 선택합니다.

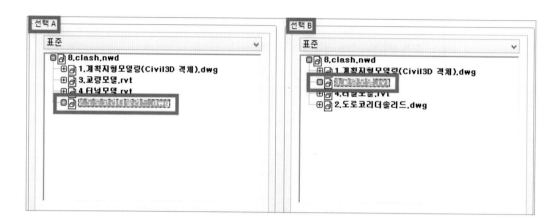

⑨ 삼차원 객체인 경우 면으로 간섭을 체크해야만 합니다.

⑩ 하단의 설정에서 공차 부분은 [0.001m]로 조정한 다음 [테스트 실행] 버튼을 선택합니다.

⑪ [결과]탭이 활성화가 되며 나타나는 것은 간섭된 부분의 모습입니다. 항목 A는 붉은색
   으로, 항목B는 연두색으로 나타나는 것을 확인할 수 있습니다.
   발생된 간섭은 총 12개 입니다.

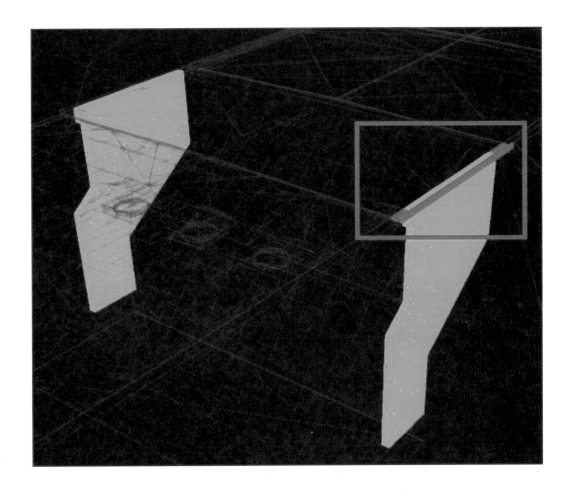

⑫ 발생된 간섭은 하단의 항목에서 어떤 객체(속성이 들어있는 경우)와 어떤 객체가 간섭
을 발생시켰는지를 확인할 수 있습니다.

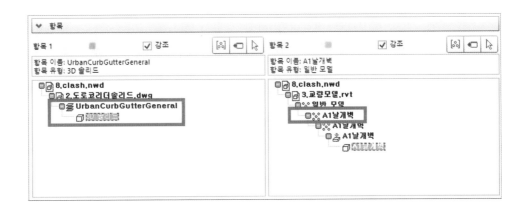

⑬ 기본적으로 생성된 간섭의 경우 관측점으로 취급 됩니다. 그렇기 때문이 이전에 관측점 에서 사용하였던 검토 기능을 통합하여 사용이 가능합니다. 예를 들어 문자 혹은 구름 형 수정기호를 삽입하여 보다 시안성 좋게 생성할 수 있습니다.

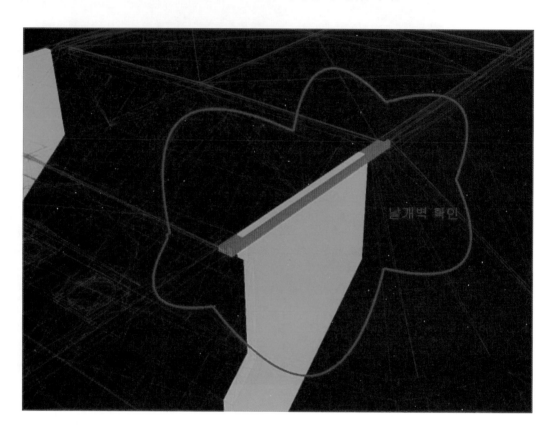

⑭ 발생된 간섭은 HTML 로 보고서를 내보내기 하거나 관측점으로 내보내기 하여 팀원들 과 공유가 가능합니다. 그럼 보고서 탭으로 이동하여 보고서를 작성하도록 하겠습니다.

⑮ 기본 설정으로 내보내기 하되 보고서 형식을 [관측점으로] 선택한 다음 [보고서 쓰기] 버튼을 선택합니다.

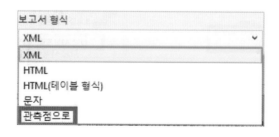

⑯ [저장된 관측점]에 발생된 결과가 저장됩니다.

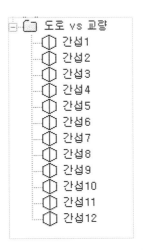

⑰ 관측점에 남긴 주석 및 구름형 수정기호를 확인합니다.
간섭 확인을 할 때 필요한 조정을 관측점을 통해 팀원들과 공유할 수 있습니다.

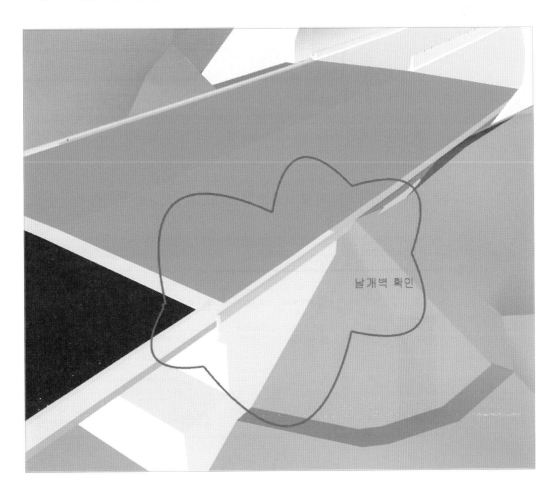

⑱ 다시 [Clash Detective]탭을 선택한 다음 [보고서]탭으로 이동합니다.
이번에는 보고서 형식을 [HTML[테이블형식]]으로 선택합니다.

⑲ [0보고서 쓰기] 버튼을 선택하여 파일을 내보내기 합니다. 이때 나타나는 파일은 Html
파일로 저장됩니다. [다른 이름으로 저장] 대화상자가 나타나면 파일 저장할 수 있습니다.
* 파일의 이름 혹은 폴더에 한글이 섞여 있으면 이미지가 나타나지 않을 수 있습니다.
이점 유의해야 합니다.

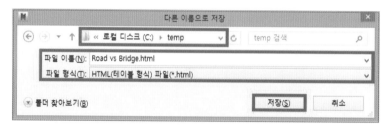

파일의 이름을 [Road vs Bridge]로 지정하여 저장합니다.

⑳ Html 파일을 열기하면 그림과 같이 간섭된 부분 및 위치를 확인할 수 있습니다.

㉑ 테이블 형식으로 내보내기 한 HTML 파일은 Excel 에서 열기가 가능합니다.
　먼저 Excel을 구동합니다.

㉒ 저장된 파일을 열기하게 되면 아래와 같이 엑셀 파일에서 보고서를 열어 확인할 수 있습니다.

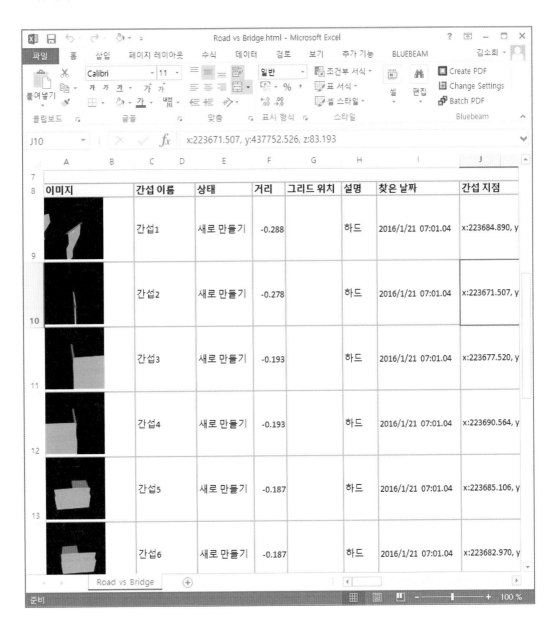

Autodesk Navisworks를 사용하면 기존 3D 모형을 기존 구성 일정에 연결하여 새 값을 추가할 수 있습니다. 4D 시뮬레이션을 작성하는 기능을 통해 시작 전에 시공 프로세스를 경험해 볼 수 있습니다.

TimeLiner 도구를 사용하게 되면 삼차원 모형을 외부 구성 일람표(스케쥴 및 공정표)에 연결하여 시간, 비용 계획을 시각적으로 표시할 수 있습니다. TimeLiner는 다양한 소스에서 일람표를 가져옵니다. 이렇게 하면 일람표의 작업을 모형의 객체에 연결하여 시뮬레이션을 작성할 수 있습니다. 이 경우 일정표가 모형에 끼치는 효과를 보고 계획된 날짜를 실제 날짜와 비교할 수 있습니다. 일람표 전체에서 프로젝트의 비용을 추적하기 위해 작업에 비용을 할당할 수도 있습니다. 또한 TimeLiner를 사용하면 시뮬레이션 결과를 기반으로 이미지 및 애니메이션을 내보낼 수 있습니다. 모형 또는 일정이 변경되면 TimeLiner에서 시뮬레이션을 자동으로 업데이트합니다.

Autodesk Navisworks에서는 각 관련자가 프로젝트를 개별적으로 검토할 수 있도록 모든 관련자에게 배포하기 위한 안전한 압축 단일 NWD 파일을 생성할 수 있지만 상당수 고객은 같은 공간에서 모든 주요 관련자와 정기적인 검토 세션을 가지는 것을 선호할 것입니다. 이러한 방식으로 협력하면 프로젝트를 함께 검토하여 잠재적 문제를 판별해 내고 즉시 후속 조치를 논의하여 결정할 수 있습니다.

Autodesk Navisworks에는 모든 관련자가 사용할 수 있는 단일 3D 장면에 전체 프로젝트가 제공되어 이러한 작업이 상당히 수월해집니다. 검토 팀에서는 실시간 탐색 기능을 통해 고유한 빌딩 정보에 즉시 액세스하며 프로젝트의 모든 것을 탐색할 수 있습니다.

버튼을 한 번만 클릭하여 검색 세트 그룹을 선택하고 그 외 모든 항목은 숨길 수 있어 자세한 검토 작업을 위해 프로젝트의 특정 부분을 분리하여 표시할 수 있습니다. 유사한 방식으로 단면 처리 도구를 사용하면 검토 작업을 위해 프로젝트 단면을 확인할 수 있습니다. 이렇게 작성된 단면을 통해 전체 모형을 체계적으로 검토하여 작은 부분뿐이 아니라 전체적인 부분까지 확인할 수 있습니다.

이러한 검토 세션 중에는 발견한 사항과 논의 사항 및 해결 방법을 기록한 다음 설계 변경이 필요할 경우 이러한 사항을 엔지니어를 비롯한 더 많은 관련자에게 전달할 수 있는 방법이 필요합니다. Autodesk Navisworks 태그 도구를 통해 이 커뮤니케이션이 가능합니다. 지금 이 기능을 살펴보겠습니다.

4D Simulation을 하기 전 선택 세트 및 검색 세트를 확인해보도록 하겠습니다.

(1) 선택세트 확인하기

    ① 샘플 폴더에서 [4.Navisworks₩9.TimeLiner.nwd]을 엽니다.

    ② 좌측 면에 있는 [세트]를 고정합니다.

    ③ 샘플 파일에 있는 세트는 모두 [선택 세트]입니다. 이 선택 세트는 객체를 선택하여 생성한 객체이기 때문에 내보내기 혹은 재사용이 불가능합니다. [현재의 파일]에서만 사용이 가능합니다.

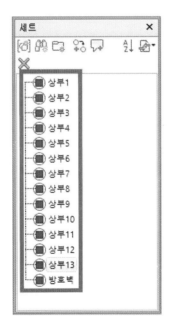

④ 각각의 BIM 파일에는 속성 별로 그룹 혹은 세트를 생성할 수 있습니다. 이를 위해 생성된 [검색 세트]를 가져오기를 해보도록 하겠습니다. [세트 관리자]창에서 [가져오기/내보내기] 버튼을 선택합니다.

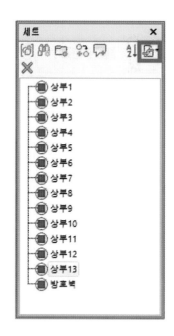

⑤ [검색 세트 가져오기]를 선택합니다.

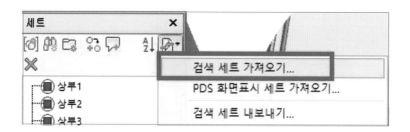

⑥ 샘플 폴더 내에 있는 [4.Navisworks₩10.SearchingSet.XML]파일을 선택합니다.
   그런 다음 열기 버튼을 선택하면 바로 선택 세트가 파일 안으로 들어옵니다.

⑦ 가져오기 한 파일은 세트에 들어오게 되며, "선택세트" 와 "검색세트"는 서로가 다른 형태로 보여지게 됩니다. 검색세트는 항목찾기에서 기존 검색했던 내용을 확인할 수 있습니다.

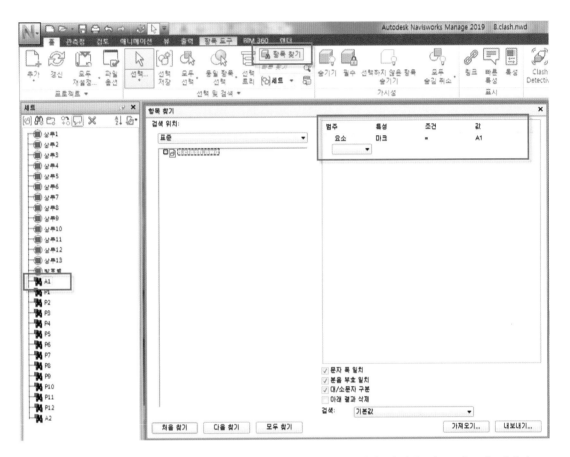

⑧ 이 세트들은 각각의 삼차원 모델의 그룹이 되어 고정 데이터와 연계가 되는 기준이 됩니다.

⑨ 세트 중에 [A1]을 선택한 다음 Page Down 버튼을 클릭합니다.

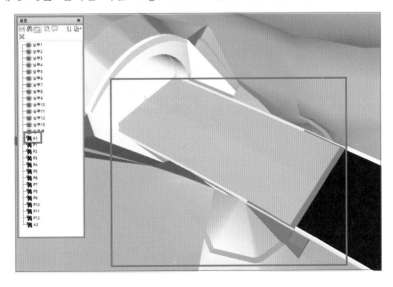

⑩ 프로그램 화면의 중앙에 선택한 세트가 선택되어 하이라이트 됩니다.

⑪ 각각의 세트를 선택한 다음 Page Down, 혹은 Page Up 버튼을 선택하여 모델의 어디 부분에 위치해 있는지 확인하도록 합니다.

(2) 시뮬레이션 하기

① 공정 데이터는 여러 종류의 프로그램에서 생성됩니다. 그 중에 Microsoft의 Project 혹은 Oracle의 Primavera가 있습니다. 이 프로그램들은 상용 프로그램으로 많은 대기업 및 건설사에서 사용하고 있습니다. 이번 실습에서는 Microsoft의 Excel을 사용한 공정 시뮬레이션을 작업하도록 하겠습니다.

② 샘플 폴더에서 [9.TimeLiner.nwd]을 엽니다.

이번에 사용할 기타 파일은 CSV 파일입니다. CSV 파일은 컴마에 의해 분리되는 일련의 아스키 텍스트 라인들로 구성되며, 레코드간의 구분은 [줄 바꿈]으로 구분됩니다.

■ CSV의 예

작업 모드	이름	기간	시작	완료	선행 작업	개요 수준
자동 일정 예약	0	3 days	01-07-30 오전 8:00	01-08-01 오후 5:00		1
자동 일정 예약	S_A393_REIN _DEEP_E30	2 days	01-08-02 오전 8:00	01-08-03 오후 5:00	1	1
자동 일정 예약	S_DEEP_FOU NDS_E10	1 days	01-08-06 오전 8:00	01-08-06 오후 5:00	2	1

③ 프로그램의 하단에 있는 TimeLiner를 고정합니다.

④ [데이터소스]탭으로 이동합니다.

⑤ 하단에 있는 [추가]버튼을 선택합니다. 이때 나타나는 창에서 [CSV 가져오기] 메뉴를
선택합니다.

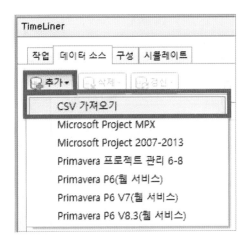

⑥ 샘플 폴더 내에 있는 [4.Navisworks₩11.TimeSchdule.csv]를 선택합니다.

⑦ [필드 선택기]에서 아래와 같이 선택합니다.

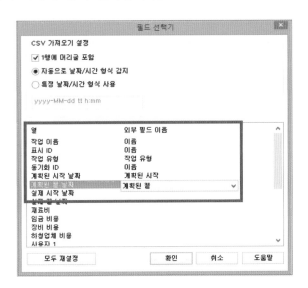

⑧ 엑셀의 머리글을 포함 한다고 체크를 하였기 때문에 생성된 엑셀 파일의 머리글 즉 열을
   가져오기 할 수 있습니다.

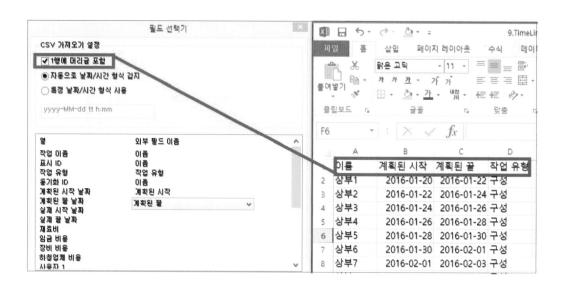

작업 이름 - 이름
표시 ID - 이름
작업 유형 - 작업 유형
동기화 ID - 이름
계획된 시작날짜 - 계획된 시작
계획된 끝 날짜 - 계획된 끝
으로 필드 선택기의 선택을 완료합니다.

⑨ CSV 파일을 선택한 다음 나타나는 형식은 그대로를 가져오기 때문에 아직은 Navisworks
   로 공정 데이터가 들어 온 상황은 아닙니다. Navisworks로 공정 데이터를 가져오기 하
   려면 하나의 명령을 더 실행해야 합니다.
   [새 데이터 소스]를 선택한 다음 마우스 오른쪽 버튼을 클릭합니다.
   이때 나타난 [작업 계층 다시 구성]이라는 항목을 선택합니다.

⑩ [작업] 탭으로 이동하게 되면 CSV 파일에 있던 작업 내역이 Navisworks 내로 들어온 것을 확인할 수 있습니다.

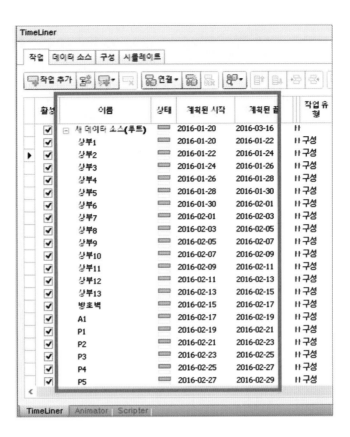

⑪ 완성된 시뮬레이션을 확인하려면 공정 데이터와 세트 구성을 확인해야 합니다.
이를 위해 [규칙을 사용하여 자동 연결] 버튼을 선택해야 합니다.

⑫ [일정 관리자 규칙] 창이 나타나게 되면 [이름 열의 TimeLiner 작업을 이름이 같은 선택 세트열[일치 대/소문자]로 매핑합니다.]에 체크를 한 다음 [규칙 적용]버튼을 선택합니다.

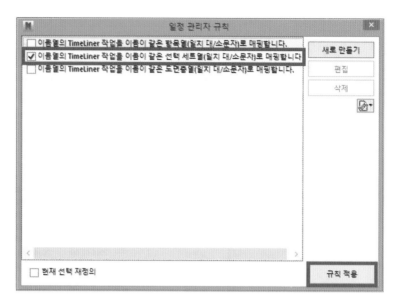

⑬ 완료되면 [연결됨] 열에 미리 생성된 세트와 연계가 된 것을 확인할 수 있습니다.

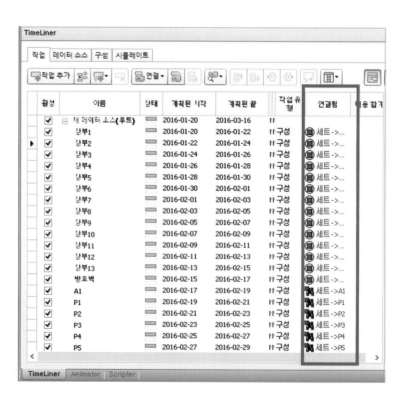

⑭ 시뮬레이트 탭으로 이동합니다.

[플레이 버튼]을 선택한 다음 완성된 시뮬레이션을 확인합니다.

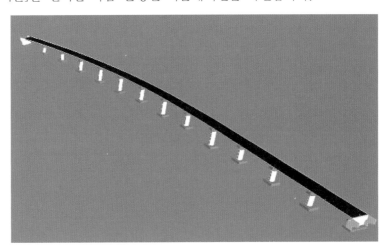

(3) 시뮬레이트 수정하기

① 시뮬레이트를 확인하게 되면 상부가 먼저 생성되는 것을 확인할 수 있습니다. 공정 데이터의 일정이 하부의 교각보다는 빠르기 때문입니다. 이때에는 모델의 수정 보다는 엑셀을 열어 공정 데이터를 먼저 확인합니다.

② 샘플폴더에서 [9.TimeLiner.csv]를 선택합니다.

상부와 교각, 교대의 위치를 변경합니다. (일정 부분은 그대로 둡니다.)

	A	B	C	D
1	이름	계획된 시작	계획된 끝	작업 유형
2	A1	2016-01-20	2016-01-22	구성
3	P1	2016-01-22	2016-01-24	구성
4	P2	2016-01-24	2016-01-26	구성
5	P3	2016-01-26	2016-01-28	구성
6	P4	2016-01-28	2016-01-30	구성
7	P5	2016-01-30	2016-02-01	구성
8	P6	2016-02-01	2016-02-03	구성
9	P7	2016-02-03	2016-02-05	구성
10	P8	2016-02-05	2016-02-07	구성
11	P9	2016-02-07	2016-02-09	구성
12	P10	2016-02-09	2016-02-11	구성
13	P11	2016-02-11	2016-02-13	구성
14	P12	2016-02-13	2016-02-15	구성
15	A2	2016-02-15	2016-02-17	구성
16	상부1	2016-02-17	2016-02-19	구성
17	상부2	2016-02-19	2016-02-21	구성
18	상부3	2016-02-21	2016-02-23	구성
19	상부4	2016-02-23	2016-02-25	구성
20	상부5	2016-02-25	2016-02-27	구성
21	상부6	2016-02-27	2016-02-29	구성
22	상부7	2016-02-29	2016-03-02	구성
23	상부8	2016-03-02	2016-03-04	구성
24	상부9	2016-03-04	2016-03-06	구성
25	상부10	2016-03-06	2016-03-08	구성
26	상부11	2016-03-08	2016-03-10	구성
27	상부12	2016-03-10	2016-03-12	구성
28	상부13	2016-03-12	2016-03-14	구성
29	방호벽	2016-03-14	2016-03-16	구성

③ 엑셀 파일을 수정한 다음 CSV 파일로 저장합니다.

④ 데이터 탭으로 이동합니다. [새 데이터 소스]를 선택한 다음 마우스 오른쪽 버튼을 선택합니다. 나타난 메뉴에서 [동기화] 버튼을 선택합니다.

⑤ 작업 탭으로 이동하여 새롭게 변경된 날짜를 확인합니다.

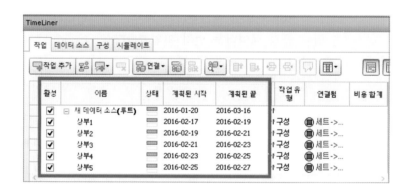

⑥ 완성된 시뮬레이션을 확인하려면 [시뮬레이트]탭으로 이동합니다.

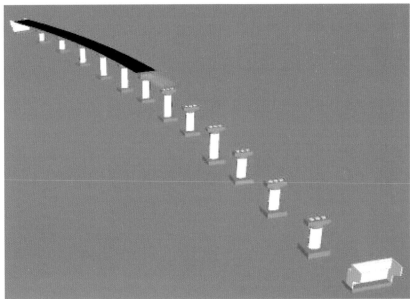

⑦ 교량 모델만 일정을 넣었기 때문에 다른 터널과 지형 면이 보이지 않게 됩니다. 이를
위해 새로운 공정을 생성하여 모델과 연계해보도록 하겠습니다. [TimeLiner]에서 [작업]
탭으로 이동합니다. [선택 트리]에서 [교량 모델]을 제외한 나머지를 선택합니다.

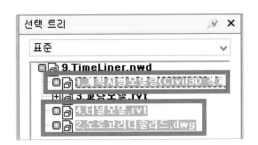

⑧ [세트 관리자] 창에서 마우스 오른쪽 버튼을 클릭한 다음 [선택 저장]을 선택합니다.

⑨ 세트의 이름을 [지형]으로 지정합니다.

⑩ [TimelLiner] 창에서 [작업] 탭의 명령을 이용하겠습니다. [작업 추가] 버튼을 클릭합니다.

⑪ [새 작업]의 이름을 [지형]으로 변경합니다. [계획된 시작]을 1월 19일로 지정한 다음 [계획된 끝]을 1월 19일로 동일하게 지정합니다. 반드시 작업 유형을 [구성]을 선택합니다.

⑫ [지형] 작업을 선택한 다음 마우스 오른쪽 버튼을 클릭합니다.
   [세트 연결] 명령을 선택한 다음 [지형]을 연결합니다.

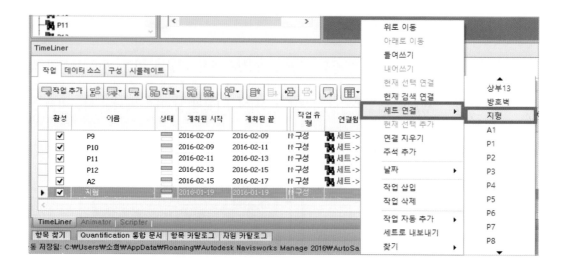

⑬ 다시 [시뮬레이트]탭으로 이동하여 [재생] 버튼을 선택합니다.

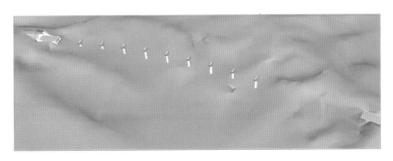

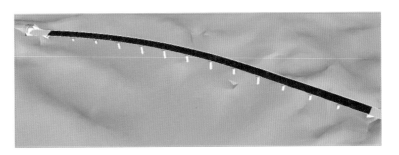

chapter 09

교량구조물 세트관리 및 4D 시뮬레이션, 간섭체크

(1) BIM 데이터 세트관리

① [응용프로그램 버튼 – 열기]를 선택합니다.

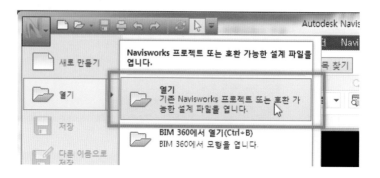

② 샘플폴더 [12.세트관리및4D시뮬레이션₩12_1.교량 3D모델링.rvt] 파일을 열기합니다.

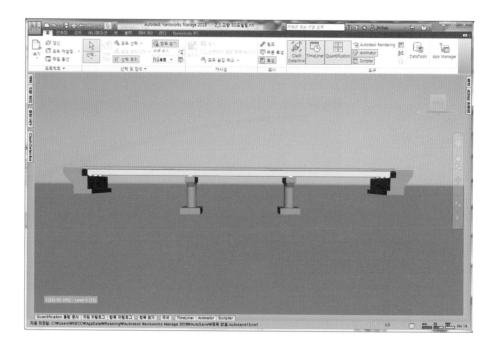

③ [세트] 창을 활성화합니다.

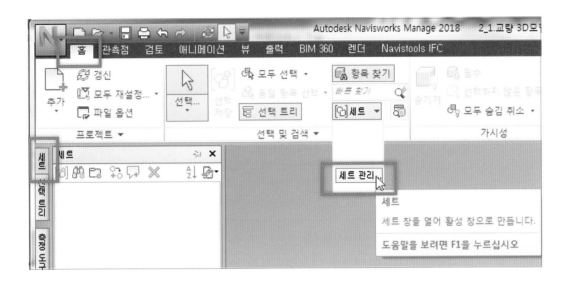

④ [홈] 탭에서 선택 옵션을 "선택상자"로 변경합니다.

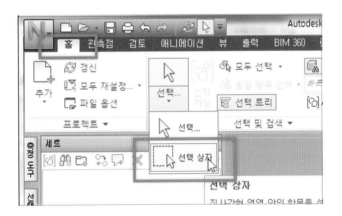

⑤ 교량 교대부분을 마우스 드래그하여 선택합니다.

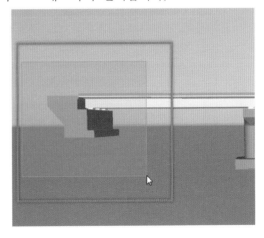

⑥ [세트] 창에서 오른쪽 마우스 클릭하여 "선택저장" 메뉴를 선택합니다.

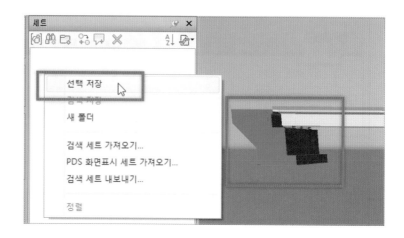

⑦ 선택세트에 이름을 부여합니다. 선택세트는 객체를 선택하여 생성한 객체이기 때문에 내보내기가 불가능합니다. [현재의 파일]에서만 사용 가능합니다.

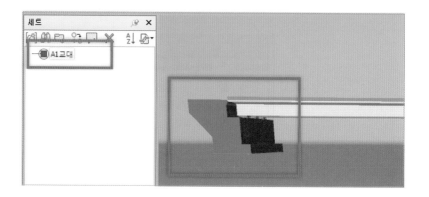

⑧ 객체 선택할 때 옵션은 [홈] 탭에서 "첫 번째 객체"로 설정하도록 하겠습니다.

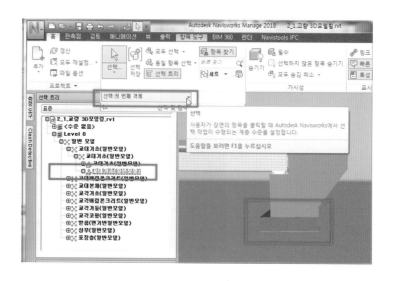

⑨ 객체를 선택하면 "특성"창에서 객체의 정보를 확인할 수 있습니다. Revit에서 입력한 정보입니다. 해설(주석) 정보를 이용하여 항목을 빠르게 찾아보고 검색세트로 저장을 해보도록 하겠습니다.

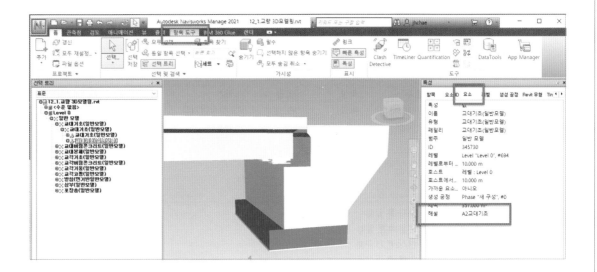

⑩ [항목찾기] 창을 활성화 합니다.

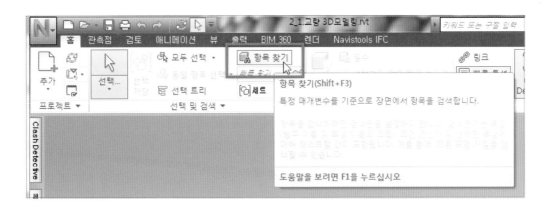

⑪ [항목찾기] 창에서 아래와 같이 설정합니다.
- 항목 : 요소
- 특성 : 해설(주석)
- 조건 : =
- 값 : A1교대기초

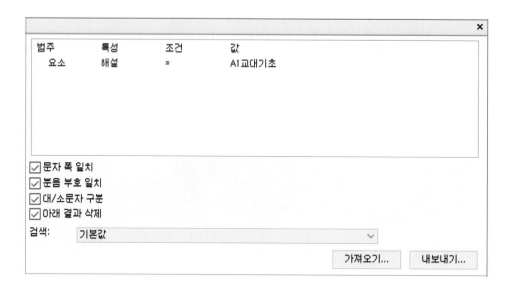

⑫ [항목찾기] 창에서 "모두찾기" 클릭하면 도면에서 그와 관련된 객체가 선택이 됩니다.

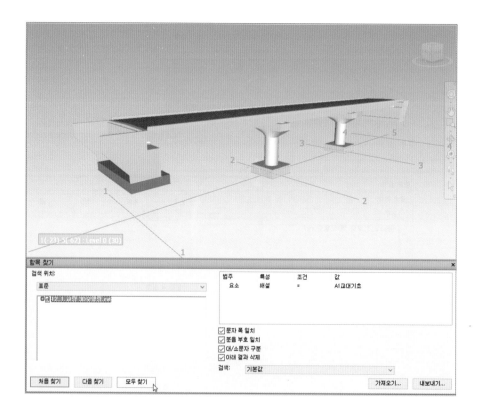

⑬ [세트] 창에서 오른쪽 마우스 클릭하여 "검색저장" 메뉴를 선택합니다.

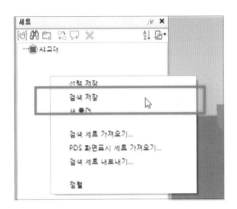

⑭ 검색했던 결과를 세트로 저장할 수 있습니다.

⑮ "선택세트"와 "검색세트"를 통해서 객체 선택을 관리할 수 있습니다.

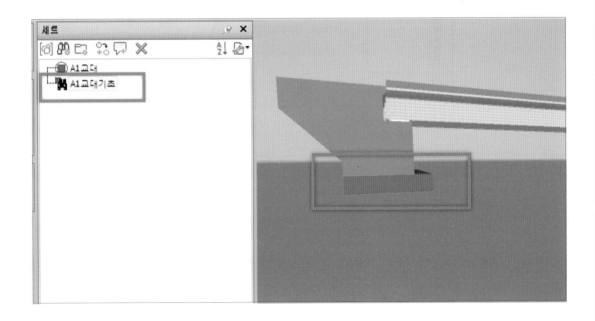

⑯ 검색세트는 정보를 "내보내기", "가져오기" 할 수 있습니다. 미리 작성했던 검색세트 정보를 가져오기 하도록 하겠습니다. [세트] 창에서 "검색세트 가져오기" 클릭합니다. 샘플폴더 [12.세트관리및4D시뮬레이션₩12_2.교량부재검색세트.xml] 파일을 열기하여 가져오기 합니다. (검색 정보가 "XML" 파일에 담겨있습니다.)

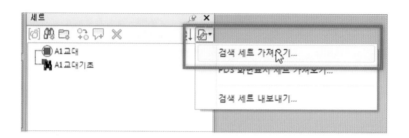

⑰ [세트] 창에 미리 작업된 "검색세트" 정보를 확인할 수 있습니다.

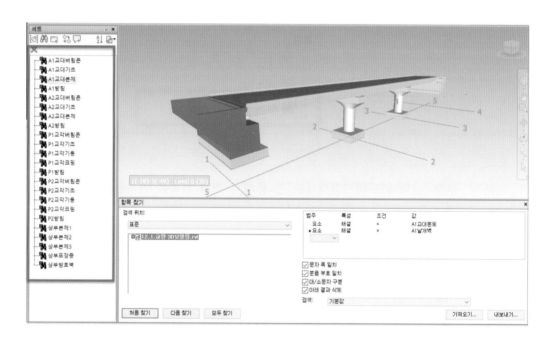

⑱ "선택세트"는 삭제하고 "검색세트"만 남겨둡니다.

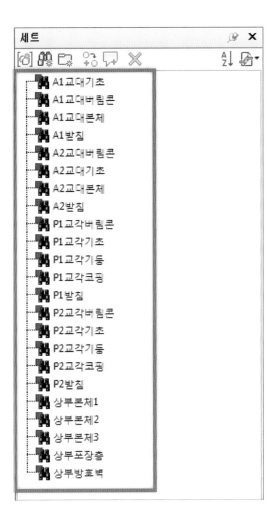

(2) 4D시뮬레이션

① [TimeLiner] 창을 활성화 합니다.

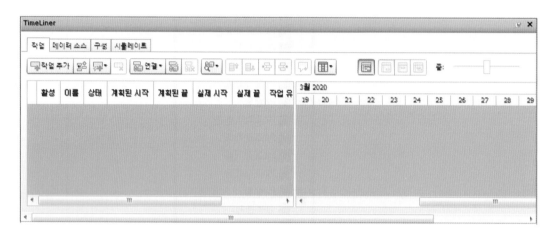

② [TimeLiner - 작업] 탭에서 "모든 세트에 대해" 메뉴를 클릭합니다.

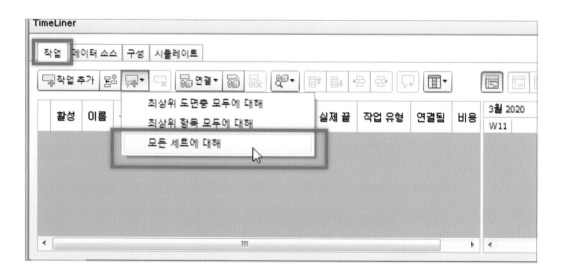

③ 세트에 있는 모든 정보가 작업으로 추가되었습니다. 작업유형은 "구성"이며, 각 작업은 세트와 연결되어 있습니다. (공정 일정을 사용자가 직접 입력할 수 있습니다.)

④ [TimeLiner – 시뮬레이트] 탭에서 "재생" 클릭합니다.

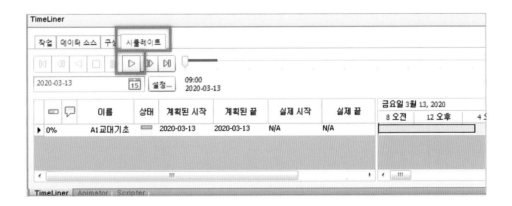

⑤ 모델 객체가 공정 날짜에 맞게 시뮬레이션 됩니다.

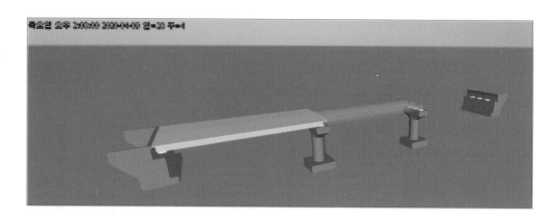

3) 간섭체크

① [Clash Detective] 창을 활성화합니다.

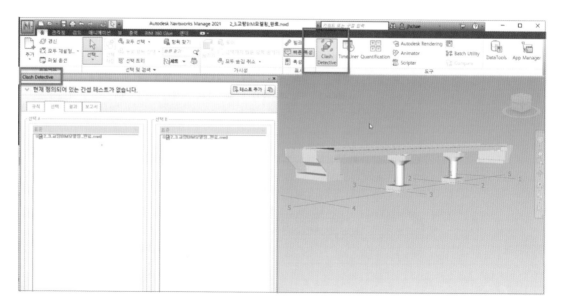

② [Clash Detective] 창에서 "테스트 추가" 합니다.

③ [Clash Detective] 창 [선택] 탭에서 "선택 A, B"를 세트로 지정합니다. 선택A는 "받침 세트"와 선택B는 "상부본체" 세트로 지정합니다. 그리고 간섭체크를 위해 "테스트 실행" 합니다.

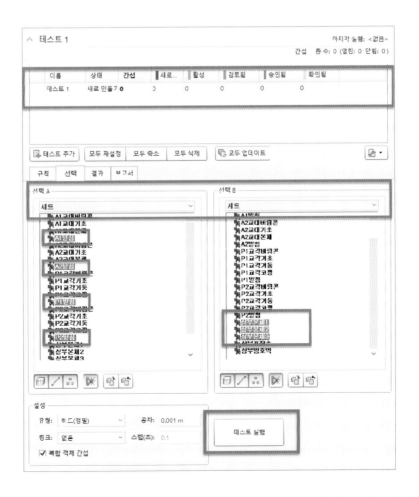

④ 간섭체크 결과가 완료되었습니다.

⑤ 간섭데이터는 보고서 활용을 위해 내보내기가 가능합니다.

⑥ 내보내기한 간섭보고서 문서를 확인해 볼 수 있습니다.

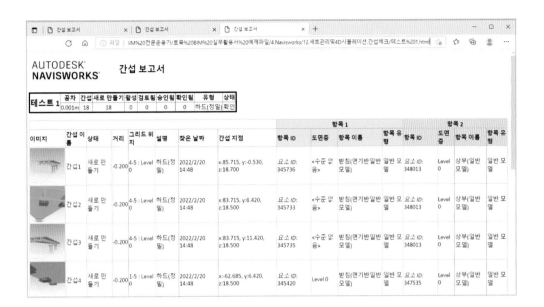

제7편

InfraWorks 활용
개념설계 및 시각화

07

InfraWorks 활용 개념설계 및 시각화

chapter 01

InfraWorks기본개념 이해

Autodesk Infraworks는 개념설계 및 3D GIS 설계 도구로써 프로젝트 계획 단계에서 시각적으로 풍부하게 여러 가지 설계 대안을 3D로 제시할 수 있습니다.

따라서, 설득력 있는 부지 계획 제안서를 더욱 쉽게 제작, 평가 및 공유할 수 있도록 지원하므로 보다 이른 단계에서 관계자들의 매입 의사를 타진하고 더욱 자신 있게 결정을 내릴 수 있습니다.

디자인 컨셉은 2D의 설계 도면을 빠르게 3D모델로 시각화하여 제작되기 때문에 설계 전문가가아니더라도 쉽게 이해할 수 있어 커뮤니케이션의 효과적입니다. 또한 제작 방법도 쉽습니다.

(1) Autodesk InfraWorks 적용 분야

Autodesk InfraWorks에서는 기존 환경을 고려해 도로, 철로, 관망, 단지, 조경, 지하 지장물 등의 토목 설계 분야에 상황에 맞게 초기 디자인 컨셉을 완성할 수 있습니다.

모델 하나로 다수의 디자인 대안을 작성하여, 시각적으로 예비 설계도, 기본계획도를 만들어 프로젝트 범위와 예산에 대한 파악을 할 수 있고 통찰력을 강화할 수 있습니다. 예비 설계 기본계획 옵션 이면의 데이터를 활용해 여러 가지 대안을 더욱 효율적으로 비교해보고 각각의 비교안들이 완공 후에 어떠한 성능을 제공할지 보다 정확한 예측이 가능합니다. InfraWorks에서 기본 계획 작업을 수행한 다음 최적의 방안을 Civil 3D로 가져와 실시설계를 적용하면 설계 속도를 높일 수 있습니다.

또한, InfraWorks는 3D 모델 구축도 쉽지만 뛰어난 시각화 기능으로 좋은 품질의 조감도를 작성할 수 있습니다.

① 설계단계 : 시각적인 모델링을 활용하여 설계 및 시공이 필요한 다양한 분야에서 활용이 가능하고, 특히 기본계획단계와 같이 다양한 설계 비교안을 작성하여 비교 분석 후 설계 안을 결정해야 하는 단계, 조경설계나 경관설계와 같이 기존의 프로세스에서 설계 의도를 전달하기 어려웠거나 시각적인 도구를 활용하였던 분야에서도 활용성이 높다고 할 수 있습니다.

② 발주기관 : 설계를 위한 전문적인 지식을 가지고 있지 않아도 간편하게 도로, 철도, 교량, 건물 등 다양한 Contents들을 활용하여 모델링 하여 프로젝트의 타당성을 확인은 물론이고 조감도 및 주행 시뮬레이션 등을 간편하게 수행하여 설계 발주가 되기 전에 프로젝트에 대해서 간편하게 검토가 가능하고 이러한 데이터가 설계단계에서도 활용 할 수 있습니다.

③ 시공사 : 시공을 위한 가도계획이나 작업장비의 동선을 파악 및 시공성 검토를 수행 할 때 기존 2D기반의 검토에서 벗어나 설계된 지형 데이터를 활용하여 시공성을 다양하게 검토 할 수 있습니다.

■ 주요기능
- 기존 데이터 활용 : 2D CAD, GIS, BIM, Raster data를 3D모델로 활용
- 상세 모델 가져오기 : AutoCAD Civil 3D, AutoCAD Map3D과 연동
- GIS 정보 표시 : 3D 주제도 작업으로 다양한 설계 정보 표시
- 설계 제안 용이 : 하나의 모델을 이용하여 다양한 설계 제안 작업
- 스케치 도구 : 도로, 건물, 터널, 교량 등 2D로 스케치하여 3D변환
- 프리젠테이션 : 렌더링 이미지 및 녹화된 비디오 작성

chapter 02

InfraWorks 실습

(1) InfraWorks 기초데이터 작성

InfraWorks에서는 기본적으로 좌표정보를 가진 GIS 데이터가 필요합니다.

우선 InfraWorks에서 필요한 기초데이터를 Civil 3D에서 작성해 보도록 하겠습니다.

1) 수치지도 좌표 설정

① Civil 3D 프로그램 실행합니다.

② 샘플폴더에서 [5.InfraWorks₩1.수치지도(지형, 도로, 하천, 건물).dwg] 파일을 열기합니다.

③ 수치지도(지형, 도로, 하천, 건물).dwg 도면은 등고선(7111, 7114 레이어) 및 블록(7217 레이어)을 이용하여 3D 지형을 미리 구축되어 있으며, 항공이미지는 도면 좌표에 맞게 부착되어 있습니다.

도로, 건물, 하천은 각각 레이어 지정되어 있습니다.

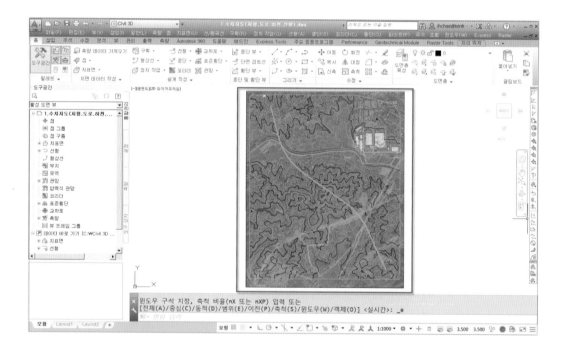

④ 작업공간을 [계획 및 분석] 환경으로 변경합니다.

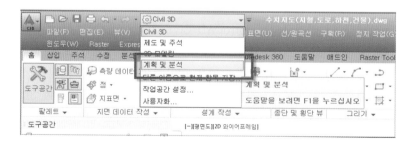

⑤ 수치지도 도면을 "GRS80" 좌표계로 설정합니다.
  [리본 -지도설정] 탭에서 [좌표계 정의 작성] 클릭합니다.

⑥ 시작점 지정에서 "좌표계로 시작" 선택합니다.

⑦ 좌표계로 지정에서 "새 좌표계 작성 -투영됨" 선택합니다.

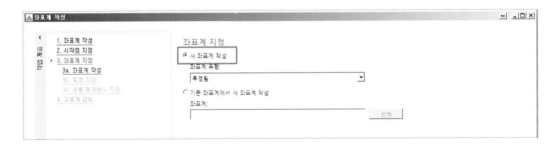

⑧ 좌표계 작성에서 코드와 설명에 아래 이미지와 같이 설정합니다.
  • 코드 : KOREA_GRS80_127TM
  • 소스 : -
  • 단위 : Meter
  • 사용 가능한 범주 : Korea

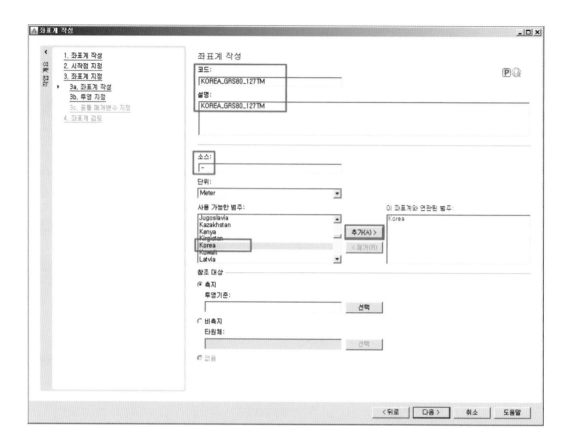

⑨ 아래 참조 대상에서 "측지" – 투영기준 "선택" 합니다.

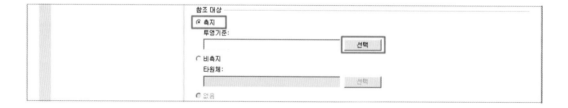

⑩ [좌표계 라이브러리]에서 "KOREA" 검색 – 코드 "KGD2000" 선택합니다. (GRS80 타원체)

① 투영 지정에서 "횡축 메르카토르" 선택 후 매개변수는 아래와 같이 입력 후 설정 완료합니다.

- 중앙 자오선 : 127
- 위도 원점 ; 38
- 가상 동향 : 200000 , 가상 북향 : 600000

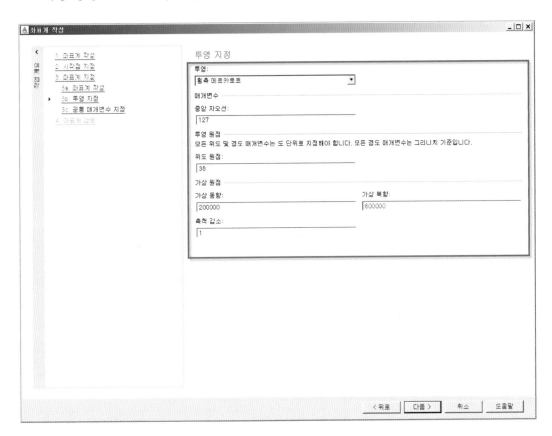

③ [리본 – 지도 설정] 탭에서 [좌표계 – 지정] 클릭합니다.

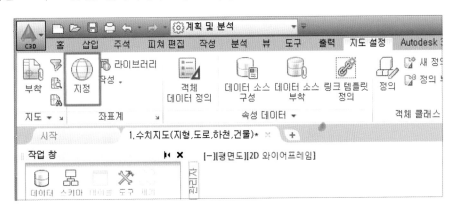

② "KOREA"로 검색 후 앞에서 만든 "KOREA_GRS80_127TM" 선택 - "지정" 클릭합니다.

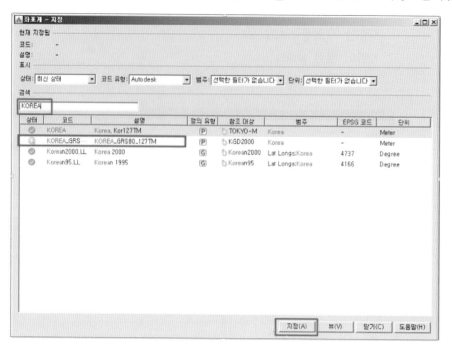

④ 좌표계가 설정한대로 지정된 것을 확인할 수 있습니다.

2) 속성데이터 입력

　AutoCAD 객체인 점, 폴리선, 폴리곤을 바로 InfraWorks에서 사용 가능하지만 속성데이타를 AutoCAD 객체에 부여하면 InfraWorks에서 모델 작업을 속성과 연계하여 사용할 수 있습니다. 여기서는 건물 층수와 도로 차선 정보를 속성 부여하여 사용하도록 하겠습니다.

① [리본 - 지도 설정] 탭에서 [객체 데이터 정의] 클릭합니다.

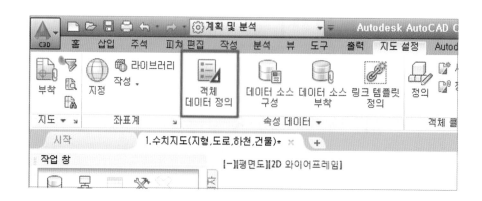

② [객체 데이터 정의] 창에서 "새 테이블" 클릭합니다.

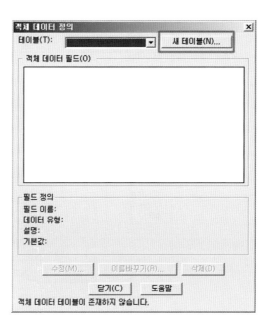

③ [새 객체 데이터 테이블 정의] 창에서 테이블 이름은 "Building", 필드 이름 "FLOOR", 유형은 "정수"를 선택한 후 "추가-확인" 하여 새 객체 데이터 테이블 정의 완료합니다.

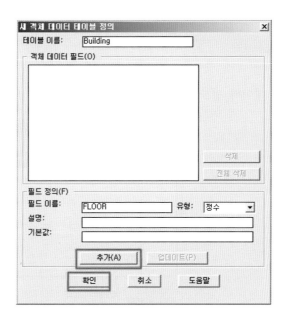

④ [객체 데이터 정의] 창에서 새로운 테이블 및 필드 만들어 진 것을 확인 후 닫기 합니다.

⑤ [리본 – 작성] 탭에서 [객체 데이터 부착/분리] 클릭합니다.

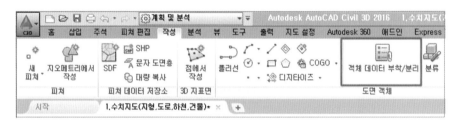

⑥ 객체 데이터 필드 "FLOOR" 선택, "값"에 층수 입력 후 "객체에 부착" 클릭합니다.

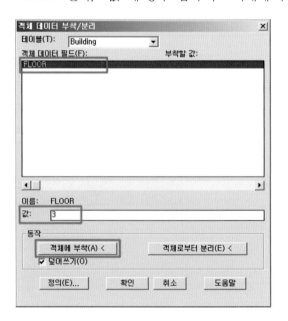

⑦ 명령 창에 객체 선택 메시지가 나오면, 속성 값 부착할 객체를 선택하며 속성이 부여됩
니다. (여러 객체 선택하여 한번에 속성을 입력할 수 있습니다.)

⑧ 객체에 부착한 속성 데이터 확인은 객체 선택 후 "특성창(ctrl+1)" 활성화하여 확인할
수 있습니다.

⑨ 위와 마찬가지 방법으로 도로에도 속성 데이터 차선을 부착 합니다.

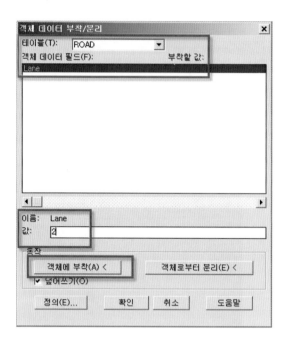

3) GIS 데이터 내보내기

■ 건물데이터 내보내기

① 샘플폴더에서 [5.InfraWorks₩2.수치지도(좌표 및 속성적용).dwg] 파일을 열기합니다.
② 작업공간을 [계획 및 분석]으로 설정합니다.

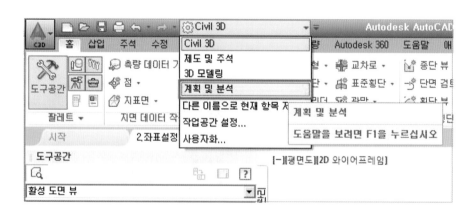

③ [리본 - 출력] 탭에서 [DWG를 SDF로] 클릭합니다. (명령어 : MAPEXPORT)

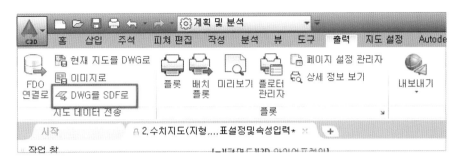

④ 파일이름과 내보낼 위치를 설정하고 파일 유형은 "SHP" 파일 선택합니다.
(SHP 파일 형식 뿐만 아니라 SDF 등 여러 형식으로 내보낼 수 있습니다.)

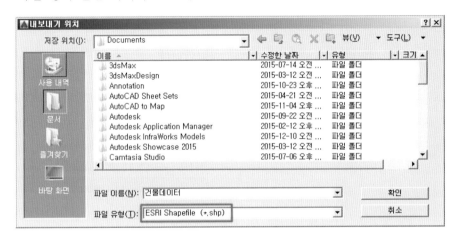

⑤ "선택요소 탭 - 객체 유형 - 폴리곤"을 선택하고 "필터 선택"에서 "도면층 아이콘" 클릭
합니다.

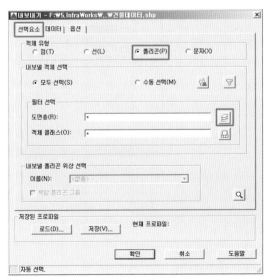

⑥ [도면층 선택] 창에서 "건물" 선택합니다.

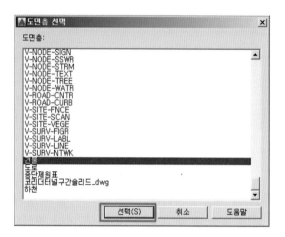

⑦ 데이터 탭에서 "속성 선택" 클릭합니다.

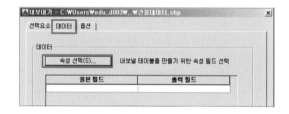

⑧ [속성 선택] 창에서 "객체데이터 - Building -FLOOR"를 체크하고 "확인" 클릭합니다.

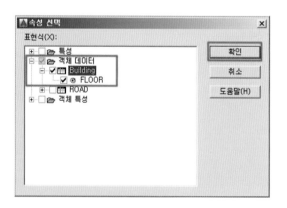

⑨ [옵션] 탭에서 "닫힌 폴리선을 폴리곤으로 간주"에 체크하고 "확인" 클릭합니다.

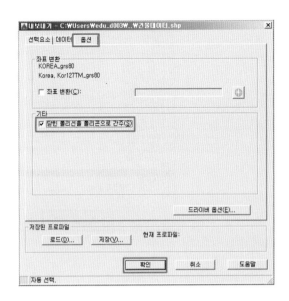

⑩ 내보내기 진행률이 나오고 shp 파일 "내보내기"가 완료됩니다.

■ 도로데이터 내보내기

⑪ 도로데이터 내보내기도 같은 방법으로 "맵내보내기(MapExport)" 하여 파일이름과 내보낼 위치를 설정하고 파일 유형은 "SHP" 파일 지정합니다.

⑫ "선택요소 탭 - 객체 유형 - 선"을 선택하고 "필터 선택"에서 "도면층 아이콘" 클릭합니다.

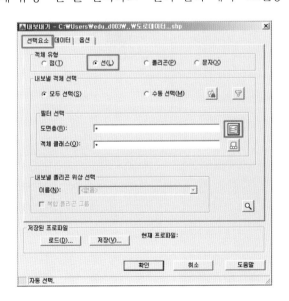

⑬ [도면층 선택] 창에서 "도로" 선택합니다.

⑭ [데이터] 탭에서 "속성 선택"을 클릭합니다.

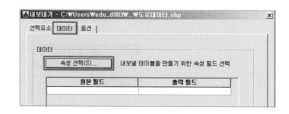

⑮ 객체 데이터를 확장해서 "ROAD - Lane"을 체크합니다.

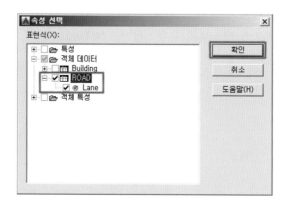

⑯ [내보내기] 창에서 "확인" 클릭하여 Shp 파일 "내보내기" 완료합니다.

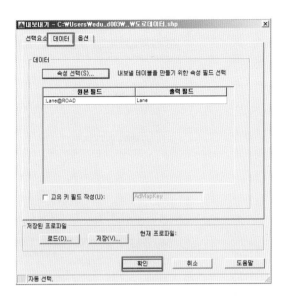

■ 하천데이터 내보내기

⑰ 하천데이터 내보내기도 같은 방법으로 "맵내보내기(MapExport)" 하여 파일이름과 내보낼 위치를 설정하고 파일 유형은 "SHP" 파일 지정합니다.

⑱ 선택요소 탭에서 객체 유형은 "폴리곤" 선택하고 필터 선택에서 도면층 "하천" 선택합니다.

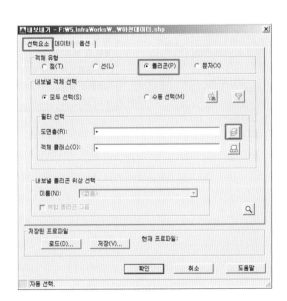

⑲ 옵션 탭에서 "닫힌 폴리선을 폴리곤으로 간주"에 체크하고 "확인" 클릭하여 shp파일 내보내기 완료합니다.

4) 지형 데이터 내보내기
   ① 작업 공간을 [Civil 3D]로 변경합니다.

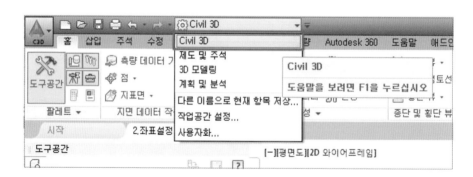

② [도구공간 – 지표면 – Surface 1] 마우스 오른쪽 버튼 – "LandXML 내보내기" 클릭합니다.

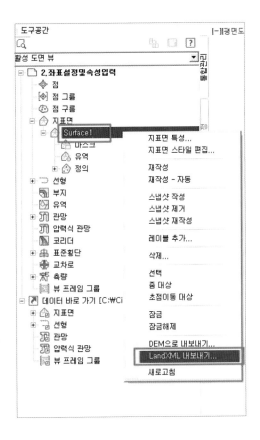

③ "지표면– Surface 1" 체크 후 "확인" 클릭합니다. 지형 데이터를 Xml 파일로 저장합니다.

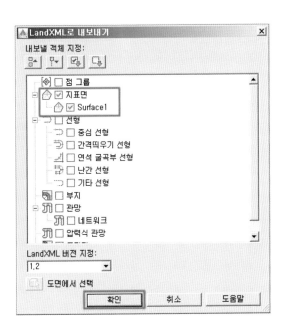

5) 레스터 이미지 내보내기

부착된 이미지를 좌표와 같이 내보내기 위해서는 Autodesk Raster Design 프로그램이 필요합니다. Raster Design 설치하면 AutoCAD Civil 3D 리본탭에 "Raster Tools" 생성됩니다. 현재 부착된 이미지를 좌표와 같이 내보내기 가능하며, 좌표정보는 JGw파일 안에 저장됩니다.

① [리본 – Raster Tools] 탭에서 [Image Export] 클릭합니다.

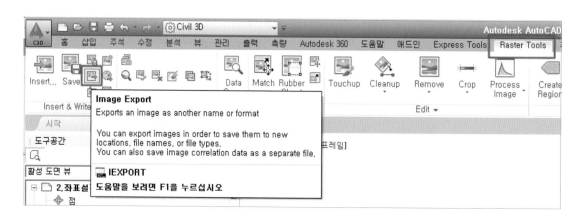

② [Export] 창에서 파일 이름과 경로를 설정하고 "Export"를 클릭합니다.

③ [Encoding Method] 창에서 "Maximum Quality"를 선택하고 "Next" 클릭합니다.

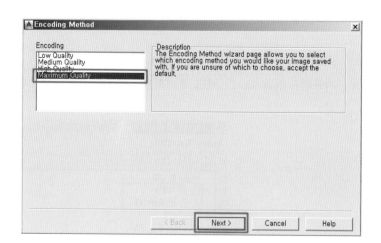

④ [Export Option] 창의 아래 "World File" 부분을 체크하고 "Finish" 클릭하면 레스터 이미지 내보내기가 완료 됩니다. (World File을 체크할 경우 이 도면이 가지고 있는 좌표값을 가져오게 되고 JGw형식의 파일이 추가로 생성 됩니다.)

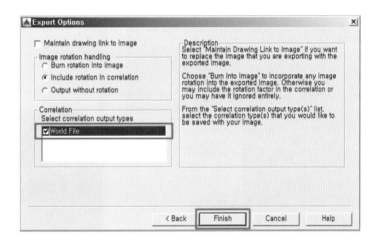

4) 드레프트 이미지

InfraWorks에서 지형, 이미지를 사실적으로 시각화하여 볼 수 있지만, Civil 3D에서도 간단하게 지형과 이미지를 매핑하여 확인 가능합니다.

① Civil 3D에서 생성한 지표면을 선택하면 메뉴탭의 "TIN 지표면 : Surface1"이 활성화 됩니다.

② [드레프트 이미지] 클릭합니다.

③ [드레프트 이미지] 창에서 "확인" 클릭하면 Civil 3D 지표면 데이터에 이미지정보 "렌더 재료" 적용됩니다.

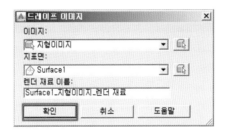

④ 지형 선택 후 "마우스 오른쪽 버튼" 클릭하여 "객체 뷰어" 클릭합니다. 지표면 스타일이 삼각망으로 되어 있고, [실제] 뷰로 설정되어 있으면 지형을 이미지 재질로 확인할 수 있습니다. (지표면과 이미지가 위치에 맞게 매핑됩니다.)

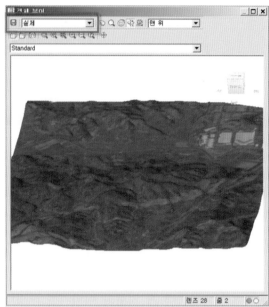

(2) InfraWorks 기초데이터 부착

1) New Models 생성

① Infraworks 실행합니다. Infraworks 360을 실행하면 Autodesk 계정으로 로그인을 해야합니다. "아이디와 암호"를 넣고 로그인을 합니다. (Autodesk 계정이 처음인 분들은 계정작성을 통해 "아이디"를 생성합니다.

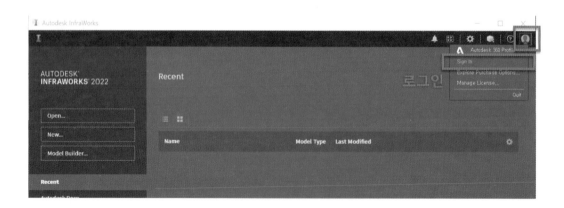

② New 메뉴를 클릭하여 New Model을 생성합니다.

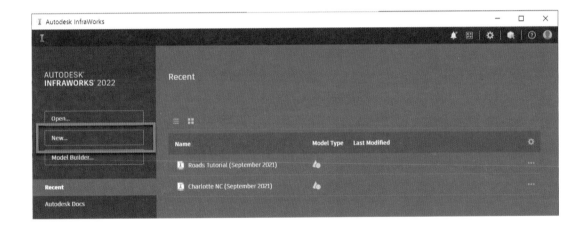

③ [New Model] 창 [Setting] 탭에서 프로젝트 이름과 경로를 설정합니다. 좌표는 LL84 설정합니다. 모든 설정 완료되면 새로운 모델작성 "OK" 클릭합니다.

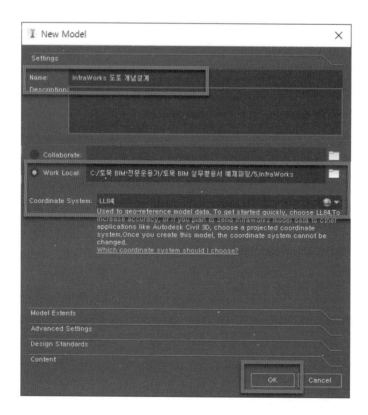

④ InfraWorks 새로운 프로젝트가 작성됩니다.

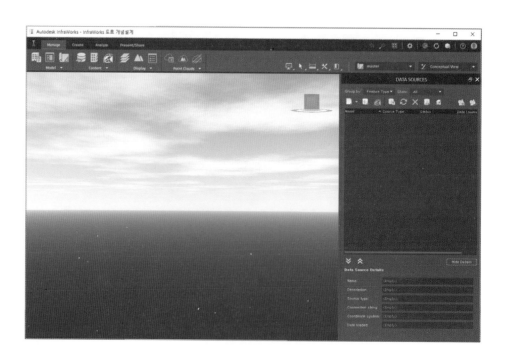

2) 사용자 환경 설정

 ① 바탕 배경은 "Conceptual View" 설정에서 작업하도록 하겠습니다.

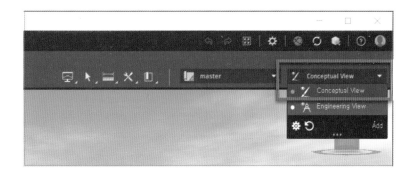

 ② 메뉴 [Manage – Data Sources] 아이콘 클릭합니다.

 ③ "Data Sources" 아이콘을 클릭하여 [DATA SOURCES] 창을 활성화합니다.

3) 지형 데이터 부착

　① 지형 데이터를 부착하기 위해 유형을 선택합니다. 유형 중 "LandXML"을 클릭합니다.

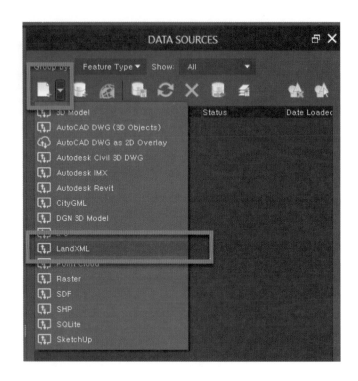

　② Infraworks 샘플 기초 데이터 폴더에서 "수치지형도.xml"을 선택합니다.

③ Civil3D에서 작성된 LandXML 파일이 부착되었으며, 수치지도지형도 XML 파일에 기본 적인 설정을 합니다. XML 파일에 더블클릭 또는 오른쪽 마우스키 이용하여 "Configure" 선택합니다.

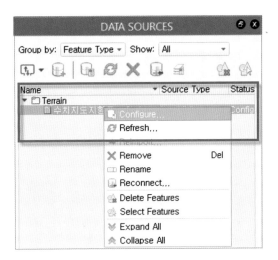

④ Coordinate System에서 좌표를 "KOREA_GRS80_127TM"으로 지정하고 변경된 사항을 반영하기 위해 "Close & Refresh" 버튼을 클릭합니다.

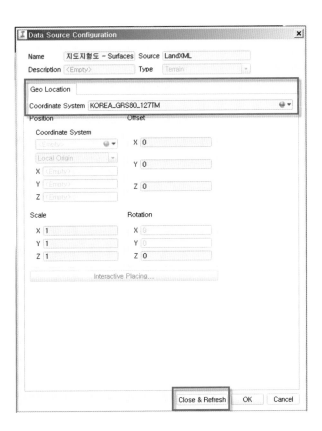

⑤ 지형도가 좌표를 기반으로 부착됩니다.

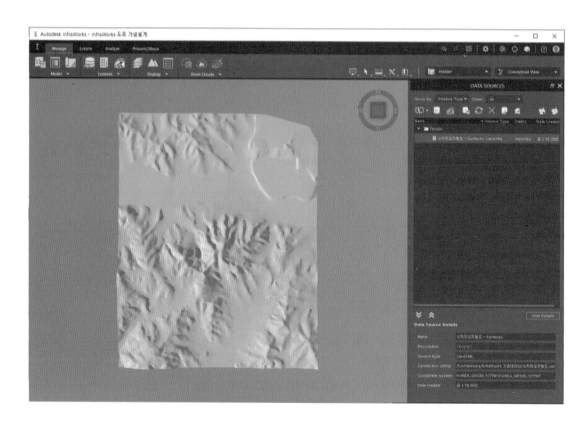

4) 이미지 부착

　　① 수치지도 이미지를 가져오기 위해 [DATA SOURCES] 창에서 "Raster"를 클릭합니다.

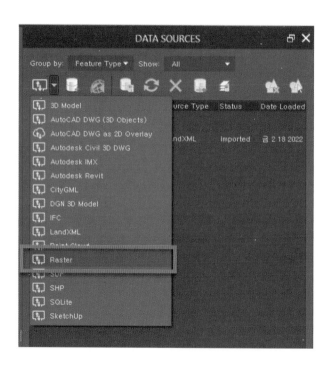

② Infraworks 샘플 기초데이터 폴더에서 "수치지도이미지(좌표적용).JPG"를 선택합니다. ("JPG" 파일은 좌표정보를 가진 "JGW" 파일이 같이 있어야 합니다. 이미지 좌표정보 입력은 Raster Design Tool에서 작업하였습니다.)

③ "수치지도이미지" Configure 또는 더블클릭 합니다.

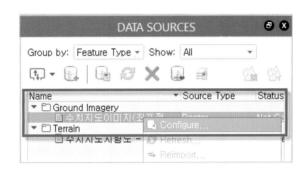

④ Coordinate System에서 "KOREA_GRS80_127TM" 좌표 선택하고 "Close & Refresh" 버튼을 클릭합니다.

⑤ 수치지도이미지가 지형도에 매핑 됩니다.

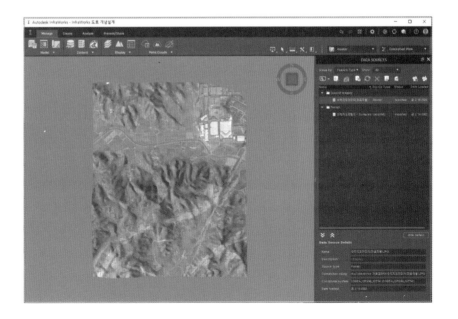

⑥ 만약 정사영상 이미지 항공사진이 없다고 하면 Autodesk InfraWorks에서 제공하는 "Bing Maps" 이미지를 활용할 수도 있습니다. 현재 지형데이터의 좌표가 정의되어 있으므로 바로 제공하는 "Bing Maps" 이미지 적용이 가능합니다.

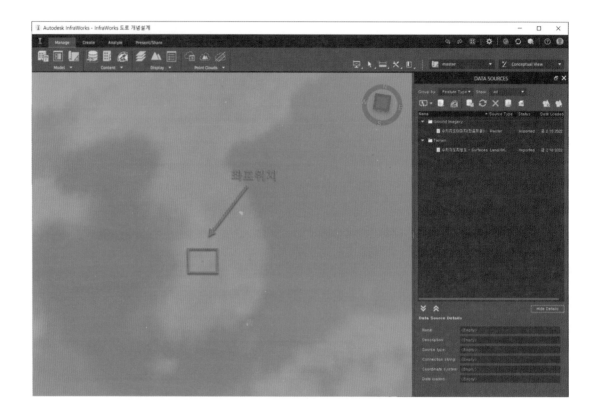

⑦ [DATA SOURCES] 창에서 "Add Database data source" 클릭합니다.

⑧ [Connect to Data Source] 창에서 아래 이미지와 같이 Connection type은 "Bing Maps"으로 설성하고 Tile Level은 "17"로 설정하여 "Ok" 클릭합니다.

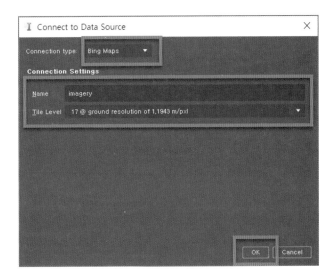

⑨ [Choose Data Source] 창 "Ok" 클릭합니다.

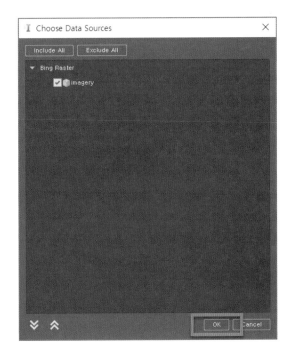

⑩ "Imagery" Configure 또는 더블클릭 합니다.

⑪ "Imagery"에 대한 구성 "Close & Refresh" 버튼을 클릭합니다.

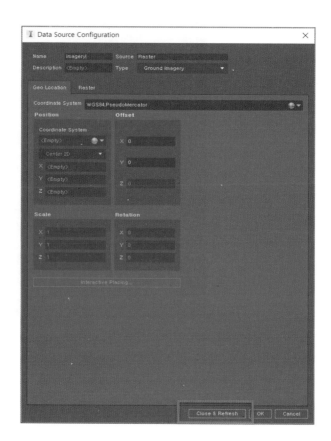

⑫ 좌표에 맞게 "Bing Maps" 이미지를 활용할 수 있습니다.

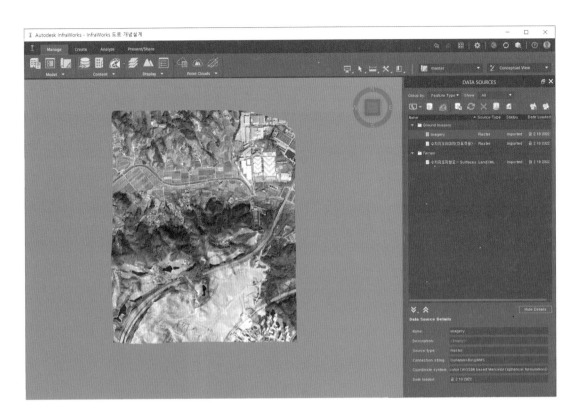

⑬ 이미지는 안보이게 설정하거나 또는 이미지들에서 우선 순위를 지정할 수 있습니다.
[DATA SOURCES] 창에서 "Surface Layers" 클릭합니다.

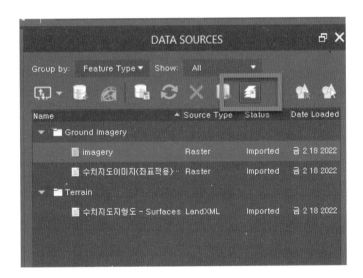

⑭ Ground Imagery & Coverages 아래에서 이미지가 맨위에 있는 객체가 우선적으로 화면에 보이게 됩니다.(드래그앤드롭으로 객체를 위/아래로 움직일 수 있습니다.) 또한 이미지 레이어를 안보이게 설정도 가능합니다. "수치지도이미지(좌표적용)" 이미지만 보이게 설정하고 "Ok" 클릭합니다.

⑮ "수치지도이미지(좌표적용)" 이미지가 다시 활성화됩니다.

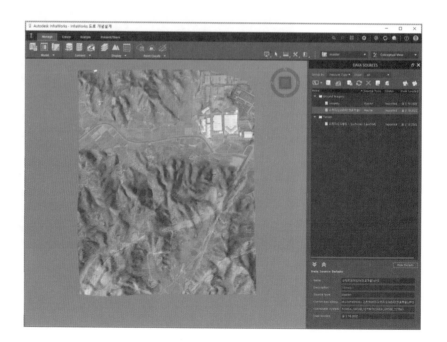

5) SHP 파일 부착
   ① Infraworks에서 표현할 도로, 건물, 하천 데이터를 넣도록 하겠습니다. [DATA SOURCES] 창에서 "SHP"를 클릭합니다.

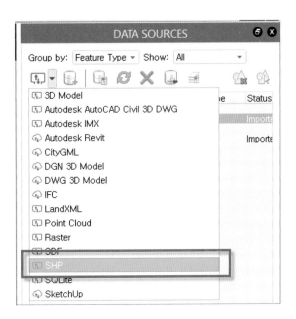

   ② 샘플에서 건물, 도로, 하천데이터를 선택합니다.

③ Shp 파일에 "건물데이터, 도로데이터, 하천데이터"가 부착되었으며, 각각 유형, 좌표, 속성등 기본적인 값은 설정해야 합니다.

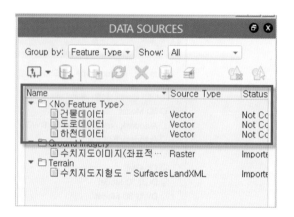

④ "건물데이터" Configure 또는 더블클릭 합니다.

⑤ [Data Source Configuration] 창에서 "건물데이터" Type을 Buildings 변경합니다.

⑥ "Roof Height" 에서 건물 높이, "Style"에서 건물 재질을 입력할 수 있습니다.

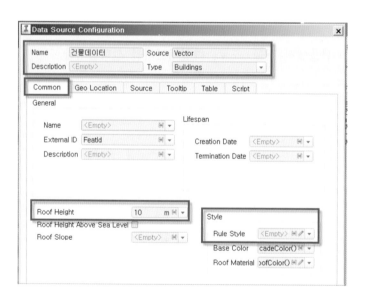

⑦ 건물 높이는 "Roof Height"에 "Expressin Editor" 클릭하여 건물에 미리 정의된 속성 정보를 이용하여 건물 높이를 지정할 수 있습니다.

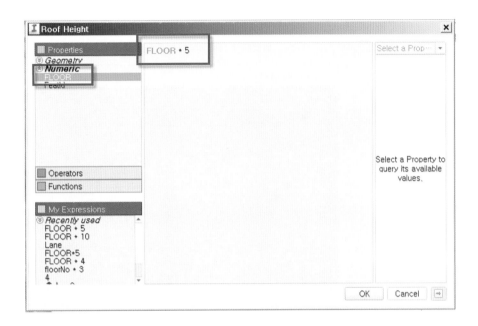

⑧ 건물 재질은 "Rule Style"에 "Style Chooser" 클릭하여 건물 재질을 선택할 수 있습니다.

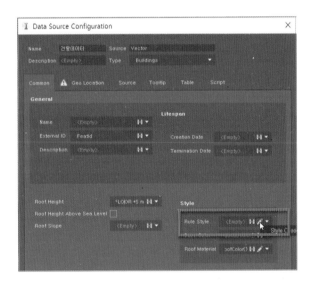

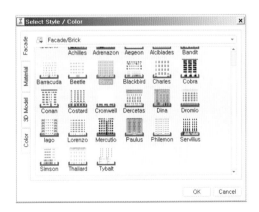

⑨ "Roof Height"에서 건물 높이, "Style"에서 건물 재질을 입력을 완료합니다.

⑩ "Geo Location" 탭 Coordinate System에서 "KOREA_GRS80_127TM" 좌표 선택합니다.

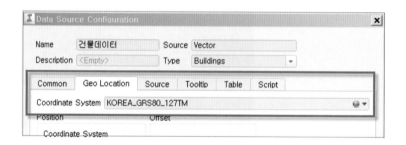

⑪ "Source" 탭에서 Draping Options은 "Drape" 설정 "Convert closed polylines To polygons" 체크합니다.

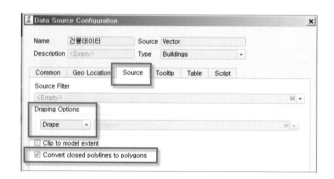

⑫ 건물데이타 [Data Sorce configuration] 창에서 "Close & Refresh" 버튼 클릭하면 Shp 건물데이타 파일이 좌표 기반에 3D 객체로 형상화 됩니다.

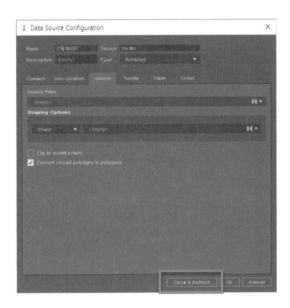

⑬ "도로데이터" Configure 또는 더블클릭 합니다.

⑭ [Data Source Configuration] 창에서 "도로데이터" Type을 Roads 변경합니다.

⑮ "Lanes Forward, Lanes Backward" 에서 미리 속성 정의된 차선 정보를 정의할 수 있으며, "Style"에서 도로 재질을 입력할 수 있습니다.

⑯ "Geo Location" 탭 Coordinate System에서 "KOREA_GRS80_127TM" 좌표 선택합니다.

⑰ "Source" 탭에서 Draping Options 은 "Drape" 설정합니다.

⑱ 도로데이타 [Data Sorce configuration] 창에서 "Close & Refresh" 버튼 클릭하면
Shp 도로데이타 파일이 좌표 기반으로 3D 스케치 됩니다.

⑲ "하천데이터" Type은 "Water Areas", 좌표는 "KOREA_GRS80_127TM", Draping
Options 은 Drape, "Convert closed polylines To polygons" 체크합니다.

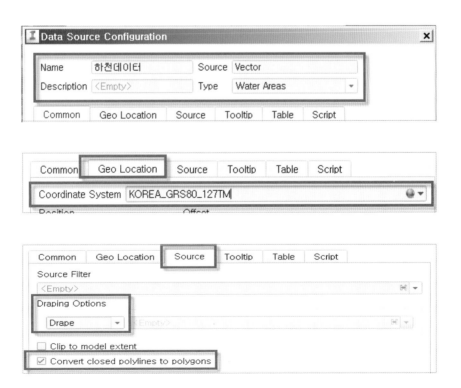

⑳ 도로데이타 [Data Sorce configuration] 창에서 "Close & Refresh" 버튼 클릭하면
Shp 하천데이타 파일이 좌표 기반으로 3D 스케치 됩니다.

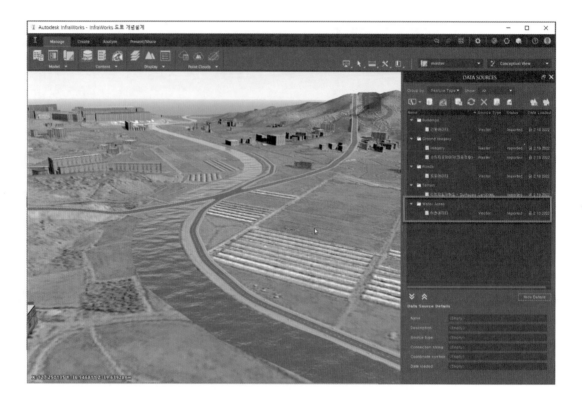

토목 BIM 실무활용서

(3) InfraWorks 모델 객체 및 스타일 수정

1) 모델 객체 편집

① 모델 객체를 선택하여 편집모드에서 아래 표와 같이 건물 및 도로를 선택하여 편집할 수 있습니다.

형상	기능
좌표축의 각 화살표	해당 방향으로 건물 이동
좌표축의 사각형	지정된 평면 방향으로 건물 이동
회전 화살표	중심을 기준으로 건물 회전
건물 모서리의 사각형	건물 모서리 이동
건물 가운데 화살표	건물의 높이 변경

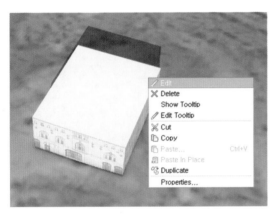

형상	기능
좌표축 각 화살표	해당 방향으로 도로 이동
좌표축 사각형	지정된 평면 방향으로 도로 이동
회전 화살표	중심을 기준으로 도로 회전
도로 가운데 사각형	도로 모서리 이동 및 종단 변경

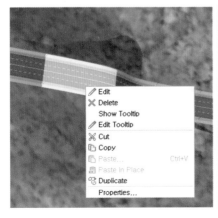

2) 모델 객체 스타일 변경

① 지형에서 사각형 영역에 있는 도로의 데이터를 수정해 터널로 변경하겠습니다. 가운데
도로 선택하고 오른쪽 마우스 클릭하여 "Properties" 명령 실행합니다.

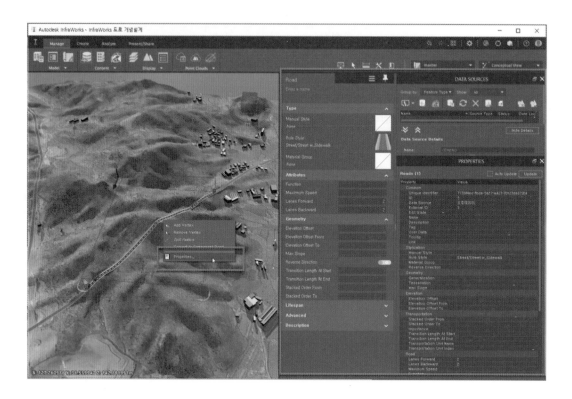

② [Properties] 창에서 도로 스타일을 "Tunnel"로 변경합니다. Properties창에서 변경한
항목은 바로 변경이 되지 않으므로, Update 클릭하여 수정된 사항을 반영합니다.
(자동으로 변경하려면 Auto Update 항목 체크합니다.)

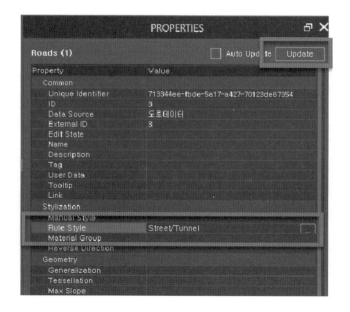

③ 또는 도로를 선택하면 바로 도로의 스타일을 변경할 수 있는 창이 활성화됩니다.

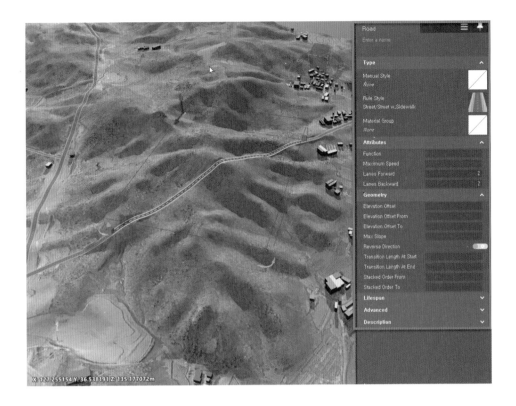

④ 도로 스타일 창에서 "Rule Style"를 터널로 변경합니다.

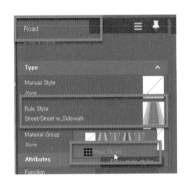 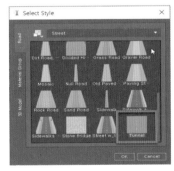 

⑤ 분리된 도로부분이 터널로 변경되었습니다. 이제 터널의 높이 값을 조정합니다. 그림과
같이 터널의 중심에 "Add Vertex" 추가합니다.

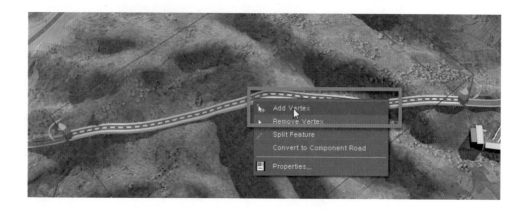

⑥ 추가된 포인트에서 빨간색 삼각 원뿔을 클릭하면 높이 값을 조절할 수 있습니다. 터널
의 양쪽 높이 값의 평균값인 "81.5"를 입력합니다.

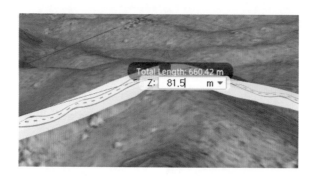

⑦ 화면에 보이는 것처럼 높이값이 변경된 상태로 터널이 표현됩니다.

⑧ 교량도 같은 방법으로 변경할 수 있습니다.

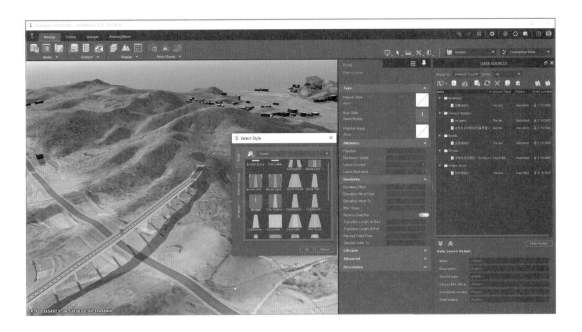

3) Sytle Rules 및 style Palette
① [Manage - Display - Style Rules] 클릭하여 "Style Rules" 창 활성화합니다.

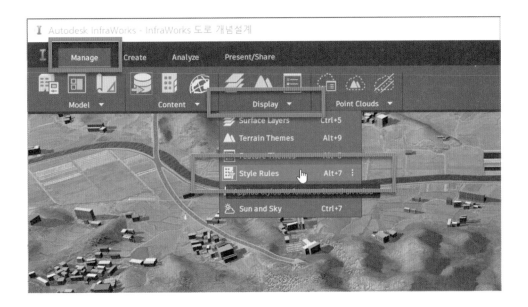

② "Style Rules" 창 "Buildings" 탭에서 새로운 "Rule Type" 추가합니다.

③ 새로운 "Rule Editing" 생성 되면 "편집" 메뉴 클릭합니다.

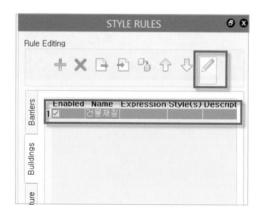

토목 BIM 실무활용서

④ [Rule Editor] 창에서 "Styles"을 설정하고자 하는 재질을 여러 종류 추가합니다.

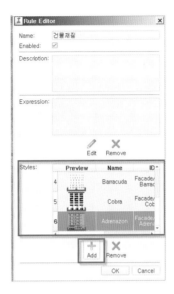

⑤ [Style Rules] 에서 "Run Rules" 실행하면 건물 재질을 다양하게 설정 가능합니다.

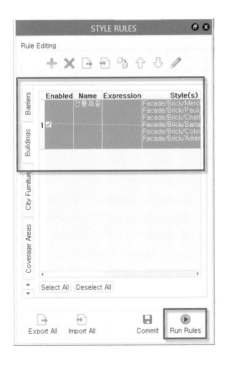

⑥ 새로운 스타일을 만들고자 한다면 [Manage – Content – Style Palette] 클릭하면 "Style Palette" 창이 활성화됩니다. "Style Palette" 창에서는 도로, 건물, 하천등 여러 재질을 사용자가 새롭게 만들거나 편집할 수 있습니다.

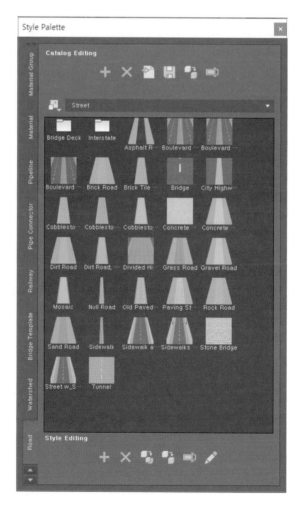

(4) InfraWorks 데이터 공유 및 설계 대안 작성

　① [Shared Views] 통하여 작성된 InfraWorks 모델을 웹 링크로 공유할 수 있습니다.

　② InfraWorks는 별도로 저장하는 기능이 없이 실시간 자동 저장되며, 여러 설계안을 하나에 파일에 작성하려면 [proposal] 기능으로 작업할 수 있습니다.

　③ [present] 메뉴중에 사용자가 시각화 할 수 있는 기능들이 있으며, 특히 "Storyboard Creator" 메뉴는 사용자가 동영상을 만들어 공유할 수 있습니다.

(5) InfraWorks 와 Civil 3D/Revit 설계데이타 호환

InfraWorks GIS 데이터를 이용한 개념적 설계뿐만 아니라 Civil 3D/Revit 등에 BIM 솔루션에서 설계 완료된 데이터도 같이 호환하여 시각화 할 수 있습니다.

① InfraWorks 새로운 작업을 위해 "New Model"합니다.

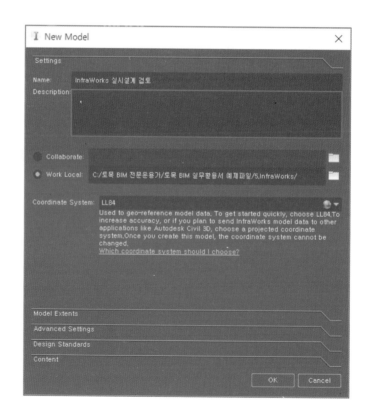

② [Data Sources] 창에서 "Autodesk AutoCAD Civil 3D DWG" 선택합니다.

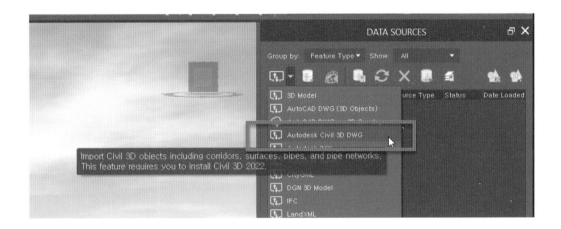

③ Infraworks 샘플 폴더에서 3.Civil 3D설계데이타.dwg 파일 선택합니다. (Civil 3D에서 설계 완료된 도면입니다.)

④ [Choose Data Sources] 에서 "전체계획지반", "CORRIDOR COVERAGES" 선택합니다.

⑤ "Terrain"의 좌표를 KOREA_GRS80_127TM"으로 설정합니다.

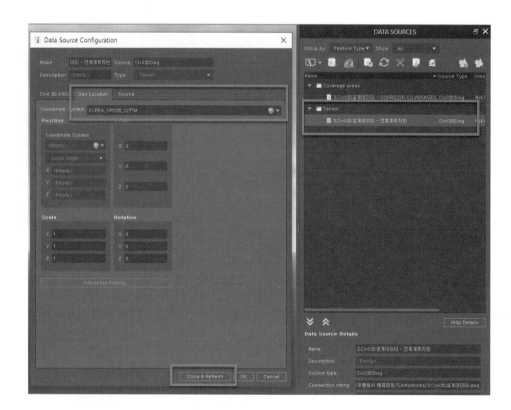

⑥ "Coverage Areas" 좌표 KOREA_GRS80_127TM"으로 설정합니다.

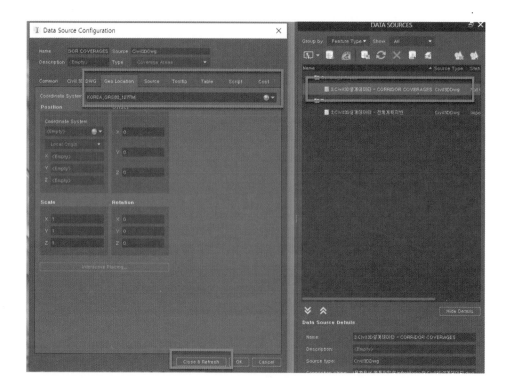

⑦ 가져오기 완료된 "Coverage Areas 및 Terrain"의 좌표를 KOREA_GRS80_127TM" 설정
하고 "Close & Refresh" 클릭하여 Civil3D에서 작업한 객체를 활성화합니다.

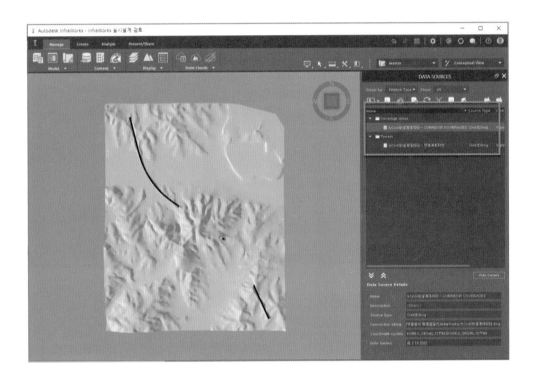

⑧ Infraworks 샘플 기초데이타 폴더에서 "수치지도 이미지" 가져오기 하여 좌표 설정하여
지형과 이미지 매핑합니다.

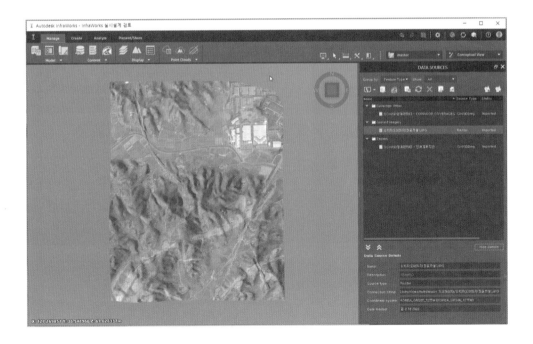

⑨ [DATA SOURCES] 창에서 "Surface Layers" 클릭합니다. Ground Imagery & Coverages 아래에서 이미지가 맨위에 있는 객체가 우선적으로 화면에 보이게 됩니다. (드래그앤드롭 으로 객체를 위/아래로 움직일 수 있습니다.) "CORRIDOR COVERAGES"를 "수치지도이 미지(좌표적용).jpg" 보다 위쪽으로 배치하여 보여지는 우선순위를 변경합니다.

⑩ "CORRIDOR COVERAGES" 이미지가 우선적으로 보이게 됩니다.

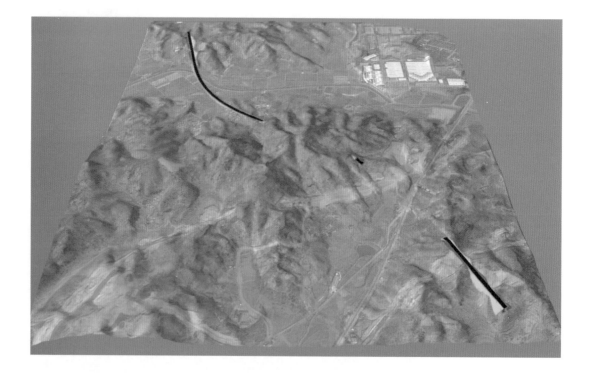

⑪ [Data Sources] 창에서 "AutoCAD DWG(3D Objects)" 선택합니다.

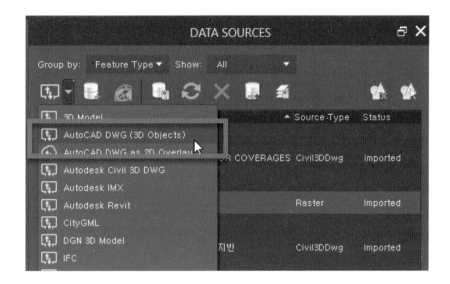

⑫ InfraWorks 샘플폴더에서 AutoCAD 솔리드 객체로 저장된 "4.터널모델_CAD.dwg" 파일 가져오기 합니다.

⑬ "터널모델" 가져오기 진행됩니다. "터널모델" 가져오기 완료되면 Type 및 좌표 설정합니다.

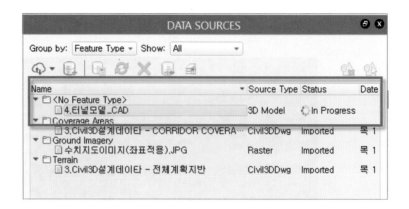

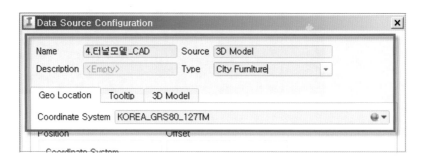

⑭ InfraWorks 에서 "Engineering View"로 설정하면 지형을 투명하게 적용하여 지반 아래의 구조물 3D 객체로 쉽게 확인할 수 있습니다.

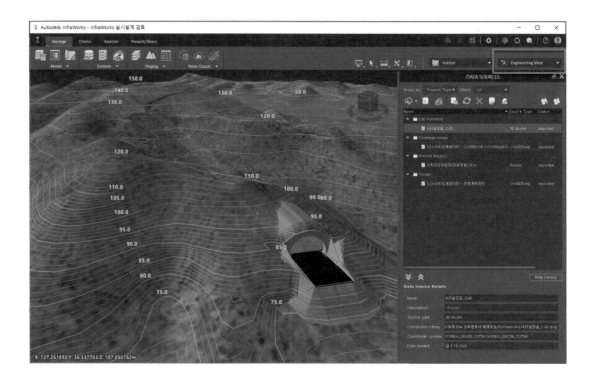

⑮ Revit 파일도 같은 방법으로 InfraWorks 샘플폴더에서 "5.교량모델_Revit.rvt" 가져오기하여 Type 및 좌표 설정합니다.

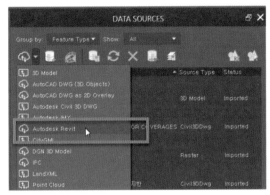

⑯ Revit 파일의 좌표는 "Revit의 프로젝트 기준점" 좌표를 입력하여 배치하도록 하겠습니다.

Y = 225271.2866

X = 438060.7754

Z = 0

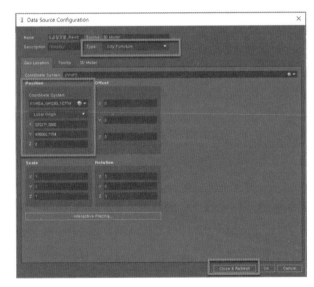

⑰ "Revit의 프로젝트 기준점" 좌표는 Revit 프로그램에서 "5.교량모델_Revit.rvt"를 열기하여 확인할 수 있습니다.

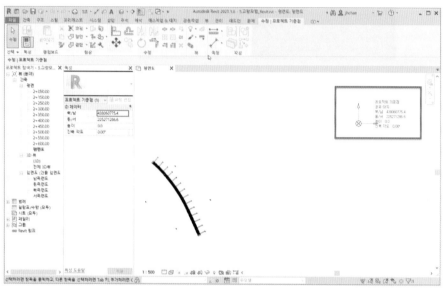

⑱ InfraWorks에서 AutoCAD 및 Revit으로 모델링한 3D 객체를 좌표 기반으로 확인할 수 있습니다.

⑲ InfraWorks 에서 다양한 3D 설계 데이터 호환도 가능합니다. "3D Model"은 *.3ds, *.dae, *.dxf, *.fbx, *.obj 등의 파일을 가져오기 할 수 있습니다.

⑳ InfraWorks 샘플폴더에서 "6.건물3D모델.fbx" 가져오기 합니다.

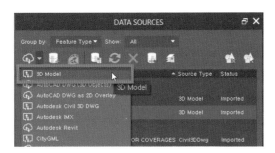 

㉑ "6.건물3D모델.fbx" 파일은 별도로 좌표를 가지고 있지 않아서 직접 사용자가 "Interactive Placing" 기능으로 배치할 위치를 결정할 수 있습니다. (AutoCAD, Revit, 3DMax 등 좌표가 없이 모델링된 데이터들도 이와 같이 사용자가 직접 원하는 위치에 배치 가능합니다.)

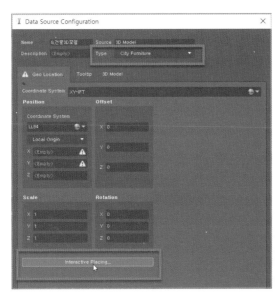 

제8편

Autodesk
Subassembly
Composer

08

Autodesk Subassembly Composer

Autodesk Subassembly Composer(이하 ASC)는 AutoCAD Civil 3D를 설치할 때 선택적으로 설치 가능하며 횡단면도의 구성을 사용자화 할 수 있는 별도의 프로그램입니다. 이번 장에서는 Civil 3D에서 필요한 횡단구성요소를 어떻게 작성하는 방법에 대해서 알아보도록 하겠습니다. 오토데스크의 제품들이 .NET 환경으로 변경되기 전에 만들어진 ASC파일은 Visual Basic으로 작성 되었고 이 파일들은 아래 경로에서 저장 되어있으며 만약 Visual Basic을 사용하시는 분들은 아래 파일들을 수정해서 사용하실 수 있습니다.

C:₩Program Files₩Autodesk₩AutoCAD 2016₩C3D₩Sample₩Civil 3D

API₩C3DStockSubassemblies ₩Subassemblies

또한, ASC의 자세한 내용이나 API관련 자료를 원하시는 분들은 아래 링크의 URL에 보다 상세한 내용을 확인 하실 수 있습니다.

HELP File

http://help.autodesk.com/view/CIV3D/2016/ENU/?guid=GUID-E295BF67-F60C-49D3-A918-329D1E4FAFC5

API Developer Guide

http://help.autodesk.com/view/CIV3D/2016/ENU/?guid=GUID-DA303320-B66D-4F4F-A4F4-9FBBEC0754E0

ASC의 기능들을 PKT파일(ASC 확장자)로 확인하기 위해서는 오토데스크 홈페이지에서 다운로드가 가능합니다.

http://knowledge.autodesk.com/support/autocad-civil-3d/downloads/caas/downloads/content/sample-pkt-files-for-the-autodesk-subassembly-composer-for-autodesk-autocad-civil-3d-2016.html

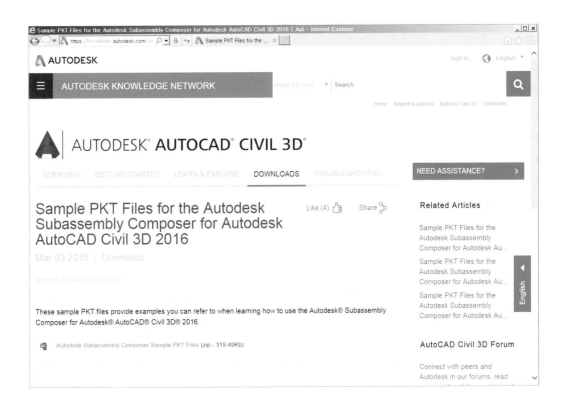

Autodesk Subassembly Composer는 AutoCAD Civil 3D 설치시 구성요소 옵션 선택하여 설치합니다. 프로그램 실행 파일은 "모든 프로그램"에 [Autodesk폴더 – Subassembly composer 폴더]에 있습니다.

ASC는 크게 Tool BOX, Flowchart, Properties, Preview, Setting and Parameters으로 구성되어 있고 각각의 위치는 아래와 같습니다.

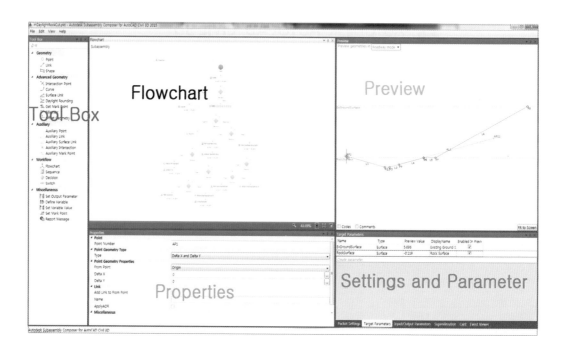

① Tool Box

Tool Box 패널은 Geometry, Advanced Geometry, Auxiliary, Workflow, Miscellaneous 로 구성되어 있으며 각 기능은 아래와 같습니다.

- Geometry : 점, 선, 면을 모델링
- Advanced Geometry : 교차점, 커브, 지표면 링크, 지표면 곡선, 마크포인트, 옵셋
- Auxiliary : 가상의 점, 선, 링크, 마크포인트
- Workflow : Flowchart를 구성하는 요소들로 조건식과, 결과, 스위치 등으로 나누어져 있습니다.
- Miscellaneous : 기타 변수 값들을 정의

② Flowchart

Flowchart는 어셈블리를 구성하는 여러 조건식과 결과값들을 한눈에 볼 수 있는 차트

③ Properties

속성값들을 확인 할 수 있는 패널로 포인트, 링크의 이름 코드 값, 타입, 각 항목의 입력 값 등을 확인

④ Preview

현재 구성된 어셈블리가 어떻게 구현될지를 미리 확인 할 수 있는 패널로 Roadway mode와 Layout mode 두 가지가 있는데 Roadway mode는 현재 입력되어 있는 값들로 이루어진 어셈블리를 표현하고 Layout mode는 이 어셈블리가 어떻게 구성되어 있는지 보여주는 모드로 만약 Layout모드를 따로 정의하지 않았다면 Civil 3D에서 보여지는 모드는 default 로 구성 된 어셈블리

⑤ Setting and Parameter

• Packet Setting : 어셈블리 이름, 이미지를 등록

여기서 정의한 이름과 이미지는 Civil 3D에서 가져왔을 때 아래같이 이미지와 이름이 표기 됩니다.

주의) ASC는 단위를 포함하고 있지 않습니다. Metric, Imperial와 무관하게 작성 하시면 됩니다. 하지만, default값을 입력된 값들은 단위계에 따란 m, ft등으로 구분되어 서 표기 됩니다.

• Target Parameter : 지표면, 옵셋, Elevation

Target Parameter를 정의하면 코리더 속성의 Target항목을 선택하면 아래와 같이 각 항목을 Targeting해서 모델링 할 수 있습니다.

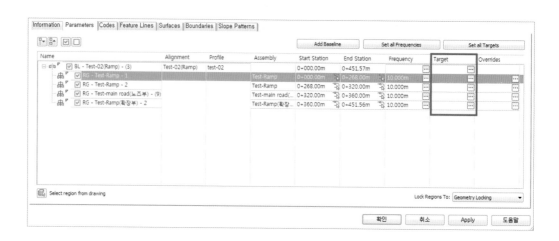

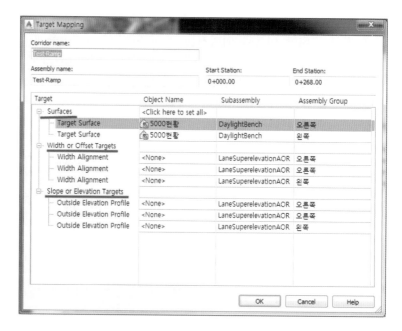

• Input/Output Parameter : Civil 3D에서 보여지는 매개변수 값들로 어셈블리를 구성할 때 사용자화 하여 사용하며, 매개변수를 정의하면 어셈블리를 Civil 3D로 가져 왔을 때 아래와 같이 속성 창에서 각각의 매개변수 값들을 수정 할 수 있습니다. 이때 Default 값들은 어셈블리어 만들 때 입력 한 값이 됩니다.

매겨변수를 정의할 때 꼭 정의해야 되는 항목이 Type인데요 여기서 type은 종류별로 무엇이 다른지 알아보도록 하겠습니다.

TYPE	설명
Integer	전체 숫자
Double	소수 자리 제한
String	글씨
Grade	퍼센티지 경사
Slope	수직거리에 대한 수평거리의 비
Yes/No	참과 거짓을 구분
Side	좌측과 우측
Superelevation	편경사 정의

• Superelevation : 편경사

• Cant : 캔트

• Event Viewer : 에러 메시지 정의

(1) Parameter Settings

① ASC 실행합니다.

② Parameter and Setting 패널에서 Packet Settings 클릭합니다.

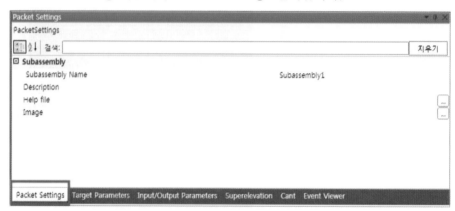

③ Subassembly Name에 "Daylight_ASC" 입력합니다.

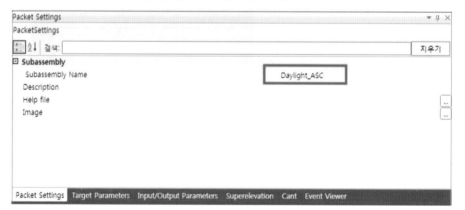

④ Target Parameters 탭으로 이동하여 새로운 Parameter를 아래와 같이 생성합니다.

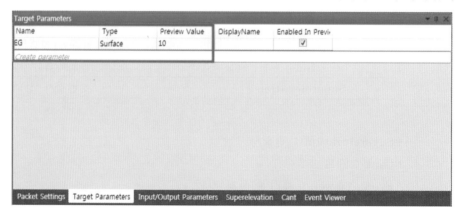

- Name: EG
- Type: Surface
- Preview Value: 10 입력

⑤ Input/Output Parameter탭으로 이동하여 아래의 이미지와 같이 Name, Type, Direction, Default value, Display name 등 입력합니다.

Name	Type	Direction	Default Value	DisplayName	Description
Side	Side	Input	None		
Cut1Slope	Slope	Input	1.00:1	절토구배	
Fill1Slope	Slope	Input	1.50:1	성토1구배	
Fill2Slope	Slope	Input	1.80:1	성토2구배	
BenchWidth	Double	Input	1	소단폭	
BenchSlope	Grade	Input	4.00%	소단구배	
MaxHeight	Double	Input	5	최대높이	
Create parameter					

Packet Settings Target Parameters Input/Output Parameters Superelevation Cant Event Viewer

여기서, 각각 항목의 정의는

- Name : 매개변수의 사용자 정의 이름으로 숫자나 특수문자를 포함할 수 없으며 Compoer 내에서 사용되는 이름입니다. 대소분자는 구분하지 않아도 인식이 가능하나 편의상 CutSlope 등 같이 표기 하였습니다. 주의할 점은 편경사 매개변수에 할당된 이름은 편경 사 매개변수를 유형으로 선택할 때 자동으로 생성되면 이름은 변경이 불가능 합니다.
- Type : 매개변수의 형식을 말하며 Integer, Double, String, Grade, Slope, Yes/No, Superelevation, Superelevation axis of Rotation, Slope direction, Potential pivot 등이 있으며 Highlight한 부분은 편경사 매개변수 항목입니다. 편경사를 적용하기 위해 서는 모델링 시 링크 속성에서 ApplyAOR을 클릭 하여야 됩니다.
- Direction : 현재 매개변수 값이 입력(Input) 매개변수인지, 출력(Output) 매개변수인지 여부를 지정합니다.
- Default Value : 기본 매개변수 값이며 ASC는 단위가 구분 되지 않으므로 단위를 고려 하여 작성한 후 사용하면 더욱 편리하게 적용할 수 있습니다.
- Display Name : Autodesk AutoCAD Civil 3D에서 횡단구성요소로 불러 왔을 때 표기 되는 이름으로 특성창에 표기되는 이름입니다.

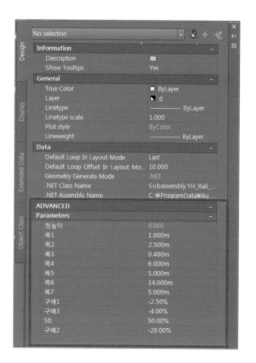

(2) Layout mode 정의

ASC에서는 Roadway mode와 Layout mode 두 가지가 있는데 만약 따로 Layout mode를 정의하지 않으면 Parameters의 값들이 Default로 되어 있는 횡단을 표기하지만 조건식이 많아서 복잡할 경우는 어떤 횡단면도 인지 간단히 보여 줄 필요가 있습니다.

① Tool Box 패널 ➡ Workflow ➡ Decision을 선택 후 우측의 Flowchart 패널로 끌어서 가져다 놓습니다.

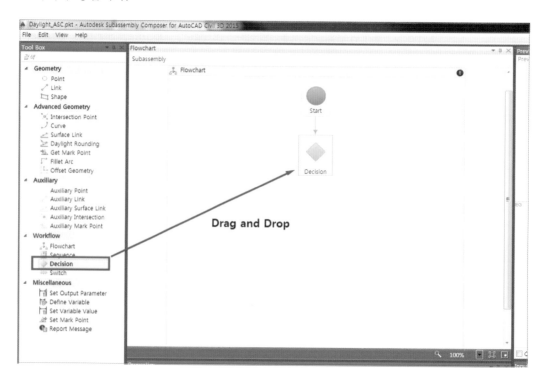

② Properties 패널 ➡ Condition ➡ SA.islayout을 입력합니다.

Layou mode를 사용할 지 여부를 묻는 조건식으로 False 조건은 Laymode의 횡단을 작성하면 되고 False조건에서는 Roadway mode에 대한 모델링을 진행하면 됩니다.

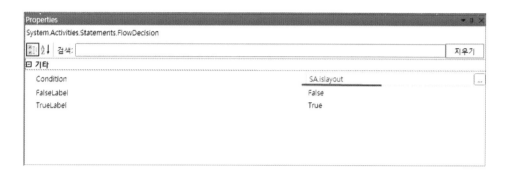

③ Tool Box 패널 ➡ Workflow ➡ Flowchart 선택 후 Flowchart 패널로 가져오기 ➡ Flowchart 상단을 클릭하여 이름을 Layout mode로 수정합니다.

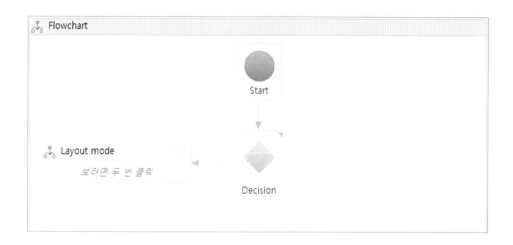

④ Layout mode를 더블클릭 합니다.

이제 여기서 Layout mode에 대해서 간단히 설명할 수 있는 횡단을 구성해 보도록 하겠습니다. (여기서 작성되는 지오메트리는 모델링과 전혀 무관하며 사용자가 쉽게 횡단에 대해서 쉽게 인지 할 수 있도록 가이드를 제공하는 항목입니다.)

⑤ Tool Box 패널 ➡ Sequence 선택 후 Flowchart로 가져오기 ➡ Sequence이름을 Cut 으로 수정 동일한 방법으로 Sequence을 추가 후 이름을 Fill로 수정합니다.

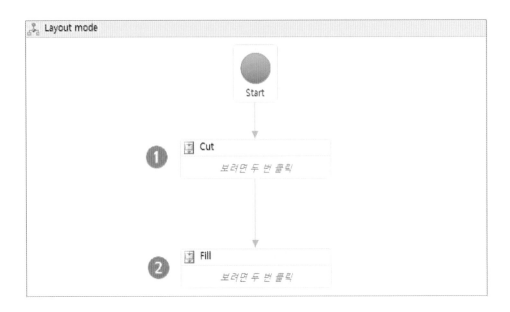

⑥ Cut을 더블클릭 ➡ Tool Box 패널 ➡ Geometry ➡ Point 선택 후 Flowchart로 가져오기 P1이라는 이름으로 포인트가 생겼는데 P1을 원점으로 정의하기 위해 아래와 같이 속성을 정의하고 Layout 모드는 모델링과 관련이 없으므로 코드 값은 입력하지 않겠습니다.

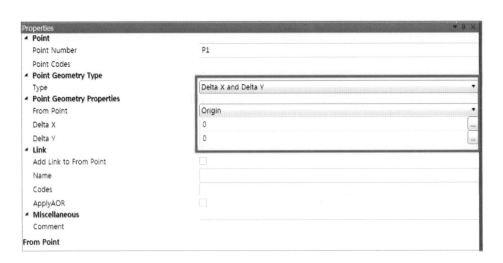

⑦ Tool Box 패널 ➡ Geometry ➡ Point 선택 후 Flowchart로 가져오기
  • Point Name : P2
  • Type : Slope and Delta Y
  • From Point : P1
  • Slope : cut1slope
  • Delta Y : 5

- Add Link to From Point 클릭
- Link Name : L1

만약, Roadway mode로 지정이 되어 있으면 Layout mode 지오메트리가 보이지 않으므로 Preview 패널의 좌측 상단에서 Layout mode로 수정 하시면 Preview를 보실 수 있습니다.

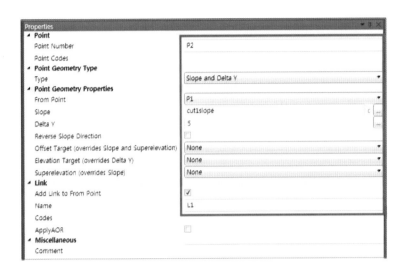

⑧ Tool Box 패널 ➡ Geometry ➡ Point 선택 후 Flowchart로 가져오기 합니다.
- Point Name : P3
- Type : Slope and Delta X
- From Point : P2
- Slope :－benchslope
- Delta X : benchwidth
- Add Link to From Point 클릭
- Link Name : L2

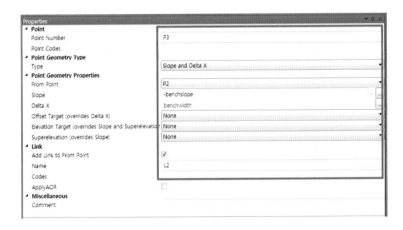

⑨ Tool Box 패널 ➡ Geometry ➡ Point 선택 후 Flowchart로 가져오기 합니다.

- Point Name : P4
- Type : Slope and Delta Y
- From Point : P3
- Slope : cut1slope
- Delta Y : 5
- Add Link to From Point 클릭
- Link Name : L3

일반적으로 한국의 경우 발파암, 리핑암, 토사로 구분되며 20m 마다 3m 소단, 5m 마다 1m 소단을 설치합니다. 이럴 경우는 조건식을 다양하게 활용하여 절, 성토에 대한 횡단을 작성해야 됩니다. 이번 예제에서는 간단히 절토와 성토 1단 노리를 설치하는데 까지 작성 해보도록 하겠습니다.

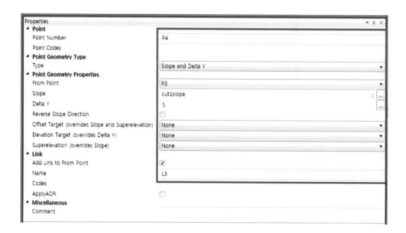

⑩ Layout mode Fill도 위와 같은 방법으로 작성 하며 다만, 성토 노리는 1단과 2단이 서로 상이하므로 이를 고려하여 구배를 적용하면 됩니다. 각각의 포인트 속성은 아래와 같습니다.

• P5, P6, P7 의 속성 값

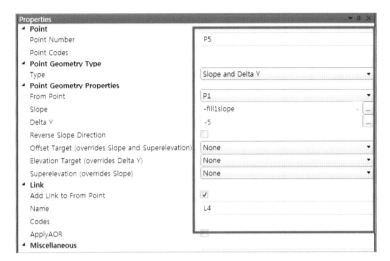

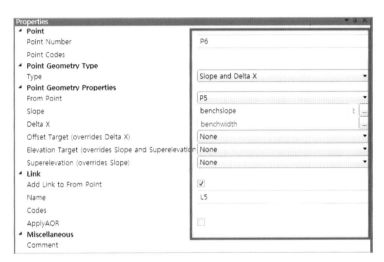

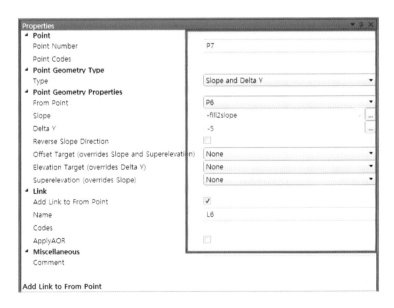

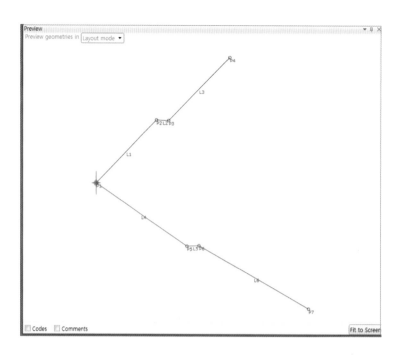

(3) 절/성토 구분 조건식 정의

절토와 성토를 구분하기 위해서는 Target Parameter에서 정의한 지표면의 Elevation에 따라서 결정되는데 ASC에서는 절토와 성토를 어떻게 구분하는지 알아보도록 하겠습니다.

① 가상의 점 정의

Tool Box 패널 ➡ Auxiliary ➡ Auxiliary point 선택 후 Flowchar에 추가

- Point number. AP1
- Type : Delta X and Delta Y
- From Point : Origin
- Delta X : 0
- Delta Y : 0

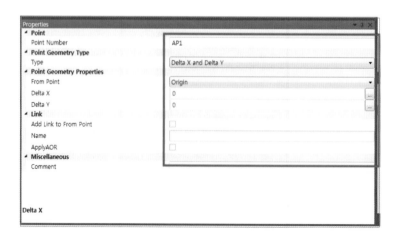

② 절/성토 조건식 추가

- Condition   AP1.distancesurface(EG)>0
- FalseLabel, TrueLable   False/Cut, True/Fill

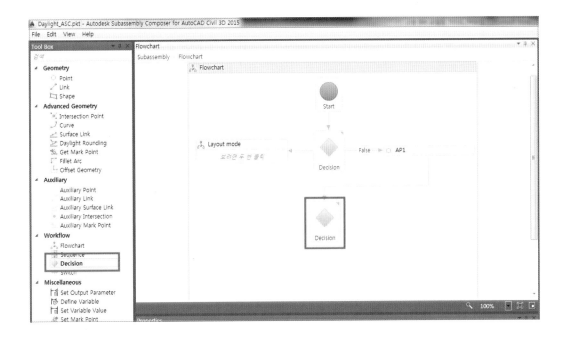

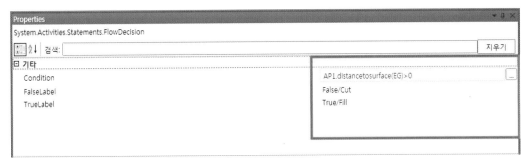

표현식들은 마지막 부분에 정리를 하였으니 참고하시기 바랍니다. 여기서 조건의 의미는 AP1점이 지표면 EG보다 위에 있으면 성토가 되고 아래에 있으면 절토가 된다는 의미입니다.

(4) 성토 모델링

성토 모델링을 하기 전에 우선, 성토 소단이 몇 단이 생길지 판단을 해야 되는데 이번 예제에서는 성토의 높이가 5m 미만이여서 성토소단이 생기지 않을 경우와 5m 이상 이어서 성토소단이 1단이 생길 경우 두 경우에 대해서만 해보도록 하겠습니다.

① 성토높이를 확인하기 위해서 가상의 성토 라인을 만들어 보겠습니다.

아래와 같이 가상의 포인트 Auxiliary Point를 Flowchart로 가져온 후 속성값을 아래와 같이 정의합니다.

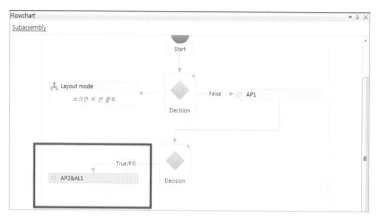

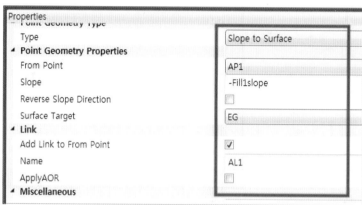

② Fill을 더블클릭 하여 성토 모델링에 대한 지오메트리를 작성해 보도록 하겠습니다.
Design을 추가하고 조건을 'math.abs(AP2.Y) > 0'으로 입력합니다.

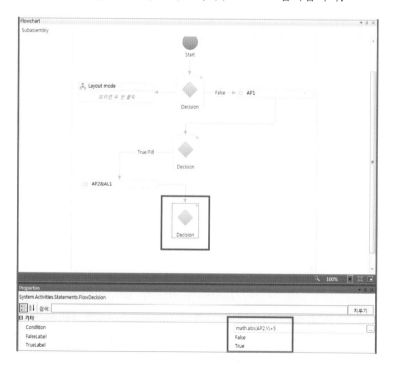

토목 BIM 실무활용서

AP2 포인트의 절대높이가 5보다 크면 True(성토소단을 설치할 경우), 5보다 작으면(성토 소단이 생기지 않을 경우)False가 됩니다.

③ 성토노리가 발생하지 않는 경우(False)
 • Sequence를 False와 연결되도록 추가

 • Sequence를 더블 클릭
 • Target and Parameter 패널의 Target Parameters 탭으로 이동하여 EG의 Preview Value를 '-3'으로 입력합니다. 이는 성토 노리가 생기지 않는 경우에 모델링이 제대로 되는지 실시간으로 확인하기 위해서입니다.

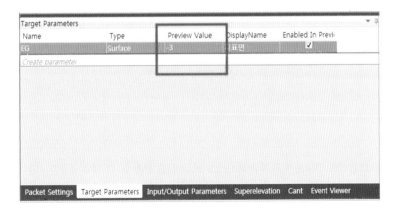

아래와 같이 P1과 P2점을 추가합니다.

	Point Code	Type	From Point	Geometry value	Link Name	Link Code
P1	"Hinge"	Delta X and Delta Y	Origin	DeltaX=0, Y=0	–	–
P2	"Daylight"	Slope to Surface	P1	Slope= −Fill1Slope Surface Target = EG	L1	"Datum", "Top"

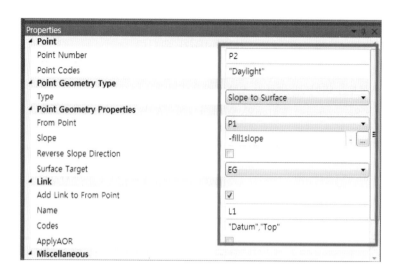

▶ Code의 이해

• 포인트와 Link(선)에 대해서 코드 값을 입력하는데 이에 대해서 좀더 알아보겠습니다.
  포인트의 코드 값은 Autodesk AutoCAD Civil 3D에서 코리더 모델링 시 필요한 정보로써, 만약 포인트의 코드 정보를 입력하지
  않으면 아래의 이미지와 같이 포인트들간의 연속성이 없이 단순히 횡단면도만 작성이 됩니다.

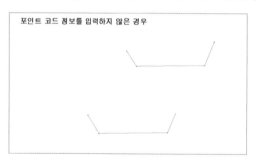

포인트 코드 정보를 입력하지 않은 경우

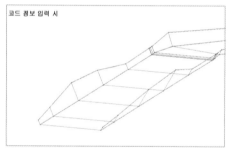

코드 정보 입력 시

• 링크에 대한 코드 정보는 토공 수량(Materials Volume)을 산출 할 때 매우 중요한 기준이 되므로 정확히 코드 정보를 입력하여야
  합니다.

④ 성토노리가 발생 하는 경우(True)

• Sequence를 True와 연결되도록 추가

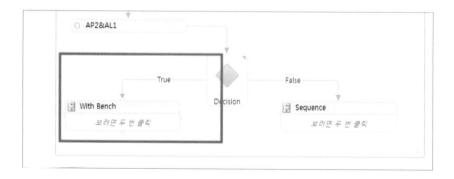

- Sequence의 이름을 With Bench로 수정 후 더블 클릭
- Target and Parameter 패널의 Target Parameters 탭으로 이동하여 EG의 Preview Value를 '-8'으로 입력합니다. 이는 성토 노리가 생기는 경우에 모델링이 제대로 되는지 실시간으로 확인하기 위해서입니다.

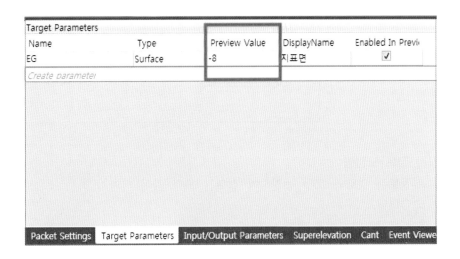

- 아래와 같이 P1과 P2점을 추가합니다.

	Point Code	Type	From Point	Geometry value	Link Name	Link Code
P1	"Hinge"	Delta X and Delta Y	Origin	DeltaX=0, Y=0	−	−
P2	"Bench_in"	Slope and Delta Y	P1	Slope= −Fill1Slope Delta Y= −MaxHeight	L1	"Datum", "Top"
P3	"Bench_out"	Slope and Delta X	P2	Slope= BenchSlope Delta X= BenchWidth	L2	"Datum", "Top"
P4	"Daylight"	Slope to Surface	P3	Slope= −Fill2Slope Surface = EG	L3	"Datum", "Top"

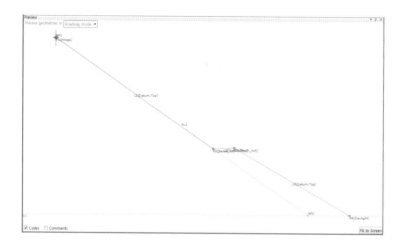

(5) 절토 모델링

절토는 성토와 모두 동일하며 절토는 노리 없이 터파기 하는 것으로 모델링을 해보도록 하겠습니다.

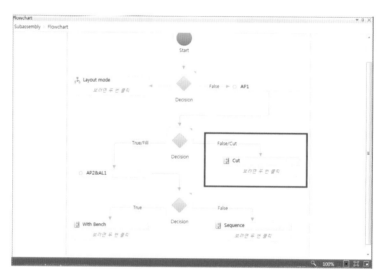

① Target Parameter 변경

모델링을 정확히 구현이 되는지 확인하기 위해서 Surface Target Parameter의 값을 아래와 같이 수정합니다.

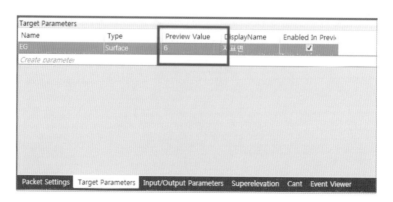

② 절토 Sequence를 더블클릭 하여 아래와 같이 포인트를 추가 합니다.

	Point Code	Type	From Point	Geometry value	Link Name	Link Code
P1	"Hinge"	Delta X and Delta Y	Origin	DeltaX = 0, Y = 0	–	–
P2	"Daylight"	Slope to Surface	P1	Slope = Cut1Slope Surface Target = EG	L1	"Datum", "Top"

③ 절/성토 노리가 완성되면 횡단면도에서 우측에 놓여 질 것인지 좌측에 놓여 질 것인지를 지정 하셔야 합니다. Input/Output Parameters탭으로 이동 후 아래 이미지와 같이 Default Value를 Right로 지정합니다.

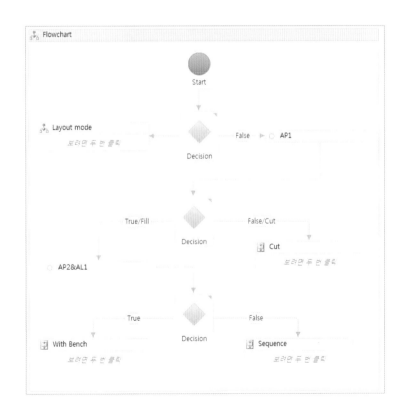

(6) Autodesk AutoCAD Civil 3D에서 PKT파일 활용하여 횡단면도 작성

1) 작성된 파일은 'Daylight_ASC'로 파일이름을 지정하여 저장합니다.

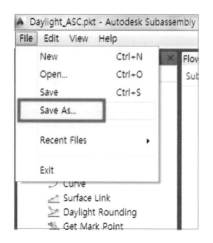 

2) Autodesk AutoCAD Civil 3D에서 PKT파일 가져오기

① Autodesk AutoCAD Civil 3D를 실행합니다.

② Ctrl + 3 (도구팔레트 단추키) ➡ 도구팔레트의 우측 탭에서 마우스 우측 버튼 클릭 후 새로운 팔레트 추가 클릭 ➡ 팔레트 이름을 ADSK로 입력합니다.

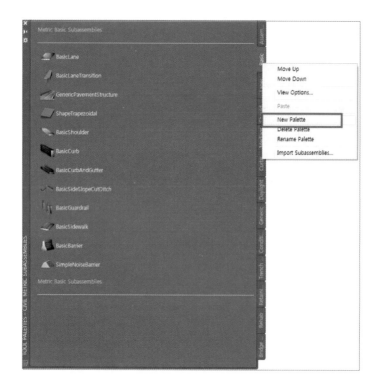 

③ ADSK탭을 클릭한 후 마우스 우측버튼 클릭 ➡ 서브어셈블리 가져오기 클릭

④ 앞서 저장한 PKT파일을 클릭 후 OK클릭 하시면 보시는 것처럼 작성된 PKT파일이 불러온 것을 확인 하 실 수 있습니다.

3) 코리더 모델링

① 샘플폴더에서 [6.SAC Dataset ￦ Corridor Modeling.dwg] 파일을 열기합니다.

② 도면을 보시면 아래 이미지에 횡단이 있는데요 여기서 앞서 만든 어셈블리를 적용해 보도록 하겠습니다.

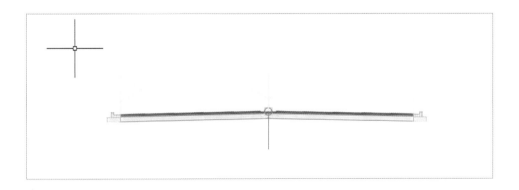

③ Crtl+3 도구팔레트 창을 생성 시킨 후 앞서 정의한 BIM탭으로 이동 후 Daylight_ASC 를 클릭 하시면 ASC에서 지정한 변수 값들이 아래와 같이 생성되는 것을 확인할 수 있습니다.

④ 횡단면도 우측에 아래와 같이 클릭하여 절/성토 노리를 추가

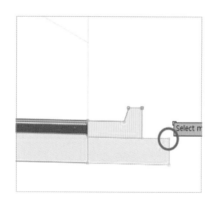

⑤ 좌측은 속성창에서 Side를 좌측으로 변경 후 우측과 동일하게 모델링

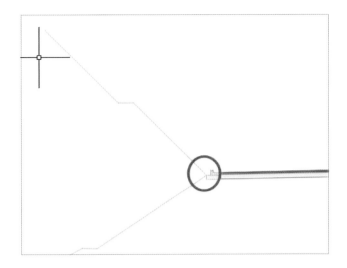

⑥ 홈리본 ➡ Create Design ➡ Corridor선택

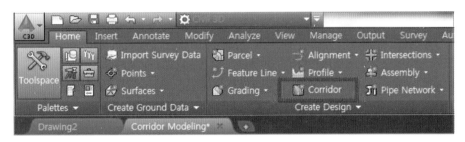

⑦ 코리더 창에서 선형, 종단, 횡단, 지표면에 대한 정보를 아래와 같이 입력 후 OK클릭 ➡ 코리더 파라리터 창에서 확인 클릭하여 코리더를 생성합니다.

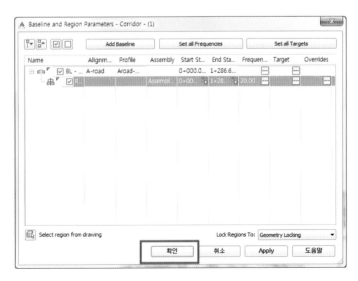

⑧ 코리더 선택 후 객체 뷰어 클릭 하시면 아래와 같이 코리더와 지형에 대한 모델링이 정확히 구현 된 것을 확인 하실 수 있습니다.

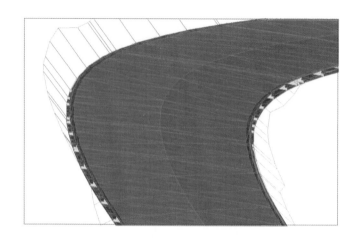

(7) 암층별 사면 구배 고려한 PKT파일

샘플폴더에서 [6.SAC Dataset ₩ Road Standard_Daylight Test.pkt] 파일은 암층 사면 구배를 고려한 PKT 샘플 파일입니다. 도로부 BIM 설계시 파일럿 적용했던 테스트 버전이며 참고용으로 활용하시기 바랍니다.

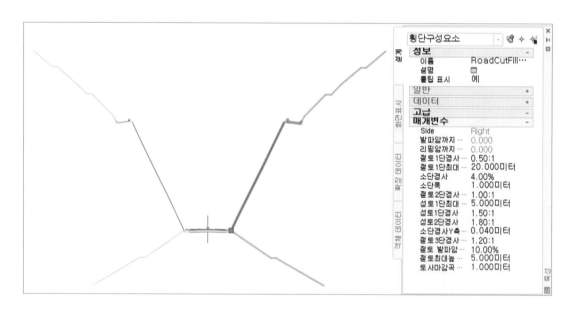

Subassembly Composer 표현식 정리

일반적인 형상만을 작성하는 것이라면 표현식에 대해서 몰라도 되지만, 조건식을 다양하게 활용하기 위해서는 이런 표현식을 많이 알아야 합니다. 단순한 지오메트리 형상은 한번만 따라 해보시면 누구나 다 하실 수 있지만 표현식을 입력한 조건식을 이용하기 위해서는 최소한 ASC 에서 활용되는 표현식 들을 알고 계셔야 되기에 주로 사용되는 표현식과 방법, 예제들에 대해서 정리 해보았습니다.

(1) Math

math는 우리가 알고 있는 산식 기호 중 "="이라고 생각하시면 되고 "math." 이후에 나오는 명령을 잘 보시고 원하는 조건들을 표현 하시면 됩니다.

Sample VB 표현식	결과값	설명
math.round(2.345,2)	2.35.	소수점 둘째 자리까지 표현되게 반올림
math.floor(2.345)	2	정수로 표현 round down
math.ceiling(2.345)	3	정수로 표현 round up
math.max(2.345,1.345)	2.345	두 값 중 큰 값을 취함
math.min(2.345,1.345)	1.345	두 값 중 작은 값을 취함
math.abs(−2.345)	2.345	절대값(가장 많이 사용되는 산식)
math.pi	3.1415	π 값
math.e	2.7182..	자연로그 e
math.sin(math.pi)	0	sin180(Radian)
math.cos(math.pi)	−1	cos180(Radian)
math.tan(math.pi)	0	tan180(Radian)
math.log(math.e)	1	log e
math.log10(10)	1	상용로그
math.exp(1)	2.7182..	$\exp(1) = e^1$
math.pow(3,3)	27	3^3
math.sqrt(16)	4	$\sqrt{16}$

① Points and Auxiliary Points Class

Sample VB 표현식	설명
P1.X	원점에서 P1까지의 수평거리
P1.Y	원점에서 P2까지의 수직거리
P1.Offset	Baseline에서 P1까지의 수평거리
P1.Elevation	0에서 P1까지의 높이
P1.DistanceTo("P2")	P1에서 P2까지의 거리(항상 양수)
P1.SlopeTo("P2")	P1에서 P2까지의 경사(위는 +, 아래는 −)
P1.IsValid	P1의 포인트가 정의 되어있고 사용가능 (True/False)
P1.DistanceToSurface (SurfaceTarget)	P1에서 지표면까지의 수직거리(위는 +, 아래는 −) 주의) 기준은 지표면이고 포인트가 지표면 위에 있으면 +가 되고 아래에 있으면 −가됨

② Link and Auxiliary Links Class

Sample VB 표현식	설명
L1.Slope	L1경사
L1.Length	L1 길이
L1.Xlength	L1의 시작과 끝 사이의 수평거리(+)
L1.Ylength	L1의 시작과 끝 사이의 수직거리(+)
L1.StartPoint	L1의 시작점 (포인트 표현식을 사용가능)
L1.EndPoint	L1의 끝점 (포인트 표현식을 사용가능)
L1.MaxY	L1링크의 최대 Y(수직)높이
L1.MinY	L1링크의 최소 Y(수직)높이
L1.MaxInterceptY(Slope)	Apply the highest intercept of a given link's points to the start of another link
L1.MinInterceptY(Slope)	Apply the lowest intercept of a given link's points to the start of another link
L1.LinearRegressionSlope	Slope calculated as a linear regression on the points in a link to find the best fit slope between all of them
L1.LinearRegressionInterceptY	The Y value of the linear regression link
L1.IsValid	L1의 링크가 정의 되어있고 사용가능 (T/F)

③ Logic

Sample VB 표현식	설명
IF(P1.Y>P2.Y,10,100)	만약 P1.Y>P2.Y 이 True이면 Value2(10), False이면 Value3(100)을 사용
P1.Y > P2.Y	'만약에 P1.Y가 P2.Y보다 크면' ➡ 조건식 표현으로 사용 여기서 조건을 >, >=, <, <=, =,<>등으로 표현 가능 P1.Y가 P2.Y 보다 : > 크면 >= 크거나 같으면 < 작으면 < = 작거나 같으면 = 같으면 <> 같지 않으면
(P1.Y>P2.Y)AND(P2.X>P3.X)	(P1.Y>P2.Y)와(P2.X>P3.X) 두 조건 모두 만족하면 True, 그렇지 않다면 False
(P1.Y>P2.Y)OR(P2.X>P3.X)	(P1.Y>P2.Y)와(P2.X>P3.X) 두 조건 중 하나만 만족하면 True, 하나도 만족하지 않다면 False
(P1.Y>P2.Y)XOR(P2.X>P3.X)	(P1.Y>P2.Y)와(P2.X>P3.X) 두 조건 중 하나라도 만족하면 True, 만약 두 조건 모두 만족하거나 두 조건 모두 만족하지 않는다면 False

④ Offset Target Class

Sample VB 표현식	설명
OffsetTarget.IsValid	OffsetTarget이 정의되어 있고 사용가능 (T/F)
OffsetTarget.Offset	기준선에서 OffsetTarget까지의 수평거리

⑤ Elevation Target Class

Sample VB 표현식	설명
ElevationTarget.IsValid	ElevationTarget이 정의되어 있고 사용가능 (T/F)
ElevationTarget.Elevation	기준선에서 ElevationTarget까지의 수직거리

⑥ Surface Target Class

Sample VB 표현식	설명
SurfaceTarget.IsValid	SurfaceTarget이 정의되어 있고 사용가능 (T/F)

⑦ Superelevation Class

Sample VB 표현식	설명
SE.HasLeftLI	외쪽 차선의 안쪽 편경사가 존재하고 사용가능 (T/F)
SE.HasLeftLO	외쪽 차선의 바깥쪽 편경사가 존재하고 사용가능 (T/F)
SE.HasLeftSI	외쪽 길어깨의 안쪽 편경사가 존재하고 사용가능 (T/F)
SE.HasLeftSO	외쪽 길어깨의 바깥쪽 편경사가 존재하고 사용가능 (T/F)
SE.HasRightLI	오른쪽 차선의 안쪽 편경사가 존재하고 사용가능 (T/F)
SE.HasRightLO	오른쪽 차선의 바깥쪽 편경사가 존재하고 사용가능 (T/F)
SE.HasRightSI	오른쪽 길어깨의 안쪽 편경사가 존재하고 사용가능 (T/F)
SE.HasRightSO	오른쪽 길어깨의 바깥쪽 편경사가 존재하고 사용가능 (T/F)
SE.LeftLI	외쪽 차선의 안쪽 편경사
SE.LeftLO	외쪽 차선의 바깥쪽 편경사
SE.LeftSI	외쪽 길어깨의 안쪽 편경사
SE.LeftSO	외쪽 길어깨의 바깥쪽 편경사
SE.RightLI	오른쪽 차선의 안쪽 편경사
SE.RightLO	오른쪽 차선의 바깥쪽 편경사
SE.RightSI	오른쪽 길어깨의 안쪽 편경사
SE.RightSO	오른쪽 길어깨의 바깥쪽 편경사

⑧ Baseline Class(어셈블리의 Baseline은 원점이 될 수 도 있고 아닐 수도 있음)

Sample VB 표현식	설명
Baseline.Station	어셈블리 기준선의 Station
Baseline.Elevation	어셈블리 기준선의 높이
Baseline.RegionStart	현재 코리더 구역의 시작 Station
Baseline.RegtionEnd	현재 코리더 구역의 마지막 Station
Baseline.Grade	어셈블리 기준선의 구배
Baseline.TurnDirection	어셈블리 기준선의 회전 방향 (왼쪽=-1, Non-curve=0, Right=1)

⑨ EnumerationType Class

Sample VB 표현식	설명
EnumerationType.Value	현재 조건식의 String Value Enumeration은 Switch를 사용할 경우의 결과값으로 다양한 결과가 예상될 때 그 결과값을 사용하여 다른 조건을 정의할 때 사용됨.

⑩ Subassembly Class

Sample VB 표현식	설명
SA.IsLayout	Preview 모드가 Layout Mode (T/F) Layout mode를 정의하지 않으면 Roadway mode Default값으로 횡단에 표현

⑪ Cant Class

Sample VB 표현식	설명
Cant.PivotType	Pivot Method가 현재 커브에 정의 • Low Side Rail(left rail) = −1 • Center Baseline = 0 • High Side Rail (right rail) = 1
Cant.LeftRailDeltaEleva tion	왼쪽레일과의 높이 차
Cant.RightRailDeltaElev ation	오른쪽레일과의 높이 차
Cant.TrackWidth	선형에 정의된 트랙의 폭
Cant.IsDefined	캔트가 계산 (T/F)

제9편

교량모델
해석데이터와 연계

Revit은 자체적으로 간단한 부재의 단면을 검토하는 기능을 가지고 있지만 좀더 자세한 해석을 위해서는 다른 해석프로그램을 활용하여야 합니다. BIM 프로세스에서 가장 중요한 것 중에 하나가 정보의 정의와 활용인데 모델링을 할 때 정의한 정보를 잘 활용하기 위해서는 각 단계의 활용 제품들간의 호환성이 가장 중요하다고 할 수 있습니다. 이번에는 모델링 된 교량데이터를 오토데스크 구조해석 프로그램인 Autodesk Robot Structural Analysis Professional(이하 RSA)과 어떻게 연계하는 지에 대해서 알아보겠습니다.

(1) 해석조건 정의

Revit에서 모든 해석조건들을 정의할 수 도 있지만 Revit에서 기 정의된 해석조건을 RSA와 연계해서 활용도 가능합니다. 아래 따라하기는 Revit에서 구속조건, Rigid Link만 Revit에서 하노록 하겠습니다.

1) 해석 모델

① 일반적으로 구조템플릿으로 모델링을 시작하였으면 프로젝트 탐색기에 해석모델이라는 항목이 생기는데 여기서 해석모델의 모델을 확인 할 수 있습니다. 만약 건축이나 다른 템플릿으로 시작하여도 가시성/그래픽 설정에서 해석 모델 카데고리 탭에서 해석모델에 대한 가시성을 지정하실 수 있습니다.

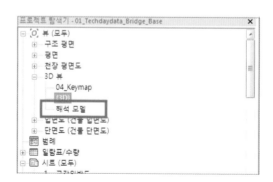

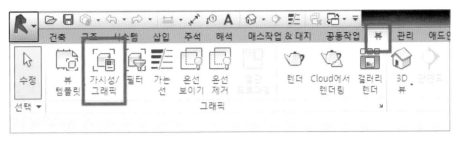

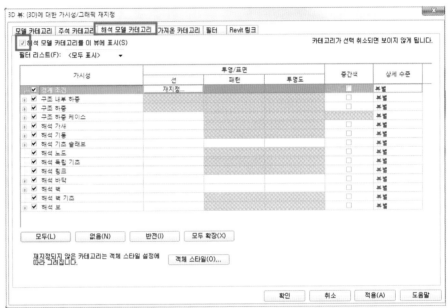

② 해석모델을 더블 클릭합니다.

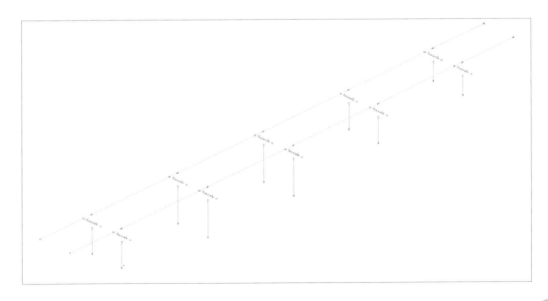

③ 상행선과 하행선 분리 모델이므로 한쪽 방향만 구조해석을 하기 위해 아래쪽 모델은 해석에서 제외를 시키도록 하겠습니다. 이를 위해서 아래 모델링 전체를 선택 합니다.

뷰큐브에서 평면도를 선택 ➡ 우측의 모델 전체를 선택 ➡ 수정 | 다중선택 리본 탭에서 필터를 클릭 ➡ 해석기둥과 해석보만 선택 한 후 확인을 클릭합니다.

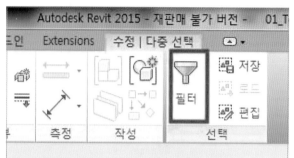

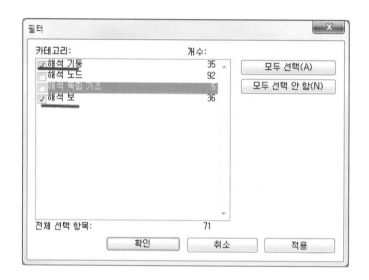

④ 수정 | 다중 선택 리본탭 ➡ 해석 사용 안 함을 클릭합니다.

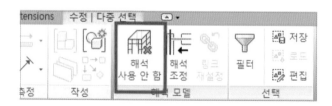

⑤ 보시는 것처럼 해석 모델의 한 쪽 방향이 해석모델에서 사라졌습니다.

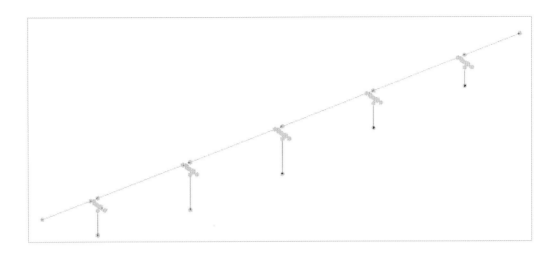

⑥ 프로젝트 탐색기의 3D을 더블 클릭하시면 아래와 같이 전체 모델은 바뀐 것이 없고 해석
   모델 에서만 제외 한 것을 확인 하실 수 있습니다.

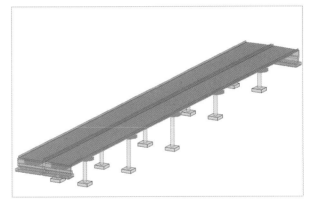

2) 구속조건 정의
   ① 해석 ➡ 경계조건 클릭 합니다.

② 고정, 핀, 롤러, 사용자로 상태를 선택 하실 수 있는데 기둥 하단부의 경계조건을 정의하기 위해 고정을 선택 합니다.

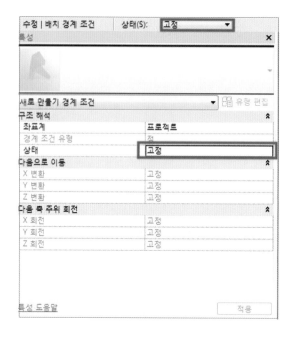

③ 경계조건을 한 포인트에 정의할지 선이나 면적에 정의할 지를 리본 탭에서 선택 합니다.

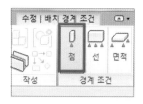

④ 아래의 이미지와 같이 기둥의 하단부에 고정단으로 모두 정의합니다.

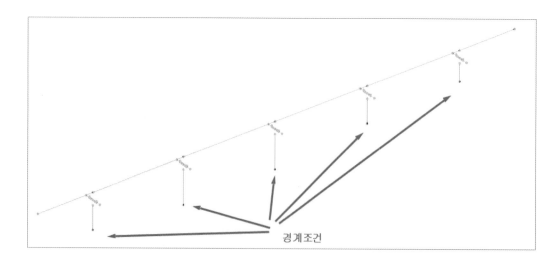

경계조건

3) Rigid Link정의

① 해석 ➡ 해석조정을 클릭합니다.

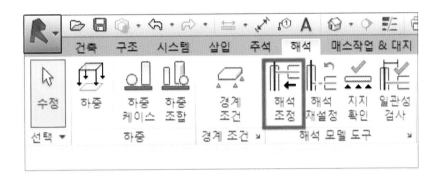

② 해석모델 편집 창에서 해석링크를 클릭 ➡ 특성 창에서 유형편집을 클릭합니다.

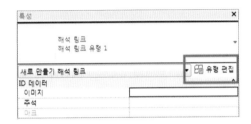

③ X, Y, Z 방향과 회전에 대해서 어떻게 구속할지를 정의할 수 있습니다. 이번에는 상부 거더와 받침부, 코핑과 기둥 상단부를 강체로 연결해야 하므로 모두 고정으로 하고 확인을 클릭합니다.

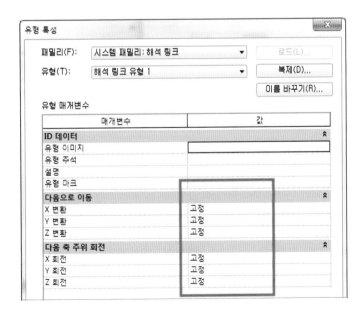

④ 1➡2번, 1➡3번, 4➡5번 순서대로 Rigid Link를 정의 합니다.

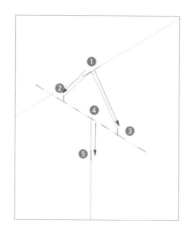 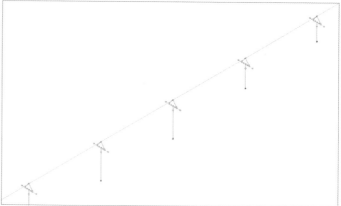

일반적으로 받침부의 탄성 받침의 경우는 Elastic link로 모델링 하므로 RSA로 데이터를 넘겨서 정의하는 것으로 하고 구속조건 및 Rigid Link의 모델링을 마무리하도록 하겠습니다.

(2) Revit정보를 RSA로 내보내기

1) Export to RSA

Revit과 RSA를 같이 설치를 하였다면 해석리본 탭에 Structural Analysis패널을 내려 보시면 Robot Structural Analysis Link라는 항목이 있습니다.

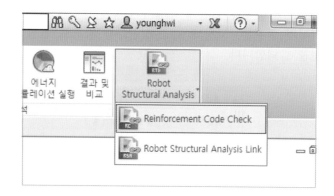

① Export하기 위한 옵션 창이 생깁니다. Revit과 다른 해석 프로그램과의 연동에서 가장 중요한 것이 Mapping작업입니다. Revit과 타 프로그램과의 단면 데이터를 서로 연결해 주는 작업이고 기본적으로 Revit의 패밀리는 RSA에 모두 로드가 되어 있으므로 Revit 에서 새로 만든 패밀리들을 제외하고는 특별히 단면을 RSA에서 새로 만들 필요는 없습니다. 건축분야의 경우 대부분 기성제품들을 많이 사용하므로 큰 무리가 없으나 토목 분야는 Revit에서 상당부분 패밀리를 생성 시켜야 되므로 해석을 고려를 한다면 처음 모델링 할 때부터 이를 고려하여 패밀리를 작성하여야 합니다.

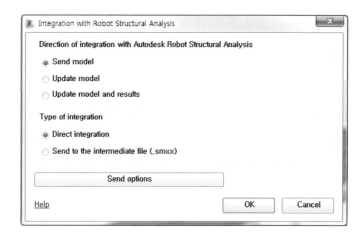

② Send options을 클릭 ➡ Default로 하고 OK를 클릭

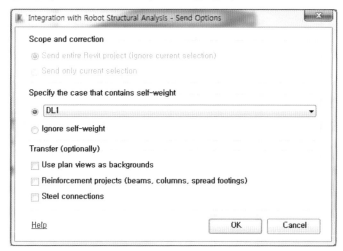

③ Mapping of elements창 ➡ Revit과 RSA와의 단면을 Mapping

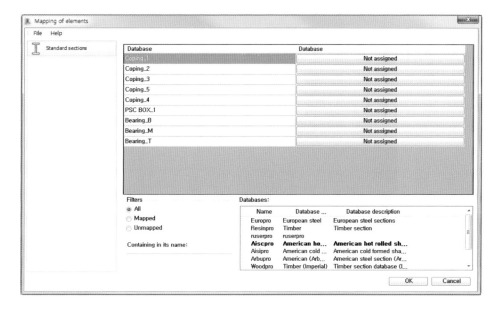

④ OK를 하면 정의 되지 않는 단면의 경우는 지오메트리, 구속조건 등의 정보만 들어 온 것을 확인 할 수 있습니다.(앞서 Mapping을 하지 않은 단면은 단면의 형상 정보가 누락 되어 있습니다.)

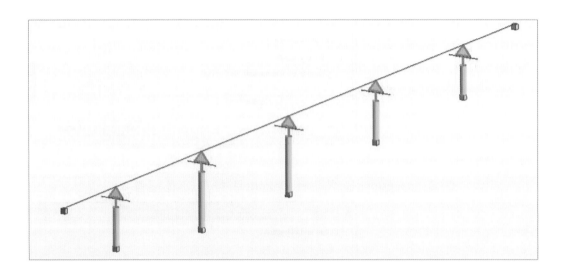

(3) RSA에서 새로운 단면 정의하기

RSA에서 단면을 정의하는 방법에 대해서 간단한 지오메트리를 입력해서 하는 방법(교각 코핑) 과 DXF파일을 불러와서 생성시키는 방법 두 가지에 대해서 알아보도록 하겠습니다.

1) 교각 코핑 단면생성하기
① RSA를 실행 합니다.

RSA를 실행하면 아래 그림과 같이 프로젝트의 타입을 정의를 하는데, 이때 선택되는 프로젝트에 따라서 단면형식 및 좌표체계가 조금씩 상이하므로 주의 하여야 합니다.

Frame 3D Design을 선택합니다.

 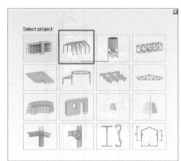

② Menu ➡ Geometry ➡ Properties ➡ Sections

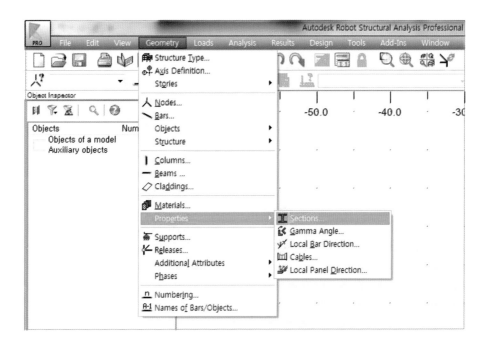

③ New Section Definition 클릭 ➡ 우측 아래의 Section Type ➡ RC Beam클릭

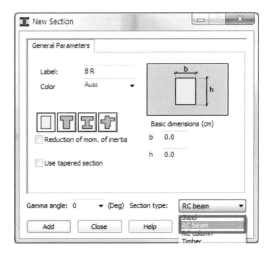

④ Lable은 Coping_1 ➡ Basic dimensions에서 b=250, h=150 입력(단위 주의) ➡ Use tapered section클릭 h2를 217.6cm 입력

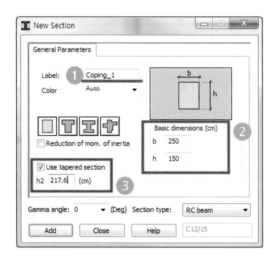

▶ **참고**

Lable이름을 Revit에서의 단면이름과 동일하게 일치할 경우는 특별히 단면 Mapping 작업 없이 바로 데이터 호환이 가능합니다. 아래의 이미지와 같이 동일하게 단면의 이름을 정의하면 데이터 호환이 더욱더 효율적으로 이루어 질 수 있습니다.

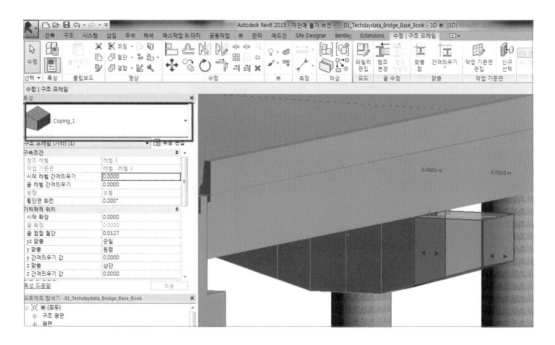

⑤ Add클릭 하여 단면을 추가

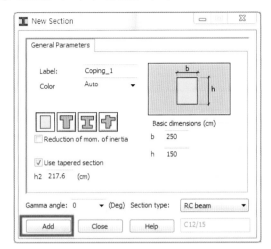

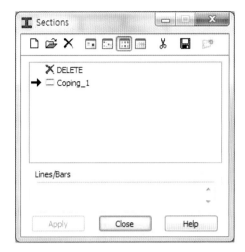

⑥ 동일한 방법으로 RSA의 데이터 베이스에 없는 단면의 정보들을 추가하여 주면 됩니다.

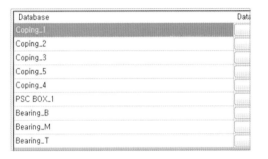

2) DXF파일을 활용한 단면생성

① Menu ➡ Tools ➡ Section Definition

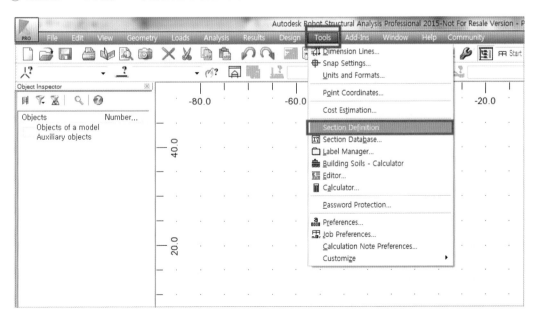

② 새로운 단면의 형상정보를 먼저 선택 합니다. 좌측에서 Solid, Thin-Wall Section,
Sections database이고 좌측의 Solid를 선택 하여 새로운 솔리드 단면을 만들어 보도
록 하겠습니다.

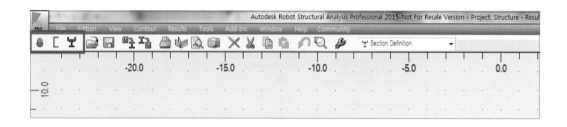

지오메트리 모델링은 메뉴의 우측에 나와 있는 항목에서 모델링 할 수 있으나 dxf 파일을
활용하여 단면 생성이 가능합니다.

③ File ➡ Import DXF 클릭 ➡ 상부단면.dxf 클릭

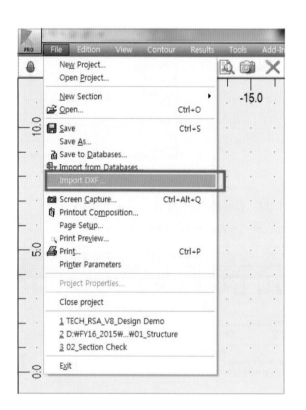

④ Parameters of DXF file opening창 ➡ Plan에서 XZ을 선택 후 OK

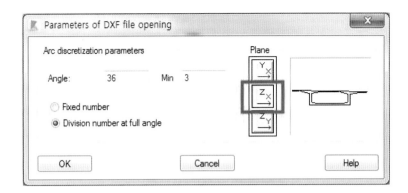

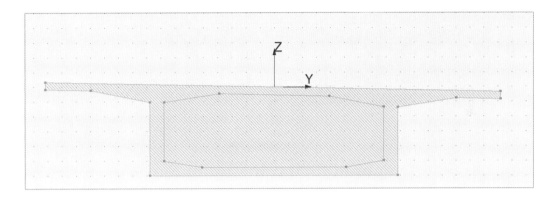

⑤ 외곽선을 선택 후 마우스 우측 버튼 클릭 ➡ Properties을 선택

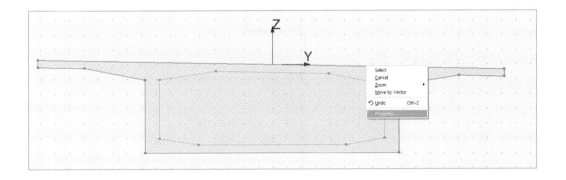

Properties 에서 콘크리트 압축강도를 C45로 변경 후 OK

⑥ 중앙부의 단면은 충실단면이 아니므로 중앙부의 section을 클릭 후 마우스 우측 버튼을
클릭 하여 Properties를 클릭

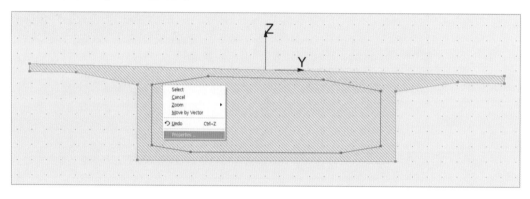

Opening을 선택 후 OK

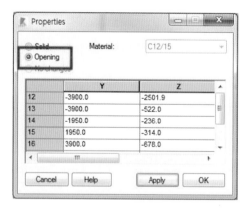

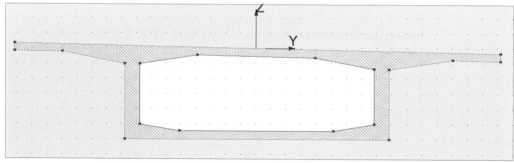

3) 단면 물성치 계산
  ① Results ➡ Results 클릭

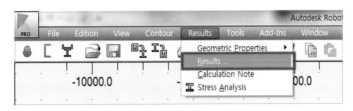

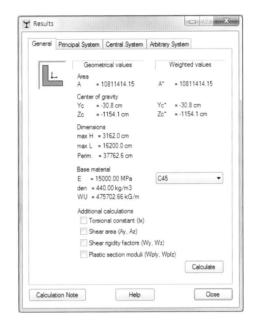

추가적인 단면에 대한 검토가 필요하다면 Additional calculation에서 선택 하여
Calculation을 클릭하면 추가로 단면에 대한 결과 확인 가능

② Calculation note를 선택하여 단면에 대한 전체 결과를 확인 할 수 있습니다.

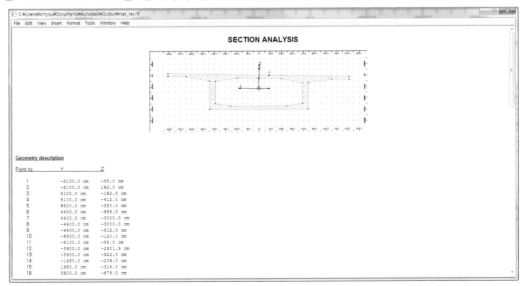

4) Database에 저장하기

① File ➡ Save to Database

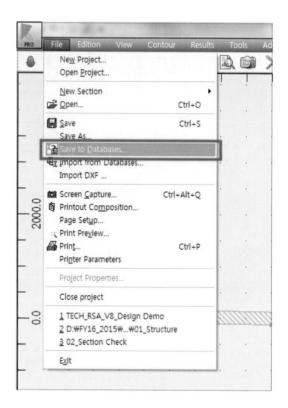

② Name : BOX, Dimension1 : 1을 입력 후 OK

③ 상단의 Section Definition항목을 Start로 선택

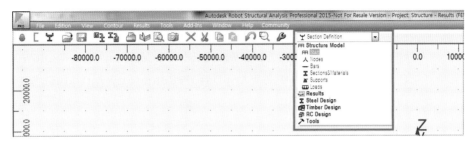

5) Database에서 User Defined Section 가져오기
　① Geometry ➡ Properties ➡ Sections 클릭

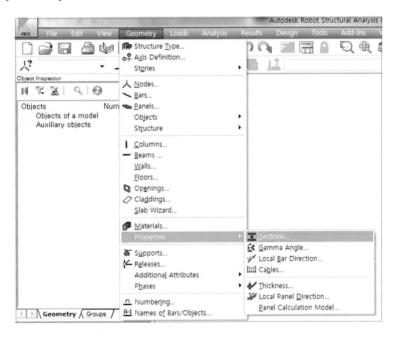

② Sections ➡ Section selection from database 클릭 ➡ Database에서 RUSER를 선택

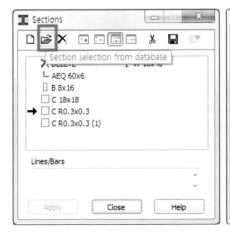

사용자화 한 단면은 모두 RUSER Database로 저장되며 이는 XML파일 형태로 저장 됩니다. 경로는 아래 경로에 저장

C:₩ProgramData₩Autodesk₩Structural₩Common Data₩2016₩Data₩Prof

C:₩Users₩사용자이름₩AppData₩Roaming₩Autodesk₩Structural₩Common ₩Data₩2016

▶ 참고

RSA의 단면은 자동적으로 ly 〉 lz 가 되도록 Local Coordinate system이 회전하는 경우가 발생하는데 이때는 Tools ➡ Section Database 에서 위의 경로에 있는 ruserpro.xml 을 열어서 로컬에 대한 회전 축을 변경 하시면 됩니다.

(4) Revit과 RSA연동하기

1) RSA의 단면정보 저장하기

① RSA 실행 ➡ Open ➡ RSA Bridge New.rtd 파일 선택 후 열기

② Geometry ➡ Properties ➡ Sections 클릭

③ 단면정보가 모두 있는 지 확인 후 새 파일을 클릭 ➡ Frame 3D Design을 클릭 하여
  새 파일을 만듭니다.

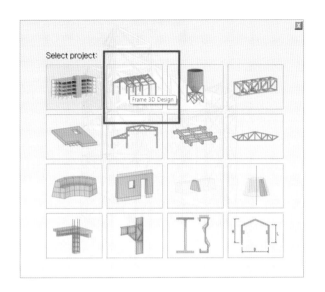

2) Revit와 RSA 데이터 호환
  ① Revit 실행 ➡ BridgemodelforRSA_Finished.rvt

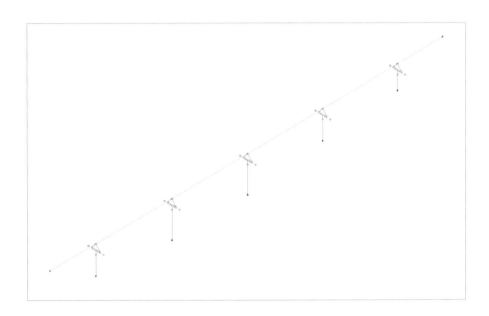

② 해석 리본 탭 ➡ Structural Analysis 패널의 Robot Structural Analysis Link 클릭

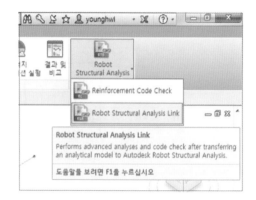

③ Default로 하고 OK클릭

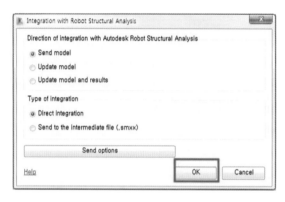

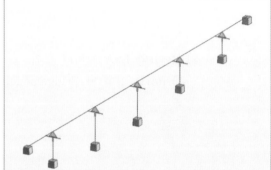

④ 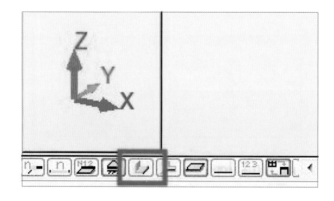 화면 좌측 하단부의 Section Shape를 클릭

⑤ 마우스 우측 버튼 클릭 후 Display클릭 ➡ Supports를 클릭 해제 ➡ Structural axes 클릭 해제 후 OK

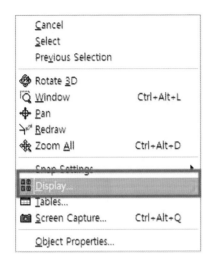
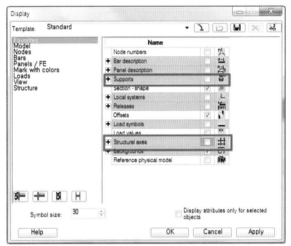

⑥ 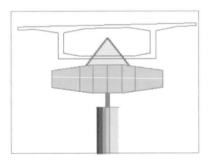 View의 Front를 클릭 하면 아래와 같이 전체 형상이 보여집니다.

RSA는 단면정보를 가져 오면 자동적으로 중립 축으로 모델링 됩니다.

⑦ 상부거더와 교각 코핑을 선택 ➡ 좌측 상단부의 노드를 모두 선택 지워서 선택 해제 합니다.

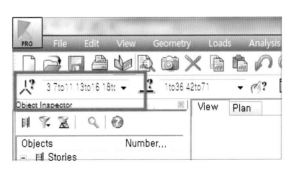

⑧ 좌측 하단부의 Properties ➡ Offsets ➡ Top flange 클릭

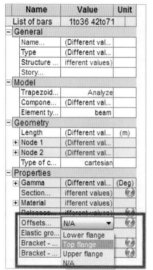

Name	Value	Unit
List of bars	1to36 42to71	
General		
Name...	(Different val...	
Type	(Different val...	
Structure ...	ifferent values)	
Story...		
Model		
Trapezoid...	Analyze	
Compone...	(Different val...	
Element ty...	beam	
Geometry		
Length	(Different val...	(m)
Node 1	(Different val...	
Node 2	(Different val...	
Type of c...	cartesian	
Properties		
Gamma	(Different val...	(Deg)
Section...	ifferent values)	
Material	ifferent values)	
Releases...	ifferent values)	
Offsets...	N/A	
Elastic gro...	Lower flange	
Bracket - ...	Top flange	
Bracket - ...	Upper flange	
	N/A	

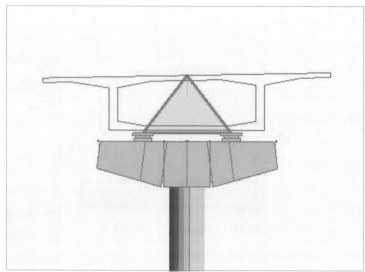

⑨ 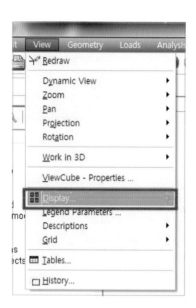 화면 좌측 하단부의 Section Shape를 클릭해제 ➡ Isometric view로 전환 ➡ Menu ➡ View ➡ Display

⑩ Model ➡ Supports 클릭 ➡ Rigid links and diaphragms 클릭 ➡ OK

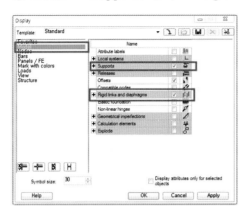 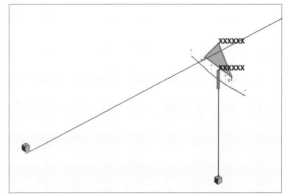

⑪ 구속조건과 Rigid Link를 선택 하여 속성을 확인 ➡ Revit에서 기 정의한 정보들을 확인

• 구속조건 확인

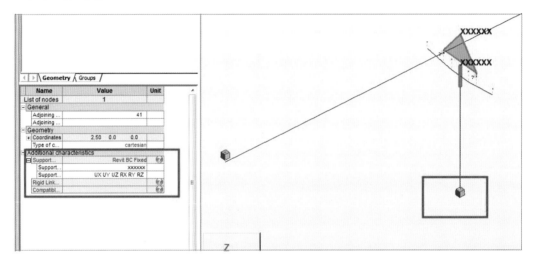

• Rigid Link확인

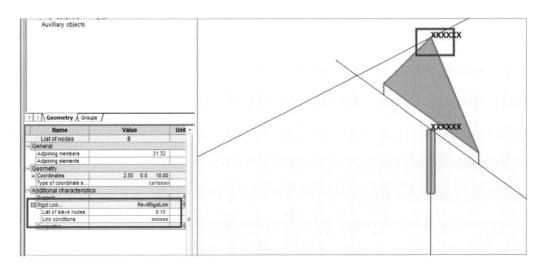

제10편

Civil 3D 및
Revit 다양한 기능

측량점, 정지계획, 관망설계

(1) 측량점 활용 3D 지형 생성

① 샘플폴더에서 [8.Civil 3D및Revit 다양한 기능₩1.측량Data가져오기.dwg] 파일을 열기 합니다. [통합관리] – [점 – 작성] 클릭합니다.

② [점 작성] 창에서 [점 가져오기] 클릭합니다.

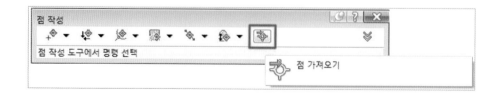

③ [점 가져오기] 창에서 [8.Civil 3D및Revit 다양한 기능₩2.Survey data.dwg] 파일을 추가하고 점 파일형식 지정은 "PNEZ(쉼표구분)"를 선택합니다. (P – 점 번호, N – 남/북 좌표, E – 동/서 좌표, Z – 고도 값, D – 점 특성을 나타냅니다.)

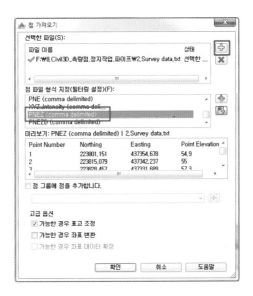

④ Text 파일에 들어 있는 측량 데이터를 통해 점들을 생성 했으며, 이 점들은 점 번호, 북위, 동위, 표고로 구성되어 있습니다. [통합관리] – [점 – 줌 대상] 클릭하면 화면에 작성된 점들이 보여 집니다.

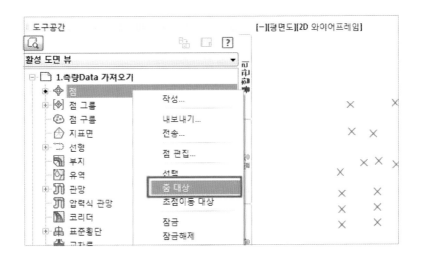

⑤ 아래쪽의 한 개의 점을 선택한 뒤 [줌 대상]을 클릭하면 해당 점만 화면에 나타납니다.

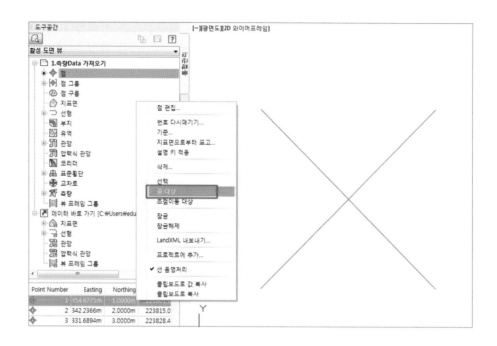

⑥ [통합관리] – [지표면 – 지표면 작성] 클릭합니다.

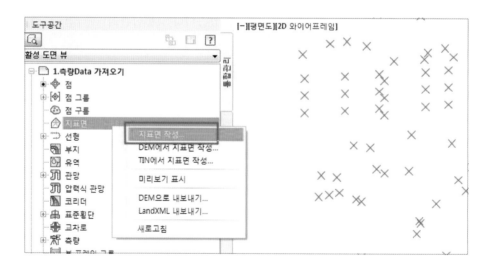

⑦ [지표면 작성] 창에서 "TIN지표면" 선택합니다. 이름은 "지표면1"로 작성됩니다.

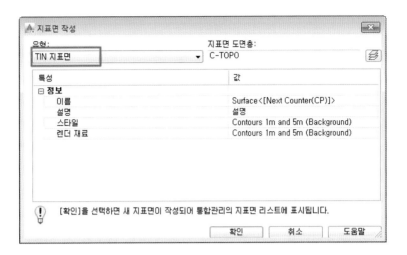

⑧ [통합관리] – [지표면 – 정의] 확장하여 [점 그룹 – 추가] 선택합니다.

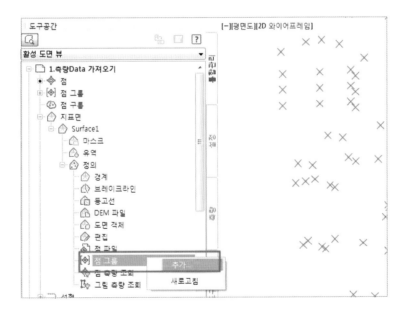

⑨ [점 그룹] 창에서 "모든 점"을 선택하고 "확인" 버튼을 클릭합니다.

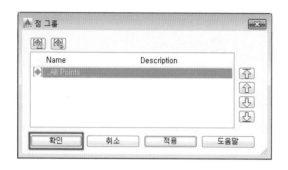

⑩ 점 데이터를 통해 등고선이 형성된 것을 확인할 수 있습니다.

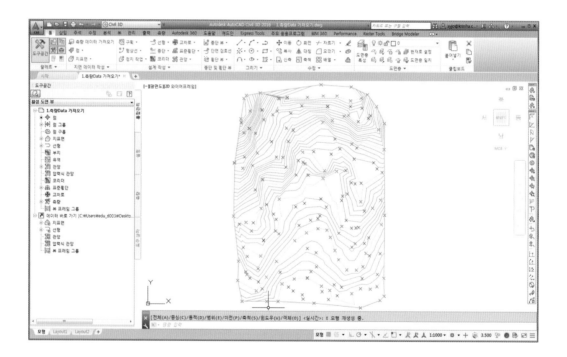

(2) 형상선 작성

　① 정지 작업을 하기 위해 가장 먼저 형상선 작업을 합니다. 샘플폴더에서 [8.Civil 3D 및
　　Revit 다양한 기능₩3.형상선작성.dwg] 파일을 열기합니다. 지형 및 폴리곤 객체가 미리
　　작성되어 있습니다.

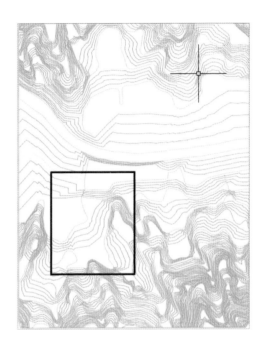

　② 작성한 폴리곤을 마우스 오른쪽 버튼 클릭해서 [특성]을 선택합니다.

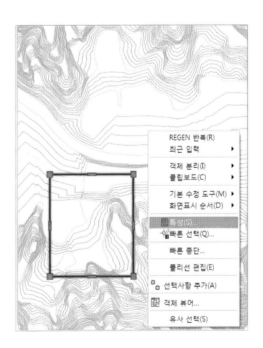

③ [특성] 창에서 고도 값을 "40"으로 변경합니다.

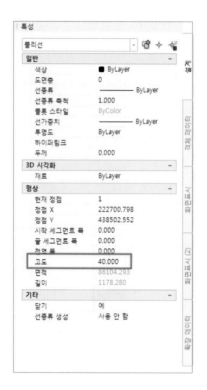

④ [리본 – 홈] 탭에서 [설계 작성 – 형상선 – 객체로부터 형상선 작성] 클릭합니다.

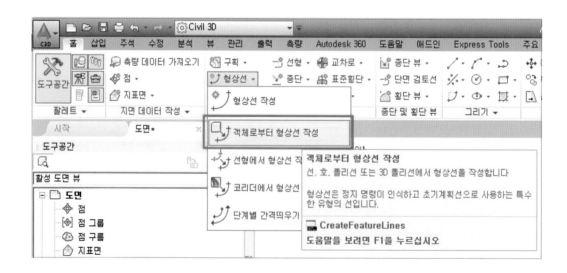

⑤ "폴리곤"을 선택하고 Enter를 누르면 [형상선 작성] 생성되고, "확인" 버튼을 클릭합니다.
　　만약 부지가 〈없음〉으로 나오는 경우 [새로 만들기]로 부지를 생성합니다.

⑥ 폴리곤이 형상선으로 변경 되었습니다.

(3) 부지정지 계획

① 샘플폴더에서 [8.Civil 3D및Revit 다양한 기능₩4.부지정지계획.dwg] 파일을 열기 합니다.
(앞에서 형상선 작성한 결과물을 이용하여 계속해서 설계 진행 하셔도 됩니다.)

② [리본 – 홈] 탭에서 [설계 작성 – 정지 작업 – 정지 작성 도구] 클릭합니다.

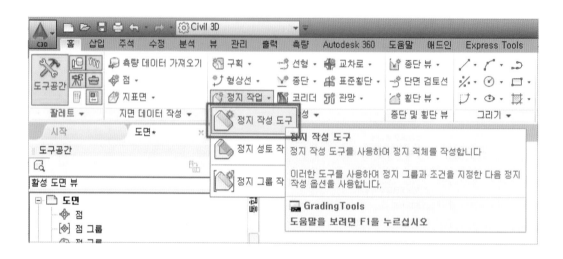

③ [정지 작성 도구] 창에서 [정지 그룹 설정]을 클릭합니다.

④ [정지 그룹 선택] 창에서 [정지 그룹 작성]을 클릭합니다.

⑤ "자동 지표면 작성" 및 "토량 기준 지형"을 체크하고 "확인" 버튼을 클릭합니다.

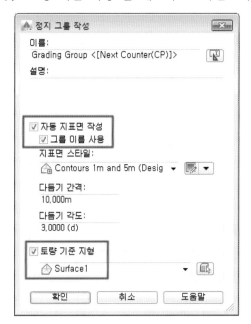

⑥ [지표면 작성] 창에서 "확인"을 클릭합니다.

⑦ [정지 그룹 선택] 창이 다시 뜨면 그대로 "확인"을 클릭합니다.

⑧ [정지 작성 도구] 창에서 [Grade to Surface]을 선택하고 [도구막대 확장]을 클릭합니다.

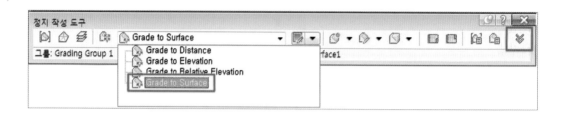

⑨ 조건을 확인하거나 변경, 선택이 가능합니다. 도구막대를 다시 축소합니다.

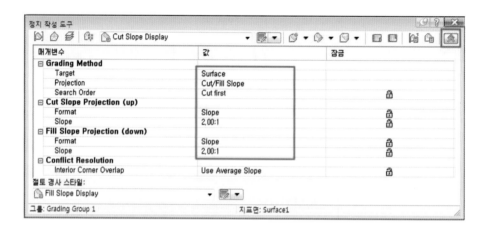

⑩ [정지 작성]을 클릭합니다.

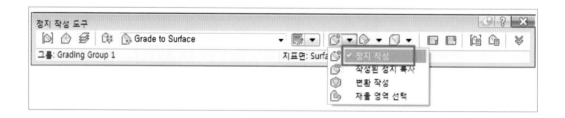

⑪ 명령 창에 "피쳐 선택"이라고 표시 됩니다. 미리 작성된 형상선을 선택합니다.

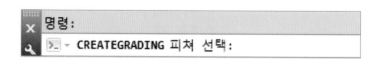

⑫ 명령 창에 "정지면 선택"이라고 표시됩니다. 형상선의 외부를 클릭합니다.

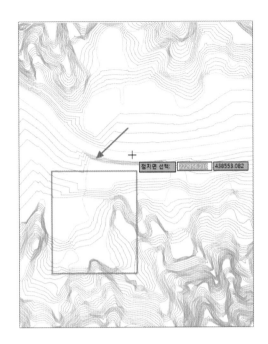

⑬ 전체 길이를 적용하시겠습니까? [예(Y)/아니오(N)]〈예(Y)〉 : 그대로 Enter를 누릅니다.

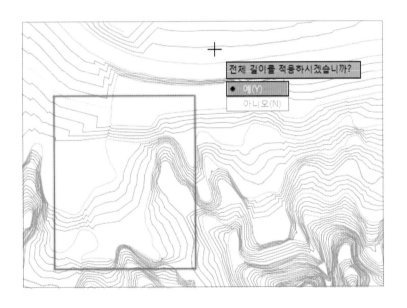

⑭ 절토 형식 [기울기(G)/경사(S)]〈경사(S)〉 : 엔터
   절토 경사 〈2.00:1〉 : 경사도 지정하고 엔터
   성토 형식 [기울기(G)/경사(S)]〈경사(S)〉 : 엔터
   성토 경사 〈2.00:1〉 : 경사도 지정하고 엔터

⑤ 절토 부분은 빨간색, 성토 부분은 초록색으로 표시 됩니다.

⑲ 객체 선택 후 마우스 오른쪽 버튼을 눌러 객체 뷰어로 확인해 볼 수 있습니다.

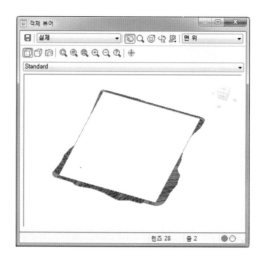

⑰ [정지 작성 도구] 창에서 [채울 영역 선택]을 클릭하고 "성토할 면적 선택"에서 정지 작업된 내부를 클릭 합니다. 정지 내부의 면이 작성됩니다. 객체 뷰어에서 내부가 채워진 것을 확인할 수 있습니다.

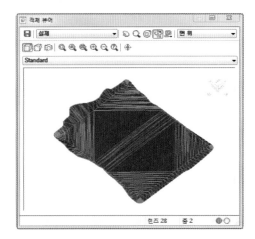

⑱ [정지 작성 도구] 창에서 [정지 토량 도구] 선택합니다.

⑲ [정지 그룹 선택] 창에서 "확인" 버튼을 클릭합니다.

⑳ [정지 토량 도구] 창에서 절토량과 성토량을 확인할 수 있습니다.

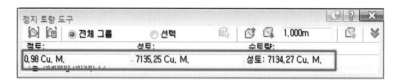

㉑ [토량 자동 균형 조정]을 클릭합니다.

㉒ [토량 자동 균형] 창에서 토량을 조정하면 정지 영역에서 절성토 영역이 변경되는 것을
확인할 수 있습니다.

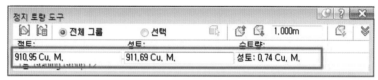

(4) 관망 설계
① 샘플폴더에서 [8.Civil 3D 및 Revit 다양한 기능₩5.관망설계.dwg] 파일을 열기합니다.
정지 작업된 부지에 관망을 작성해 보도록 하겠습니다.
② [리본 – 홈] 탭에서 [설계 작성 – 관망 작성 도구] 클릭합니다.

① [관망 작성] 창에서 다음과 같이 설정합니다.

- 네트워크 요소 목록 : Storm Sewer
- 지표면 이름 : Grading Group 1
- 구조물 레이블 스타일 : Name only(Storm)
- 파이프 레이블 스타일 : Name only

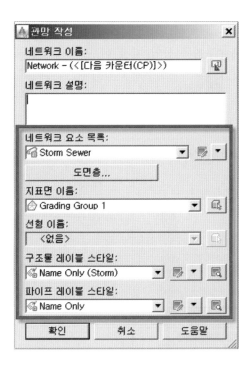

④ [네트워크 배치 도구] 창에서 구조물, 파이프의 종류 및 크기를 설정할 수 있습니다.

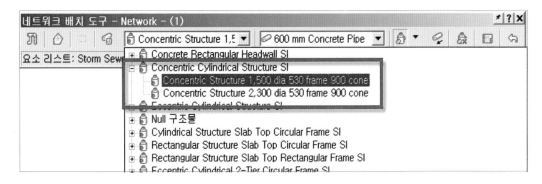

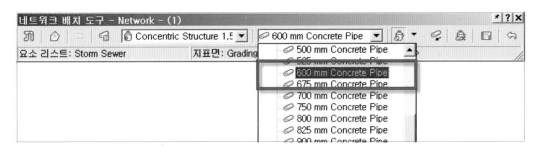

⑤ [파이프 및 구조물 그리기] 선택하면 파이프와 구조물을 그릴 수 있습니다.

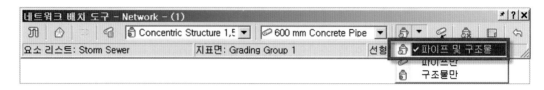

⑥ 명령창에 "구조물 삽입 지정"이 뜨면 구조물을 그릴 위치를 클릭합니다.

⑦ 도면에 Network-(1)의 파이프와 구조물이 작성 됩니다.

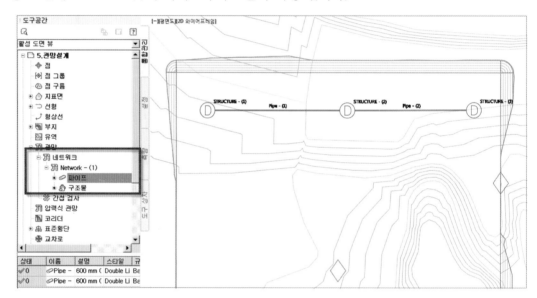

⑧ 파이프 정보는 "파이프 특성"에서 조정합니다.
   (객체 선택하고 오른쪽 마우스 클릭하여 "파이프특성" 선택 가능합니다.)

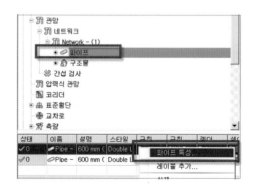

⑨ [파이프 특성] 창에서 파이프 정보 수정이 가능합니다.

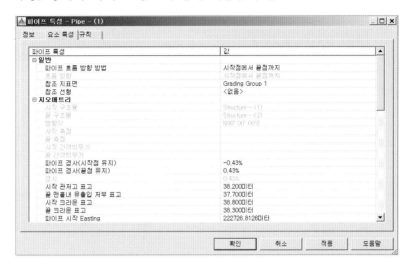

⑩ 구조물 정보는 "구조물 특성"에서 조정합니다.
(객체 선택하고 오른쪽 마우스 클릭하여 "구조물 특성" 선택 가능합니다.)

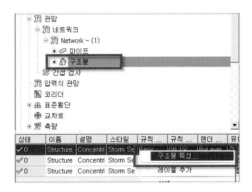

⑪ [구조물 특성] 창에서 구조물의 정보 수정이 가능합니다.

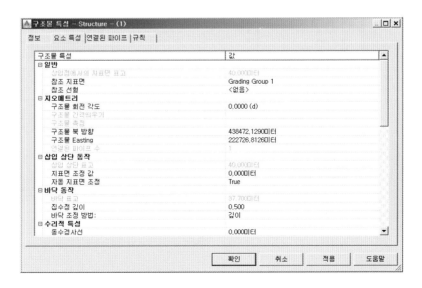

⑫ 작성된 네트워크에서 선형 작성하면 "종단 뷰" 작성할 수 있습니다.

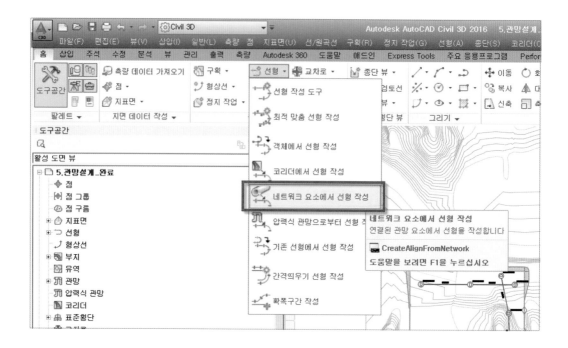

⑬ "종단 뷰" 작성되면 [종단 뷰 특성] 창에서 표시할 관망을 설정할 수 있습니다. ("교차된 파이프만 표시, 종단 뷰에 그려진 요소만 표시"옵션을 통해 현재 종단에 표현될 관망을 빠르게 지정할 수 있습니다. 또한 종단에 표시될 파이프 및 구조물 스타일을 변경 가능합니다.)

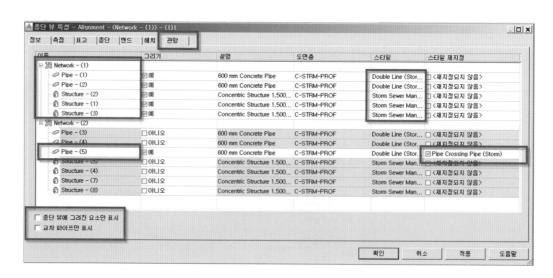

⑭ 종단 뷰에 파이프 및 구조물 표시됩니다.

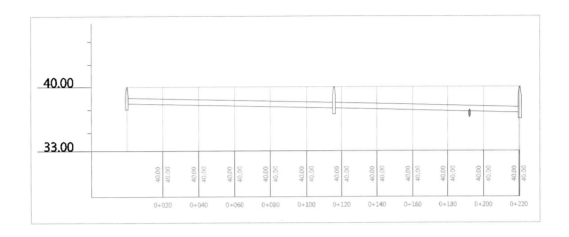

⑮ [리본 - 분석] 탭에 [간섭검사] 메뉴 기능으로 교차된 파이프에 간섭을 검토할 수 있습니다.

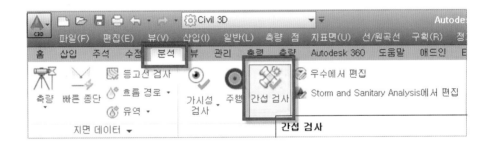

(1) 암지층

본 교재에서 암지층 작성 프로세스는 다음과 같습니다.
- 첫째, 원지반 아래의 암층 깊이를 일반 지표면으로 작성
- 둘째, "원지반 지표면과 암층 깊이 지표면" 두개의 지표면을 이용하여 "토량지표면" 작성
- 셋째, 토량지표면은 원지반에 암층 깊이 만큼 보정이 되어 새로운 지표면 생성
- 넷째, 토량지표면을 암층지표면으로 활용

이 이외에 암층 지표면 생성하는 방법으로는 Autodesk IDS Premium/Ultimate 버전 사용자 중에 서브스크립션 가입 고객의 한하여 Geotechnical Module을 이용할 수 있습니다.

① 샘플폴더에서 [8.Civil 3D 및 Revit 다양한 기능₩6.암지층생성.dwg] 파일을 열기합니다. 원지반 3D지형 및 보링데이타 점이 미리 작성되어 있습니다.

② 아래와 이미지에서 점 위치를 보링데이타 점으로 원지반 아래의 암층 깊이라 가정하고, 고도 값이 각각 5m, 10m, 3m, 4m, 7m, 5m, 6m 으로 이루어져 있습니다.

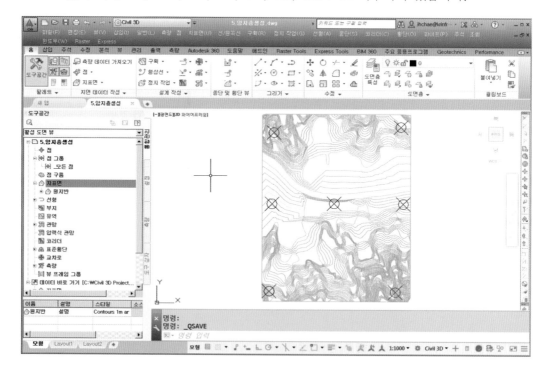

③ 새로운 지표면을 만들어 보링데이타 점을 이용하여 3D 지형을 생성합니다.

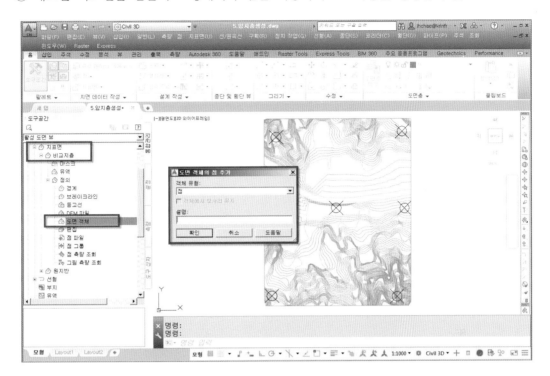

④ 원지반 아래로 5m, 10m, 3m, 4m, 7m, 5m, 6m 의 삼각망을 가진 지표면이 만들어
집니다. (이름은 비교지층으로 지정합니다.)

⑤ 다시 새로운 지표면을 만드는데 일반적인 지표면이 아닌 "TIN 토량지표면"으로 유형을 선택합니다.

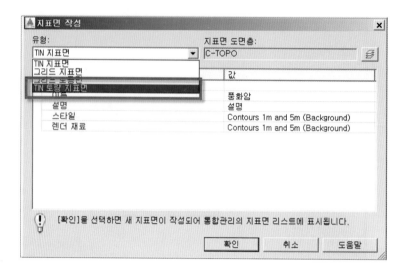

⑥ 토량지표면에서 "기준지형과 비교지형"을 아래 이미지와 같이 지정합니다.

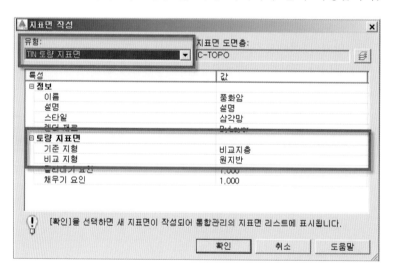

⑦ 원지반에 암층 깊이만큼 보정이 되어 새로운 지표면 생성됩니다. 지형을 종단에서 빠르게 확인하기 위해 폴리선을 그려 "빠른종단" 명령 이용합니다.

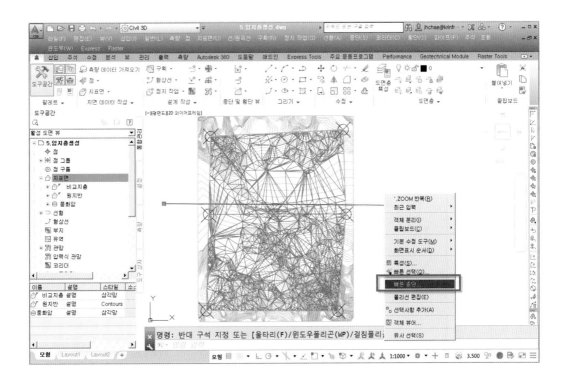

⑧ 종단에서 보여줄 원지반과 풍화암 지형 선택합니다.

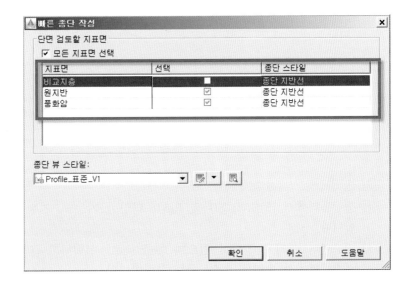

⑨ 종단을 화면상에 그려주면 종단상에서 원지반과 암지층간에 지형 형태를 비교 검토 가능
합니다.

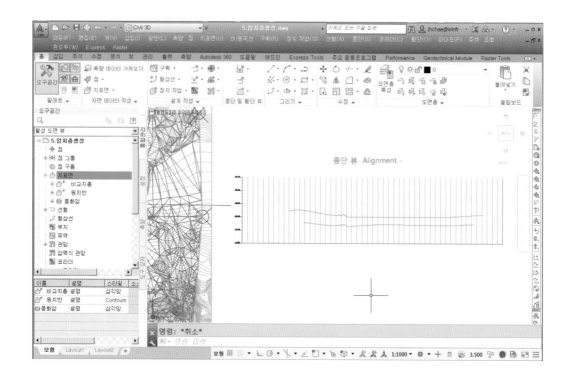

⑩ "풍화암"은 "토량지표면"으로 작성되어 졌기 때문에 코리더 지표면 타겟으로 지정할 수
없으며, 단면검토선 횡단에도 추가할 수 없습니다. 따라서 "토량지표면"을 일반 지표
면으로 사용하려면 LandXML으로 내보내기 하고 다시 가져오기 하여 사용하시기 바랍
니다.

(2) 지형 솔리드

① 샘플폴더에서 [8.Civil 3D 및 Revit 다양한 기능₩7.지형솔리드생성.dwg] 파일을 열기
합니다.

② 지표면이 미리 작성되어 있으며 "Surface1" 선택하고 [리본] 탭에서 [지표면에서 추출
− 지표면에서 솔리드 추출] 메뉴 클릭합니다.

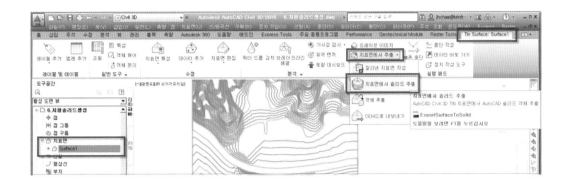

③ [지표면에서 솔리드 추출] 창에서 사용자가 솔리드 두께를 "수직정의"에서 다양하게 정의할 수 있습니다.

④ "솔리드 작성" 클릭합니다.

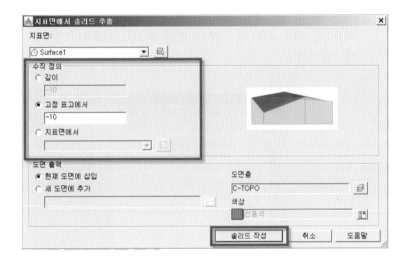

⑤ 지표면에 형상을 가진 솔리드가 작성됩니다.

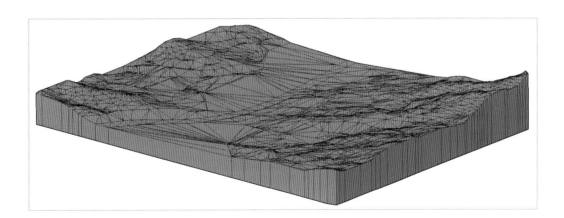

(1) Civil 3D 편경사 계산

① 샘플폴더에서 [8.Civil 3D 및 Revit 다양한 기능₩8.도로편경사계산.dwg] 파일을 열기합니다.

② [통합관리] - [선형 - 중심 선형 - Alignment - 특성] 선택합니다.
　　([선형 특성] 창 활성화)

③ [선형 특성] 창 [설계 조건] 탭에서 설계 속도가 "100km/h"으로 설정되어 있으며 편경사 계산 시 사용 됩니다. "확인 또는 취소" 클릭하여 창 닫기 합니다. (설계 속도는 변경 가능합니다.)

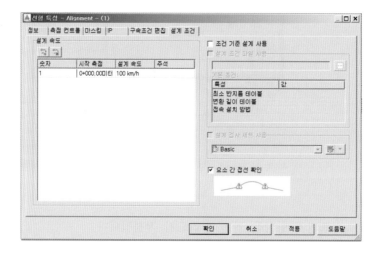

④ 코리더 선택하여 [리본] - [코리더 : 코리더-도로] 탭에서 [편경사 - 편경사 계산/편집] 선택합니다.

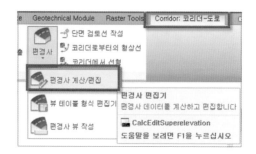

⑤ [편경사 편집] 창에서 "지금 편경사 계산" 클릭합니다.

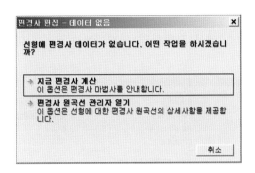

⑥ [편경사 계산] 창 [도로 유형]에서 [분할되지 않은 크라운형] 선택합니다.
   (다양한 옵션 지정 가능합니다.)

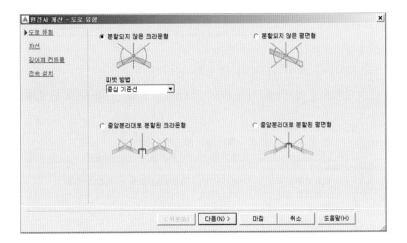

⑦ [편경사 계산] 창 [길어깨 컨트롤]에서 [외부 모서리 길어깨] 체크를 해지합니다.
   ([차선]은 코리더가 정의 되어있으므로 별도로 설정할 필요가 없습니다.)

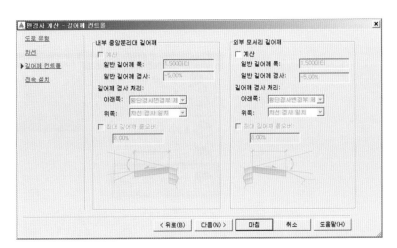

⑧ [편경사 계산] 창 [접속설치]에서 [편경사 설치율 테이블]은 "AASHTO 2011 Metric eMax 6%" 선택합니다. "마침" 클릭하여 편경사 계산을 완료합니다. (설계 조건 파일은 XML로 되어 있으며 XML 파일을 열어서 참고할 수 있습니다. 설계조건의 수정은 "설계조건편집기"에서 작업하면 쉽게 할 수 있습니다.)

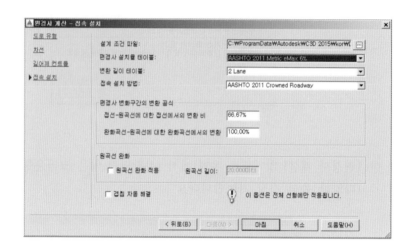

⑨ [편경사 테이블] 창이 활성화 됩니다.

설계조건에 의해 자동으로 계산되었으며, 사용자가 별도로 설정할 수 있습니다.

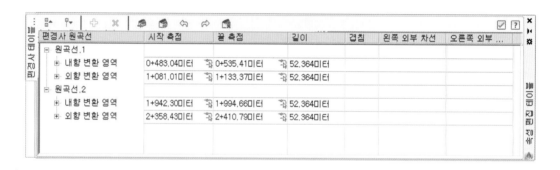

⑩ 다시 코리더 선택하여 [리본] – [코리더 : 코리더-도로] 탭에서 [편경사 – 편경사 뷰 작성] 선택합니다.

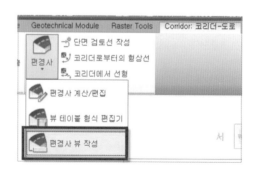

⑪ 선형 선택은 Alignment - (1) 선택합니다.

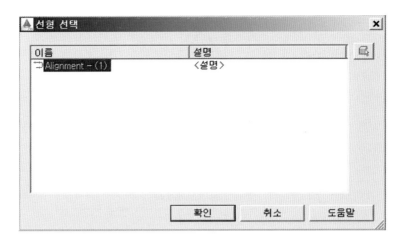

⑫ [편경사 뷰 작성] 창에서 "확인" 클릭합니다.

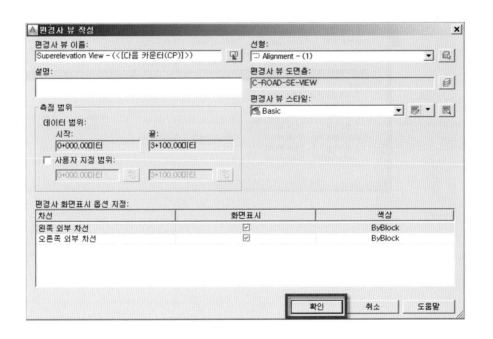

⑬ 빈 화면 클릭하여 [편경사 뷰]를 표시합니다.
　([편경사 뷰]에 느낌표 설계 조건에 부합하지 않아 표시 됩니다.)

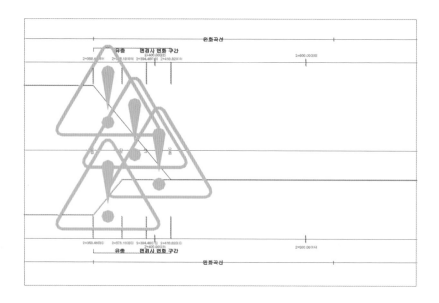

⑭ [편경사테이블] 창 활성화 하여 사용자가 편경사 설정 값을 변경할 수 있습니다.

편경사 원곡선	시작 측점	끝 측점	길이	겹침	왼쪽 외부 차선	원곡선 ...	오른쪽 ...	원곡선 완화(RO)
원곡선.1								
내향 변환 영역	0+483.06미터	0+535.42미터	52.364미터					
외향 변환 영역	1+061.02미터	1+133.38미터	52.364미터					
원곡선.2								
내향 변환 영역	1+942.33미터	1+994.69미터	52.364미터					
외향 변환 영역	2+358.46미터	2+410.82미터	52.364미터					
유출	2+358.46미터	2+394.46미터	36.000미터					
최대 편경사 끝	2+358.46미터				4.40%	0.000	-4.40%	0.000
원곡선 끝	2+358.46미터							
역크라운	2+378.10미터				2.00%	0.000	-2.00%	0.000
평크라운	2+394.46미터				0.00%	0.000	-2.00%	0.000
편경사 변화 구간	2+394.46미터	2+410.82미터	16.364미터					
평크라운	2+394.46미터				0.00%	0.000	-2.00%	0.000
일반 크라운 ...	2+410.82미터				-2.00%	0.000	-2.00%	0.000

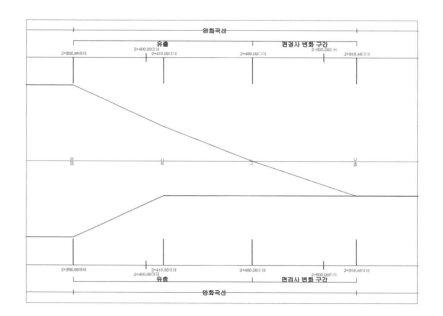

⑮ 설정된 편경사의 정보는 코리더 모델링에 반영되며 또한 [도구공간 - 도구상자] -
  [Reports Manager - 코리더 - 차선 경사 보고서]에서 코리더 측점별 편경사를 보고서
  형태로 산출됩니다. 이렇게 작성된 편경사 정보는 교량 또는 터널 구조물 모델링 할
  때 활용할 수 있습니다. ([차선 경사 보고서] 산출을 위해서는 "단면검토선"을 작성이
  필요합니다.)

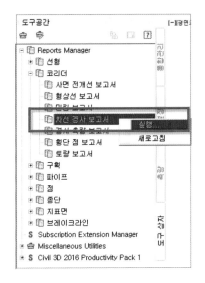 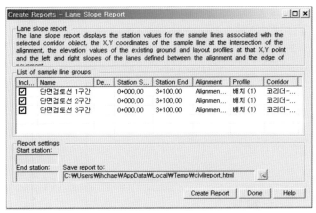

(2) 교대 프로파일 패밀리

① [응용프로그램버튼-새로 만들기-패밀리-템플릿 "미터법 프로파일.rtf"]를 열기합니다.
② [작성탭 - 참조평면]을 이용해 "3590" 높이로 참조 평면을 그립니다.

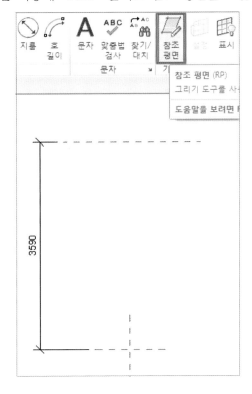

③ [작성탭 – 선]을 이용해 아래 그림과 같이 스케치 합니다.

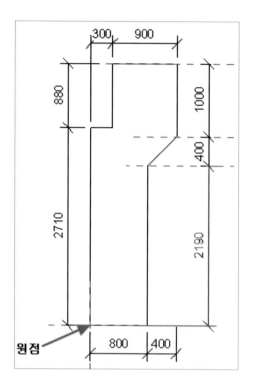

④ "2190" 치수를 선택해 [레이블 : 매개변수 추가]에서 "H_top" 변수를 추가 합니다.

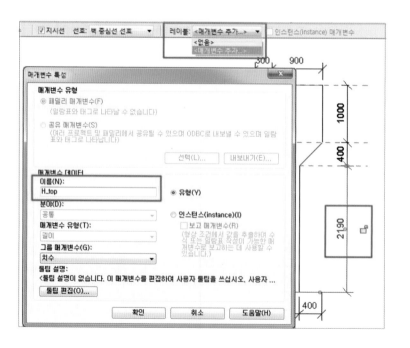

⑤ [패밀리 유형]에서 "패밀리 유형 새로 만들기"하여 이름 "교대 A단면 프로파일", "교대 B단면 프로파일", "교대 C단면 프로파일"의 유형을 작성합니다.

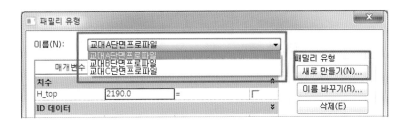

⑥ "교대 B단면 프로파일" 패밀리 유형은 "H_top"을 "2630"으로 변경합니다.

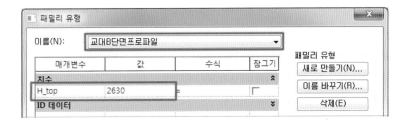

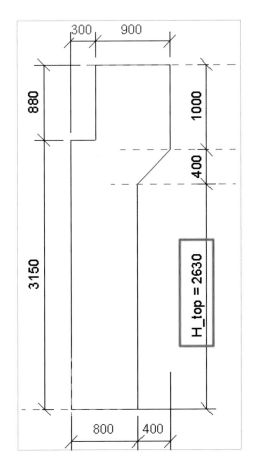

⑦ "교대 C단면 프로파일" 패밀리 유형은 "H_top" 값을 "3070"으로 변경합니다.

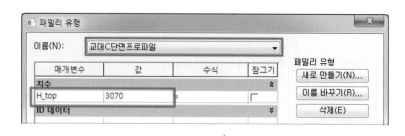

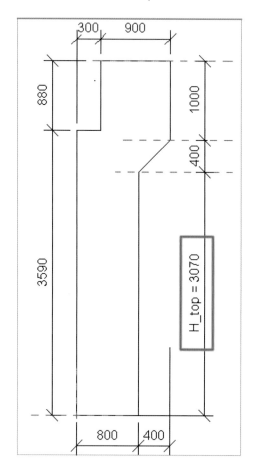

⑧ 작성된 프로파일을 교대단면프로파일로 저장 합니다.

(3) 교대 본체 패밀리

① [응용프로그램버튼 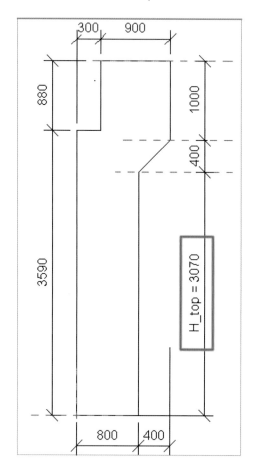 -새로만들기-패밀리-템플릿 "미터법 구조 기둥.rft"]를 열기합니다.

② [작성 탭 – 참조 평면]을 이용해 평면뷰와 입면도뷰에 참조 평면을 작성합니다.

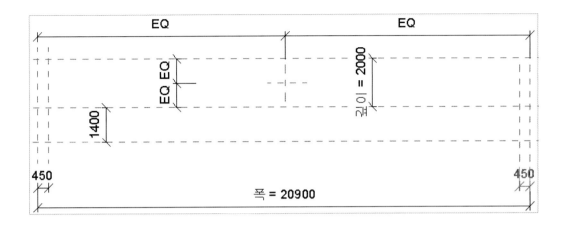

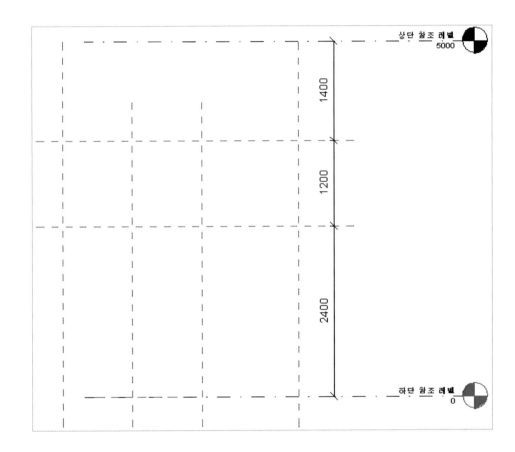

③ 왼쪽 뷰에서 [작성탭-돌출]을 선택해 참조평면에 맞춰서 선을 스케치하고 "면 하단 참조 레벨"에서 객체의 돌출 양쪽 끝부분을 확장 이동하여 참조평면에 구속합니다.

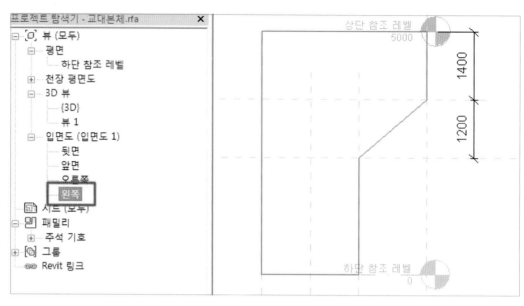

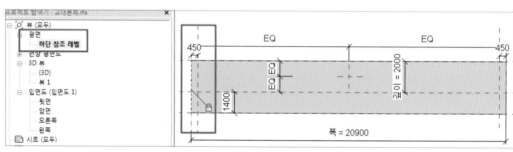

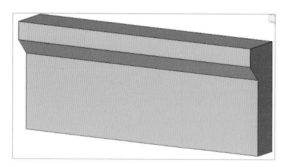

④ [삽입 - 패밀리 로드] 하여 미리 작성했던 "교대단면 프로파일.rfa" 가져오기 합니다.

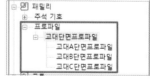

⑤ 평면뷰의 하단 참조 레벨로 이동하여 스윕을 선택합니다.

⑥ 작업기준면 패널에 있는 설정을 클릭하여 새 작업 기준면을 "상단 참조 레벨"로 변경하고 확인을 누릅니다.

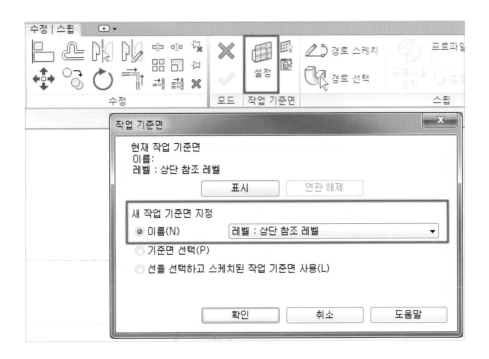

⑦ 경로 스케치를 선택하여 왼쪽의 "450" 경로를 스케치하고 완료합니다.

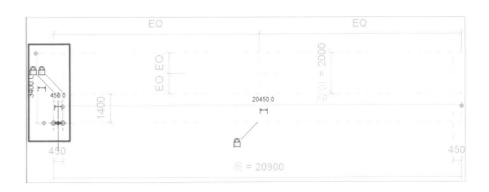

⑧ 프로파일은 "교대A단면프로파일" 선택하고 스케치 모드 완료합니다.

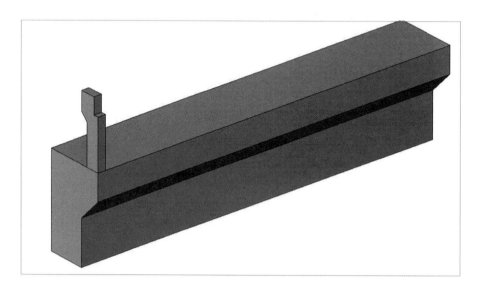

⑨ 스윕혼합을 선택하고 작업기준면은 "상단 참조 레벨"로 설정합니다.

⑩ 경로 스케치에서 직선으로 아래 그림과 같이 "10000" 길이로 스케치합니다.

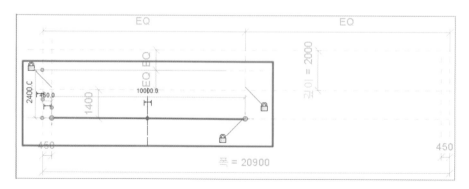

⑪ 프로파일 선택에서 프로파일 1에 "교대 A단면 프로파일", 프로파일 2에 "교대 B단면 프로파일"을 선택 후 스윕혼합 완료합니다.

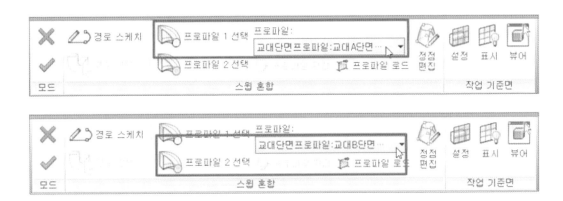

⑫ 완료된 스윕 객체를 확인합니다.

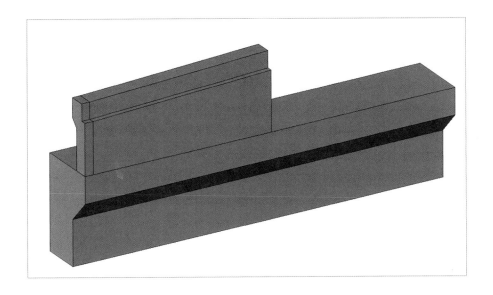

⑬ 스윕혼합을 선택하고 경로를 아래 그림과 같이 그립니다.

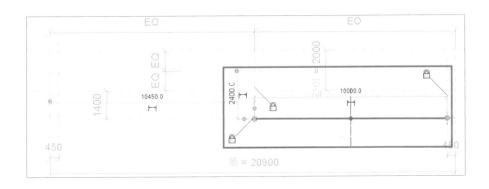

⑭ 프로파일 선택에서 프로파일 1에 "교대 B단면 프로파일", 프로파일 2에 "교대 C단면 프로파일"을 선택 후 스윕혼합 완료합니다.

⑮ 스윕혼합을 선택하고 경로를 아래 그림과 같이 그립니다.

⑯ 프로파일은 "교대 C단면 프로파일" 선택하고 스케치 모드 완료합니다.

⑰ 프로젝트 탐색기의 패밀리 - 패밀리 - 프로파일 "교대 A단면 프로파일" 오른쪽 마우스 클릭합니다. [유형 특성] 창에서 "H_top"에 있는 버튼을 선택합니다.

⑱ [패밀리 매개변수 연관] 창에서 매개변수 추가하여 "H1" 매개변수 생성합니다.

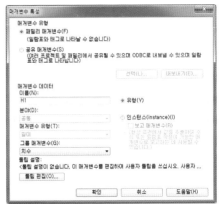

⑲ 패밀리 매개변수 연관창에서 H1를 선택하고 확인을 눌러 연관 매개 변수를 설정 합니다.

⑳ 같은 방식으로 [프로젝트 탐색기의 패밀리 – 패밀리 – 프로파일] 에서 "교대 B단면 프로파일"과 "교대 C단면 프로파일"의 [유형 특성] 창에서 "H_top" 매개변수에 H2, H3 매개변수를 만들어 "교대 B단면 프로파일 – H2", "교대 C단면 프로파일 – H3" 매개변수를 적용시킵니다.

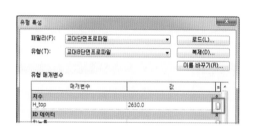

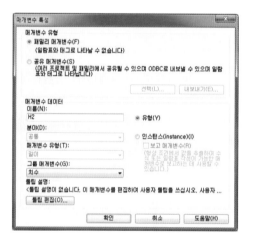

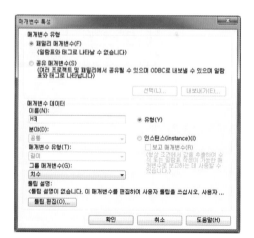

㉑ [패밀리 유형]에서 "H1, H2, H3" 매개변수가 생성된 것을 확인할 수 있습니다.

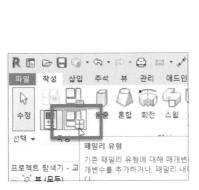

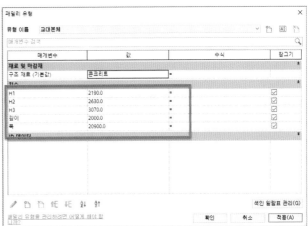

㉒ 편경사 매개변수 작성 하기전에 단위설정 먼저 진행하도록 합니다. [관리 - 프로젝트 단위] 클릭합니다.

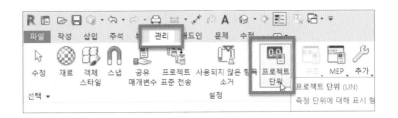

㉓ "경사"의 단위를 백분율로 수정합니다.

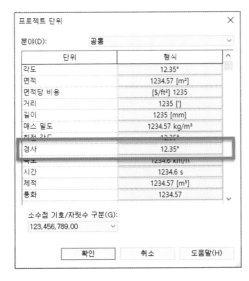

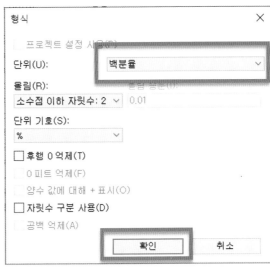

㉔ "경사"의 단위가 백분율로 변경되었습니다.

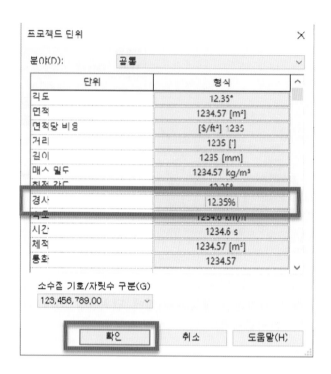

㉕ [패밀리 유형] 창을 활성화 합니다.

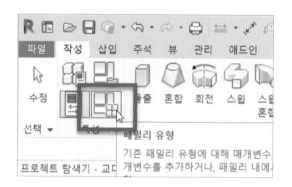

㉖ [패밀리 유형] 창에서 새로운 매개변수를 추가하여 우측편경사, 좌측편경사를 생성합니다.

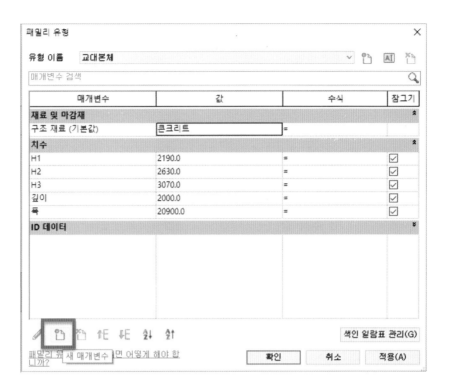

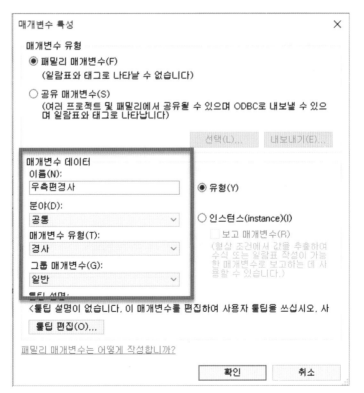

㉗ 우측/좌측편경사의 매개변수 유형은 모두 "경사"로 설정합니다.

매개변수 이름	매개변수 유형	그룹 매개변수
우측편경사	경사	일반
좌측편경사	경사	일반

㉘ 우측편경사, 좌측편경사의 값은 "-2.00%"로 입력합니다. H1, H3 매개변수의 수식을 아래와 같이 변경하게되면 편경사 값의 따라서 H1, H3의 값도 같이 변경이 됩니다. 값이 수정되면 교대 프로파일이 자동으로 변경되어 교대의 모델링에 반영됩니다.

H1 수식 값	H2 + (폭 / 2 - 450) * 좌측편경사
H3 수식 값	H2 + (폭 / 2 - 450) * 우측편경사

㉙ 교대의 재질은 같은데 부분적으로 분리하여 작업을 하였으므로, [수정탭 - 형상결합]을 클릭하여 작성된 객체의 형상을 결합합니다.

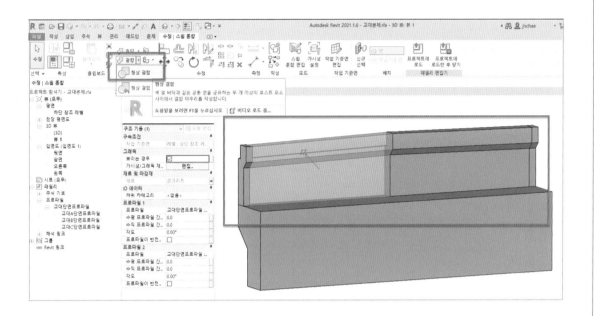

㉚ 완성된 패밀리를 확인하고 파일을 "교대본체.rfa" 패밀리로 저장합니다.

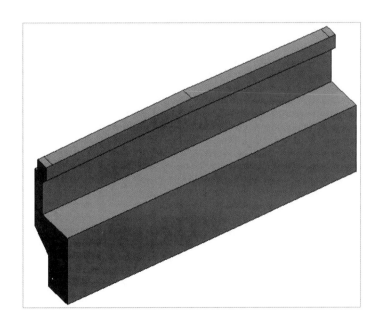

(4) 상부 프로파일 패밀리

① 패밀리 템플릿 "미터법 프로파일.rtf"를 열기하고 참조 평면을 선택합니다.
② 아래 치수와 같이 중심에서 오른쪽 부분으로 참조평면을 그립니다.

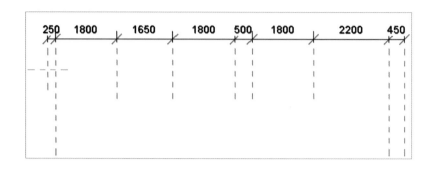

③ 2번에서 그린 참조평면을 선택한 후 수정패널의 [대칭 - 축선택] 이용하여 왼쪽 참조
평면을 오른쪽으로 대칭합니다.

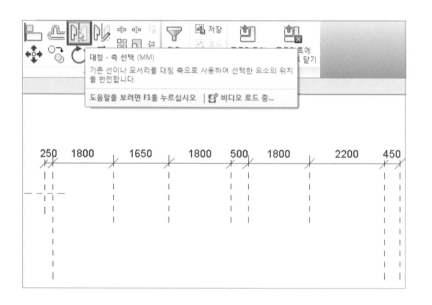

④ "10000"치수에 좌측은 "WL", 우측은 "WR" 매개변수 지정합니다.([패밀리 유형]에서
매개변수 추가하여 길이 매개변수 유형의 WL, WR 생성합니다.)

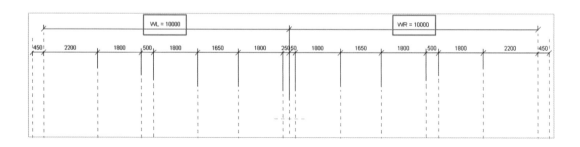

⑤ 중심 참조평면 아래쪽을 80, 3000만큼 간격띄우기 하여 참조평면을 작성합니다.
"3000" 선에서 윗쪽으로 250간격으로 두개의 참조평면 작성합니다. "80" 치수에는
"포장면" 매개변수를 부여합니다.([패밀리 유형]에서 "포장면" 길이 매개변수 작성합니다.)

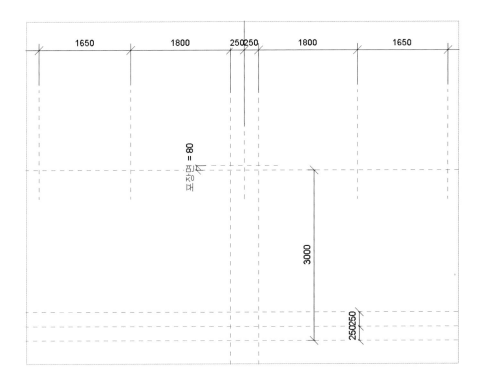

⑥ "포장면=80" 참조평면 중심에서 대각선으로 참조평면을 양쪽으로 작성 후 각도 치수를
부여합니다.

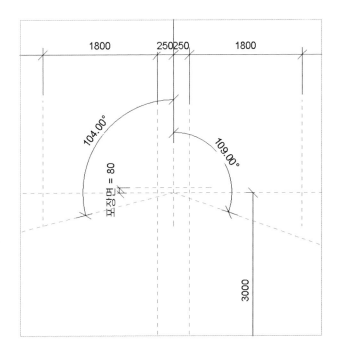

⑦ 왼쪽 대각선 참조평면 각도를 선택하여 레이블에서 "매개변수 추가"하여 이름 aL 매개변수를 생성합니다.

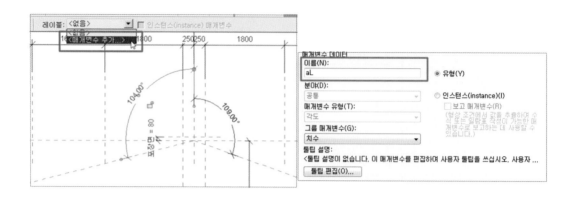

⑧ 오른쪽 대각선 참조평면 각도를 선택하여 레이블에서 "매개변수 추가"하여 이름 aR 매개변수를 생성합니다.

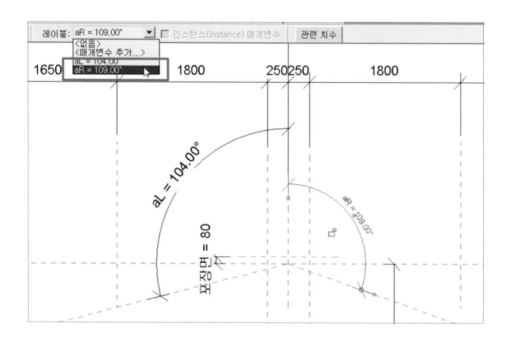

⑨ 편경사 매개변수 작성 하기전에 단위설정 먼저 진행하도록 합니다. [프로젝트 단위] 창에서 "경사"의 단위를 백분율로 수정합니다.

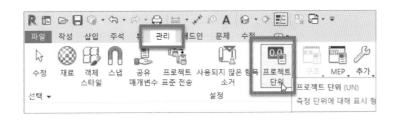

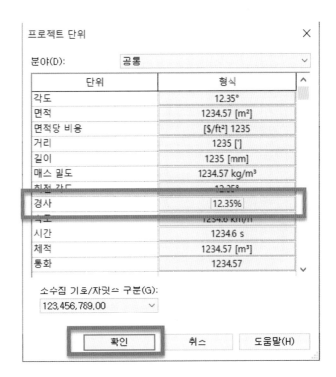

⑩ [매개변수 유형] 창에서 아래의 그림과 같이 매개변수를 추가 합니다.

매개변수 이름	매개변수 유형	그룹 매개변수
우측편경사	경사	일반
좌측편경사	경사	일반

⑪ 아래 매개변수의 값 및 수식을 입력하고 좌측편경사와 우측편경사 값을 변경하여 참조 평면이 변경되는지 확인 합니다.

매개변수 이름	수식
aL	90 - atan(좌측편경사)
aR	90 - atan(우측편경사)
우측편경사	-2.00%
좌측편경사	-2.00%

토목 BIM 실무활용서

⑫ 대각선으로 그린 참조평면과 평행이 되도록 아래쪽에 "275", "350"간격을 띄워서 참조 평면을 그리고 각각 참조 평면에 치수를 부여합니다.(치수를 적용해야지만 상단 참조 평면에 편경사 변경시 아랫쪽 참조평면도 동일하게 적용됩니다.)

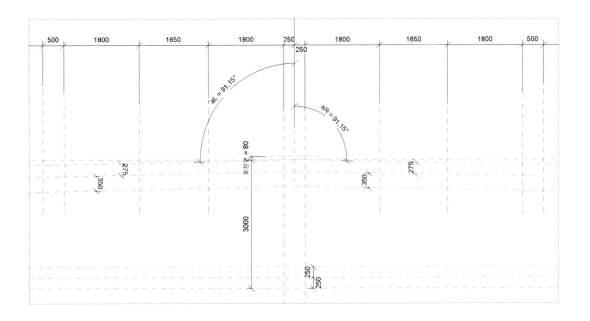

⑬ 하단부분에 "1300", "2650", "1300" 간격으로 참조평면을 그립니다.

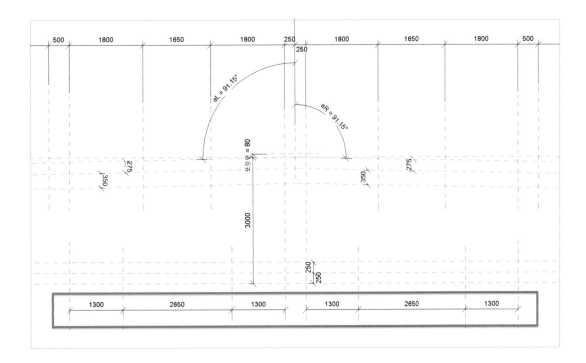

⑭ [작성탭-상세정보-선]을 선택해 참조평면에 맞춰서 그리고 편경사 매개변수가 변경되면 모델도 같이 변경되는지 확인하고 "상부(일반) 프로파일"으로 저장 합니다.

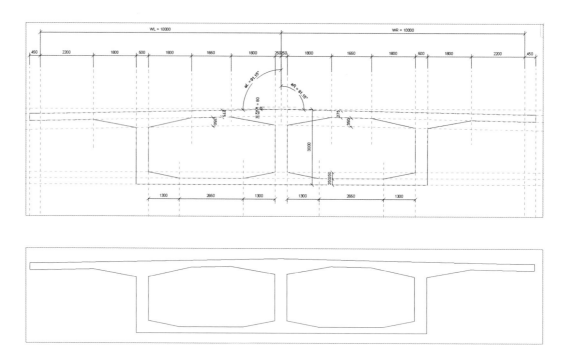

⑮ "상부(일반) 프로파일" 패밀리에서 프로파일 내부에 있는 선을 지우고 "상부솔리드 프로파일"로 저장 합니다.

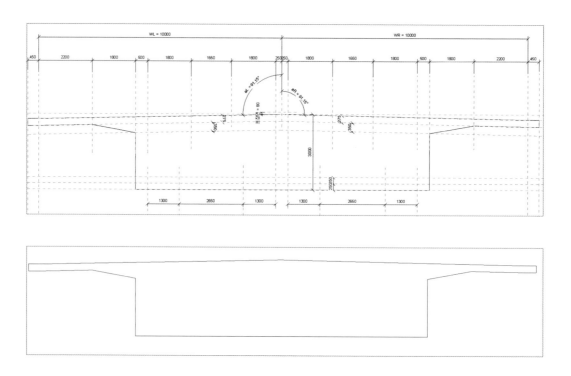

⑯ "상부(일반) 프로파일" 패밀리에서 좌측 내부 선을 제외한 다른 선은 전부 지우고 "상부 (좌측 보이드) 프로파일"로 저장합니다. 다시 "상부(일반) 프로파일.rfa" 패밀리에서 우측 내부 선만 남긴채 "상부(우측 보이드) 프로파일"로 저장합니다.

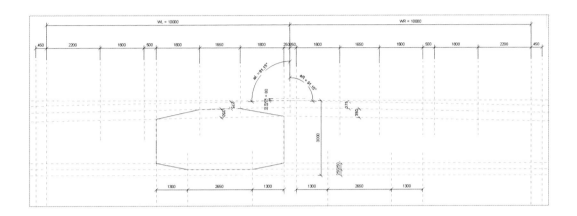

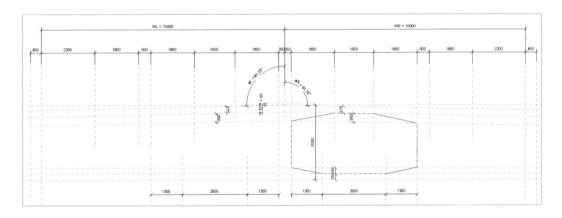

(5) 상부본체 패밀리

① 패밀리 템플릿 "미터법 구조 프레임 – 보 및 가새.rft"를 열기해서 내부 돌출 모형과 내부 참조 평면을 삭제 하고 모델선을 길이 치수 까지 정렬해 잠금합니다.

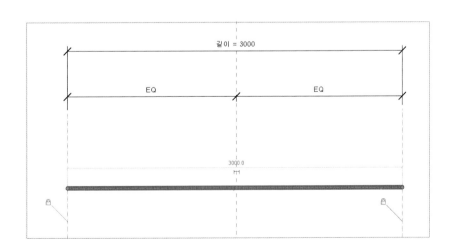

② [삽입탭-라이브러리에서 로드-패밀리 로드]를 선택하여 상부(솔리드), 상부(좌측 보이드), 상부(우측 보이드)를 로드 합니다.

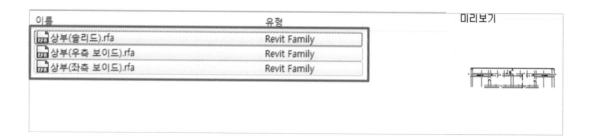

③ 로드된 프로파일을 복제 하고 "시점 프로파일", "종점 프로파일"로 이름을 변경 합니다.

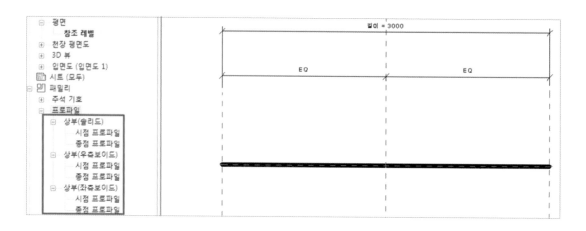

④ 패밀리 유형 편집 창을 열고 "시점좌측편경사", "시점우측편경사", "종점좌측편경사", "종점우측편경사"의 매개변수를 추가 합니다.(편경사 매개변수 유형은 경사로 설정합니다.) 그리고 길이는 "10000"으로 변경 합니다.

⑤ 상부(솔리드)–시점 프로파일의 유형 특성창을 띄우고 우측편경사에서 ▤ 버튼을 눌러 매개 변수 연관창을 띄웁니다. 호환되는 매개변수를 "시점우측편경사"를 선택합니다.

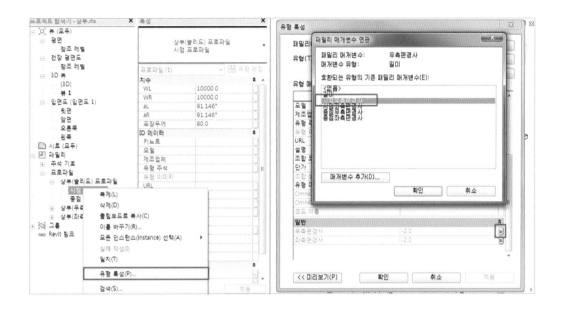

⑥ 좌측편경사의 ▤ 버튼을 눌러 매개변수 연관창을 띄우고 호환되는 매개변수를 "시점좌측 편경사"를 선택합니다.

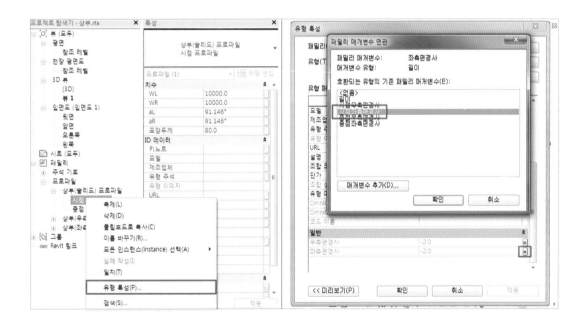

⑦ 종점 프로파일도 시점 프로파일과 마찬가지로 매개변수를 연관 시키고 상부(좌측보이드), 상부(우측보이드)도 매개변수를 연관 시킵니다.

① [작성탭-양식패널-스윕혼합]을 선택해 중심에 맞춰 경로를 그리고 잠금 합니다.

⑧ 프로파일 1선택에 상부(솔리드) : 시점 프로파일, 프로파일 2선택에 상부(솔리드) : 종점 프로파일을 선택하고 완료 시킵니다.

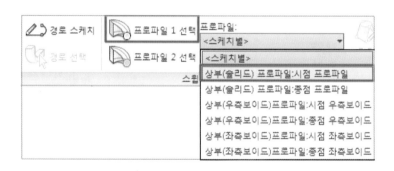

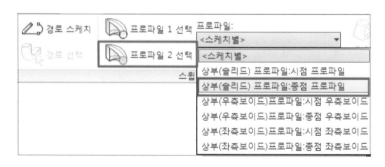

⑨ [작성탭-양식패널-보이드양식-보이드 스윕 혼합]을 선택합니다.

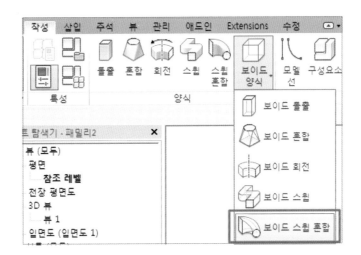

⑩ 경로를 스윕혼합과 동일하게 가운데의 그려진 모델선을 선택합니다.

⑪ 프로파일 1선택에 상부(우측보이드) : 시점 프로파일, 프로파일 2선택에 상부(우측보이드)
　: 종점 프로파일을 선택하고 완료 시킵니다.

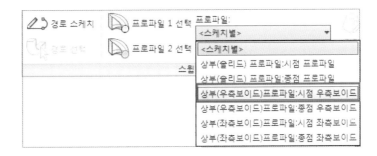

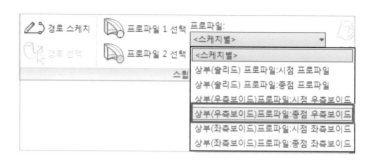

⑫ 3D 뷰로 보면 우측 보이드가 완료 되어 절단된 형태를 볼 수 있습니다. 좌측 보이드도 우측보이드와 동일한 방법으로 적용 합니다.

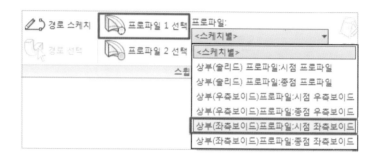

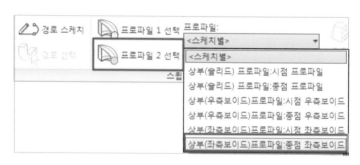

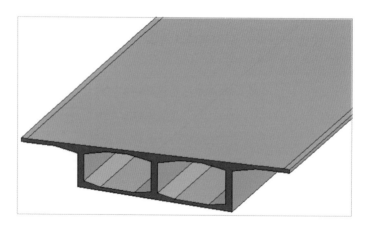

⑬ [수정탭-특성패널-패밀리 유형]을 선택하여 편경사 값을 변경한 후 모델링 형태가 바
  뀌는지 확인 합니다 만약 입면도 왼쪽 뷰에서 편경사 변경시 좌,우측이 반대로 작동 된
  다면 스윕혼합에서 프로파일을 반전 시켜야 합니다.

⑭ 편집모드 완료를 눌러 편경사를 고려한 상부 모델링이 완료 합니다.

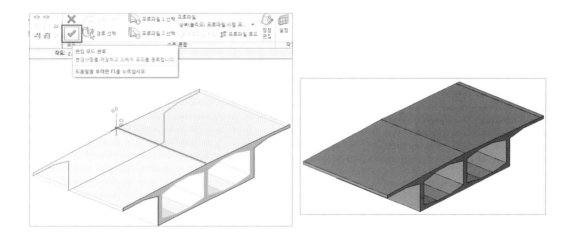

⑮ 패밀리 유형에서 편경사 값을 변경해 모델에 적용되는지 확인합니다.

⑯ 편경사를 고려한 포장층은 상부와 동일 한 방법으로 작성합니다.

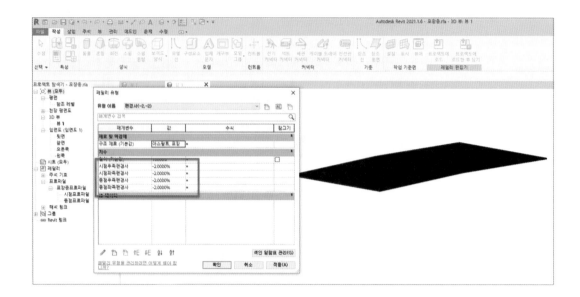

chapter 04

도로확폭 및 앞성토사면 모델링

(1) 도로 코리더 확폭

① 샘플폴더에서 [8.Civil3D및Revit다양한기능₩9.도로코리더확폭] 파일을 열기합니다. 미리 Civil 3D에서 [원지반/선형/종단/표준횡단]이 작업되어 있는 도면입니다.

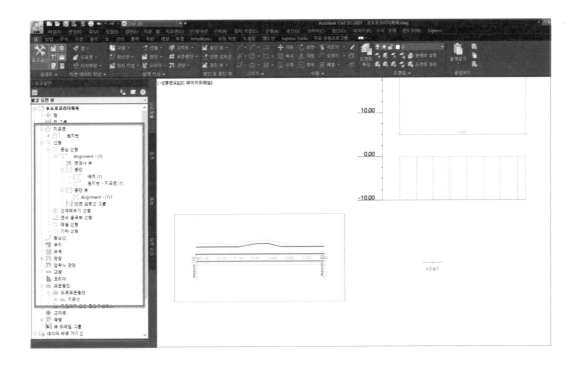

② 가운데 선형을 기준으로 코리더를 작성하도록 하겠습니다.

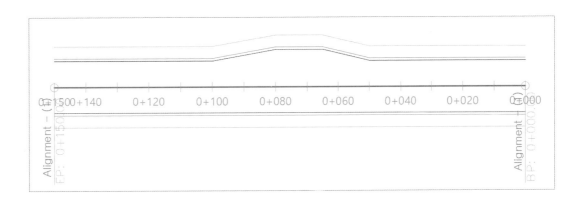

③ [코리더 – 코리더 작성] 메뉴 클릭합니다.

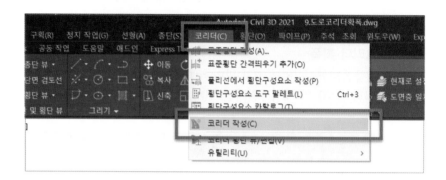

④ "코리더 작성" 창에서 아래와 설정합니다.

⑤ 코리더 작성을 진행하여 코리더 재작성을 합니다.

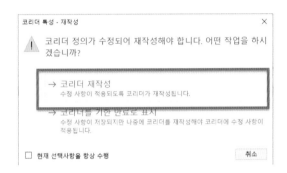

⑥ 코리더가 작성이 되었지만 확폭 구간은 아직 반영이 안되어 있습니다.

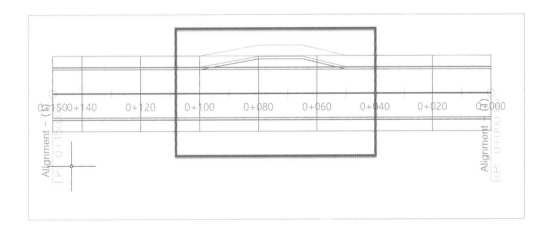

⑦ 따라서 코리더 구간별로 표준횡단의 매개변수 값을 다르게 설정해야 합니다. "코리더 횡단 편집기에"서 각 측점별로 매개변수는 다르게 설정할 수 있습니다. 하지만 복잡하지 않은 구간에 대해서는 이렇게 매개변수를 간단하게 설정하여 변경할 수 있지만, 복잡한 확폭 구간에 대해서는 일일이 매개변수를 입력하기는 어렵습니다.

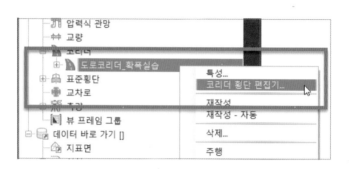

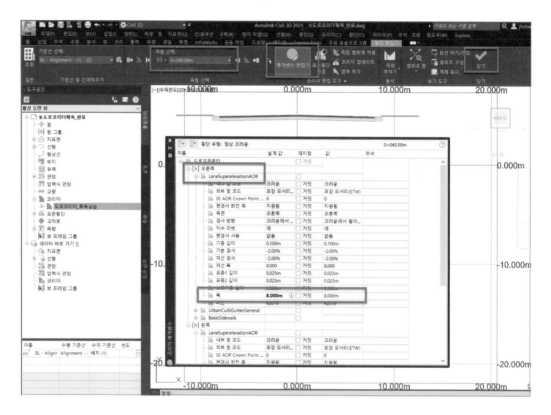

⑧ 확폭이 되어있는 측구 레이어의 폴리선을 따라, 도로차선도 같이 확폭되는 방법을 이용하여 코리더를 작성해 보도록 하겠습니다.

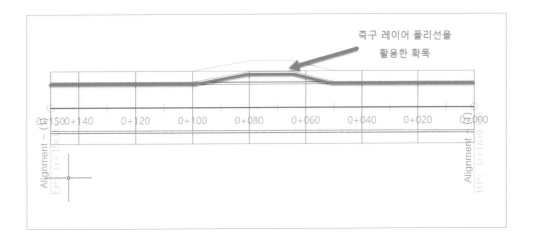

⑨ 표준횡단도의 차도는 도구팔레트에서 [차선 편경사 회전 축]으로 작성을 하였습니다. 이 표준횡단에 차선 부분을 "코리더 간격띄우기" 기능을 통해서 확폭해 보도록 하겠습니다.

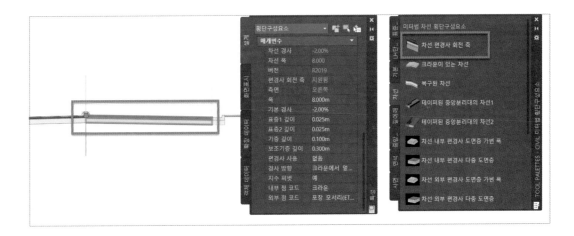

⑩ [도로코리더_확폭실습]의 코리더 특성창을 활성화합니다.

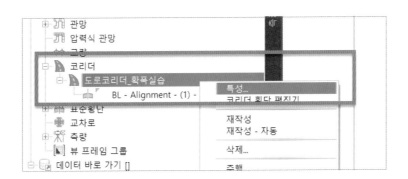

⑪ [코리더 특성 - 매개변수] 창에서 "대상"을 클릭합니다.

⑫ 대상 매핑에서 오른쪽 차선을 선택합니다.

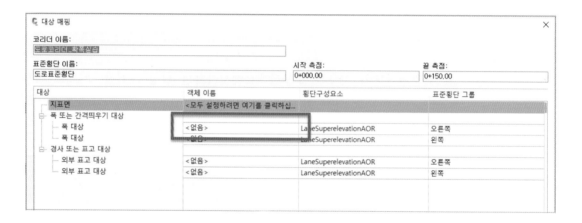

⑬ 차선의 폭 간격을 원하는 객체를 선택하여 조정할 수 있습니다. 객체 선택을 위해 "도면에서 선택" 클릭합니다.

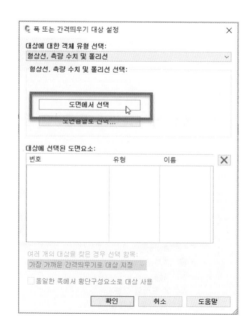

⑭ 오른쪽 방향의 측구선 레이어의 폴리선을 선택합니다. 선택이 완료되면 엔터 클릭합니다.

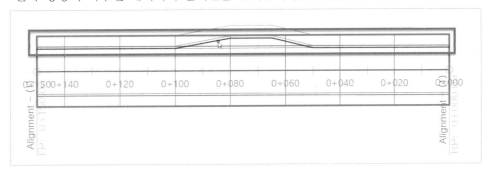

⑮ 측구선 레이어의 폴리선이 선택되었습니다. 확인 클릭합니다.

⑯ 오른쪽 차선의 간격띄우기 객체가 선택되었습니다. 확인 클릭합니다.

⑰ 코리더의 매개변수 설정이 완료되었습니다. 확인 클릭합니다.

⑱ 코리더 재작성을 진행하면, 코리더의 차선이 측구 폴리선을 따라서 간격띄우기가 진행된 것을 확인할 수 있습니다.

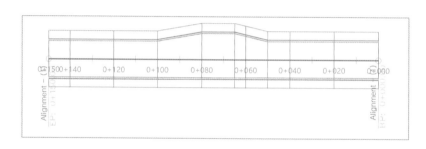

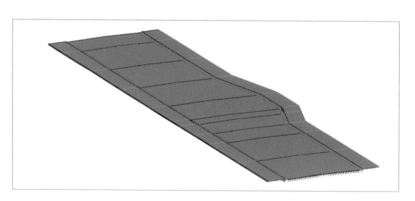

(2) 교량부 앞성토 사면 모델링

    ① 샘플폴더에서 [8.Civil3D및Revit다양한기능₩10.교량부앞성토.dwg] 파일을 열기합니다.
    미리 Civil3D 의 [원지반/선형/종단/표준횡단]이 작업되어 있는 도면입니다.

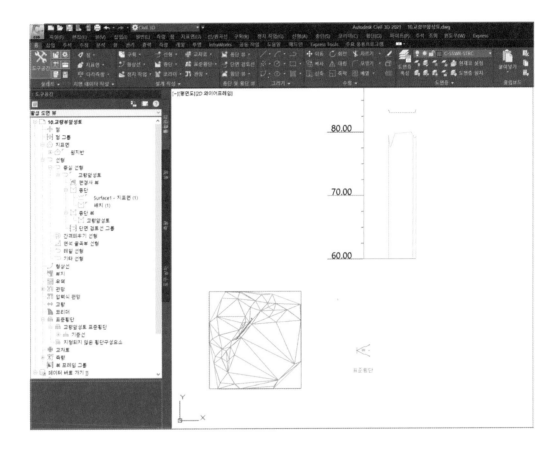

    ② 선형을 기준으로 교량 앞성토 코리더 모델링을 작성하도록 하겠습니다.

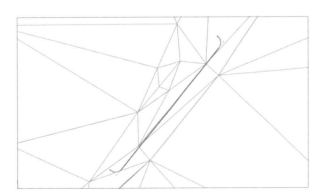

③ [코리더 – 코리더 작성] 메뉴 클릭합니다.

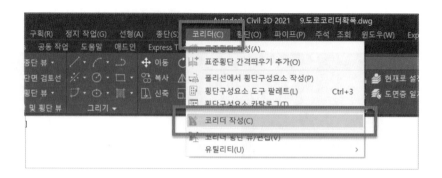

④ "코리더 작성" 창에서 아래와 설정합니다.

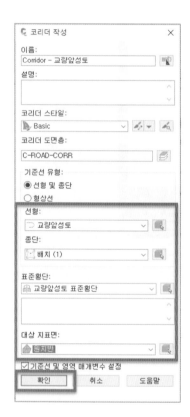

19 코리더 작성을 진행하여 코리더 재작성을 합니다.

⑤ 코리더가 작성되었습니다.

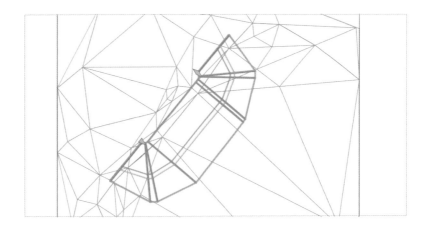

⑥ 코리더 사면은 표준횡단 매개변수 설정값의 따라 구배, 길이등을 조정할 수 있습니다.

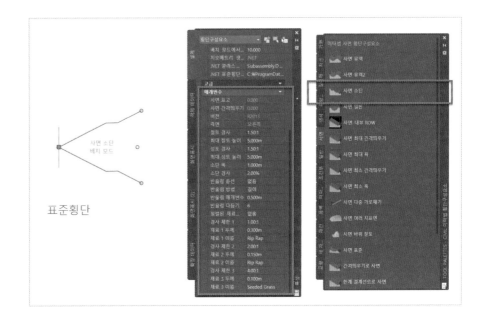

⑦ 또한 코리더 사면의 종단의 설정값도 변경할 수 있습니다.

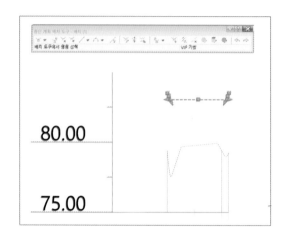

⑧ 코리더 빈도를 조절하여 모델링을 조금더 상세하게 표현하는 방법에 대해 알아보겠습니다.

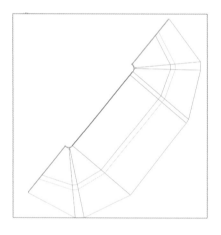

⑨ [교량앞성토]의 코리더 특성창을 활성화합니다.

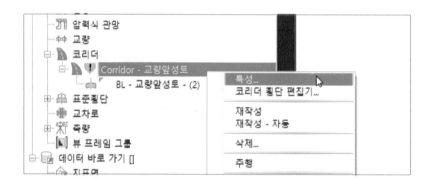

⑩ [코리더 특성 - 매개변수] 창에서 "빈도"를 클릭합니다.

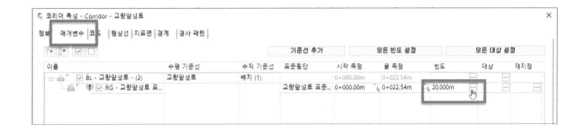

⑪ 코리더 빈도를 [접선 : 2m, 원곡선 : 0.2m]로 수정합니다.

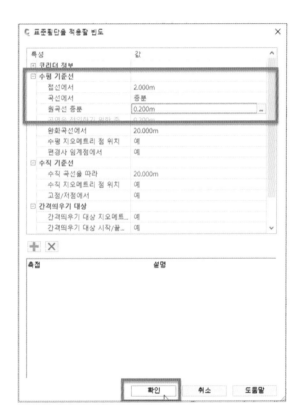

⑫ 코리더의 "빈도" 설정을 완료하였습니다. 확인을 클릭합니다.

⑬ 코리더 빈도가 수정되어 상세하게 사면 모델링이 작성된 것을 확인할 수 있습니다.

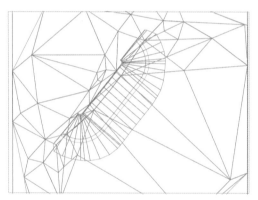 

(1) 형상선 활용한 지표면 작성

① 샘플폴더에서 [8.Civil3D및Revit다양한기능₩11.형상선활용한지표면작성] 파일을 열기합니다. 미리 Civil3D에서 [원지반]이 작성되어 있으며, 그 위에 3개의 폴리선이 그려져 있습니다. 이 폴리선을 이용하여 형상선을 만들고, 이 형상선을 활용하여 3D 지표면을 만들어 보도록 하겠습니다.

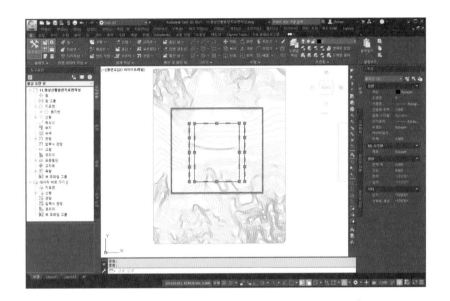

② 3개의 폴리선 고도값은 "0"으로 설정되어 있습니다.

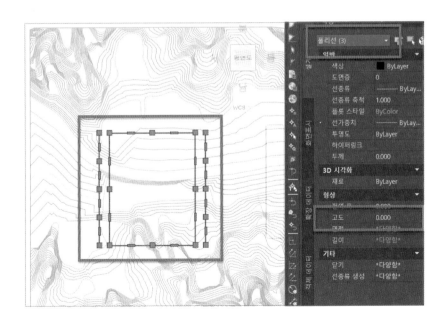

③ [리본 – 홈] 탭에서 [설계 작성 – 형상선 – 객체로부터 형상선 작성] 클릭합니다.

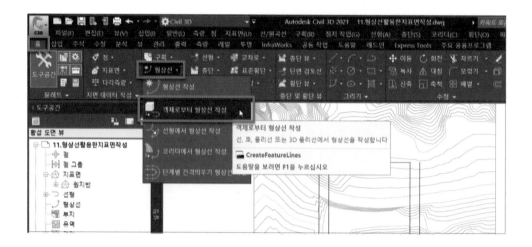

④ "폴리선"을 선택하고 Enter를 누르면 [형상선 작성] 창이 생성되고, "확인" 버튼을 클릭합니다. 만약 부지가 〈없음〉으로 나오는 경우 [새로 만들기]로 부지를 생성합니다.

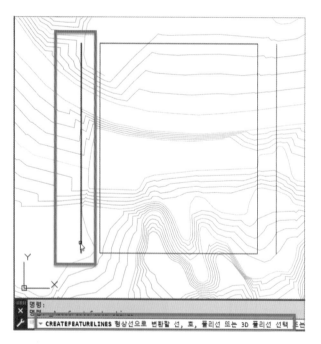

⑤ 폴리선이 형상선으로 변경되었으며, 형상선은 "부지1"에 포함이 됩니다. 작성된 형상선을 선택하여 "표고편집기" 클릭합니다.

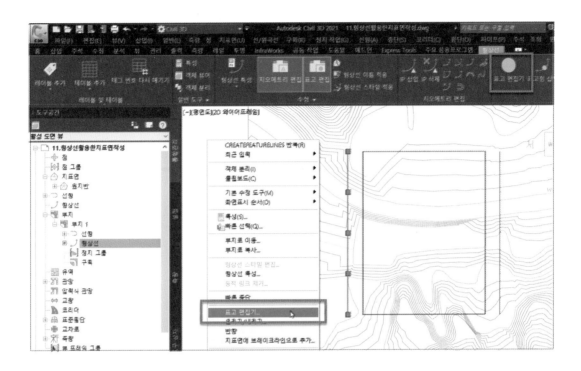

⑥ 폴리선의 고도값이 "0" 객체로 형상선을 만들었기 때문에, 현재 형상선에 표고값은 "0"으로 설정되어 있습니다.

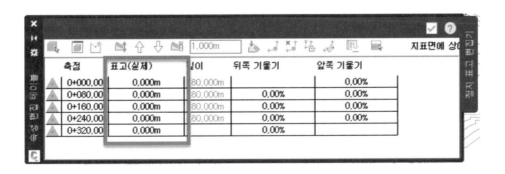

⑦ 첫번째 측점 [0+000.00] 표고를 "25.00m", 마지막 측점 [0+320.00] 표고를 "60.00m" 입력합니다.

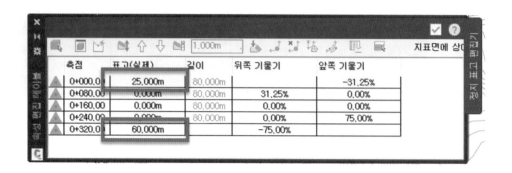

⑧ 중간의 2,3,4 번째의 [0+080], [0+160], [0+240] 표고값 입력은 첫번재 측점과 마지막 측점을 이용하여 거리 비율로 계산하여 표고 높이를 입력하도록 하겠습니다.

⑨ 1~5번째 측점을 다같이 선택하고, "기울기 또는 표고 평평하게 하기" 클릭합니다.

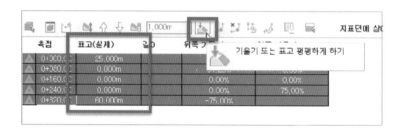

⑩ [평평하게 하기] 창에서 "상수 기울기" 체크 후 "확인" 클릭합니다.

⑪ 2,3,4번째 측점의 표고값이 거리 비율로 자동으로 계산되어 입력이 됩니다.

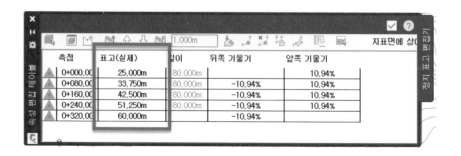

⑫ "표고편집기" 창을 닫기 합니다.

측점	표고(실제)	길이	뒤쪽 기울기	앞쪽 기울기
0+000.00	25.000m	80.000m		10.94%
0+080.00	33.750m	80.000m	-10.94%	10.94%
0+160.00	42.500m	80.000m	-10.94%	10.94%
0+240.00	51.250m	80.000m	-10.94%	10.94%
0+320.00	60.000m		-10.94%	

⑬ 다시 [리본 - 홈] 탭에서 [설계 작성 - 형상선 - 객체로부터 형상선 작성] 클릭하여 가운데 사각형 폴리선을 선택합니다.

⑭ 이번에는 [형상선 작성] 창에서 "표고 지정"을 체크하고 "확인" 버튼을 클릭합니다. 표고값은 "50"으로 입력하고 확인 클릭합니다.

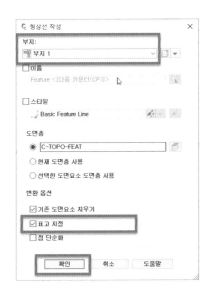

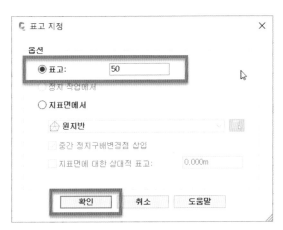

⑮ 가운데 사각형 폴리선이 형상선으로 변경되었습니다. 형상선의 "표고편집기"에서 표고 값이 "50"으로 입력된 것을 확인할 수 있습니다.

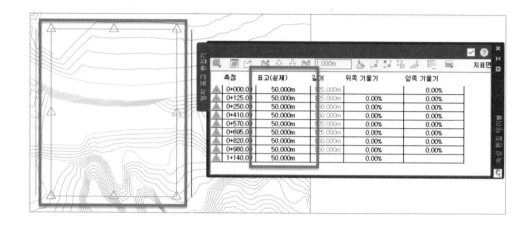

⑯ [리본 - 홈] 탭에서 [설계 작성 - 형상선 - 객체로부터 형상선 작성] 클릭하여 오른쪽 폴리선을 선택합니다.

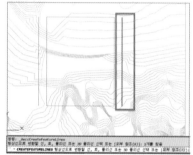

⑰ [형상선 작성] 창에서 "표고 지정"을 체크하고 "확인" 버튼을 클릭합니다. 표고 지정은 원지반에 표고값이 입력될 수 있도록 옵션을 체크합니다.

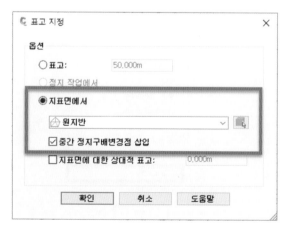

⑱ 오른쪽 폴리선이 형상선으로 변경되었으며, 형상선의 "표고편집기"에서 표고값이 원지반에 표고값으로 입력된 것을 확인할 수 있습니다.

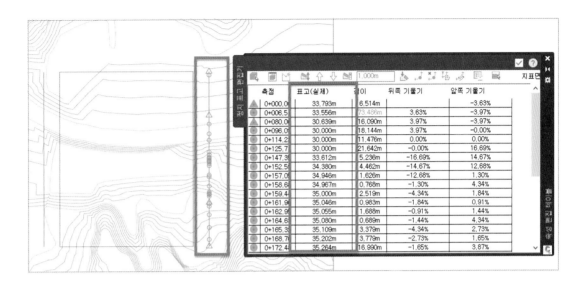

측점	표고(실제)	길이	뒤쪽 기울기	앞쪽 기울기
0+000.0	33.793m	6.514m		-3.63%
0+006.5	33.556m	73.486m	3.63%	-3.97%
0+080.0	30.639m	16.090m	3.97%	-3.97%
0+096.0	30.000m	18.144m	3.97%	-0.00%
0+114.2	30.000m	11.476m	0.00%	0.00%
0+125.7	30.000m	21.642m	-0.00%	16.69%
0+147.3	33.612m	5.236m	-16.69%	14.67%
0+152.5	34.380m	4.462m	-14.67%	12.68%
0+157.0	34.946m	1.626m	-12.68%	1.30%
0+158.6	34.967m	0.768m	-1.30%	4.34%
0+159.4	35.000m	2.519m	-4.34%	1.84%
0+161.9	35.046m	0.983m	-1.84%	0.91%
0+162.9	35.055m	1.688m	-0.91%	1.44%
0+164.6	35.080m	0.689m	-1.44%	4.34%
0+165.3	35.109m	3.379m	-4.34%	2.73%
0+168.7	35.202m	3.779m	-2.73%	1.65%
0+172.4	35.264m	16.990m	-1.65%	3.87%

⑲ 이렇게 만들어진 형상선 3개는 "부지1"에 포함되어 있습니다.

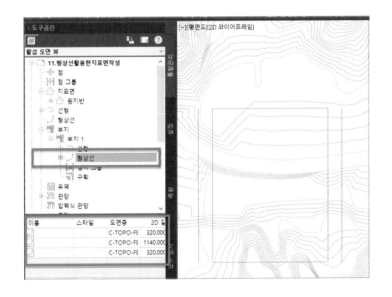

이름	스타일	도면층	2D 길
		C-TOPO-FE	320.000
		C-TOPO-FE	1140.000
		C-TOPO-FE	320.000

⑳ 새로운 지표면을 작성하여 이름은 "계획지표면"으로 입력합니다.

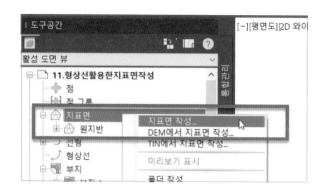

㉑ 새롭게 만든 "계획지표면"에 [지표면 – 정의] 확장하여 [브레이크라인 – 추가] 선택합니다.

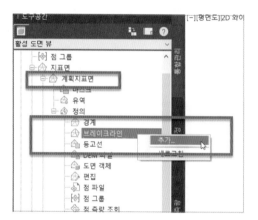

㉒ 3개의 형상선을 선택하여 브레이크라인으로 추가합니다.

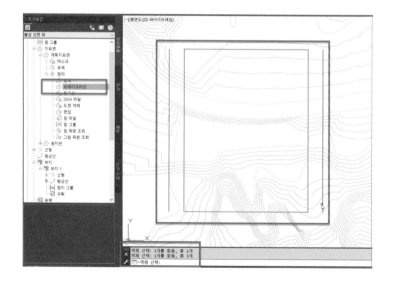

토목 BIM 실무활용서

㉓ 형상선을 이용하여 3D 지표면이 생성되었습니다.

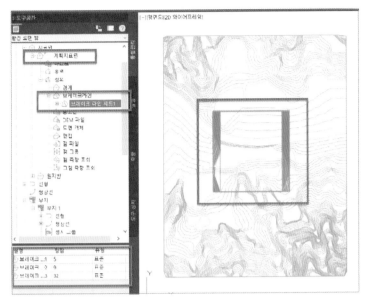

(2) 여러 지표면 통합 방법

① 샘플폴더에서 [8.Civil3D및Revit다양한기능₩12.지표면통합 샘플] 파일을 열기합니다.
교재 3편에서 작업했던 샘플파일입니다.

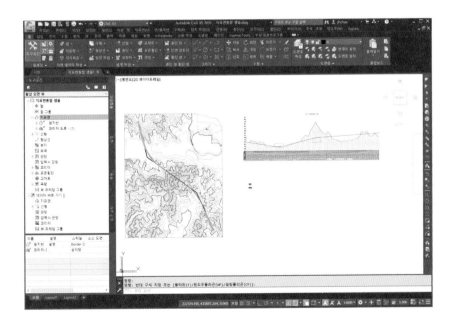

② 파일에는 "원지반의 지표면", "코리더의 도로 지표면"이 작성되어 있습니다.

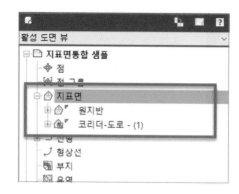

③ "원지반의 지표면", "코리더의 도로 지표면" 두개의 지표면을 선택하여 객체뷰어 해봅니다.

④ 성토구간은 코리더 계획면이 보이지만 절토구간은 코리더 계획면이 원지반 아래에 있기 때문에 보이지 않습니다. 따라서 원지반과 계획지반이 반영된 최종 계획지표면이 필요합니다.

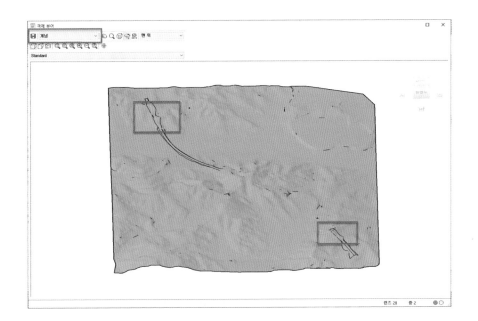

⑤ 새로운 지표면을 작성합니다.

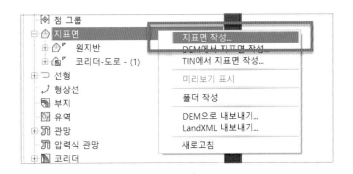

⑥ 지표면 이름은 "통합지표면"으로 정의합니다.

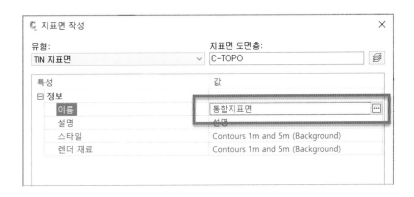

⑦ "통합지표면"이라는 새로운 지표면이 생성이 되었습니다. (아직은 아무것도 정의되어 있지 않는 비어있는 지표면입니다.) "지표면 붙여넣기" 기능을 통해서 지표면을 정의하도록 합니다.

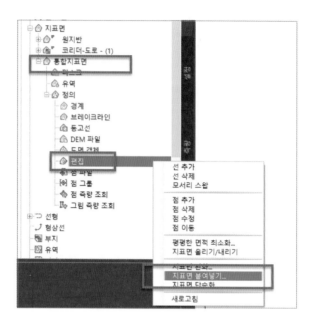

⑧ "지표면 붙여넣기" 기능에서 "원지반"과 "코리더지반"을 선택합니다.

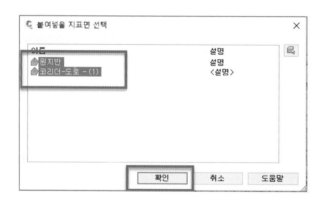

⑨ 통합지표면에 "원지반의 지표면", "코리더의 도로 지표면" 두개의 지표면이 추가되었습니다.

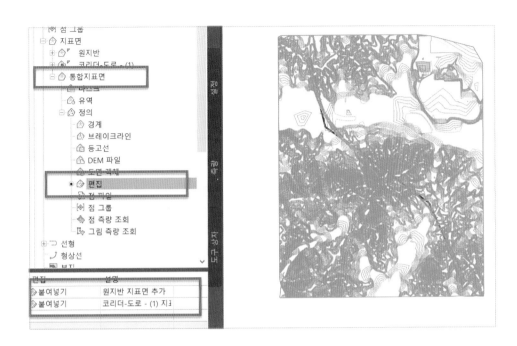

⑩ "지표면 붙여넣기"하였을 때는 여러 지표면 중에서도 우선적으로 보여줄 지표면을 정의하여 최종적인 지표면을 계획해야 합니다. 따라서 "지표면 특성" – "정의 탭"에서는 지표면을 "화살표 아이콘을" 클릭하여 위아래로 지표면의 우선 순위를 정의할 수 있습니다.

⑪ 지표면 붙여넣기에서는 "맨 아래쪽"에 있는 지표면이 우선적으로 보이게 됩니다. 그러므로 계획지표면을 맨 아래쪽으로 이동하여 배치해야 합니다. 여기서는 "코리더 도로 지표면"이 계획지표면 임으로 맨 아래쪽으로 배치하였습니다.

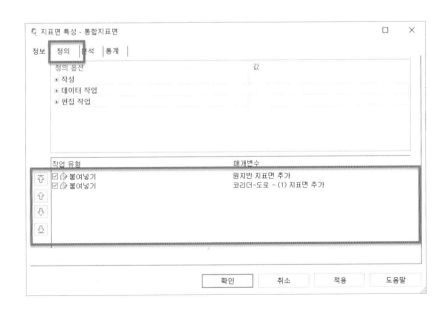

⑫ 통합지표면을 "객체뷰어"를 통해 확인하면 최종 통합된 "계획지표면"을 확인할 수 있습니다.

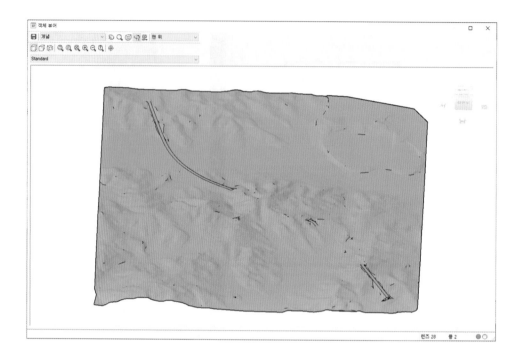

(1) Civil3D 템플릿 적용

① 샘플폴더에서 [8.Civil3D및Revit다양한기능₩현황_수치지도.dwg] 파일을 열기합니다. 일반적으로 설계에서 활용하는 수치지도입니다.

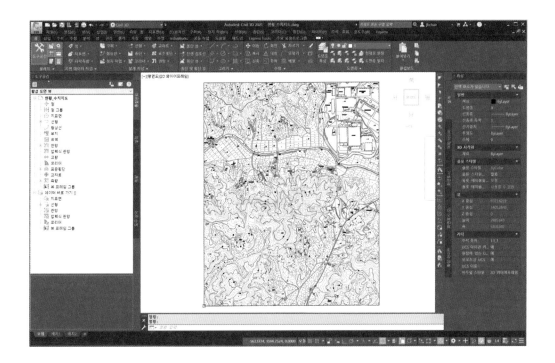

② 이 수치지도는 CAD 템플릿에서 작성이되었기 때문에 Civil 3D스타일이 적용 안되어 있는 것을 확인할 수 있습니다. [도구공간 - 설정탭]에서 스타일 확인이 가능합니다. (수치지도는 일반적으로 CAD 템플릿으로 작성되어 있으며, 단위는 "미터", "피트" 단위를 혼재해서 작성된 경우가 많습니다. 따라서 일반적인 수치지도를 활용하여 Civil 3D를 작업할 때는 단위 및 스타일이 제대로 설정되어 있는지 확인이 필요합니다.)

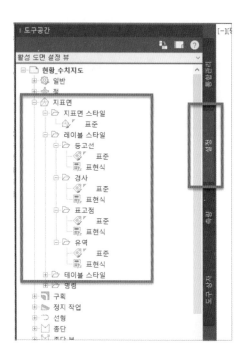

③ [파일 - 새로만들기]하여 Civil 3D 템플릿 도면을 열기하도록 하겠습니다.

④ 오토데스크에서 제공하는 Civil 3D 템플릿 "_Autodesk Civil 3D (Metric) NCS.dwt" 선택해서 작업할 수 있습니다. "Metric"은 미터 단위로 설정된 도면입니다.

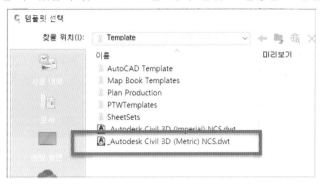

⑤ 또는 샘플폴더에 있는 "AutoCAD Civil 3D (Metric)_jhchae.dwt" 템플릿을 활용할 수 있습니다. (본 교재에서 사용했던 템플릿으로 종단/횡단등의 스타일을 국내 설계도면에 맞게 수정한 템플릿입니다.

⑥ 이렇듯 Civil 3D 템플릿은 기본적으로 Civil 3D 작업 환경에 맞게 스타일이 지정되어 있습니다.

⑦ Civil3D 스타일이 지정 안되어 있는 "현황_수치지도.dwg"에서 지형 작성에 필요한 "등고선과 표고점" 데이터를 복사합니다. (등고선 레이어 : 7111/7114, 표고블록 레이어 : 7217)

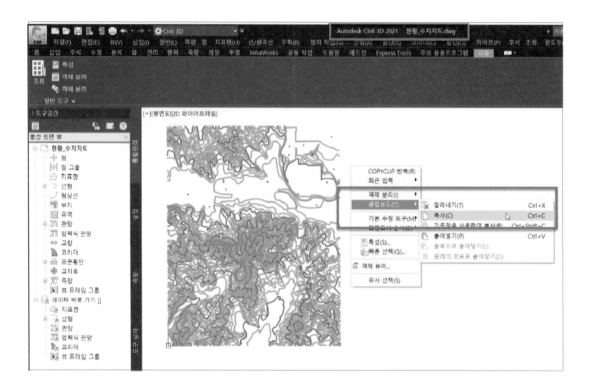

⑧ Civil 3D 스타일이 지정되어 있는 템플릿에 "등고선과 표고점" 데이터를 "원래의 좌표로 붙여넣기" 합니다.

⑨ Civil 3D 스타일이 지정되어 있는 환경에서 토목 BIM 설계를 진행할 수 있습니다.

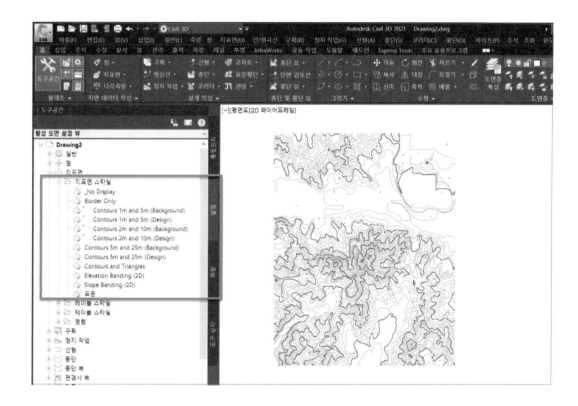

⑩ 만약 다른 도면에 적용되어 있는 Civil 3D 스타일 설정값은 [관리-스타일 가져오기] 에서 스타일을 부분적으로 가져오기 할 수 있습니다.

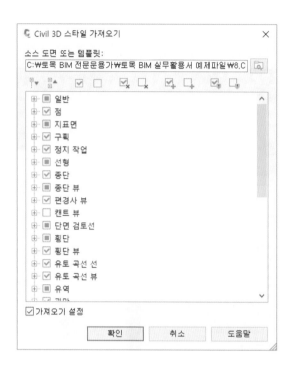

(2) 지형데이터 오류 수정

토목 BIM 설계에서 토공 계획을 진행할 때에는 3차원 지표면이 설계의 기초자료로 활용되므로 정확하게 지형데이터를 구축하였는지 확인해야 합니다. 제대로 구축된 지형위에 도로/단지/철도 등의 계획을 해야 정확한 토목의 토공 설계를 할 수 있기 때문입니다. 즉 지형이 올바르게 구축되었는지에 대한 부분은 토목 BIM을 설계함에 있어 가장 기초적으로 살펴봐야 할 사항입니다.

① 계속해서 지형을 작성해 보도록 하겠습니다. [지표면 - 지표면 작성] 클릭하여 새로운 지표면을 작성합니다.

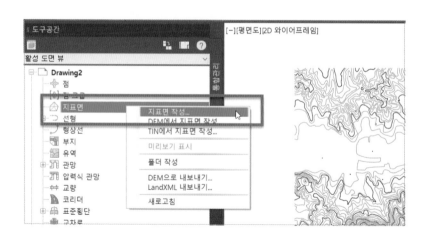

② 새로운 지표면 Surface1에서 등고선을 추가합니다.

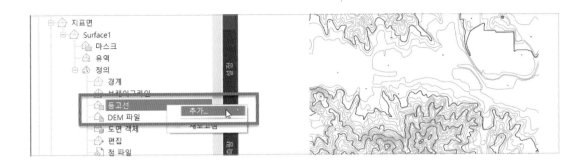

③ 수치지도의 등고선을 선택 완료합니다.

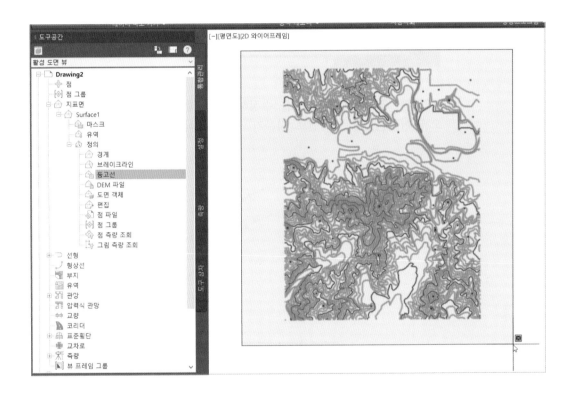

④ 등고선을 추가하면 폴리선이 교차되어 있다는 오류 메시지가 발생합니다. "줌 대상" 클릭하여 교차된 선을 확인해 보도록 하겠습니다.

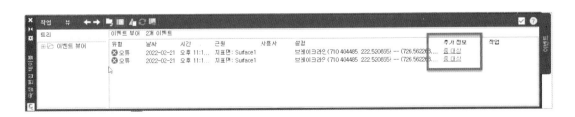

⑤ 폴리선이 교차되어 있는 것을 확인해 볼 수 있습니다. (폴리선이 잘 보이도록 지표면 스타일 외곽만 보이게 조정해서 검토하시기 바랍니다.)

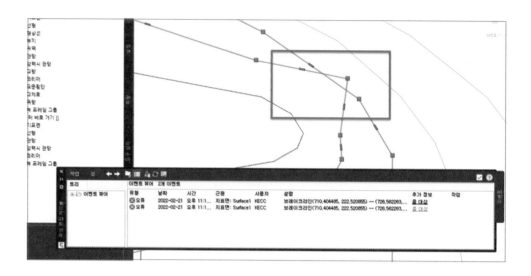

⑥ 폴리선이 교차되어 있는 것을 수정하여 발생할 수 있는 오류는 수정해 줍니다. (발생했던 오류 이력은 "모든 이벤트 지우기" 통해서 삭제할 수 있습니다.)

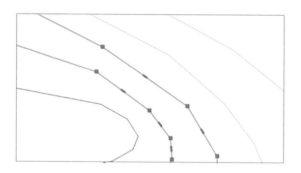

⑦ 지표면의 폴리선이 변경되었기 때문에 지표면에 "느낌표"가 생성되어 있습니다. "지표면 – 재작성"을 통해 지표면을 업데이트합니다. 폴리선이 교차된 오류를 수정했기 때문에 "이벤트 뷰"에 오류가 발생하지 않는 것을 확인할 수 있습니다.

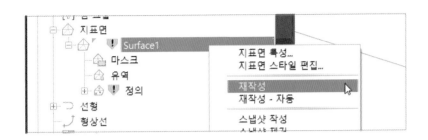

⑧ 이번에는 표고값이 잘못 입력된 경우를 수정해 보도록 하겠습니다. 지표면 우측 하단 폴리선에 표고값이 잘못 입력되어 있어 지표면 삼각망도 잘못되어 생성되었습니다.

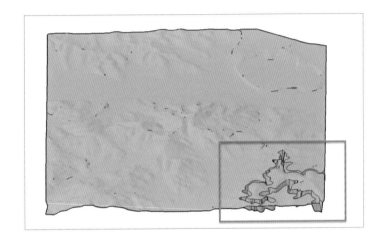

⑨ 잘못된 폴리선 선택해서 검토해보면, 특성창에 고도값이 "0" 값으로 입력되어 있습니다.

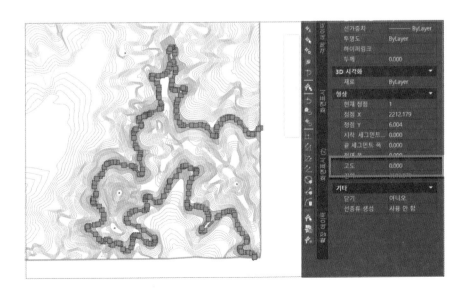

⑩ 따라서 고도값을 주변 등고선과 비교하여 올바르게 입력합니다. 현재 등고선의 높이값
은 "85m"입니다. 고도값을 수정하고 "지표면 - 재작성"을 통해 지표면을 업데이트합
니다.

⑪ 지표면 삼각망이 "85m"로 수정되어 반영되었습니다.

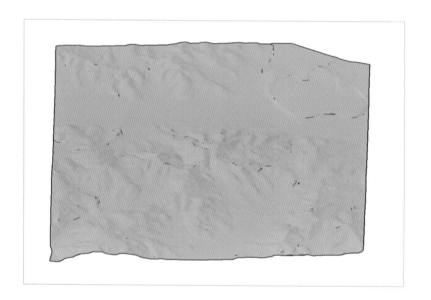

⑫ 너무 높거나 낮은 표고값들을 한번에 적용하지 않는 방법으로는 [지표면 특성 - 정의] 옵션에서 설정할 수 있습니다.

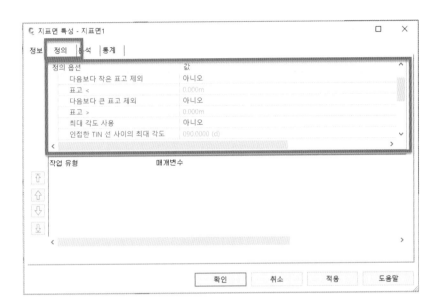

memo

BIM 초·중급편

토목 BIM 실무활용서

제1판 제1쇄 발행 · 2016년 5월 16일
제2판 제2쇄 발행 · 2024년 2월 14일

이 책을 함께 만든 사람들

발행처 · (주)한솔아카데미
지은이 · 채재현·김영휘·박준오·소광영
김소희·이기수·조수연
발행인 · 이종권
주소 · 서울시 서초구 마방로10길 25 A동 20층 2002호
대표전화 · 02)575-6144
팩스 · 02)529-1130
등록 · 1998년 2월 19일(제16-1608호)
홈페이지 · www.inup.co.kr /www.bestbook.co.kr

책임편집 · 이종권, 안주현, 안주희
표지디자인 · 강수정

ISBN · 979-11-6654-176-6 13530
정가 · 35,000원

· 잘못된 책은 구입처에서 교환해 드립니다.